普通高等教育电子信息类专业系列教材

《射频电路基础(第二版)》学习指导

赵建勋 编著

西安电子科技大学出版社

内容简介

本书是与《射频电路基础(第二版)》(赵建勋、邓军编著，西安电子科技大学出版社出版)配套的教学指导书。在原教材基础上，本书讲述了无线电设备中基本的非线性电路的设计思想、工作原理和分析计算，内容包括谐振功率放大器、正弦波振荡器、振幅调制与解调、混频、角度调制与解调等。

为了便于讲授和学习使用，本书对知识点做了简明扼要、图文并茂的归纳，突出课程的重点、难点和体系结构。本书例题包括《射频电路基础(第二版)》第二、三、五、六、七章的全部思考题和习题，提供了详细的解题思路、过程和答案，详尽解读了相关知识点的具体表现、演变发展及其规律。

本书可作为高等院校电子工程、通信工程等专业本科生学习高频通信类课程的同步辅导教材或教学参考书，也可供相关专业的工程技术人员参考。

图书在版编目(CIP)数据

《射频电路基础(第二版)》学习指导/赵建勋编著. 一西安：西安电子科技大学出版社，2020.7

ISBN 978-7-5606-5524-6

Ⅰ. ① 射… Ⅱ. ① 赵… Ⅲ. ① 射频电路—电路设计—高等学校—教学参考资料 Ⅳ. ① TN 710.02

中国版本图书馆 CIP 数据核字(2019)第 289366 号

策划编辑 高 樱

责任编辑 王 斌 雷鸿俊

出版发行 西安电子科技大学出版社(西安市太白南路 2 号)

电 话 (029)88242885 88201467 邮 编 710071

网 址 www.xduph.com 电子邮箱 xdupfxb001@163.com

经 销 新华书店

印刷单位 陕西天意印务有限责任公司

版 次 2020 年 7 月第 1 版 2020 年 7 月第 1 次印刷

开 本 787 毫米×1092 毫米 1/16 印张 15

字 数 353 千字

印 数 1～3000 册

定 价 34.00 元

ISBN 978-7-5606-5524-6/TN

XDUP 5826001-1

前　言

本书是与《射频电路基础(第二版)》(赵建勋、邓军编著，西安电子科技大学出版社出版)配套的教学指导书，适用于高等院校电子工程、通信工程等专业的高频通信类课程，如“高频电子线路”“通信电子线路”“非线性电子线路”等。本书在选材、组织和编撰上充分考虑课程的重点和难点、教师和学生的教学特点及知识基础，所著内容的体系结构和表现形式适合课堂讲授和课后自学，并提供了丰富的课件和习题课的素材。

本书内容按无线电设备的基本结构展开，包括谐振功率放大器、正弦波振荡器、振幅调制与解调、混频和角度调制与解调等，详细讲述了相关非线性电路的设计思想、工作原理、信号变换和计算分析等。

第一章讲述了谐振功放的工作原理、功率和效率、工作状态、电路设计，以及丁类功率放大器、戊类功率放大器、功率分配与合成。

第二章讲述了反馈式振荡器的工作原理、LC 正弦波振荡器、石英晶体振荡器、RC 正弦波振荡器、负阻型 LC 正弦波振荡器，以及 LC 正弦波振荡器的频率稳定度。

第三章讲述了振幅调制信号的波形和频谱、非线性电路调幅和线性时变电路调幅的工作原理、振幅调制电路、振幅解调的原理和电路，以及平衡对消技术、高电平调幅。

第四章讲述了混频的信号变换、线性时变电路混频的工作原理、混频电路，以及接收机混频电路的干扰。

第五章讲述了调频信号和调相信号的参数和时域表达式、调频信号和调相信号的频谱和功率、直接调频的原理和电路、间接调频的原理和电路、斜率鉴频的原理和电路、相位鉴频的原理和电路，以及线性频偏扩展。

乘法器的各种设计思想和实现电路在第三章和第四章中分别讲授。线性频谱搬移和非线性频谱搬移的理论在第三章、第四章和第五章中分别讲授。

本书叙述简明扼要、图文并茂，例题包括《射频电路基础(第二版)》第二、三、五、六、七章的全部思考题和习题，并做了适当补充和修改。本书对每道例题提供了细致的求解过程和标准答案，详尽解读了相关知识点的各种具体表现和演变发展的规律。每章最后提供了本书的例题与《射频电路基础(第二版)》的思考题和习题的对照索引。本书参考学时为 64 或 48 学时。

高如云、陆曼如、张企民老师为本书提供了丰富的资料，孙肖子老师悉心指导了本书写作。本书在编写过程中得到了西安电子科技大学电子工程学院和西安电子科技大学出版社的大力支持。在此表示衷心感谢。

由于作者知识水平和教学经验有限，书中难免存在不妥之处，恳请广大读者批评指正。

作　者

2019 年 12 月

目　录

第一章　谐振功率放大器

教学内容

谐振功率放大器的原理电路、图解分析、性能指标、工作状态、综合分析、基极馈电和集电极馈电、匹配网络、开关型功率放大器、功率分配与合成。

基本要求

(1) 了解无线电通信系统中使用的功率放大器。

(2) 熟悉谐振功率放大器的基本电路和工作原理。

(3) 掌握谐振功放的图解分析、工作状态的判断和工作状态的调整。

(4) 掌握谐振功放的性能指标及其计算。

(5) 熟悉谐振功放的馈电电路和匹配网络的设计。

(6) 了解其他高效率、大功率功放和功率分配与合成技术。

重点、难点

重点：谐振功率放大器的工作原理、基于动特性曲线的图解分析和性能指标的计算、*LC* 并联谐振回路的选频滤波作用。

难点：谐振功放工作状态的调整和性能指标的计算。

无线电发射机需要用功率放大器放大信号的功率，并使功率放大器的输出端与天线的阻抗匹配，以获得最大的功率传输效率。对常见的窄带信号，功率放大器电路经常使用 *LC* 谐振回路构成负载网络，对信号选频滤波并实现阻抗匹配，这样的电路称为谐振功率放大器，简称谐振功放。

与甲类和乙类(即 A 类和 B 类)功率放大器相比，谐振功放可以获得更高的效率。高效率不但节约无线电便携设备的电能，而且降低电路内部尤其是器件的功耗，保证大功率电路的正常工作和器件的安全。综合考虑功率和效率的需要，谐振功放经常被设计成丙类(即 C 类)功率放大器。

1.1　谐振功率放大器的工作原理

基于原理电路，谐振功率放大器的工作分为波形变换和选频滤波两个过程，过程中引入的相关参数决定谐振功放的功率和效率。

1.1.1 原理电路

谐振功率放大器的原理电路如图 1.1.1 所示。输入回路和输出回路共用晶体管的发射极，构成共发射极放大器，负载简化为电感 L、电容 C 和谐振电阻 R_e 构成的 LC 并联谐振回路。U_{CC} 为电压源电压，U_{BB} 为直流偏置电压，u_b 为交流输入电压，u_c 为交流输出电压。u_c 的频率即为 LC 并联谐振回路的谐振频率 ω_0，一般情况下，ω_0 等于 u_b 的频率 ω，u_c 的方向与集电极电流 i_C 的方向一致。晶体管的输入电压 $u_{BE}=U_{BB}+u_b$，输出电压 $u_{CE}=U_{CC}-u_c$。

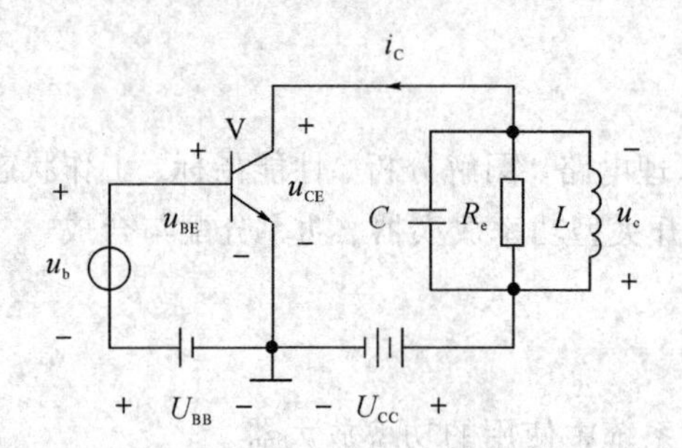

图 1.1.1 谐振功率放大器的原理电路

LC 并联谐振回路的谐振电阻 R_e 往往是一个等效的电阻，需要根据 LC 回路中实际存在的各个电阻折算出来。

例 1.1.1 谐振功率放大器如图 1.1.2(a)所示，交流输出电压 $u_c=U_{cm}\cos\omega t$，R_L 为负载电阻，r 为电感 L 的内阻，$r\ll\omega L$。计算谐振电阻 R_e。

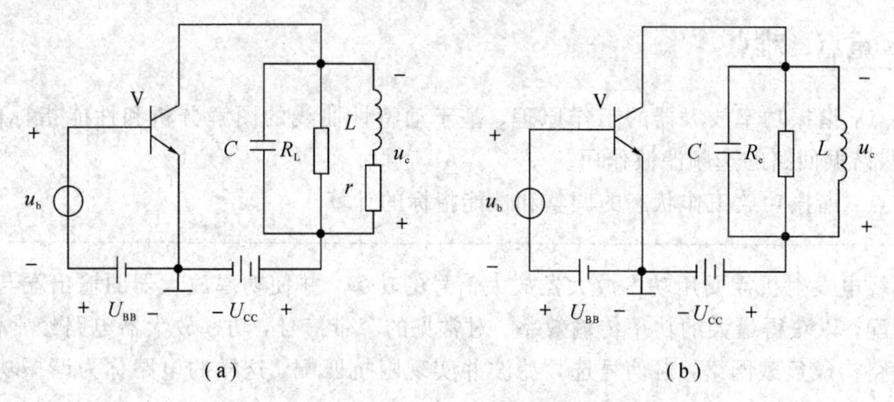

图 1.1.2 计算谐振功放的 R_e

(a) 原电路；(b) R_L 和 r 用 R_e 等效后的电路

解 R_e 位于放大器与 LC 回路连接的两个节点之间，在 R_e 上消耗的交流功率等于 LC 回路中各个电阻消耗的交流功率之和，即

$$\frac{1}{2}\frac{U_{cm}^2}{R_e}=\frac{1}{2}\frac{U_{cm}^2}{R_L}+\frac{1}{2}\frac{\left(\left|\dfrac{r}{r+j\omega L}\right|U_{cm}\right)^2}{r}\approx\frac{1}{2}\frac{U_{cm}^2}{R_L}+\frac{1}{2}\frac{\left(\dfrac{r}{\omega L}U_{cm}\right)^2}{r} \qquad (1.1.1)$$

将 $\omega=1/\sqrt{LC}$ 代入式(1.1.1)，可得

$$\frac{1}{R_e}\approx\frac{1}{R_L}+\frac{1}{R_{e0}}$$

其中，$R_{e0}=L/(Cr)$，是 r 等效的空载谐振电阻。$R_e \approx R_L /\!/ R_{e0}$，如图 1.1.2(b)所示。当 r 很小时，$R_{e0} \gg R_L$，$R_e \approx R_L$。

1.1.2　波形变换

谐振功率放大器中晶体管的转移特性如图 1.1.3 所示，g_m 为放大区的交流跨导，$U_{BE(on)}$ 为导通电压。交流输入电压 u_b 为振幅为 U_{bm}、频率为 ω 的单频信号，经过直流偏置电压 U_{BB}，输入电压 $u_{BE}=U_{BB}+u_b=U_{BB}+U_{bm}\cos\omega t$。$u_{BE}$ 的波形经过转移特性曲线做几何投影，得到集电极电流 i_C 的波形，i_C 为余弦脉冲。将 $u_{BE}>U_{BE(on)}$ 和 $u_{BE}<U_{BE(on)}$ 的两部分 u_{BE} 波形分别用放大区和截止区的转移特性曲线做线性变换，得到 ωt 从 $-\pi$ 到 π 的一个周期中 i_C 的表达式：

$$i_C=\begin{cases} i_{Cmax}\dfrac{\cos\omega t-\cos\theta}{1-\cos\theta} & (-\theta \leqslant \omega t \leqslant \theta) \\ 0 & (\text{其他}) \end{cases}$$

其中，i_{Cmax} 为 i_C 的峰值，$i_{Cmax}=g_m(u_{BEmax}-U_{BE(on)})=g_m(U_{BB}+U_{bm}-U_{BE(on)})$；$\theta$ 为放大器的通角，ωt 从 $-\theta$ 变化到 θ 时晶体管导通。当 $\omega t=\theta$ 时，$u_{BE}=U_{BB}+U_{bm}\cos\theta=U_{BE(on)}$，由此得到 θ 与输入回路的三个电压即 $U_{BE(on)}$、U_{BB} 和 U_{bm} 的关系：

$$\theta=\arccos\frac{U_{BE(on)}-U_{BB}}{U_{bm}}$$

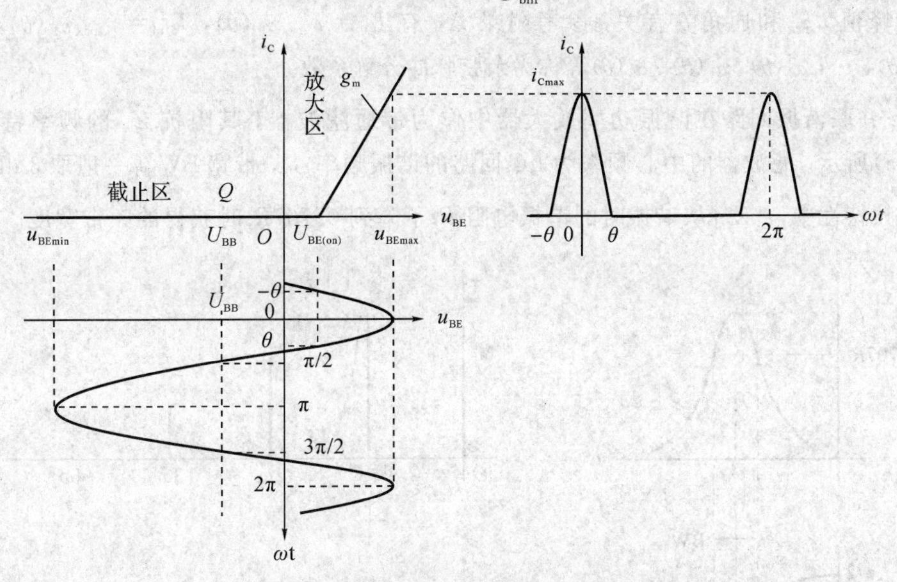

图 1.1.3　谐振功率放大器的波形变换

丙类(即 C 类)功率放大器要求 $\theta<\pi/2$，这通过 $U_{BB}<U_{BE(on)}$ 来实现，即将直流静态工作点 Q 设置在截止区。

例 1.1.2　在谐振功率放大器中，晶体管的交流跨导 $g_m=0.5$ S，导通电压 $U_{BE(on)}=0.6$ V，直流偏置电压 $U_{BB}=-0.2$ V，交流输入电压的振幅 $U_{bm}=1.2$ V。写出集电极电流 i_C 的表达式。

解　i_C 的峰值 $i_{Cmax}=g_m(U_{BB}+U_{bm}-U_{BE(on)})=0.5\text{ S}\times(-0.2\text{ V}+1.2\text{ V}-0.6\text{ V})=0.2$ A。通角 θ 满足

$$\cos\theta=\frac{U_{BE(on)}-U_{BB}}{U_{bm}}=\frac{0.6\ \text{V}-(-0.2\ \text{V})}{1.2\ \text{V}}=\frac{2}{3}$$

$\theta=\arccos(2/3)=0.841$ rad。ωt 从 $-\pi$ 到 π 的一个周期中，i_C 的表达式为

$$i_C=\begin{cases}i_{C\max}\dfrac{\cos\omega t-\cos\theta}{1-\cos\theta} & (-\theta\leqslant\omega t\leqslant\theta)\\ 0 & (\text{其他})\end{cases}$$

$$=\begin{cases}0.2\ \text{A}\times\dfrac{\cos\omega t-\dfrac{2}{3}}{1-\dfrac{2}{3}} & (-0.841\ \text{rad}\leqslant\omega t\leqslant 0.841\ \text{rad})\\ 0 & (\text{其他})\end{cases}$$

$$=\begin{cases}0.6\cos\omega t-0.4\ \text{A} & (-0.841\ \text{rad}\leqslant\omega t\leqslant 0.841\ \text{rad})\\ 0 & (\text{其他})\end{cases}$$

1.1.3 选频滤波

作为频率为 ω 的周期余弦脉冲，集电极电流可以分解为 $i_C=I_{C0}+I_{c1m}\cos\omega t+I_{c2m}\cos 2\omega t+I_{c3m}\cos 3\omega t+\cdots$，$i_C$ 的直流分量为 I_{C0}，i_C 的交流分量包括频率为 ω 的基波分量 $I_{c1m}\cos\omega t$、频率为 2ω 的二次谐波分量 $I_{c2m}\cos 2\omega t$，以及后续的各个高次谐波分量。各个频率分量的幅度或振幅都与 i_C 的峰值 $i_{C\max}$ 和通角 θ 有关，参考附录 A，有 $I_{C0}=i_{C\max}\alpha_0(\theta)$，$I_{c1m}=i_{C\max}\alpha_1(\theta)$，$I_{c2m}=i_{C\max}\alpha_2(\theta)$，…，$\alpha_0(\theta)$、$\alpha_1(\theta)$、$\alpha_2(\theta)$等称为余弦脉冲分解系数。

LC 并联谐振回路在谐振功率放大器中作为带通滤波器，其阻抗 $\dot{Z}_e$ 的频率特性如图 1.1.4(a)所示。滤波器的中心频率为 LC 回路的谐振频率 ω_0，带宽 BW_{BPF} 一般取 3 dB 带宽，即在幅频特性中，$|\dot{Z}_e|$ 从谐振时的谐振电阻 R_e 下降到 $0.707R_e$ 时获得的频带宽度。

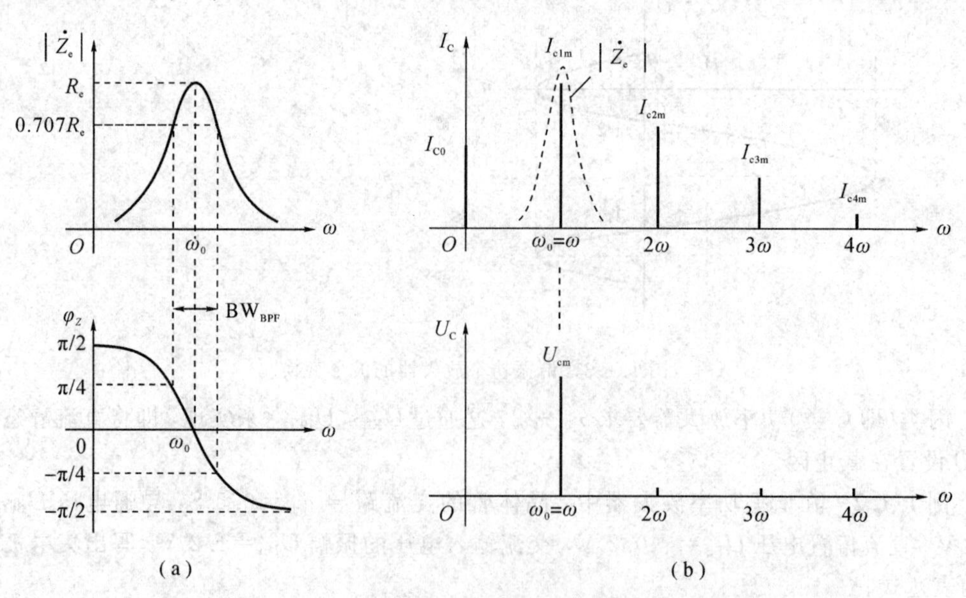

图 1.1.4 用 LC 并联谐振回路对 i_C 选频滤波

(a) LC 回路的阻抗 $\dot{Z}_e=|\dot{Z}_e|e^{j\varphi_Z}$ 的幅频特性和相频特性；(b) 选频滤波前后 i_C 和 u_c 的频谱

如图 1.1.4(b)所示，LC 回路对 $I_{c1m}\cos\omega t$ 谐振，即当 $\omega_0=\omega$ 时，$\dot{Z}_e$ 对 $I_{c1m}\cos\omega t$ 表现为谐振电阻 R_e，回路两端得到交流输出电压 $u_c=R_e I_{c1m}\cos\omega t=U_{cm}\cos\omega t$。对 i_C 的其他频率分量，LC 回路则因为失谐而近似短路。经过 LC 回路的选频滤波，i_C 生成的 u_c 为单频信号。

如果取 $\omega_0=n\omega$（$n=2, 3, 4, \cdots$），则 LC 回路对 i_C 的 n 次谐波分量 $I_{cnm}\cos n\omega t$ 谐振，对其他频率分量失谐。选频滤波后，$u_c=R_e I_{cnm}\cos n\omega t=U_{cm}\cos n\omega t$，这样就实现了倍频功放。

例 1.1.3 谐振功率放大器放大中心频率 $f_0=13.5$ MHz、带宽 $\mathrm{BW_{BPF}}=2.7$ MHz 的交流信号，谐振电阻 $R_e=100\ \Omega$。计算 LC 并联谐振回路的电感 L 和电容 C。

解 LC 回路用作带通滤波器，中心频率和带宽与交流信号的参数相同。品质因数为

$$Q_e=\frac{f_0}{\mathrm{BW_{BPF}}}=\frac{13.5\ \mathrm{MHz}}{2.7\ \mathrm{MHz}}=5$$

由 $Q_e=\dfrac{R_e}{\omega_0 L}=\dfrac{R_e}{2\pi f_0 L}$ 得

$$L\approx\frac{R_e}{2\pi f_0 Q_e}=\frac{100\ \Omega}{2\pi\times 13.5\ \mathrm{MHz}\times 5}=0.236\ \mu\mathrm{H}$$

由 $\omega_0=1/\sqrt{LC}$ 得

$$C=\frac{1}{\omega_0^2 L}=\frac{1}{(2\pi f_0)^2 L}=\frac{1}{(2\pi\times 13.5\ \mathrm{MHz})^2\times 0.236\ \mu\mathrm{H}}=589\ \mathrm{pF}$$

1.1.4 功率和效率

电压源 U_{CC} 提供给谐振功率放大器的功率为直流输入功率。U_{CC} 给出的电流主要是集电极电流 i_C，i_C 的时间平均值为其直流分量 I_{C0}，直流输入功率为

$$P_E=I_{C0}U_{CC} \tag{1.1.2}$$

谐振功放提供给后级电路的功率为交流输出功率。基波输出即当 $\omega_0=\omega$ 时，谐振电阻 R_e 上的交流电流为 i_C 的基波分量 $I_{c1m}\cos\omega t$，交流输出电压 $u_c=U_{cm}\cos\omega t$，交流输出功率为

$$P_o=\frac{1}{2}I_{c1m}U_{cm}=\frac{1}{2}I_{c1m}^2 R_e=\frac{1}{2}\frac{U_{cm}^2}{R_e} \tag{1.1.3}$$

谐振功放电路内部消耗的功率主要集中在集电结上，这部分功率称为集电结消耗功率。根据能量守恒，集电结消耗功率为 $P_C=P_E-P_o$。

集电极效率是交流输出功率与直流输入功率的比值。参考式(1.1.2)和式(1.1.3)，集电极效率为

$$\eta_C=\frac{P_o}{P_E}=\frac{1}{2}\frac{I_{c1m}}{I_{C0}}\frac{U_{cm}}{U_{CC}}=\frac{1}{2}\frac{i_{C\max}\alpha_1(\theta)}{i_{C\max}\alpha_0(\theta)}\frac{U_{cm}}{U_{CC}}=\frac{1}{2}\frac{\alpha_1(\theta)}{\alpha_0(\theta)}\frac{U_{cm}}{U_{CC}}=\frac{1}{2}g_1(\theta)\xi \tag{1.1.4}$$

其中，$g_1(\theta)=\alpha_1(\theta)/\alpha_0(\theta)$，称为基波输出的波形函数，通角 θ 越小，$g_1(\theta)$ 越大，当 $\theta=\pi/2$ 时，$g_1(\theta)=1.57$，当 $\theta=0$ 时，$g_1(\theta)=2$；$\xi=U_{cm}/U_{CC}$，称为电压利用系数，因为 U_{cm} 不会超过 U_{CC}，所以 $\xi<1$。

例 1.1.4 谐振功率放大器的电压源电压 $U_{CC}=24$ V，交流输出功率 $P_o=5$ W，集电极效率 $\eta_C=60\%$。计算集电结消耗功率 P_C 和集电极电流 i_C 的直流分量 I_{C0}。

解 由直流输入功率

$$P_E=\frac{P_o}{\eta_C}=\frac{5\ \mathrm{W}}{60\%}=8.33\ \mathrm{W}$$

可得

$$P_C = P_E - P_o = 8.33\ \text{W} - 5\ \text{W} = 3.33\ \text{W}$$

$$I_{C0} = \frac{P_E}{U_{CC}} = \frac{8.33\ \text{W}}{24\ \text{V}} = 0.347\ \text{A}$$

例 1.1.5 谐振功率放大器工作在临界状态，通角 $\theta=\pi/3$，LC 并联谐振回路的谐振频率 ω_0 等于交流输入电压 u_b 的频率 ω 时，交流输出功率 $P_{o1}=14$ W。倍频功放时，调整 LC 回路，使 $\omega_0=3\omega$，计算此时的交流输出功率 P_{o3}。

解 谐振功放的品质因数 Q_e 取值较小，调整 LC 回路时谐振电阻 R_e 近似不变。$\omega_0=3\omega$ 时，集电极电流 i_C 的三次谐波分量 $I_{c3m}\cos 3\omega t$ 产生 P_{o3}，i_C 的峰值 $i_{C\max}$ 和 θ 与基波输出时的相同，从而有

$$\frac{P_{o3}}{P_{o1}} = \frac{\frac{1}{2}I_{c3m}^2 R_e}{\frac{1}{2}I_{c1m}^2 R_e} = \left(\frac{I_{c3m}}{I_{c1m}}\right)^2 = \left[\frac{i_{C\max}\alpha_3(\theta)}{i_{C\max}\alpha_1(\theta)}\right]^2 = \left[\frac{\alpha_3\left(\frac{\pi}{3}\right)}{\alpha_1\left(\frac{\pi}{3}\right)}\right]^2 = \left(\frac{0.138}{0.391}\right)^2 = 0.125$$

$$P_{o3} = 0.125 P_{o1} = 1.75\ \text{W}$$

1.2 谐振功率放大器的工作状态

根据动特性曲线的特点，谐振功率放大器有三种工作状态，分别称为临界状态、欠压状态和过压状态。可以调整相关参数控制工作状态，使谐振功放满足应用需要。

1.2.1 动特性曲线

动特性曲线是晶体管的输出特性坐标系中工作点的运动轨迹，如图 1.2.1 所示。在临界状态和欠压状态下，可以通过三个关键点的连线作出谐振功率放大器的动特性曲线。起点 A 对应 $\omega t=0$，此处输入电压 u_{BE} 为最大值 $u_{BE\max}=U_{BB}+U_{bm}$，输出电压 u_{CE} 为最小值 $u_{CE\min}=U_{CC}-U_{cm}$。点 B 对应 $\omega t=\pi/2$，此处 u_{BE} 为直流偏置电压 U_{BB}，u_{CE} 为电压源电压 U_{CC}。A、B 连线与横轴交于点 D，D 对应 $\omega t=\theta$，此处 u_{BE} 为导通电压 $U_{BE(on)}$，u_{CE} 记为 $u_{CE(D)}$。动特性曲线的终点 C 对应 $\omega t=\pi$，此处 u_{BE} 为最小值 $u_{BE\min}=U_{BB}-U_{bm}$，u_{CE} 为最大值 $u_{CE\max}=U_{CC}+U_{cm}$。点 B 用于辅助作图，此时工作点实际位于 B 在横轴的投影点 B′ 处。动特性曲线的 AD 段位于放大区，DC 段位于截止区。

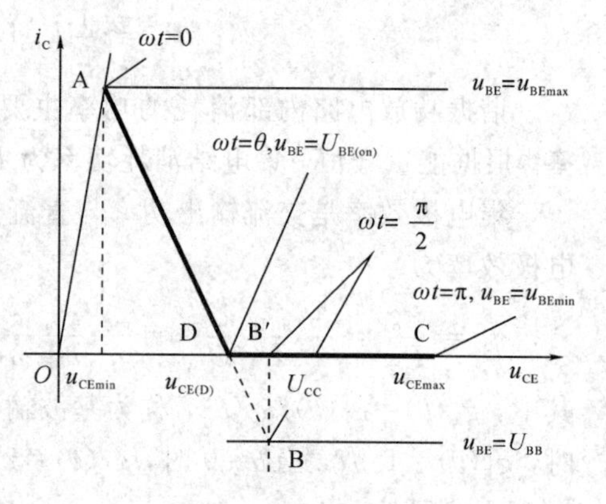

图 1.2.1 动特性曲线

当 $\omega t=\theta$ 时，$u_{CE}=U_{CC}-u_c=U_{CC}-U_{cm}\cos\theta=U_{CE(D)}$，由此得到 θ 与输出回路的三个电压即 U_{CC}、$U_{CE(D)}$ 和 U_{cm} 的关系：

$$\theta = \arccos\frac{U_{CC}-U_{CE(D)}}{U_{cm}}$$

例 1.2.1 谐振功率放大器的动特性曲线和晶体管的输出电压 u_{CE} 的波形分别如图

1.2.2(a)、(b)中实线所示。保持通角θ不变，将交流输出电压的振幅U_{cm}减小一半，作出此时的动特性曲线。

解 动特性曲线投影到横轴上，再沿时间展开，就给出u_{CE}的波形。U_{cm}减小一半后，u_{CE}的波形和动特性曲线如图中虚线所示，点A右移，点C反向等距离左移。在图1.2.2(a)中，$\theta<\pi/2$，U_{cm}变化时点D的位置变化；在图1.2.2(b)中，$\theta=\pi/2$，点B、B′和D重合在$u_{CE}=U_{CC}$处，U_{cm}变化时点D的位置不变。

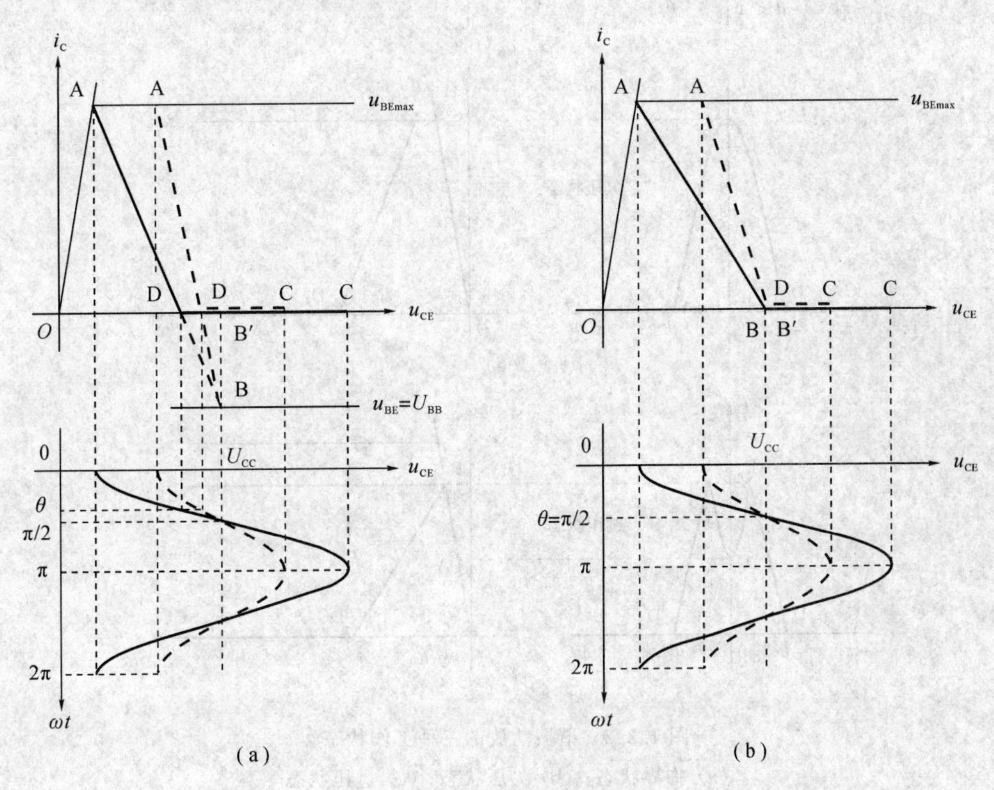

图 1.2.2 $\theta<\pi/2$和$\theta=\pi/2$时动特性曲线随U_{cm}的变化

(a) $\theta<\pi/2$；(b) $\theta=\pi/2$

1.2.2 工作状态

如图1.2.3所示，谐振功率放大器的临界状态、欠压状态和过压状态取决于动特性曲线的起点A的位置。临界状态下，A位于晶体管输入电压u_{BE}的最大值u_{BEmax}对应的输出特性曲线的拐点，即处于放大区和饱和区之间；欠压状态下，A位于输出特性曲线的水平段，即完全处于放大区；过压状态下，A位于输出特性曲线的倾斜段，即完全处于饱和区。在过压状态，随着ωt从0开始增加，u_{CE}即工作点的横坐标变大，工作点从点A开始沿输出特性曲线的倾斜段上升，同时u_{BE}从u_{BEmax}减小，输出特性曲线的水平段下降，当上升的工作点与下降的输出特性曲线的水平段到达同一高度时，工作点即位于输出特性曲线的拐点E。此后，工作点在输出特性曲线的水平段上继续向右运动，高度则随着输出特性曲线的水平段一同下降。过压状态下，动特性曲线由三段直线构成，AE段位于饱和区，ED段位于放大区，DC段位于截止区。

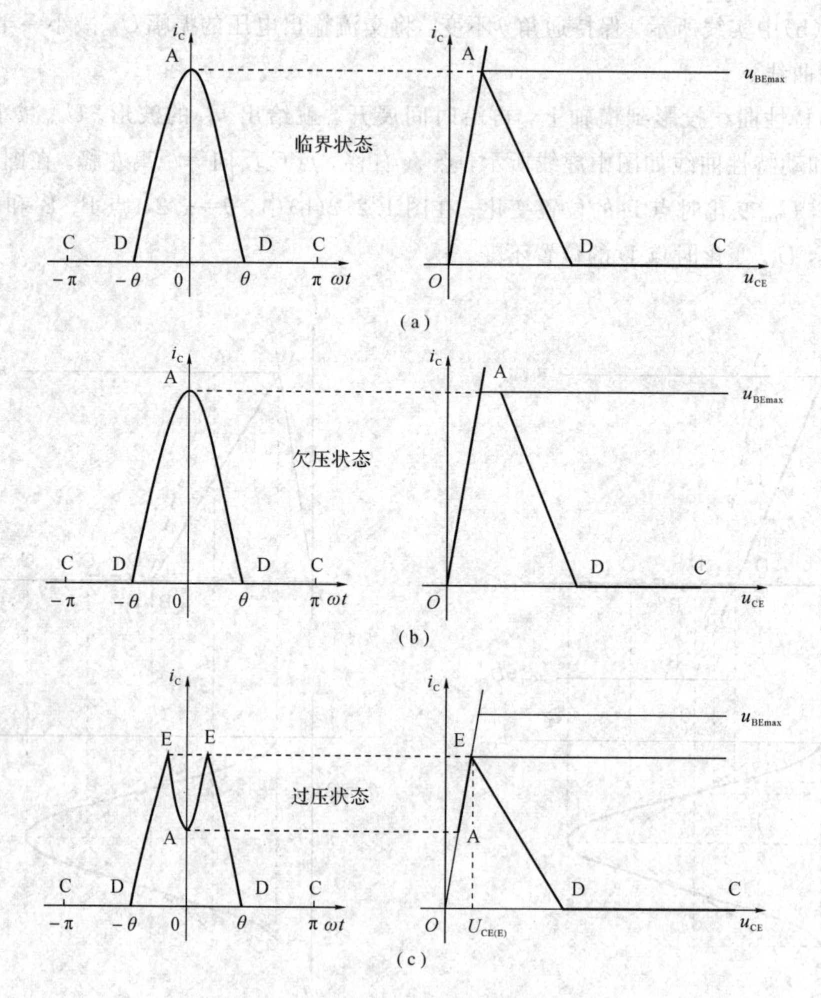

图 1.2.3　谐振功放的三种工作状态

(a) 临界状态；(b) 欠压状态；(c) 过压状态

动特性曲线投影到纵轴上，再沿时间展开，就给出集电极电流 i_C 的波形。临界状态和欠压状态下，i_C 是余弦脉冲。过压状态下，i_C 是凹陷余弦脉冲，其凹陷部分可以视为用动特性曲线的 AE 段即饱和区的输出特性曲线对 u_{CE} 小于点 E 的横坐标 $U_{CE(E)}$ 部分的波形做线性变换的结果，也是一个余弦脉冲。

例 1.2.2　当对振幅变化的交流输入电压 $u_b = u_{bm}(t)\cos\omega t$ 做功率放大时，如果需要交流输出电压 u_c 的振幅 $u_{cm}(t)$ 随 $u_{bm}(t)$ 变化，则谐振功率放大器应该工作在什么状态？如果要求 u_c 的振幅 U_{cm} 基本不变，则谐振功放应该工作在什么状态？

解　晶体管输入电压的最大值 u_{BEmax} 和通角 θ 都随着 $u_{bm}(t)$ 一同变化。在欠压状态下，$u_{bm}(t)$ 增大时 u_{BEmax} 增大，对应的输出特性曲线上升，同时 θ 也增大，较大的通角范围内有更多的能量进入晶体管被放大，所以 $u_{cm}(t)$ 增大，如图 1.2.4(a)所示。

在过压状态下，$u_{bm}(t)$ 的变化对动特性曲线的影响如图 1.2.4(b)所示。因为输出特性曲线在饱和区的倾斜段的斜率较大，所以动特性曲线的起点 A 的横向位移有限，终点 C 反向对称的位移也有限，结果 U_{cm} 的变化很小，可以视为基本不变。

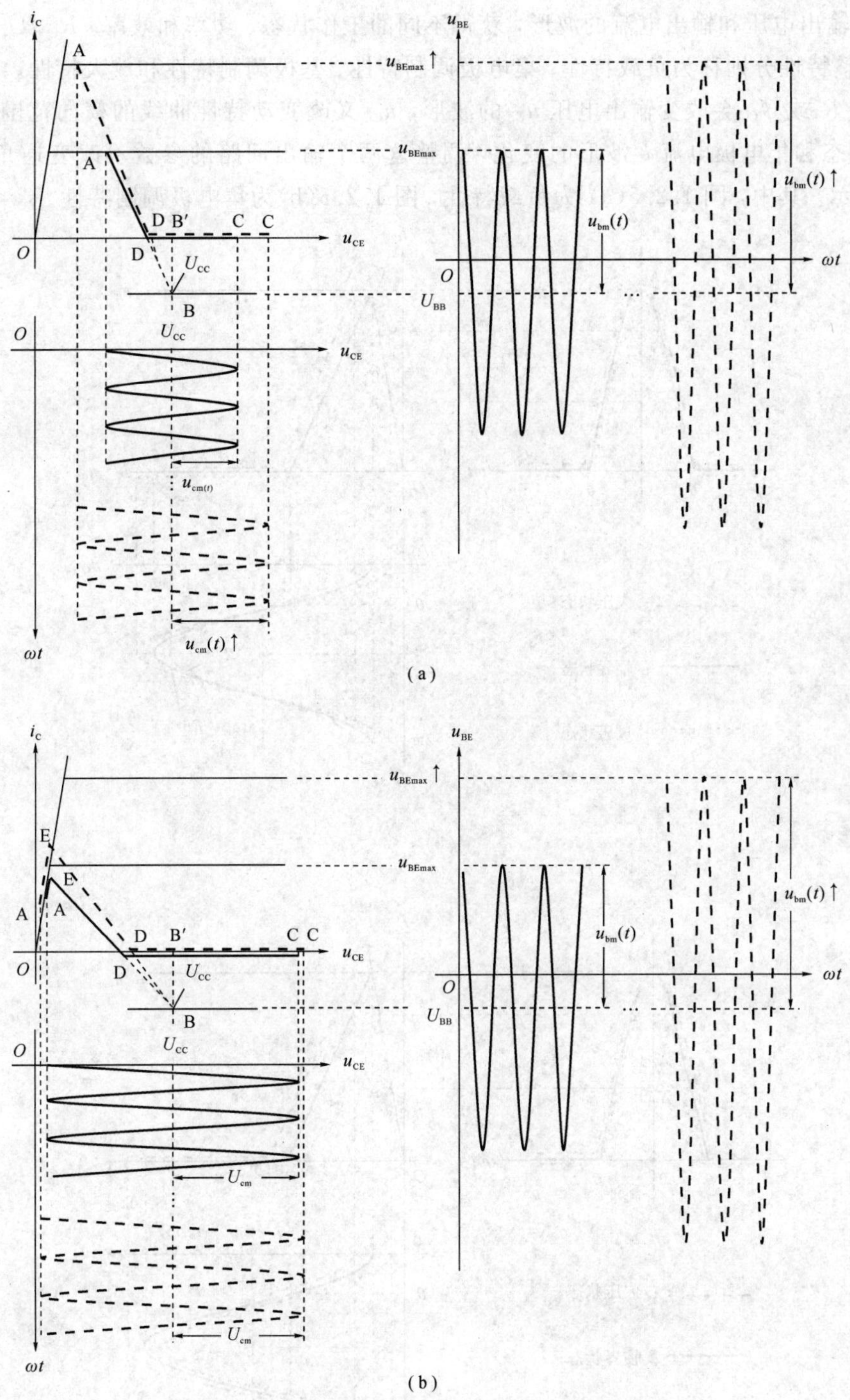

图 1.2.4 谐振功放的不等幅放大和等幅放大

(a) 不等幅放大；(b) 等幅放大

1.2.3 调整特性

谐振功率放大器有四个参数可以独立调整，包括谐振电阻 R_e、电压源电压 U_{CC}、直流偏置电压 U_{BB} 和交流输入电压的振幅 U_{bm}。调整这四个独立参数可以改变谐振功放的动特性曲线、输出电压和输出电流的波形，获得不同的工作状态、功率和效率。R_e、U_{CC}、U_{BB}和U_{bm}的调整特性分别称为负载特性、集电极调制特性、基极调制特性和放大特性。

调整R_e或U_{CC}会改变输出电压u_{CE}的波形，u_{CE}又改变动特性曲线的横向范围，从而引起工作状态和集电极电流i_C波形的变化，调整这两个输出回路的参数不改变通角θ，如图1.2.5所示。其中，图1.2.5(a)为负载特性，图1.2.5(b)为集电极调制特性。

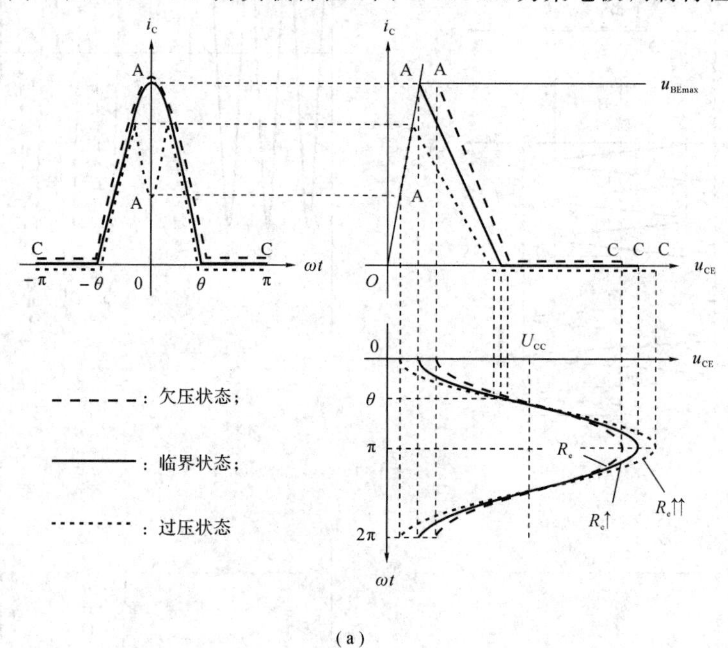

(a)

(b)

图1.2.5 负载特性和集电极调制特性

(a) 负载特性；(b) 集电极调制特性

调整U_{BB}或U_{bm}会改变晶体管输入电压的最大值u_{BEmax}，从而改变动特性曲线的纵向范围，调整这两个输入回路的参数又会改变θ，这都引起i_C变化，既而导致交流输出电压的振幅U_{cm}变化，从而又改变动特性曲线的横向范围和工作状态，如图1.2.6所示。

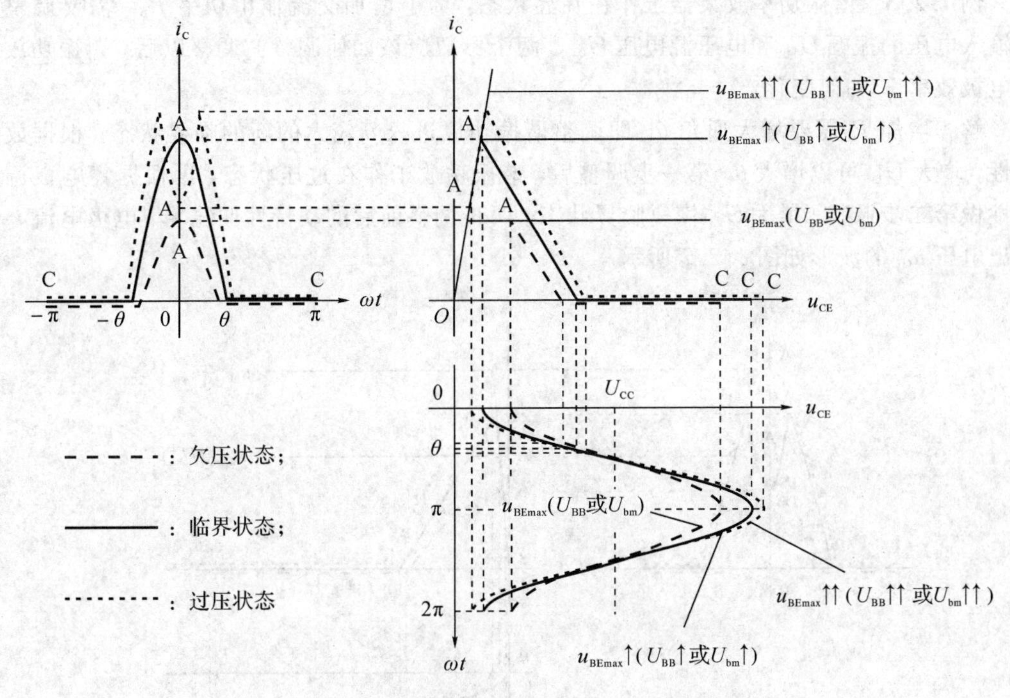

图1.2.6　基极调制特性和放大特性

根据i_C和u_{CE}波形的变化，可以继续分析出i_C的基波分量的振幅I_{c1m}和交流输出电压的振幅U_{cm}的变化，从而得到交流输出功率P_o和集电极效率η_C连同工作状态随各个参数的变化，如表1.2.1所示。无论是调整哪个参数，临界状态都可以获得最大的P_o和最高的η_C，称为最佳工作状态。

表1.2.1　调整参数引起的工作状态、P_o和η_C的变化

调整特性	负载特性			集电极调制特性			基极调制特性和放大特性		
参数	R_e	R_e↑	R_e↑↑	U_{CC}	U_{CC}↑	U_{CC}↑↑	U_{BB}或U_{bm}	U_{BB}↑或U_{bm}↑	U_{BB}↑↑或U_{bm}↑↑
工作状态	欠压	临界	过压	过压	临界	欠压	欠压	临界	过压
P_o	较小	较大	较小	较小	较大	较大	较小	较大	较大
η_C	较小	较大	较大	较大	较大	较小	较小	较大	较大

同为临界状态时，通角θ越大，交流信号一个周期中晶体管位于放大区工作的时间越长，P_o越大。根据式(1.1.4)中的波形函数$g_1(\theta)$随θ变化的特点，可知θ越大η_C越低。

在过压状态下调整 U_{CC} 和在欠压状态下调整 U_{BB} 都可以引起 U_{cm} 的近似线性变化，利用这两个特性可以用谐振功率放大器实现振幅调制，所以 U_{CC} 和 U_{BB} 给出的调整特性分别称为集电极调制特性和基极调制特性。

例 1.2.3 谐振功率放大器工作在临界状态，为了增加交流输出功率 P_o，需要调整交流输入电压的振幅 U_{bm} 和电压源电压 U_{CC}。两个参数应该如何调整？调整以后，谐振功放的集电极效率 η_C 如何变化？

解 增加 P_o 需要增大通角 θ，即调整谐振功放进入 θ 较大的新的临界状态。根据放大特性，增大 U_{bm} 可以增大 θ。第一步调整后，谐振功放工作在过压状态，再根据集电极调制特性做第二步调整，增大 U_{CC} 恢复临界状态。两步调整前后的动特性曲线、集电极电流 i_C 和输出电压 u_{CE} 的波形如图 1.2.7 所示。

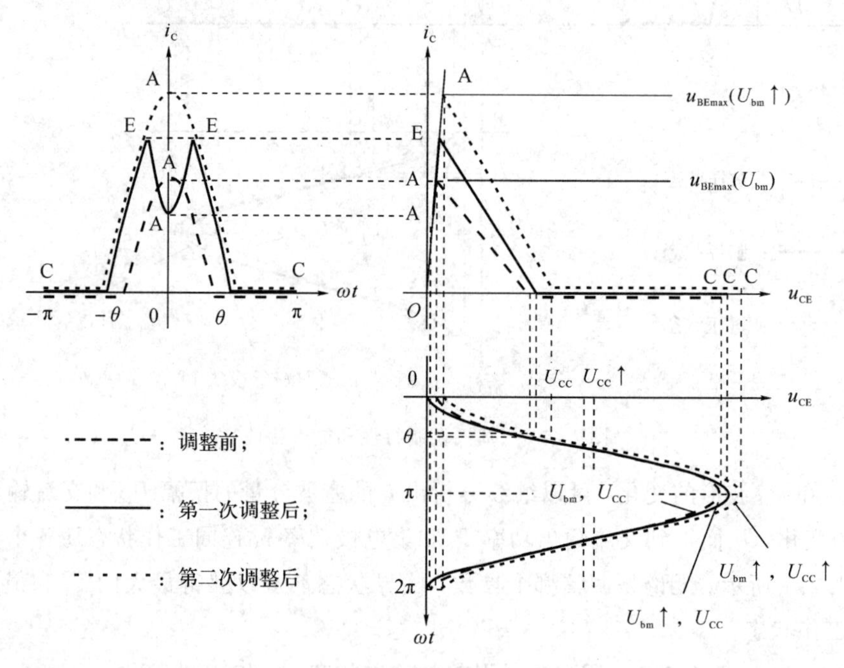

图 1.2.7 U_{bm} 和 U_{CC} 联调工作状态

经过两步调整，动特性曲线的横向范围基本不变，即交流输出电压的振幅 U_{cm} 变化不大，i_C 的峰值 i_{Cmax} 增大，并且 θ 增大，基波分量的振幅 $I_{c1m}=i_{Cmax}\alpha_1(\theta)$ 增大，于是 $P_o=0.5I_{c1m}U_{cm}$ 增大。根据式(1.1.4)，θ 增大后波形函数 $g_1(\theta)$ 减小，U_{cm} 变化不大，U_{CC} 增大，所以 η_C 下降。

例 1.2.4 谐振功率放大器原先工作在临界状态，现在发现交流输出功率 P_o 减小，集电极效率 η_C 增大，而电压源电压 U_{CC} 和交流输出电压的振幅 U_{cm} 不变，集电极电流 i_C 仍为余弦脉冲，峰值 i_{Cmax} 不变。确定谐振功放现在的工作状态、发生变化的参数和参数的变化方向。

解 P_o 减小和 η_C 增大说明通角 θ 减小，直流偏置电压 U_{BB} 和交流输入电压的振幅 U_{bm} 中有一个或两个发生变化。因为 i_C 仍为余弦脉冲且 i_{Cmax} 不变，所以晶体管输入电压 u_{BE} 的最大值 $u_{BEmax}=U_{BB}+U_{bm}$ 不变，因此 U_{BB} 和 U_{bm} 发生反向等值变化。u_{BE} 和 i_C 的波形变化如图 1.2.8(a)所示，从图中可以看出，U_{BB} 减小且 U_{bm} 增加时，θ 减小。

P_o 减小而 U_{cm} 不变，说明谐振电阻 R_e 增大，动特性曲线的变化如图 1.2.8(b)所示，谐振功放现在仍然工作在临界状态。

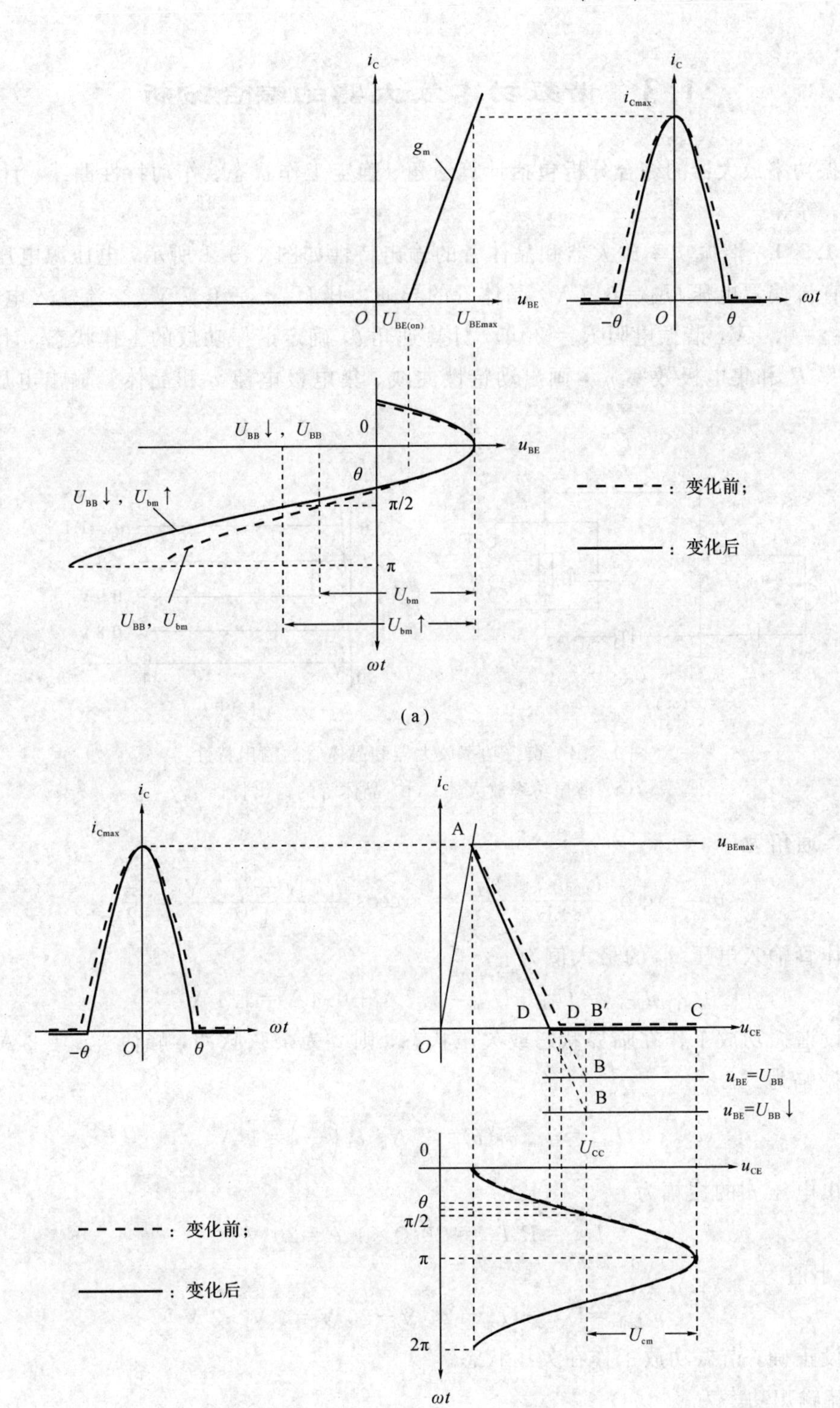

图 1.2.8　θ 随 U_{BB} 和 U_{bm} 的变化和动特性曲线随 θ 的变化
(a) θ 随 U_{BB} 和 U_{bm} 的变化；(b) 动特性曲线随 θ 的变化

1.3 谐振功率放大器的综合分析

谐振功率放大器的综合分析包括计算通角、确定工作状态、作动特性曲线、计算功率和效率，等等。

例 1.3.1 谐振功率放大器和晶体管的输出特性如图 1.3.1 所示，电压源电压 $U_{CC}=24\ V$，直流偏置电压 $U_{BB}=0.7\ V$，晶体管的导通电压 $U_{BE(on)}=0.7\ V$，交流输入电压 u_b 的振幅 $U_{bm}=0.4\ V$，谐振电阻 $R_e=20\ \Omega$。计算通角 θ，确定谐振功放的工作状态，计算交流输出功率 P_o 和集电极效率 η_C，画出动特性曲线、集电极电流 i_C 和晶体管输出电压 u_{CE} 的波形。

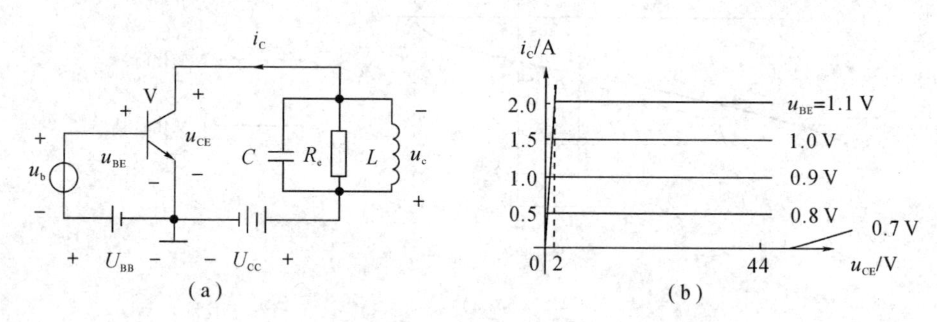

图 1.3.1 谐振功率放大器和晶体管的输出特性

(a) 谐振功率放大器；(b) 晶体管的输出特性

解 通角为

$$\theta=\arccos\frac{U_{BE(on)}-U_{BB}}{U_{bm}}=\arccos\frac{0.7\ V-0.7\ V}{0.4\ V}=\frac{\pi}{2}$$

晶体管输入电压 u_{BE} 的最大值为

$$u_{BEmax}=U_{BB}+U_{bm}=0.7\ V+0.4\ V=1.1\ V$$

假设谐振功放工作在临界状态或欠压状态，则 i_C 为余弦脉冲，峰值 $i_{Cmax}=2\ A$，基波分量的振幅为

$$I_{c1m}=i_{Cmax}\alpha_1(\theta)=2\ A\times\alpha_1\left(\frac{\pi}{2}\right)=1\ A$$

交流输出电压 u_c 的振幅为

$$U_{cm}=R_eI_{c1m}=20\ \Omega\times1\ A=20\ V$$

u_{CE} 的最小值为

$$u_{CEmin}=U_{CC}-U_{cm}=24\ V-20\ V=4\ V>2\ V$$

所以假设正确，谐振功放工作在欠压状态。

交流输出功率为

$$P_o=0.5I_{c1m}U_{cm}=0.5\times1\ A\times20\ V=10\ W$$

i_C 的直流分量的幅度为

$$I_{C0}=i_{Cmax}\alpha_0(\theta)=2\ A\times\alpha_0\left(\frac{\pi}{2}\right)=0.636\ A$$

直流输入功率为

$$P_E = I_{C0}U_{CC} = 0.636\ \text{A} \times 24\ \text{V} = 15.3\ \text{W}$$

故集电极效率为

$$\eta_C = \frac{P_o}{P_E} = \frac{10\ \text{W}}{15.3\ \text{W}} = 65.4\%$$

动特性曲线的起点 A 的横坐标 $u_{CEmin} = 4$ V，终点 C 的横坐标 $u_{CEmax} = U_{CC} + U_{cm} = 24$ V$+$20 V$=$44 V，拐点 D 的横坐标 $U_{CE(D)} = U_{CC} - U_{cm}\cos(\theta) = 24\ \text{V} - 20\ \text{V} \times \cos(\pi/2) = 24$ V，动特性曲线、i_C 和 u_{CE} 的波形如图 1.3.2 所示。

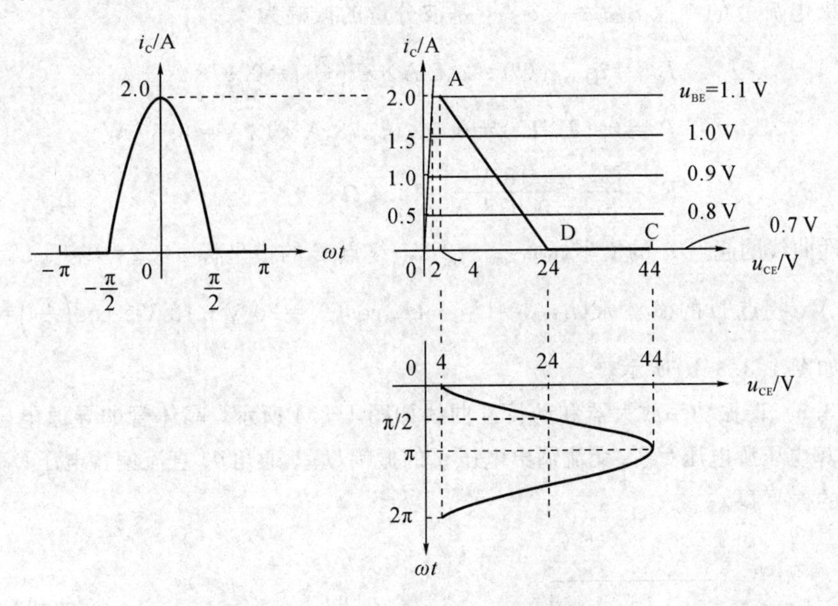

图 1.3.2　动特性曲线、i_C 和 u_{CE} 的波形

例 1.3.2　谐振功率放大器中晶体管的输出特性如图 1.3.3(a)所示，电压源电压 $U_{CC}=$ 20 V，直流偏置电压 $U_{BB} = -0.4$ V，晶体管的导通电压 $U_{BE(on)} = 0.6$ V，交流输入电压的振幅 $U_{bm} = 2$ V，交流输出电压的振幅 $U_{cm} = 18$ V。计算通角 θ，确定谐振功放的工作状态，计算交流输出功率 P_o 和谐振电阻 R_e，画出动特性曲线。

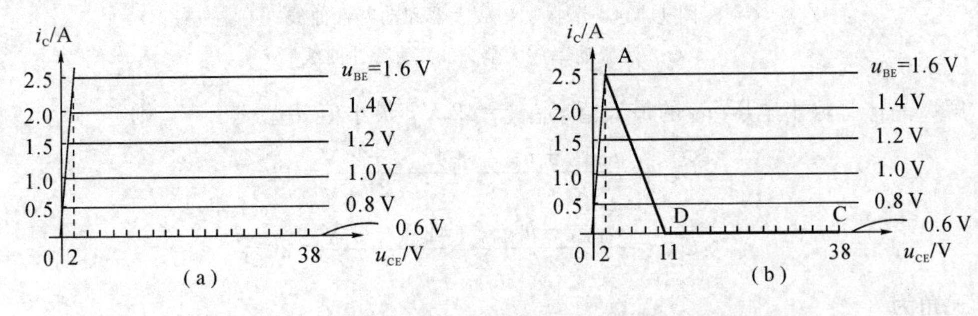

图 1.3.3　晶体管的输出特性和谐振功放的动特性曲线

(a) 输出特性；(b) 动特性曲线

解 通角为

$$\theta=\arccos\frac{U_{BE(on)}-U_{BB}}{U_{bm}}=\arccos\frac{0.6\ V-(-0.4\ V)}{2\ V}=\frac{\pi}{3}$$

晶体管输入电压的最大值为

$$u_{BEmax}=U_{BB}+U_{bm}=(-0.4\ V)+2\ V=1.6\ V$$

输出电压 u_{CE} 的最小值为

$$u_{CEmin}=U_{CC}-U_{cm}=20\ V-18\ V=2\ V$$

所以谐振功放工作在临界状态。

集电极电流 i_C 的峰值 $i_{Cmax}=2.5$ A，基波分量的振幅为

$$I_{c1m}=i_{Cmax}\alpha_1(\theta)=2.5\ A\times\alpha_1\left(\frac{\pi}{3}\right)=0.978\ A$$

$$P_o=0.5I_{c1m}U_{cm}=0.5\times0.978\ A\times18\ V=8.80\ W$$

$$R_e=\frac{U_{cm}}{I_{c1m}}=\frac{18\ V}{0.978\ A}=18.4\ \Omega$$

动特性曲线的起点 A 的横坐标 $u_{CEmin}=2$ V，终点 C 的横坐标 $u_{CEmax}=U_{CC}+U_{cm}=20\ V+18\ V=38$ V，拐点 D 的横坐标 $U_{CE(D)}=U_{CC}-U_{cm}\cos(\theta)=20\ V-18\ V\times\cos\left(\frac{\pi}{3}\right)=11$ V，动特性曲线如图 1.3.3(b)所示。

例 1.3.3 谐振功率放大器和动特性曲线如图 1.3.4 所示，晶体管的导通电压 $U_{BE(on)}=0.6$ V。计算电压源电压 U_{CC}、交流输出电压 u_c 的振幅 U_{cm}、通角 θ、直流偏置电压 U_{BB} 和交流输入电压 u_b 的振幅 U_{bm}。

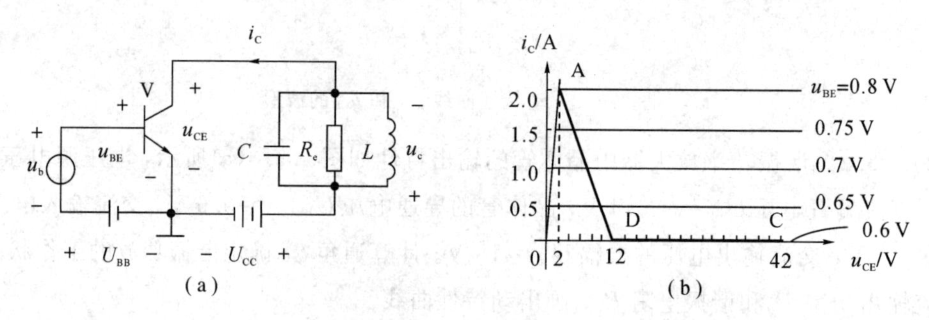

图 1.3.4 谐振功率放大器和动特性曲线

(a) 谐振动率放大器；(b) 动特性曲线

解 晶体管输出电压 u_{CE} 的最大值 $u_{CEmax}=42$ V，最小值 $u_{CEmin}=2$ V，则

$$U_{CC}=\frac{u_{CEmax}+u_{CEmin}}{2}=\frac{42\ V+2\ V}{2}=22\ V$$

$$U_{cm}=\frac{u_{CEmax}-u_{CEmin}}{2}=\frac{42\ V-2\ V}{2}=20\ V$$

通角为

$$\theta=\arccos\frac{U_{CC}-U_{CE(D)}}{U_{cm}}=\arccos\frac{22\ V-12\ V}{20\ V}=\frac{\pi}{3}$$

晶体管输入电压 u_{BE} 的最大值为

$$u_{\text{BEmax}} = U_{\text{BB}} + U_{\text{bm}} = 0.8\ \text{V} \tag{1.3.1}$$

又有

$$\theta = \frac{\pi}{3} = \arccos\frac{U_{\text{BE(on)}} - U_{\text{BB}}}{U_{\text{bm}}} = \arccos\frac{0.6\ \text{V} - U_{\text{BB}}}{U_{\text{bm}}} \tag{1.3.2}$$

式(1.3.1)与式(1.3.2)联立，解得 $U_{\text{BB}}=0.4\ \text{V}$，$U_{\text{bm}}=0.4\ \text{V}$。

例 1.3.4　谐振功率放大器的部分动特性曲线如图 1.3.5 所示，电压源电压 $U_{\text{CC}}=24\ \text{V}$。计算交流输出功率 P_{o}和谐振电阻 R_{e}。

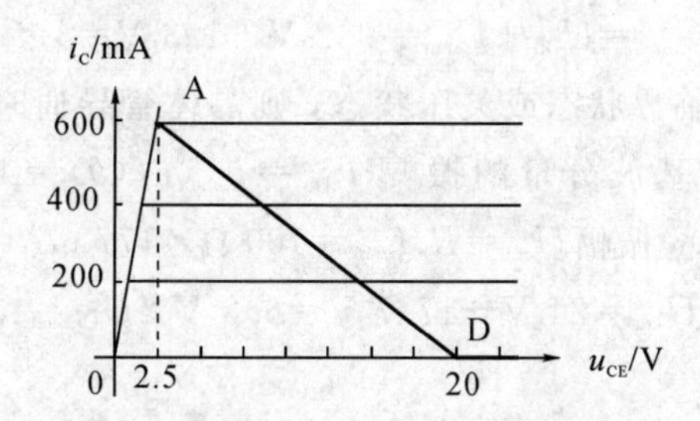

图 1.3.5　谐振功放的部分动特性曲线

解　晶体管输出电压 u_{CE}的最小值 $u_{\text{CEmin}}=2.5\ \text{V}$，交流输出电压的振幅为

$$U_{\text{cm}}=U_{\text{CC}}-u_{\text{CEmin}}=24\ \text{V}-2.5\ \text{V}=21.5\ \text{V}$$

通角为

$$\theta = \arccos\frac{U_{\text{CC}} - U_{\text{CE(D)}}}{U_{\text{cm}}} = \arccos\frac{24\ \text{V} - 20\ \text{V}}{21.5\ \text{V}} = 1.38\ \text{rad}$$

集电极电流 i_{C}的峰值 $i_{\text{Cmax}}=600\ \text{mA}$，基波分量的振幅为

$$I_{\text{c1m}}=i_{\text{Cmax}}\alpha_1(\theta)=600\ \text{mA}\times\alpha_1(1.38\ \text{rad})=281\ \text{mA}$$

交流输出功率为

$$P_{\text{o}}=0.5I_{\text{c1m}}U_{\text{cm}}=0.5\times281\ \text{mA}\times21.5\ \text{V}=3.02\ \text{W}$$

$$R_{\text{e}}=\frac{U_{\text{cm}}}{I_{\text{c1m}}}=\frac{21.5\ \text{V}}{281\ \text{mA}}=76.5\ \Omega$$

例 1.3.5　谐振功率放大器和晶体管的转移特性如图 1.3.6 所示，电压源电压 $U_{\text{CC}}=24\ \text{V}$，直流偏置电压 $U_{\text{BB}}=0.2\ \text{V}$，晶体管的导通电压 $U_{\text{BE(on)}}=0.6\ \text{V}$，饱和压降 $U_{\text{CE(sat)}}=1\ \text{V}$，$LC$ 并联谐振回路的谐振频率 $\omega_0=2\pi\times10^6\ \text{rad/s}$。

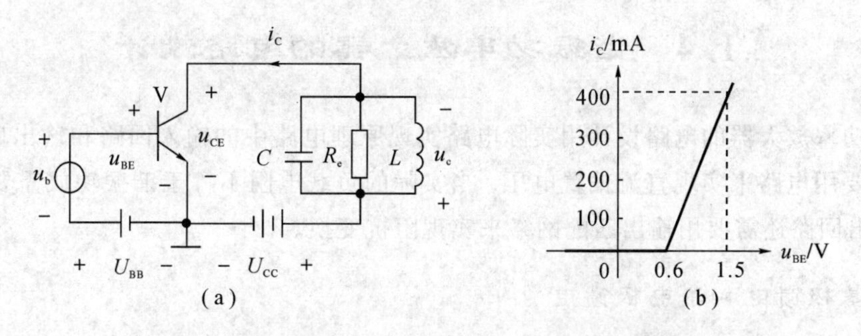

图 1.3.6　谐振功率放大器和晶体管的转移特性曲线

(a) 谐振功率放大器；(b) 晶体管的转移特性曲线

(1) 交流输入电压 $u_b=1.3\cos 2\pi\times10^6 t$ V，谐振电阻 $R_e=100\ \Omega$。确定谐振功放的工作状态，计算交流输出功率 P_o 和集电极效率 η_C。

(2) 交流输入电压 $u_b=1.3\cos\pi\times10^6 t$ V。R_e 取何值时，P_o 达到最大？计算 P_o 的最大值。

解 (1) 交流输入电压 u_b 的振幅 $U_{bm}=1.3$ V，通角为

$$\theta=\arccos\frac{U_{BE(on)}-U_{BB}}{U_{bm}}=\arccos\frac{0.6\ \text{V}-0.2\ \text{V}}{1.3\ \text{V}}=1.26\ \text{rad}$$

晶体管输入电压 u_{BE} 的最大值为

$$u_{BEmax}=U_{BB}+U_{bm}=0.2\ \text{V}+1.3\ \text{V}=1.5\ \text{V}$$

假设谐振功放工作在临界状态或欠压状态，则晶体管导通时处于放大区，集电极电流 i_C 的峰值 $i_{Cmax}=400$ mA，基波分量的振幅 $I_{c1m}=i_{Cmax}\alpha_1(\theta)=400\ \text{mA}\times\alpha_1(1.26\ \text{rad})=177$ mA，交流输出电压 u_c 的振幅 $U_{cm}=R_eI_{c1m}=100\ \Omega\times177\ \text{mA}=17.7$ V，晶体管输出电压 u_{CE} 的最小值 $u_{CEmin}=U_{CC}-U_{cm}=24\ \text{V}-17.7\ \text{V}=6.3\ \text{V}>U_{CE(sat)}$，所以假设正确，谐振功放工作在欠压状态。

交流输出功率为

$$P_o=0.5I_{c1m}U_{cm}=0.5\times177\ \text{mA}\times17.7\ \text{V}=1.57\ \text{W}$$

i_C 的直流分量的幅度为

$$I_{C0}=i_{Cmax}\alpha_0(\theta)=400\ \text{mA}\times\alpha_0(1.26\ \text{rad})=104\ \text{mA}$$

直流输入功率为

$$P_E=I_{C0}U_{CC}=104\ \text{mA}\times24\ \text{V}=2.50\ \text{W}$$

$$\eta_C=\frac{P_o}{P_E}=\frac{1.57\ \text{W}}{2.50\ \text{W}}=62.8\%$$

(2) 此时，LC 回路对 i_C 的二次谐波分量谐振。当 P_o 最大时，谐振功放工作在临界状态，$u_{CEmin}=U_{CE(sat)}=1$ V，$U_{cm}=U_{CC}-u_{CEmin}=24\ \text{V}-1\ \text{V}=23$ V。θ 和 i_{Cmax} 不变，i_C 的二次谐波分量的振幅为

$$I_{c2m}=i_{Cmax}\alpha_2(\theta)=400\ \text{mA}\times\alpha_2(126\ \text{rad})=106\ \text{mA}$$

$$R_e=\frac{U_{cm}}{I_{c2m}}=\frac{23\ \text{V}}{106\ \text{mA}}=217\ \Omega$$

$$P_o=0.5I_{c2m}U_{cm}=0.5\times106\ \text{mA}\times23\ \text{V}=1.22\ \text{W}$$

1.4 谐振功率放大器的电路设计

谐振功率放大器的电路设计用实际电路实现原理电路中的输入回路和输出回路。输入回路还需要用电路来实现直流偏置电压。当实际的负载电阻不等于谐振功放需要的谐振电阻时，输出回路还需要用输出匹配网络来实现阻抗变换。

1.4.1 基极馈电和集电极馈电

输入回路中实现直流和交流的电流叠加和电压叠加的电路设计称为基极馈电，输出回路中相应的电路设计称为集电极馈电。

基极馈电包括串联馈电和并联馈电两种基本形式，分别如图 1.4.1(a)、(b)所示。基极电流 i_B是余弦脉冲，等于集电极电流 i_C除以晶体管的共发射极电流放大倍数 β。i_B可以分解为直流分量 I_{B0}和交流分量 i_b，i_b包括基波分量 $I_{b1m}\cos\omega t$ 和各次谐波分量。高频扼流圈 L_c对直流和低频信号近似短路，对高频信号近似开路；旁路电容 C_{BP}和交流耦合电容 C_B对直流和低频信号开路，对高频信号短路。通过 L_c、C_{BP}和 C_B对 I_{B0}和 i_b相反的作用，使 I_{B0}和 i_b分别流过直流通路和交流通路，在晶体管的基极和发射极叠加，并将直流偏置电压 U_{BB}和交流输入电压 u_b叠加为晶体管的输入电压 u_{BE}。

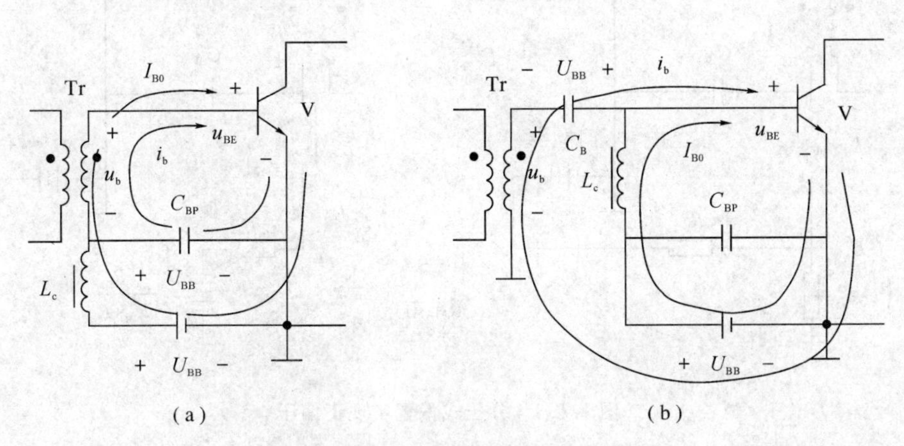

图 1.4.1　基极馈电

(a) 串联馈电；(b) 并联馈电

集电极馈电也有串联馈电和并联馈电两种基本形式，如图 1.4.2 所示。I_{C0}和 i_c代表集电极电流 i_C中的直流分量和交流分量，通过高频扼流圈 L_c、旁路电容 C_{BP}和交流耦合电容 C_C对 I_{C0}和 i_c的短路和开路，使 I_{C0}和 i_c分别流过直流通路和交流通路，在晶体管的集电极和发射极叠加，并将电压源电压 U_{CC}和交流输出电压 u_c反向叠加为晶体管的输出电压 u_{CE}。

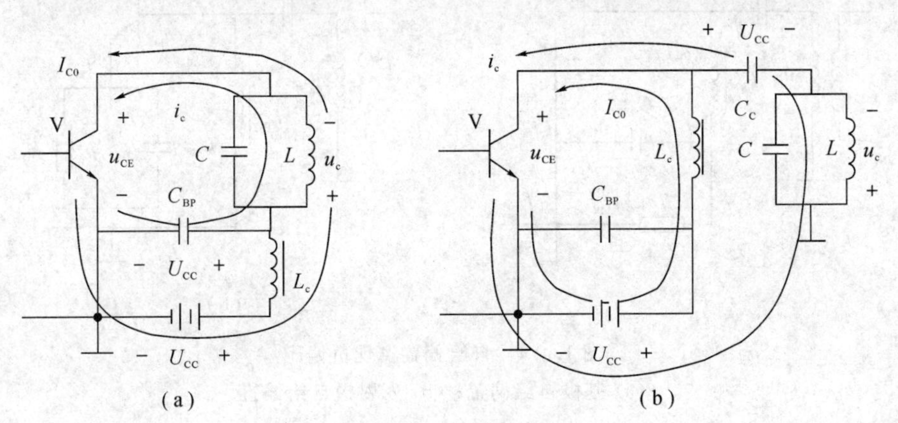

图 1.4.2　集电极馈电

(a) 串联馈电；(b) 并联馈电

基极馈电用电路生成直流偏置电压 U_{BB}，U_{BB}可以取较小的正值，也可以取负值或零，分别称为正偏压、负偏压和零偏压。

正偏压 U_{BB}需要用电压源电压 U_{CC}经过分压式偏置实现。图 1.4.3 以串联馈电为例，给

出了 U_{BB} 的产生电路。其中，两个电阻 R_{B1} 和 R_{B2} 对 U_{CC} 分压，获得 U_{BB}。根据戴维南定理等效处理分压式偏置电路，有

$$U_{BB}=\frac{R_{B2}}{R_{B1}+R_{B2}}U_{CC}-I_{B0}(R_{B1}/\!/R_{B2})$$

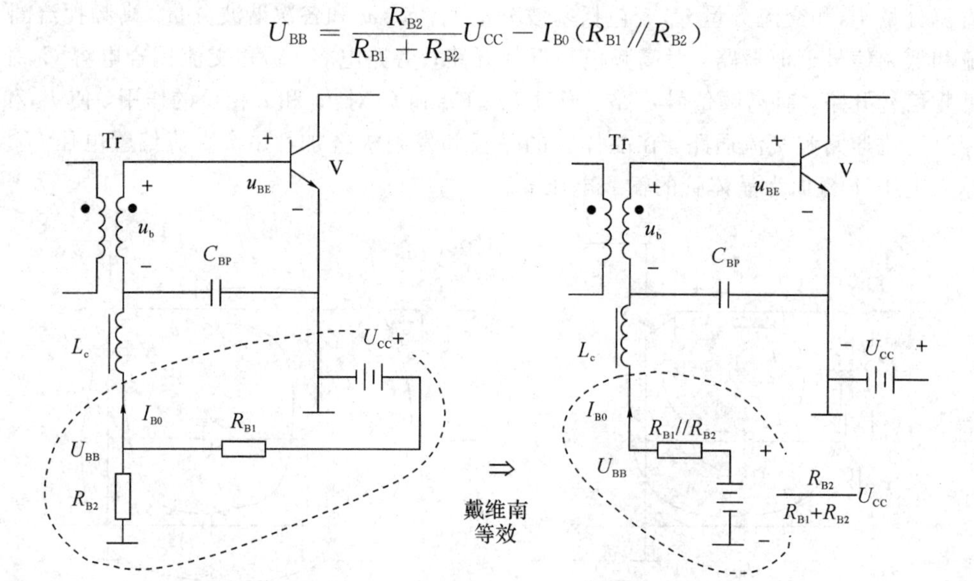

图 1.4.3　分压式偏置实现正偏压

负偏压 U_{BB} 可以通过自给偏置即用直流电流流过电阻来实现。图 1.4.4(a)以并联馈电为例，给出了基极自给偏置电路和直流电流的分布，原来 U_{BB} 位置的电压源替换为电阻 R_B，基极电流的直流分量 I_{B0} 流过 R_B，$U_{BB}=-I_{B0}R_B$。图 1.4.4(b)所示为发射极自给偏置电路，流过电阻 R_E 的是发射极电流的直流分量 I_{E0}，$U_{BB}=-I_{E0}R_E$。

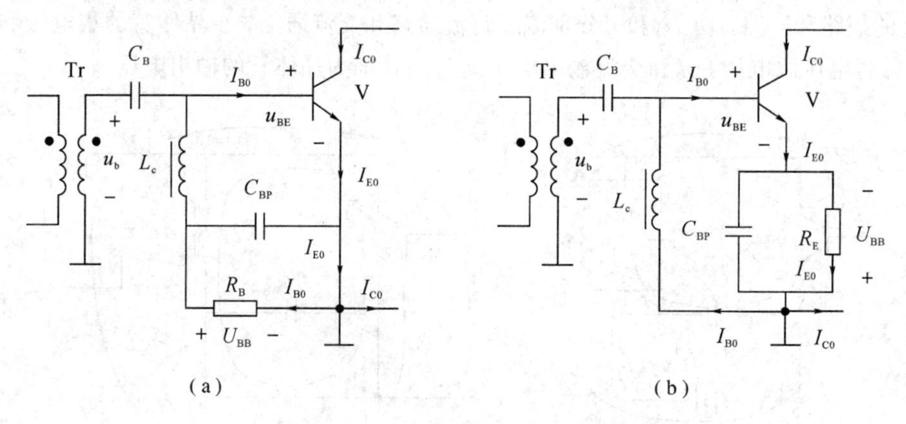

图 1.4.4　自给偏置实现负偏压

(a) 基极自给偏置；(b) 发射极自给偏置

零偏压可以视为分压式偏置或自给偏置的特例。在如图 1.4.3 所示的分压式偏置电路中，将电阻 R_{B2} 短路，则正偏压为零，如图 1.4.5(a)所示。在如图 1.4.4 所示的自给偏置电路中，将电阻 R_B 或 R_E 短路，则负偏压为零，如图 1.4.5(b)所示。在串联馈电的零偏压电路中不需要高频扼流圈 L_c 和旁路电容 C_{BP}，在并联馈电的零偏压电路中，仍然需要 L_c 和交流耦合电容 C_B，使交流输入电压 u_b 成为晶体管的输入电压 u_{BE}。

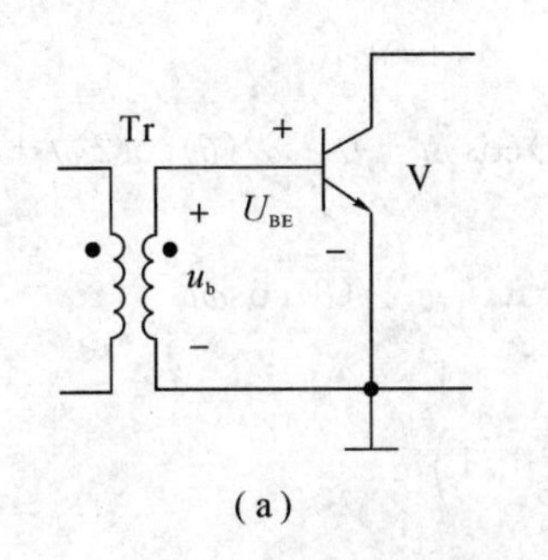

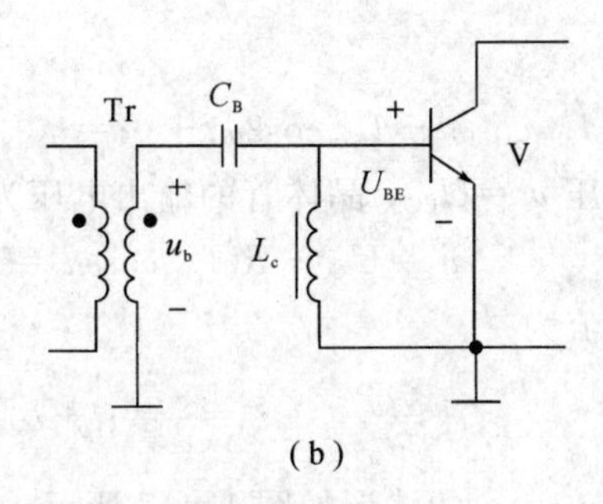

图 1.4.5　零偏压的实现

(a) 串联馈电；(b) 并联馈电

例 1.4.1　谐振功率放大器如图 1.4.6 所示。说明输入回路和输出回路的馈电形式、输入回路直流偏置电压 U_{BB} 的实现方式。已知电压源电压 U_{CC}、交流输入电压 $u_b = U_{bm}\cos\omega t$、集电极电流 i_C 的峰值 i_{Cmax} 和通角 θ、晶体管的共发射极电流放大倍数 β、电阻 R_B 和谐振电阻 R_e，LC 并联谐振回路的谐振频率 $\omega_0 = \omega$。写出图中各个节点的电流 $i_1 \sim i_6$ 和电位 $u_1 \sim u_4$ 的表达式，并画出波形。

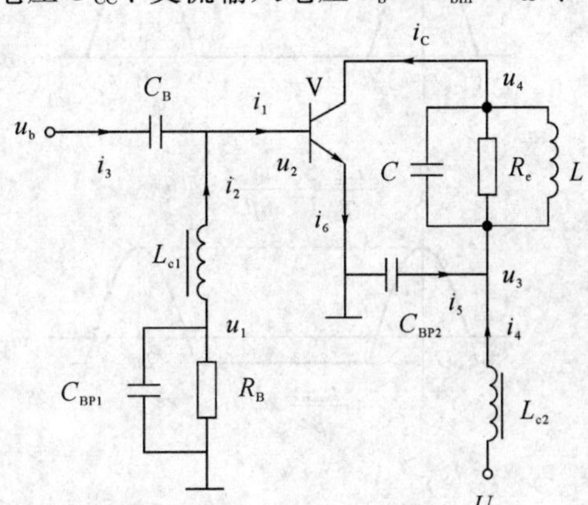

图 1.4.6　基极馈电和集电极馈电实现的谐振功放

解　输入回路采用并联馈电，输出回路采用串联馈电，U_{BB} 为负偏压，通过基极自给偏置实现。

基极电流 $i_1 = i_B = \dfrac{i_C}{\beta}$，$i_1$ 是峰值为 $\dfrac{i_{Cmax}}{\beta}$、通角为 θ 的余弦脉冲。

$$i_1 = I_{B0} + I_{b1m}\cos\omega t + I_{b2m}\cos 2\omega t + \cdots$$

其中，I_{B0} 为直流分量，交流分量包括基波分量 $I_{b1m}\cos\omega t$、二次谐波分量 $I_{b2m}\cos 2\omega t$，等等。则直流分量为

$$i_2 = I_{B0} = \frac{i_{Cmax}}{\beta} \times \alpha_0(\theta)$$

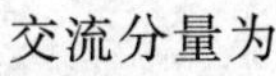

交流分量为

$$i_3 = I_{b1m}\cos\omega t + I_{b2m}\cos 2\omega t + \cdots = \frac{i_{Cmax}}{\beta} \times \alpha_1(\theta)\cos\omega t + \frac{i_{Cmax}}{\beta} \times \alpha_2(\theta)\cos 2\omega t + \cdots$$

直流偏置电压为

$$u_1 = U_{BB} = -\ I_{B0}R_B = -\ \frac{i_{Cmax}}{\beta} \times \alpha_0(\theta)R_B$$

晶体管的输入电压为

$$u_2 = u_1 + u_b = -\ \frac{i_{Cmax}}{\beta} \times \alpha_0(\theta)R_B + U_{bm}\cos\omega t$$

集电极电流为

$$i_C = I_{C0} + I_{c1m}\cos\omega t + I_{c2m}\cos 2\omega t + \cdots$$

直流分量为

$$i_4 = I_{C0} = i_{Cmax}\alpha_0(\theta)$$

交流分量为

$$i_5 = I_{c1m}\cos\omega t + I_{c2m}\cos 2\omega t + \cdots = i_{Cmax}\alpha_1(\theta)\cos\omega t + i_{Cmax}\alpha_2(\theta)\cos 2\omega t + \cdots$$

电压源电压 $u_3 = U_{CC}$，晶体管的输出电压为

$$u_4 = U_{CC} - R_e I_{c1m}\cos\omega t = U_{CC} - R_e i_{Cmax}\alpha_1(\theta)\cos\omega t$$

发射极电流为

$$i_6 = i_E = i_1 + i_C = \left(\frac{1}{\beta} + 1\right) i_C$$

$i_1 \sim i_6$ 和 $u_1 \sim u_4$ 的波形如图 1.4.7 所示。

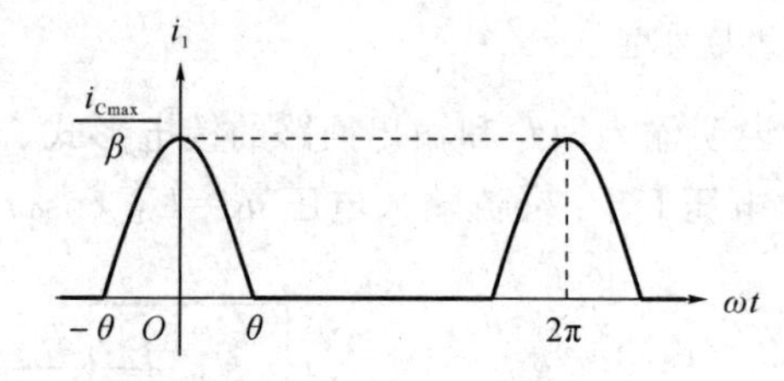

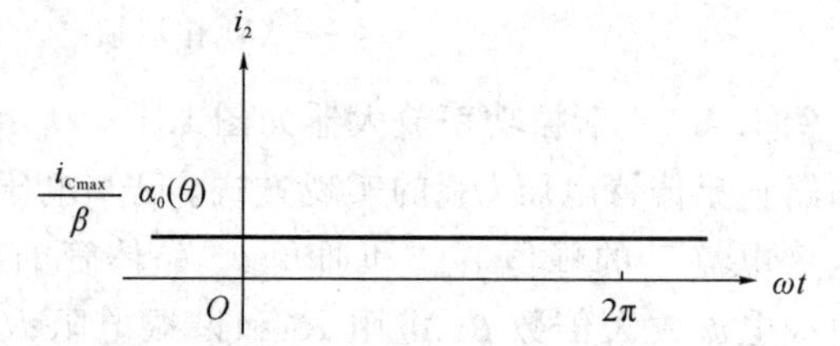

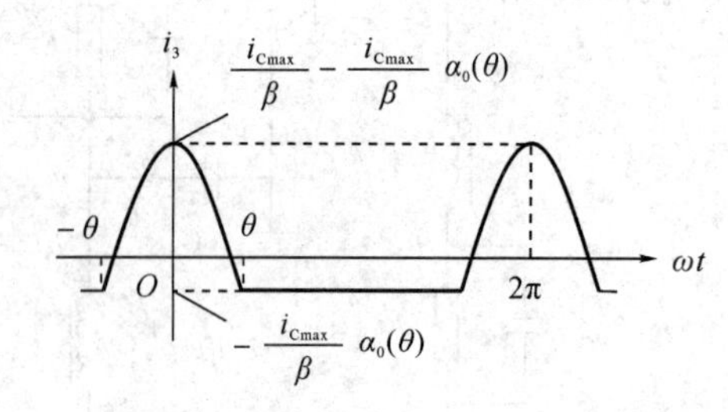

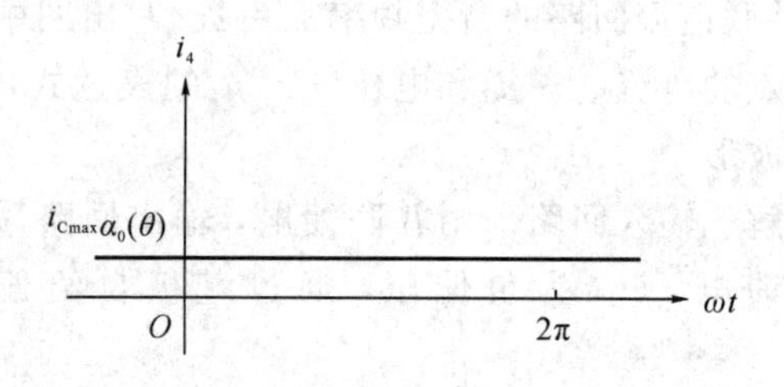

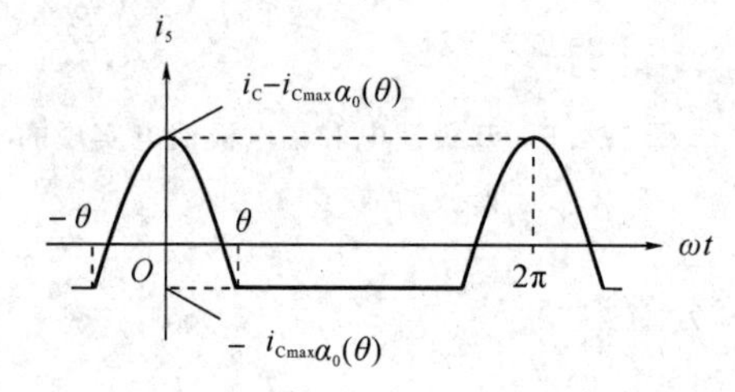

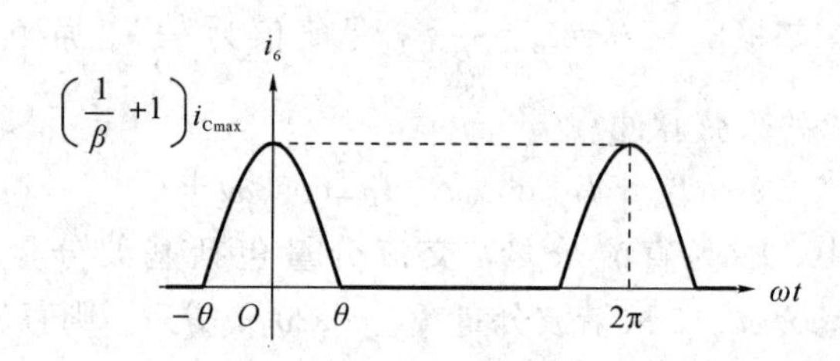

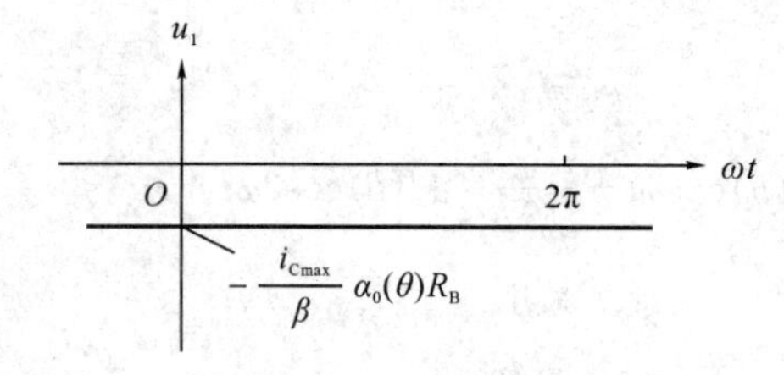

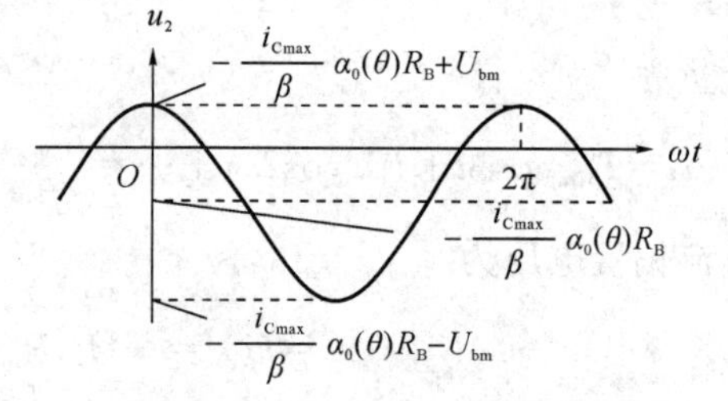

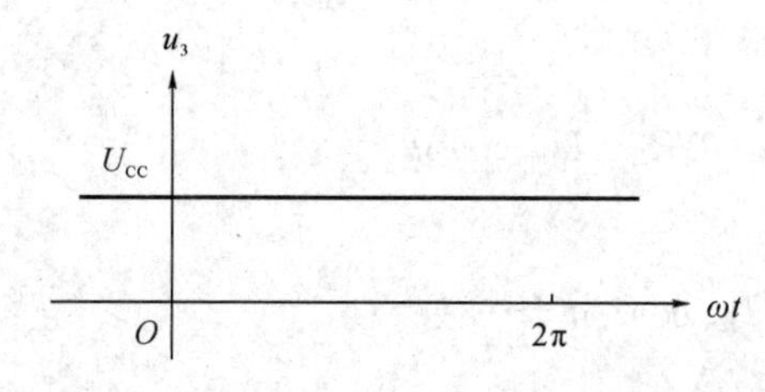

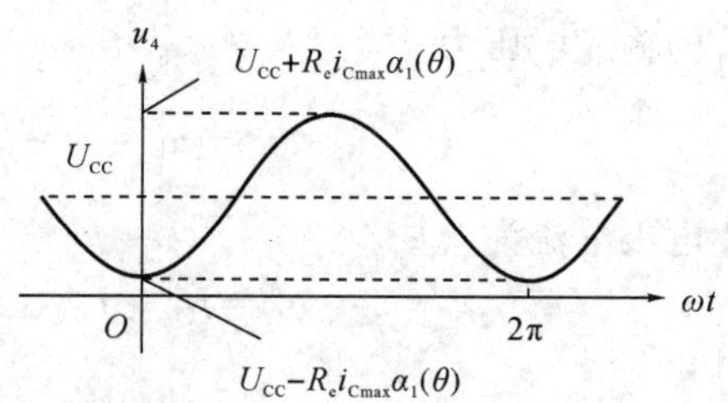

图 1.4.7　$i_1 \sim i_6$ 和 $u_1 \sim u_4$ 的波形

1.4.2　匹配网络

谐振功率放大器的匹配网络在选频滤波的同时，主要完成阻抗变换，把后级电路等效的负载电阻变为临界状态、欠压状态或过压状态对应的谐振电阻，维持谐振功放工作在各个工作状态。匹配网络有两种基本设计：一种是 LC 并联谐振回路型匹配网络，另一种是 LC 滤波器型匹配网络。

1. *LC* 并联谐振回路型匹配网络

LC 并联谐振回路型匹配网络如图 1.4.8 所示，原 LC 并联谐振回路的电感 L 作为变压器的原边，变压器的副边连接负载电阻 R_L。调整原边和副边的匝数比 $(N_1+N_2)/N_3$ 可以修改 LC 回路两端的固有谐振电阻 R_{eo}，既而决定 LC 回路作为带通滤波器的选频滤波性能，如品质因数 Q_e 和带宽 BW_{BPF}。匝数比确定后，可以调整电容 C 使谐振频率 f_0 为交流信号的频率，获得交流输出电压。在此基础上，继续调整抽头位置，改变抽头和 LC 回路下端之间的谐振电阻，直到其取值为谐振功率放大器要求的谐振电阻 R_e。

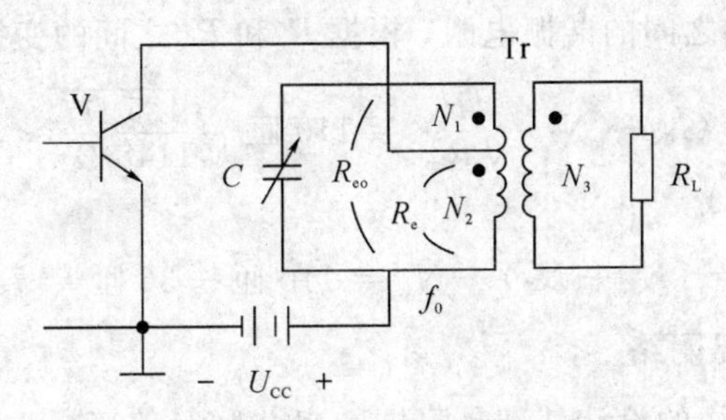

图 1.4.8　LC 并联谐振回路型匹配网络

用于设计如图 1.4.8 所示的 LC 并联谐振回路型匹配网络的相关公式有

$$Q_e=\frac{f_0}{BW_{BPF}}=\frac{R_{eo}}{2\pi f_0 L}=R_{eo}\times 2\pi f_0 C \tag{1.4.1}$$

$$\frac{R_{eo}}{R_L}=\left(\frac{N_1+N_2}{N_3}\right)^2 \tag{1.4.2}$$

$$\frac{R_e}{R_{eo}}=\left(\frac{N_2}{N_1+N_2}\right)^2 \tag{1.4.3}$$

已知 f_0 和 BW_{BPF}，可以根据式(1.4.1)计算 Q_e，既而计算 R_{eo}。得到 R_{eo}、R_L 和 R_e 后，根据式(1.4.2)和式(1.4.3)就可以确定 N_1、N_2 和 N_3 的关系，完成电路设计。为了提高非理想匹配网络的功率传输效率，后接天线的末级谐振功放一般设计为工作在略欠压状态，此时，R_{eo} 变化，集电极电流 i_C 不变，所以晶体管的输出电阻很大，R_{eo} 仅由 R_L 通过式(1.4.2)提供。

例 1.4.2　谐振功率放大器采用如图 1.4.9 所示的 LC 并联谐振回路型匹配网络，谐振频率 $f_0=105$ MHz，带宽 $BW_{BPF}=4.2$ MHz，电容 $C=33$ pF，谐振功放工作在略欠压状态，对应的谐振电阻 $R_e=125\ \Omega$，负载电阻 $R_L=50\ \Omega$，变压器原边的匝数 $N_1+N_2=110$。计算 N_1、N_2 和副边的匝数 N_3。

解　LC 并联谐振回路的品质因数为

$$Q_e=\frac{f_0}{BW_{BPF}}=\frac{105\ \text{MHz}}{4.2\ \text{MHz}}=25$$

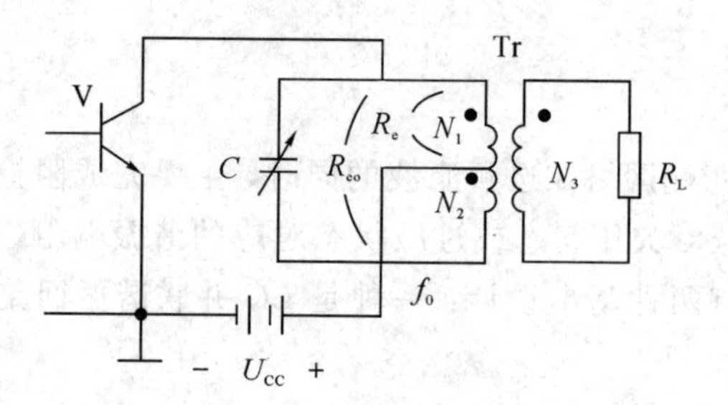

图 1.4.9 LC 并联谐振回路型匹配网络

LC 回路两端的固有谐振电阻为

$$R_{eo}=\frac{Q_e}{2\pi f_0 C}=\frac{25}{2\pi\times 105\ \text{MHz}\times 33\ \text{pF}}=1148\ \Omega$$

根据 R_L 和 R_{eo} 之间的变换关系，有

$$N_3=(N_1+N_2)\sqrt{\frac{R_L}{R_{eo}}}=110\ 匝\sqrt{\frac{50\ \Omega}{1148\ \Omega}}\approx 23\ 匝$$

R_e 是抽头和 LC 回路上端之间的谐振电阻，根据 R_e 和 R_{eo} 之间的变换关系，有

$$N_1=(N_1+N_2)\sqrt{\frac{R_e}{R_{eo}}}=110\ 匝\sqrt{\frac{125\ \Omega}{1148\ \Omega}}\approx 36\ 匝$$

从而

$$N_2=(N_1+N_2)-N_1=110\ 匝-36\ 匝=74\ 匝$$

2. LC 滤波器型匹配网络

LC 滤波器型匹配网络的设计基础是阻抗的串并联等效变换。如图 1.4.10 所示，电阻 R_s 和电抗 X_s 串联，电阻 R_p 和电抗 X_p 并联。串联和并联结构的对外阻抗相等，即 $R_s+jX_s=R_p/\!/jX_p$，由此得到四个元件取值的关系为

$$R_p=R_s(1+Q_e^2) \tag{1.4.4}$$

$$X_p=X_s\left(1+\frac{1}{Q_e^2}\right) \tag{1.4.5}$$

$$Q_e=\frac{|X_s|}{R_s}=\frac{R_p}{|X_p|} \tag{1.4.6}$$

其中，Q_e 为滤波器的品质因数。从式(1.4.4)和式(1.4.5)可以看出，并联电阻 R_p 大于串联电阻 R_s，并联电抗 X_p 则与串联电抗 X_s 性质相同，二者同为电感或者同为电容。

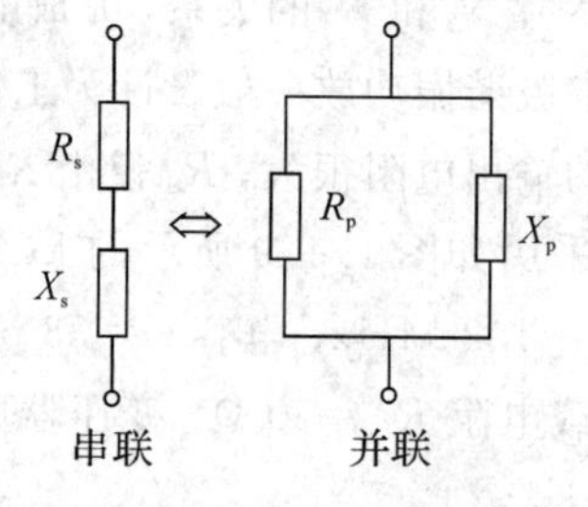

图 1.4.10 串并联等效变换

根据串并联等效变换，如果负载电阻 R_L 小于谐振电阻 R_e，则应该将 R_L 作为 R_s，串联 X_s，从串联变换为并联后得到较大的 R_p 成为 R_e。根据 $R_s=R_L$ 和 $R_p=R_e$，首先由式(1.4.4)

计算 Q_e，再根据式(1.4.6)计算 X_s。这时，并联结构中存在式(1.4.5)给出的 X_p，需要再添加一个相反性质的电抗 $-X_p$，使之与 X_p 并联谐振，谐振电阻就是 R_e。上述电路设计过程如图 1.4.11(a)所示，根据交流信号的频率可以继续计算出 X_s 和 $-X_p$ 对应的电抗取值，完成电路设计。

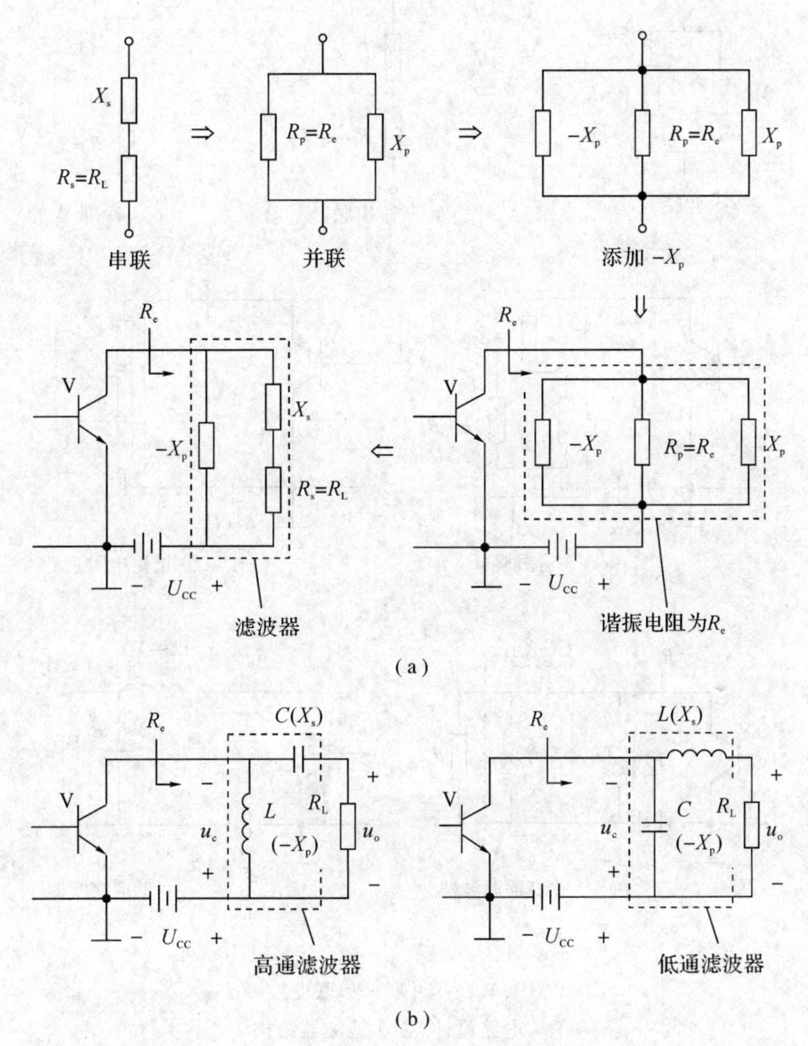

图 1.4.11 串联—并联变换

(a) 电路设计；(b) 滤波器结构

根据 $-X_p$ 与 X_s 是电感还是电容，图 1.4.11(b)给出了两种具体的滤波器。当 $-X_p$ 为电感 L，X_s 为电容 C 时，两个元件构成高通滤波器；当 $-X_p$ 为电容 C，X_s 为电感 L 时，两个元件构成低通滤波器。

如果负载电阻 R_L 大于谐振电阻 R_e，则应该将 R_L 作为 R_p，并联 X_p，从并联变换为串联后得到较小的 R_s 成为 R_e。根据 $R_p=R_L$ 和 $R_s=R_e$，首先由式(1.4.4)计算 Q_e，再根据式(1.4.6)计算 X_p。这时，串联结构中存在式(1.4.5)给出的 X_s，需要再添加一个相反性质的电抗 $-X_s$，使之与 X_s 串联谐振，谐振电阻就是 R_e。上述电路设计过程如图 1.4.12(a)所示，根据交流信号的频率可以继续计算出 X_p 和 $-X_s$ 对应的电抗取值，完成电路设计。

根据$-X_s$与X_p是电容还是电感，图 1.4.12(b)给出了两种具体的滤波器。当$-X_s$为电容C，X_p为电感L时，两个元件构成高通滤波器，高频扼流圈L_c用于构成直流通路；当$-X_s$为电感L，X_p为电容C时，两个元件构成低通滤波器。

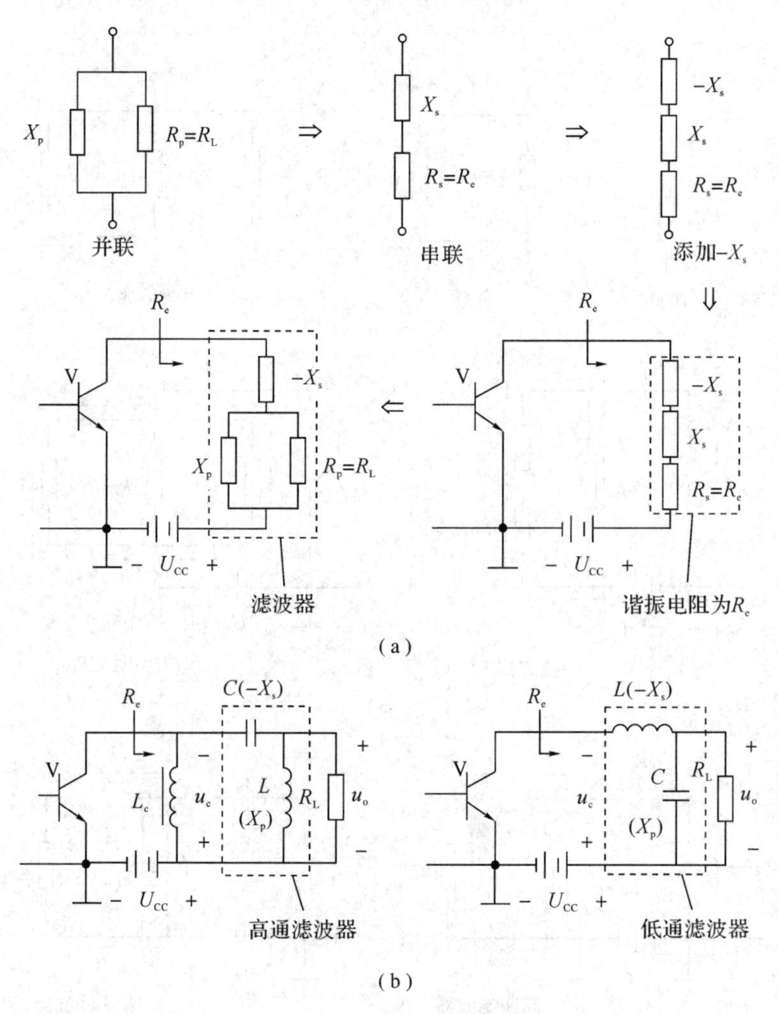

图 1.4.12 并联—串联变换

(a) 电路设计；(b) 滤波器结构

图 1.4.11(b)和图 1.4.12(b)所示的滤波器称为 L 型匹配网络。经过 L 型匹配网络，负载电阻R_L对谐振功率放大器的集电极电流i_C中的基波分量$I_{c1m}\cos\omega t$表现为谐振电阻R_e，得到交流输出功率，i_C中的其他频率分量则被滤波。如果 L 型匹配网络是低通滤波器，则i_C中的直流分量I_{C0}会在R_L上产生直流输出电压，二次谐波分量和高次谐波分量都被滤除。如果 L 型匹配网络是高通滤波器，则i_C中的I_{C0}被滤除，但二次谐波分量和高次谐波分量会在R_L上产生交流输出电压。

例 1.4.3 用 L 型匹配网络实现谐振功率放大器与天线级联时的阻抗匹配，如图 1.4.13 所示。已知交流信号的频率$f=13.3$ MHz，谐振功放要求的谐振电阻为R_e，天线等效的负载电阻为R_L。根据以下的电阻取值和滤波要求选择电路，并计算其中电感L和电容C的取值。

(1) $R_e=200\ \Omega$，$R_L=50\ \Omega$，需要滤除谐波分量。

(2) $R_e=220\ \Omega$，$R_L=50\ \Omega$，需要滤除直流分量。

(3) $R_e=13\ \Omega$，$R_L=75\ \Omega$，需要滤除谐波分量。

(4) $R_e=17\ \Omega$，$R_L=75\ \Omega$，需要滤除直流分量。

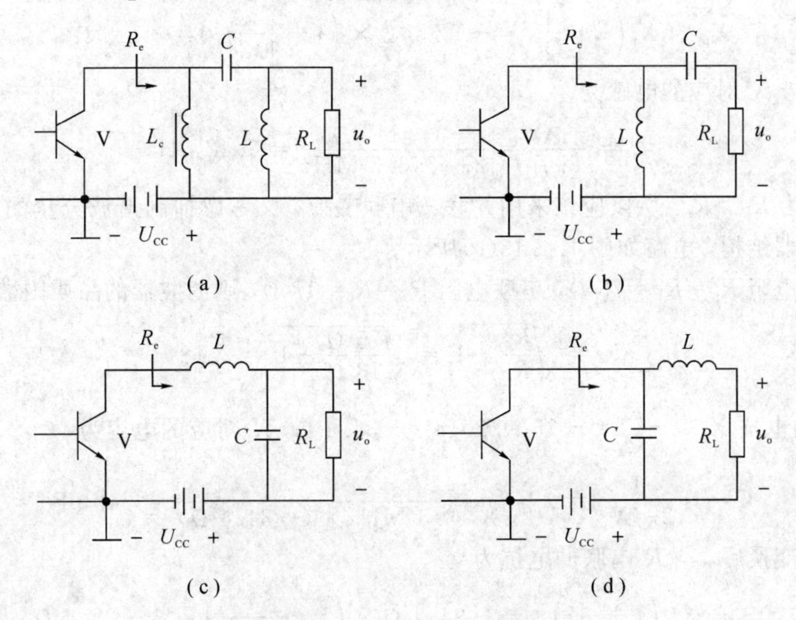

图 1.4.13 四种 L 型匹配网络

(a) 电路一；(b) 电路二；(c) 电路三；(d) 电路四

解 (1) 因为 $R_L<R_e$，所以应该采用串联—并联变换，又考虑抑制谐波分量的需要，故采用低通滤波器结构，电路如图 1.4.13(d)所示。

取串联电阻 $R_s=R_L=50\ \Omega$，并联电阻 $R_p=R_e=200\ \Omega$，则滤波器的品质因数为

$$Q_e=\sqrt{\frac{R_p}{R_s}-1}=\sqrt{\frac{200\ \Omega}{50\ \Omega}-1}=1.73$$

与 R_s 串联的电抗 $X_s=R_sQ_e=50\ \Omega\times1.73=86.5\ \Omega$，$X_s$ 对应的电感为

$$L=\frac{X_s}{2\pi f}=\frac{86.5\ \Omega}{2\pi\times13.3\ \text{MHz}}=1.04\ \mu\text{H}$$

串联—并联变换后，与 R_p 并联的电抗为

$$X_p=X_s\left(1+\frac{1}{Q_e^2}\right)=86.5\ \Omega\times\left(1+\frac{1}{1.73^2}\right)=115\ \Omega$$

反性质电抗 $-X_p$ 对应的电容为

$$C=-\frac{1}{2\pi f(-X_p)}=-\frac{1}{2\pi\times13.3\ \text{MHz}\times(-115\ \Omega)}=104\ \text{pF}$$

(2) 因为 $R_L<R_e$，所以应该采用串联—并联变换，又考虑抑制直流分量的需要，故采用高通滤波器结构，电路如图 1.4.13(b)所示。

取串联电阻 $R_s=R_L=50\ \Omega$，并联电阻 $R_p=R_e=220\ \Omega$，则滤波器的品质因数为

$$Q_e=\sqrt{\frac{R_p}{R_s}-1}=\sqrt{\frac{220\ \Omega}{50\ \Omega}-1}=1.84$$

与 R_s 串联的电抗 $X_s=-R_sQ_e=-50\ \Omega\times1.84=-92.0\ \Omega$，$X_s$ 对应的电容为

$$C=-\frac{1}{2\pi f X_s}=-\frac{1}{2\pi\times 13.3\ \text{MHz}\times(-92.0\ \Omega)}=130\ \text{pF}$$

串联—并联变换后，与 R_p 并联的电抗为

$$X_p=X_s\left(1+\frac{1}{Q_e^2}\right)=-92.0\ \Omega\times\left(1+\frac{1}{1.84^2}\right)=-119\ \Omega$$

反性质电抗 $-X_p$ 对应的电感为

$$L=\frac{-X_p}{2\pi f}=\frac{-(-119\ \Omega)}{2\pi\times 13.3\ \text{MHz}}=1.42\ \mu\text{H}$$

(3) 因为 $R_L>R_e$，所以应该采用并联—串联变换，又考虑抑制谐波分量的需要，故采用低通滤波器结构，电路如图 1.4.13(c)所示。

取并联电阻 $R_p=R_L=75\ \Omega$，串联电阻 $R_s=R_e=13\ \Omega$，则滤波器的品质因数为

$$Q_e=\sqrt{\frac{R_p}{R_s}-1}=\sqrt{\frac{75\ \Omega}{13\ \Omega}-1}=2.18$$

与 R_p 并联的电抗 $X_p=-\frac{R_p}{Q_e}=-75\ \Omega/2.18=-34.4\ \Omega$，$X_p$ 对应的电容为

$$C=-\frac{1}{2\pi f X_p}=-\frac{1}{2\pi\times 13.3\ \text{MHz}\times(-34.4\ \Omega)}=348\ \text{pF}$$

并联—串联变换后，与 R_s 串联的电抗为

$$X_s=X_p\left(1+\frac{1}{Q_e^2}\right)^{-1}=-34.4\ \Omega\times\left(1+\frac{1}{2.18^2}\right)^{-1}=-28.4\ \Omega$$

反性质电抗 $-X_s$ 对应的电感为

$$L=\frac{-X_s}{2\pi f}=\frac{-(-28.4\ \Omega)}{2\pi\times 13.3\ \text{MHz}}=0.340\ \mu\text{H}$$

(4) 因为 $R_L>R_e$，所以应该采用并联—串联变换，又考虑抑制直流分量的需要，故采用高通滤波器结构，电路如图 1.4.13(a)所示。

取并联电阻 $R_p=R_L=75\ \Omega$，串联电阻 $R_s=R_e=17\ \Omega$，则滤波器的品质因数为

$$Q_e=\sqrt{\frac{R_p}{R_s}-1}=\sqrt{\frac{75\ \Omega}{17\ \Omega}-1}=1.85$$

与 R_p 并联的电抗 $X_p=\frac{R_p}{Q_e}=\frac{75\ \Omega}{1.85}=40.5\ \Omega$，$X_p$ 对应的电感为

$$L=\frac{X_p}{2\pi f}=\frac{40.5\ \Omega}{2\pi\times 13.3\ \text{MHz}}=0.485\ \mu\text{H}$$

并联—串联变换后，与 R_s 串联的电抗为

$$X_s=X_p\left(1+\frac{1}{Q_e^2}\right)^{-1}=40.5\ \Omega\times\left(1+\frac{1}{1.85^2}\right)^{-1}=31.3\ \Omega$$

反性质电抗 $-X_s$ 对应的电容为

$$C=-\frac{1}{2\pi f(-X_s)}=-\frac{1}{2\pi\times 13.3\ \text{MHz}\times(-31.3\ \Omega)}=382\ \text{pF}$$

L 型匹配网络的阻抗变换适用于负载电阻 R_L 和谐振电阻 R_e 差异比较明显的情况，品质因数 Q_e 由并联电阻 R_p 和串联电阻 R_s 计算，即取决于 R_L 和 R_e。谐振功率放大器工作在临界状态时，晶体管的输出电阻近似为 R_e，阻抗匹配时获得的有载品质因数 $Q_L=Q_e/2$，取值不能自由调整。信号传输时，Q_L 与信号的中心频率 f_0 和带宽 BW 的关系为 $Q_L=f_0/\text{BW}$，固

定的 Q_L 限制了 L 型匹配网络对信号的滤波性能。

基于两级 L 型匹配网络的 Π 型匹配网络或 T 型匹配网络对负载电阻和谐振电阻的取值没有限制，通过滤波器的级联，可以实现二阶低通、高通和带通滤波，并且可以自由确定品质因数，对信号的中心频率和带宽的适应性较好。

如图 1.4.14 所示，Π 型匹配网络可以等效为级联的两级 L 型匹配网络。第二级 L 型匹配网络的电抗 X_{p2} 和 X_{s2} 采用并联—串联变换设计，将较大的负载电阻 R_L 变换为较小的界面电阻 R。第一级 L 型匹配网络的电抗 X_{s1} 和 X_{p1} 采用串联—并联变换设计，再将较小的 R 变换为较大的谐振电阻 R_e。根据式(1.4.4)，第一级和第二级 L 型匹配网络的品质因数分别为

$$Q_{e1}=\sqrt{\frac{R_e}{R}-1} \tag{1.4.7}$$

$$Q_{e2}=\sqrt{\frac{R_L}{R}-1} \tag{1.4.8}$$

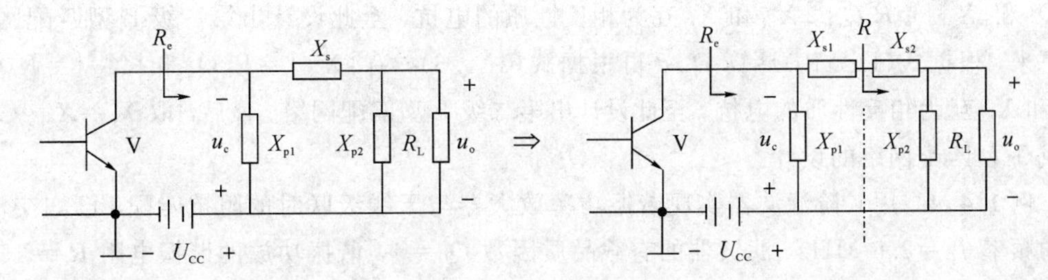

图 1.4.14　Π 型匹配网络

Π 型匹配网络的有载品质因数近似取决于 Q_{e1} 与 Q_{e2} 中较大的一个，各个元件的取值可以基于有载品质因数计算。

例如，当 $R_L>R_e$ 时，$Q_{e2}>Q_{e1}$，应该首先确定 Q_{e2}。如果信号的中心频率为 f_0，带宽为 BW，则有载品质因数 $Q_L=f_0/\mathrm{BW}$，可以取 $Q_{e2}=2Q_L$，或者取 $Q_{e2}>\sqrt{R_L/R_e-1}$，以满足 $R<R_e$ 和 $R<R_L$ 的条件。根据式(1.4.8)，有 $R=R_L/(1+Q_{e2})^2$，根据式(1.4.6)，有 $|X_{p2}|=R_L/Q_{e2}$ 和 $|X_{s2}|=RQ_{e2}$，X_{p2} 和 X_{s2} 互为相反性质的电抗，至此设计出第二级 L 型匹配网络。接下来，根据式(1.4.7)计算 Q_{e1}，再根据式(1.4.6)，有 $|X_{s1}|=RQ_{e1}$ 和 $|X_{p1}|=R_e/Q_{e1}$，X_{s1} 和 X_{p1} 互为相反性质的电抗，至此设计出第一级 L 型匹配网络。最后，取 $X_s=X_{s1}+X_{s2}$，完成 Π 型匹配网络的设计。

如图 1.4.15 所示，T 型匹配网络也可以等效为两级 L 型匹配网络的级联。第二级 L 型匹配网络的电抗 X_{s2} 和 X_{p2} 采用串联—并联变换设计，将较小的负载电阻 R_L 变换为较大的界面电阻 R。第一级 L 型匹配网络的电抗 X_{p1} 和 X_{s1} 采用并联—串联变换设计，再将较大的 R 变换为较小的谐振电阻 R_e。根据式(1.4.4)，第一级和第二级 L 型匹配网络的品质因数分别为

$$Q_{e1}=\sqrt{\frac{R}{R_e}-1} \tag{1.4.9}$$

$$Q_{e2}=\sqrt{\frac{R}{R_L}-1} \tag{1.4.10}$$

T型匹配网络的有载品质因数也近似与 Q_{e1}、Q_{e2} 中较大的有关，有载品质因数也决定各个元件的取值。

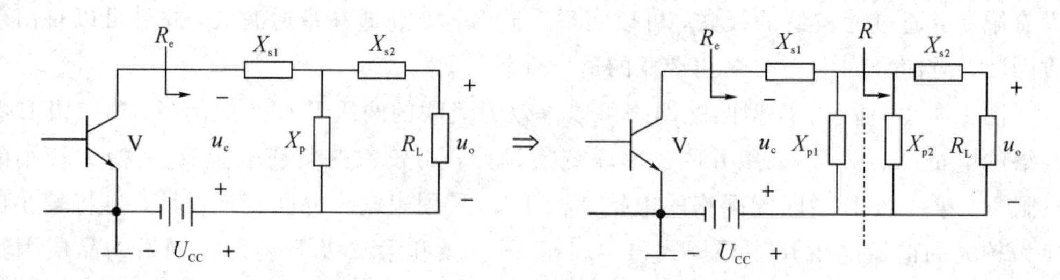

图 1.4.15　T型匹配网络

例如，当 $R_L > R_e$ 时，$Q_{e1} > Q_{e2}$，应该首先确定 Q_{e1}。如果信号的中心频率为 f_0，带宽为 BW，则有载品质因数 $Q_L = f_0/\mathrm{BW}$，可以取 $Q_{e1} = 2Q_L$，或者取 $Q_{e1} > \sqrt{R_L/R_e - 1}$，以满足 $R > R_e$ 和 $R > R_L$ 的条件。根据式(1.4.9)，有 $R = R_e(1+Q_{e1})^2$，根据式(1.4.6)，有 $|X_{p1}| = R/Q_{e1}$ 和 $|X_{s1}| = R_eQ_{e1}$，X_{p1} 和 X_{s1} 互为相反性质的电抗，至此设计出第一级L型匹配网络。接下来，根据式(1.4.10)计算 Q_{e2}，再根据式(1.4.6)，有 $|X_{s2}| = R_LQ_{e2}$ 和 $|X_{p2}| = R/Q_{e2}$，X_{s2} 和 X_{p2} 互为相反性质的电抗，至此设计出第二级L型匹配网络。最后，取 $X_p = X_{p1} /\!/ X_{p2}$，完成T型匹配网络的设计。

例 1.4.4　用二阶滤波器实现谐振功率放大器与天线级联时的阻抗匹配，已知交流信号的频率 $f_0 = 8.5$ MHz，滤波器的有载品质因数 $Q_L = 4$，谐振功放的谐振电阻 $R_e = 15\ \Omega$，天线等效的负载电阻 $R_L = 75\ \Omega$。

(1) 用如图1.4.16(a)所示的Π型匹配网络，计算其中电容 C_1、C 和电感 L_2 的取值。

(2) 用如图1.4.16(b)所示的T型匹配网络，计算其中电感 L_1、L_2 和电容 C 的取值。

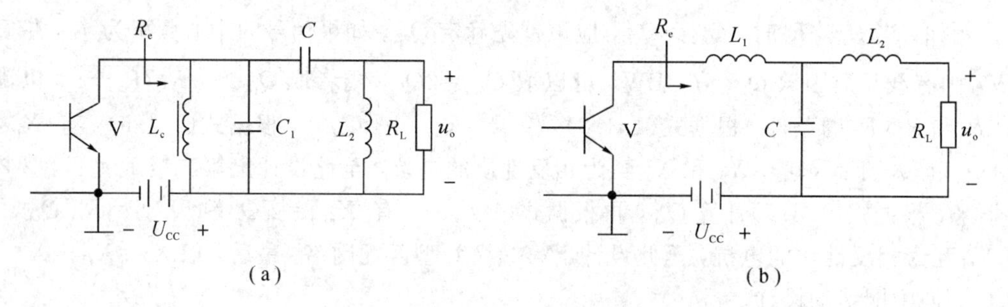

图 1.4.16　二阶滤波器实现谐振功率放大器与天线的阻抗匹配

(a) 基于Π型匹配网络的设计；(b) 基于T型匹配网络的设计

解　(1) 将如图1.4.16(a)所示的Π型匹配网络等效为两级L型匹配网络，如图1.4.17(a)所示，这是一级低通滤波器和一级高通滤波器级联成的二阶带通滤波器。

因为 $R_L > R_e$，所以首先确定第二级L型匹配网络的品质因数 Q_{e2}。取 $Q_{e2} = 2Q_L = 8$，则界面电阻为

$$R = \frac{R_L}{(1+Q_{e2})^2} = \frac{75\ \Omega}{(1+8)^2} = 1.15\ \Omega$$

电抗为

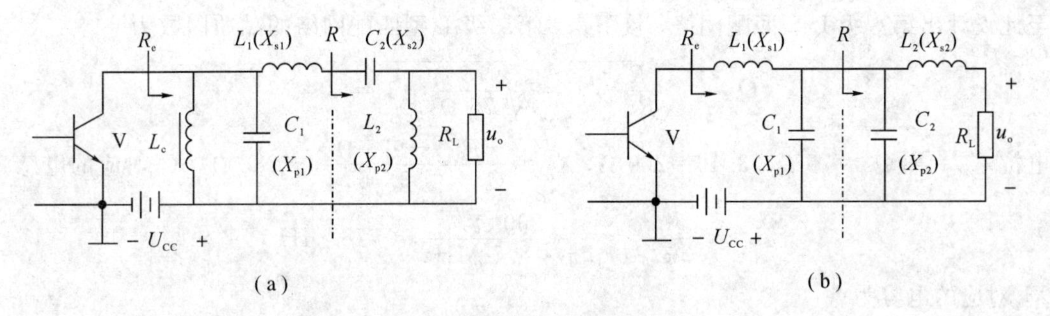

图 1.4.17　等效的两级 L 型匹配网络

(a) Π 型匹配网络的等效设计；(b) T 型匹配网络的等效设计

$$X_{p2}=\frac{R_L}{Q_{e2}}=\frac{75\ \Omega}{8}=9.38\ \Omega,\ X_{s2}=-RQ_{e2}=-1.15\ \Omega\times 8=-9.20\ \Omega$$

X_{p2} 对应的电感为

$$L_2=\frac{X_{p2}}{2\pi f_0}=\frac{9.38\ \Omega}{2\pi\times 8.5\ \text{MHz}}=0.176\ \mu\text{H}$$

X_{s2} 对应的电容为

$$C_2=-\frac{1}{2\pi f_0 X_{s2}}=-\frac{1}{2\pi\times 8.5\ \text{MHz}\times(-9.20\ \Omega)}=2.04\ \text{nF}$$

至此设计出第二级 L 型匹配网络。接下来，第一级 L 型匹配网络的品质因数为

$$Q_{e1}=\sqrt{\frac{R_e}{R}-1}=\sqrt{\frac{15\ \Omega}{1.15\ \Omega}-1}=3.47$$

电抗 $X_{s1}=RQ_{e1}=1.15\ \Omega\times 3.47=3.99\ \Omega$，$X_{p1}=\frac{-R_e}{Q_{e1}}=\frac{-15\ \Omega}{3.47}=-4.32\Omega$，$X_{s1}$ 对应的电感为

$$L_1=\frac{X_{s1}}{2\pi f_0}=\frac{3.99\ \Omega}{2\pi\times 8.5\ \text{MHz}}=0.0747\ \mu\text{H}$$

X_{p1} 对应的电容为

$$C_1=-\frac{1}{2\pi f_0 X_{p1}}=-\frac{1}{2\pi\times 8.5\ \text{MHz}\times(-4.32\ \Omega)}=4.33\ \text{nF}$$

至此设计出第一级 L 型匹配网络。最后，L_1 和 C_2 串联，通过阻抗等效，Π 型匹配网络的电容 $C=3.61$ nF。

(2) 将如图 1.4.16(b)所示的 T 型匹配网络等效为两级 L 型匹配网络，如图 1.4.17(b)所示，这是两级低通滤波器级联成的二阶低通滤波器。

因为 $R_L>R_e$，所以首先确定第一级 L 型匹配网络的品质因数 Q_{e1}。取 $Q_{e1}=2Q_L=8$，则界面电阻 $R=R_e(1+Q_{e1})^2=15\ \Omega\times(1+8^2)=975\ \Omega$，电抗 $X_{p1}=\frac{-R}{Q_{e1}}=\frac{-975\ \Omega}{8}=-122\ \Omega$，$X_{s1}=R_eQ_{e1}=15\ \Omega\times 8=120\ \Omega$，$X_{p1}$ 对应的电容为

$$C_1=-\frac{1}{2\pi f_0 X_{p1}}=-\frac{1}{2\pi\times 8.5\ \text{MHz}\times(-122\ \Omega)}=153\ \text{pF}$$

X_{s1} 对应的电感为

$$L_1=\frac{X_{s1}}{2\pi f_0}=\frac{120\ \Omega}{2\pi\times 8.5\ \text{MHz}}=2.25\ \mu\text{H}$$

至此设计出第一级L型匹配网络。接下来，第二级L型匹配网络的品质因数为

$$Q_{e2}=\sqrt{\frac{R}{R_L}-1}=\sqrt{\frac{975\ \Omega}{75\ \Omega}-1}=3.46$$

电抗 $X_{s2}=R_LQ_{e2}=75\ \Omega\times3.46=260\ \Omega$，$X_{p2}=\frac{-R}{Q_{e2}}=\frac{-975\ \Omega}{3.46}=-282\ \Omega$，$X_{s2}$对应的电感为

$$L_2=\frac{X_{s2}}{2\pi f_0}=\frac{260\ \Omega}{2\pi\times8.5\ \text{MHz}}=4.87\ \mu\text{H}$$

X_{p2}对应的电容为

$$C_2=-\frac{1}{2\pi f_0X_{p2}}=-\frac{1}{2\pi\times8.5\ \text{MHz}\times(-282\ \Omega)}=66.4\ \text{pF}$$

至此设计出第二级L型匹配网络。最后，T型匹配网络的电容 $C=C_1+C_2=153\ \text{pF}+66.4\ \text{pF}=219\ \text{pF}$。

1.5 开关型功率放大器

常见的开关型功率放大器是丁类(即D类)功率放大器和戊类(即E类)功率放大器，这类功放可以获得比丙类(即C类)功率放大器更高的效率和更大的功率。

1.5.1 丁类功率放大器

丁类功率放大器分为电流开关型和电压开关型。电流开关型丁类功率放大器的原理电路如图1.5.1(a)所示。频率为ω的交流输入电压u_b经过变压器Tr，在副边产生一对反相的电压，分别使两个晶体管V_1和V_2一个导通而另一个截止。电压源U_{CC}经过扼流圈L_c提供恒定电流I_{C0}，流过导通的晶体管的集电极，所以V_1和V_2的集电极电流i_{C1}和i_{C2}是反相的频率为ω的方波，取值是I_{C0}或0。i_{C1}和i_{C2}的基波分量构成连续的电流$I_{c1m}\cos\omega t$，流过LC并联谐振回路，如图1.5.1(b)所示。LC回路的谐振频率为ω，两端产生输出电压$u_o=U_{cm}\cos\omega t$，与$I_{c1m}\cos\omega t$一起把功率传递到负载电阻R_L上。在交流信号的前半周期，V_1导通而V_2截止，V_1的输出电压$u_{CE1}=U_{CE(sat)}$，V_2的输出电压$u_{CE2}=u_{CE1}+u_o=U_{CE(sat)}+U_{cm}\cos\omega t$，电感$L$的中心抽头A处的电位$u_A=u_{CE1}+0.5u_o=u_{CE2}-0.5u_o=U_{CE(sat)}+0.5U_{cm}\cos\omega t$；在交流信号的后半周期，$V_2$导通而$V_1$截止，$u_{CE2}=U_{CE(sat)}$，$u_{CE1}=u_{CE2}-u_o=U_{CE(sat)}-U_{cm}\cos\omega t$，$u_A=u_{CE1}+0.5u_o=u_{CE2}-0.5u_o=U_{CE(sat)}-0.5U_{cm}\cos\omega t$。$u_{CE1}$、$u_{CE2}$和$u_A$的波形如图1.5.1(c)所示。

i_{C1}和i_{C2}的基波分量的振幅为

$$I_{c1m}=\frac{U_{cm}}{R_L}=\frac{1}{\pi}\int_{-\pi}^{\pi}i_{C1}\cos\omega t\,d(\omega t)=\frac{1}{\pi}\int_{-\frac{\pi}{2}}^{\frac{\pi}{2}}I_{C0}\cos\omega t\,d(\omega t)$$

所以有

$$I_{C0}=\frac{\pi}{2}\frac{U_{cm}}{R_L}$$

直流输入功率为

$$P_E=I_{C0}U_{CC}=\frac{\pi}{2}\frac{U_{cm}}{R_L}U_{CC}$$

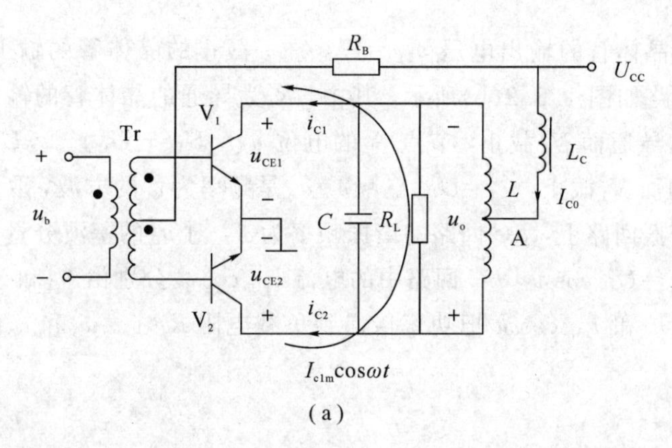

(a)

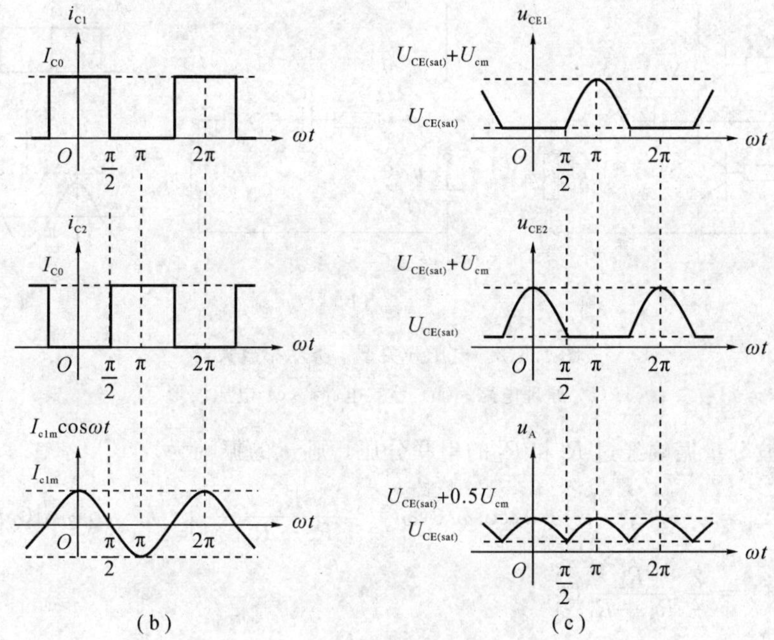

(b) (c)

图 1.5.1 电流开关型丁类功率放大器

(a) 原理电路；(b) 电流波形；(c) 电压波形

交流输出功率为

$$P_o = \frac{1}{2}\frac{U_{cm}^2}{R_L}$$

u_A的平均值等于U_{CC}，即

$$U_{CC} = \frac{1}{2\pi}\int_{-\pi}^{\pi} u_A \mathrm{d}(\omega t) = 4\frac{1}{2\pi}\int_0^{\frac{\pi}{2}} (U_{CE(sat)} + 0.5U_{cm}\cos\omega t)\mathrm{d}(\omega t)$$

由此得 u_o的振幅 $U_{cm}=\pi(U_{CC}-U_{CE(sat)})$。集电极效率为

$$\eta_C = \frac{P_o}{P_E} = \frac{1}{\pi}\frac{U_{cm}}{U_{CC}} = \frac{1}{\pi}\frac{\pi(U_{CC}-U_{CE(sat)})}{U_{CC}} = 1 - \frac{U_{CE(sat)}}{U_{CC}}$$

$U_{CE(sat)} \ll U_{CC}$的条件保证了电流开关型丁类功率放大器很高的集电极效率。

电压开关型丁类功率放大器的原理电路如图 1.5.2(a)所示。频率为 ω 的交流输入电压 u_b经过变压器 Tr，在副边产生一对反相的电压，分别使两个晶体管 V_1和 V_2一个导通而另一个截止。导通的晶体管的输出电压 $u_{CE}=U_{CE(sat)}$，截止的晶体管的输出电压 $u_{CE}=U_{CC}-U_{CE(sat)}$，其等效电路如图 1.5.2(b)所示，其中，$R_s$为导通的晶体管的输出电阻。在交流信号的前半周期，$V_1$导通而 V_2截止，节点 A 的电位 $u_A=U_{CC}-U_{CE(sat)}\approx U_{CC}$；在交流信号的后半周期，$V_2$导通而 V_1截止，$u_A=U_{CE(sat)}\approx 0$。u_A是频率为 ω 的方波，取值近似为 U_{CC}或 0。u_A加在 LC 串联谐振回路上，LC 回路的谐振频率为 ω，对 u_A的基波分量短路，对其他分量开路。输出电压 $u_o=U_{cm}\cos\omega t$，LC 回路中的电流 $I_{c1m}\cos\omega t$ 分别由 V_1和 V_2提供前半周期和后半周期的波形，u_o和 $I_{c1m}\cos\omega t$ 把功率传递到负载电阻 R_L上。u_A和 u_o的波形如图 1.5.2(c)所示。

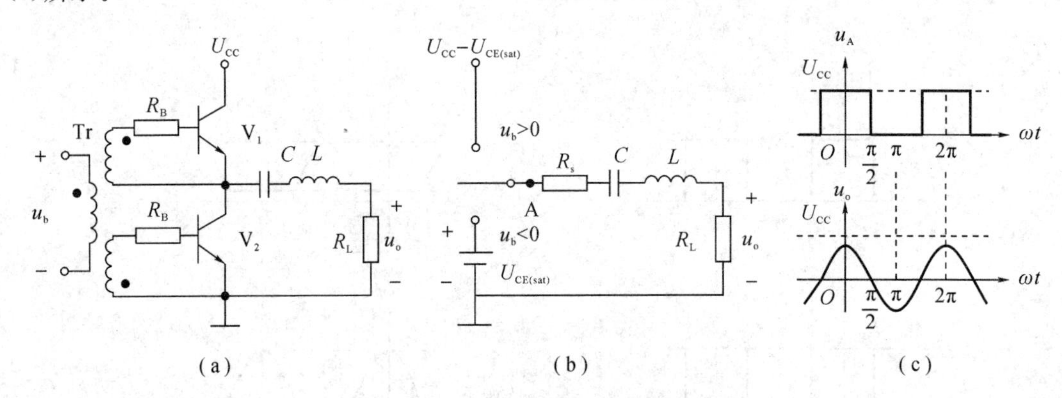

图 1.5.2　电压开关型丁类功率放大器

(a) 原理电路；(b) 等效电路；(c) 电压波形

u_A的基波分量振幅经过 R_s和 R_L的串联分压，则 u_o的振幅为

$$U_{cm}=\frac{R_L}{R_s+R_L}\frac{1}{\pi}\int_{-\pi}^{\pi}u_A\cos\omega t\,d(\omega t)=\frac{R_L}{R_s+R_L}\frac{1}{\pi}\int_{-\frac{\pi}{2}}^{\frac{\pi}{2}}U_{CC}\cos\omega t\,d(\omega t)$$

$$=\frac{2}{\pi}\frac{R_L}{R_s+R_L}U_{CC}$$

$I_{c1m}\cos\omega t$ 的振幅为

$$I_{c1m}=\frac{U_{cm}}{R_L}=\frac{2}{\pi}\frac{U_{CC}}{R_s+R_L}$$

只有在交流信号的前半周期，V_1导通，U_{CC}才提供 $I_{c1m}\cos\omega t$，U_{CC}提供的电流的平均值为

$$I_{C0}=\frac{1}{2\pi}\int_{-\frac{\pi}{2}}^{\frac{\pi}{2}}I_{c1m}\cos\omega t\,d(\omega t)=\frac{I_{c1m}}{\pi}=\frac{2}{\pi^2}\frac{U_{CC}}{R_s+R_L}$$

直流输入功率为

$$P_E=I_{C0}U_{CC}=\frac{2}{\pi^2}\frac{U_{CC}^2}{R_s+R_L}$$

交流输出功率为

$$P_o=\frac{1}{2}\frac{U_{cm}^2}{R_L}=\frac{2}{\pi^2}\frac{R_L}{(R_s+R_L)^2}U_{CC}^2$$

集电极效率为

$$\eta_C=\frac{P_o}{P_E}=\frac{R_L}{R_s+R_L}$$

$R_s \ll R_L$的条件保证了电压开关型丁类功率放大器很高的集电极效率。

例 1.5.1　电压源电压$U_{CC}=24$ V，负载电阻$R_L=50$ Ω，晶体管的饱和压降$U_{CE(sat)}=1$ V，输出电阻$R_s=2$ Ω。利用以上参数分别计算电流开关型和电压开关型丁类功率放大器的集电极效率η_C。

解　电流开关型丁类功率放大器的集电极效率为

$$\eta_C = 1 - \frac{U_{CE(sat)}}{U_{CC}} = 1 - \frac{1\ \text{V}}{24\ \text{V}} = 95.8\%$$

电压开关型丁类功率放大器的集电极效率为

$$\eta_C = \frac{R_L}{R_s + R_L} = \frac{50\ \Omega}{2\ \Omega + 50\ \Omega} = 96.2\%$$

因为晶体管的集电极和发射极之间存在极间电容，导通和截止之间转换状态也需要时间，所以当交流信号的频率较高(达到兆赫兹以上)或交流信号振幅较小时，丁类功率放大器的晶体管集电极电流i_C和输出电压u_{CE}中，方波的上升沿和下降沿比较明显，在一个周期内占用时间较多。在上升沿和下降沿的时间段内i_C和u_{CE}同时不为零，而且i_C的相位略微超前u_{CE}，这会产生集电结消耗功率而降低效率，如图 1.5.3 所示。

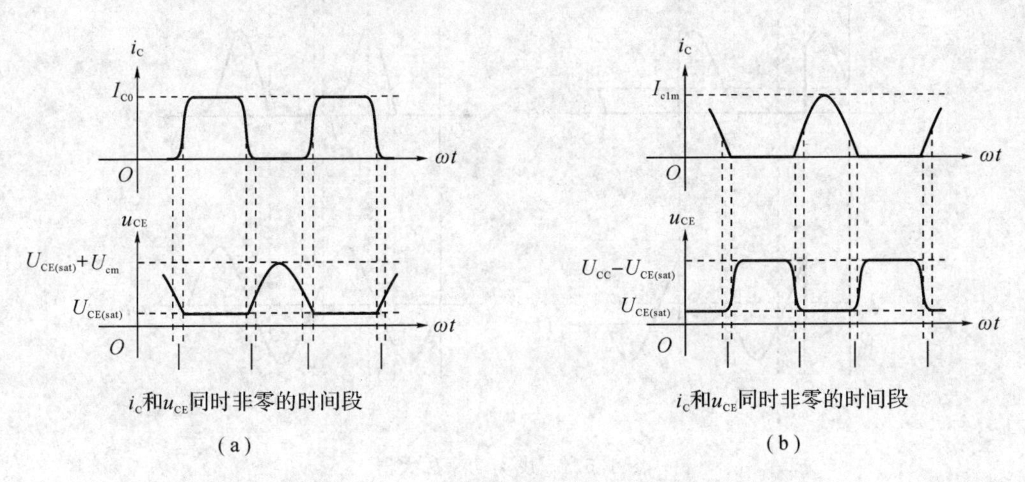

图 1.5.3　i_C和u_{CE}产生集电结消耗功率

(a) 电流开关型丁类功率放大器；(b) 电压开关型丁类功率放大器

1.5.2　戊类功率放大器

戊类功率放大器减小了晶体管的集电极电流i_C和输出电压u_{CE}的非零值的重叠时间，从而进一步提高效率，其原理电路如图 1.5.4(a)所示。电压源U_{CC}经过扼流圈L_c提供恒定电流I_{C0}，I_{C0}流过晶体管的集电极。C_s是晶体管集电极和发射极之间的极间电容，C_1用以补偿C_s。C_s和C_1从I_{C0}中分出交流电流，调整i_C的波形。电感L_2和电容C_2构成高品质因数Q_e的LC串联谐振回路，谐振频率为交流信号的频率ω。经过LC回路的选频滤波，u_{CE}在负载电阻R_L上产生输出电压u_o。补偿电抗jX用于使i_C和u_{CE}正交，即i_C非零时u_{CE}为零，u_{CE}非零时i_C为零。负载网络的参数设计包括计算并选择合适的Q_e、C_1、L_2、C_2、X和R_L。与后级电路连接时，可以通过匹配网络进行阻抗变换，获得所需的R_L。

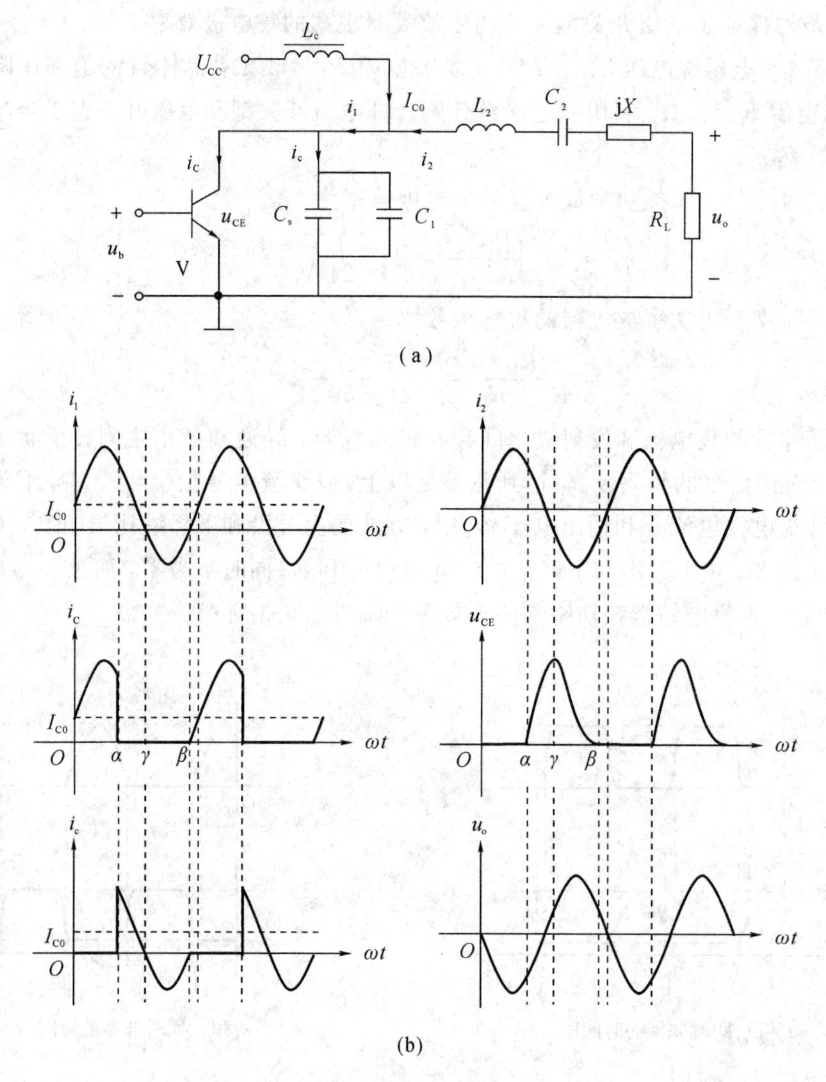

图 1.5.4 戊类功率放大器

(a) 原理电路；(b) 电流和电压波形

戊类功率放大器的电流和电压波形如图 1.5.4(b)所示。当 $0<\omega t<\alpha$ 时，晶体管导通，$u_{CE}=0$；当 $\alpha<\omega t<\gamma$ 时，晶体管截止，C_s 和 C_1 充电，u_{CE} 上升；当 $\gamma<\omega t<\beta$ 时，晶体管仍然截止，C_s 和 C_1 放电，u_{CE} 下降；当 $\omega t=\beta$ 时，晶体管再次导通。

因为 i_C 和 u_{CE} 的非零值在时间上几乎没有重叠，戊类功率放大器的效率可以接近100%，而且工作频率较高，可以达到微波波段。

1.6 功率分配与合成

为了获得较大的功率，可以把信号源的输入功率分配到多个功率放大单元上，并将多个功放单元的输出功率合成后加到负载上。功率分配与合成可以用魔 T 混合网络实现，如图 1.6.1 所示。网络有 A、B、C、D 四个端点，内部采用传输线变压器，在实现功率分配与合成的同时，完成阻抗变换，实现信号源与负载的匹配，即负载电阻反射到信号源界面的电阻与信号源内阻相等，信号源的输出功率达到最大。

同相功率分配电路如图 1.6.1(a)所示。C 端到 A 端和 C 端到 B 端分别通过传输线的两根导线连接，A 端和 B 端经过同样的负载电阻 R_L 接地，电阻 R_D 跨接在 A 端和 B 端，所以电路结构对称，又因为信号源所接的 C 端在对称面上，所以电路中形成偶对称的电压和电流分布，即对称位置的电压和电流等值同向。于是 R_D 两端电位相等，其上没有电压、电流和输出功率，信号源的输入功率平均分配到 A 端和 B 端的两个 R_L 上。根据图示的输入电流 i_i 的路径和方向，可以判断 A 端和 B 端的端电位同相，电路实现同相功率分配。同相功率分配时，输出电流 $i_o = i_i/2$，输出电压则与输入电压相等，即 $u_o = u_i$。

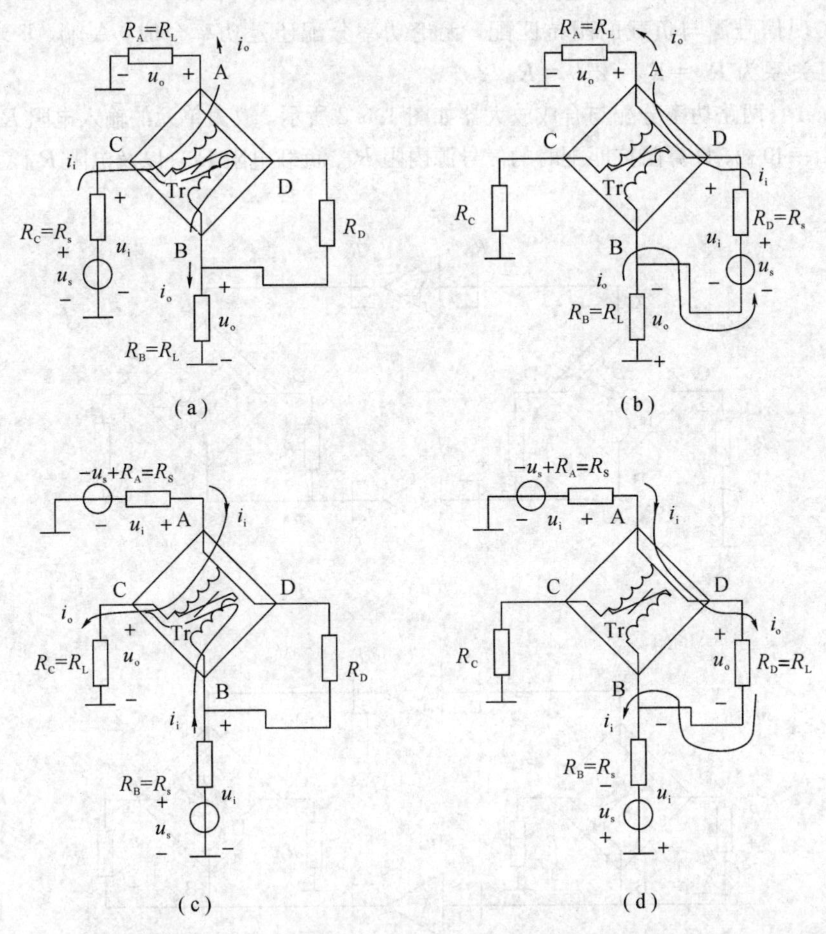

图 1.6.1　用魔 T 混合网络进行功率分配与合成

(a) 同相功率分配；(b) 反相功率分配；(c) 同相功率合成；(d) 反相功率合成

反相功率分配电路如图 1.6.1(b)所示。同样因为电路结构对称，又因为信号源跨接在对称的 A 端和 B 端，所以在电路中形成奇对称的电压和电流分布，即对称位置的电压和电流等值反向。对称面上的 R_C 上没有电压、电流和输出功率，信号源的输入功率平均分配到 A 端和 B 端的两个 R_L 上。根据图示的输入电流 i_i 的路径和方向，可以判断 A 端和 B 端的端电位反相，电路实现反相功率分配。在反相功率分配时，输出电流 $i_o = i_i$，输出电压则等于输入电压的一半，即 $u_o = u_i/2$。

同相功率合成电路如图 1.6.1(c)所示。A 端和 B 端连接相同的信号源且端电位同相，在结构对称的电路中形成偶对称的电压和电流分布。跨接在 A 端和 B 端的电阻 R_D 两端的电位相等，其上没有电压、电流和输出功率，A 端和 B 端的输入功率合成到对称面上的电阻 R_C 上，实现同相功率合成。同相功率合成时，输出电流 $i_o=2i_i$，输出电压则与输入电压相等，即 $u_o=u_i$。

反相功率合成电路如图 1.6.1(d)所示。A 端和 B 端的信号源使端电位反相，在结构对称的电路中形成奇对称的电压和电流分布。对称面上的 R_C 上没有电压、电流和输出功率，A 端和 B 端的输入功率合成到跨接在 A 端和 B 端的 R_D 上，实现反相功率合成。反相功率合成时，输出电流 $i_o=i_i$，输出电压则等于输入电压的两倍，即 $u_o=2u_i$。

为了实现信号源与负载的阻抗匹配，无论功率分配还是功率合成，A 端、B 端、C 端和 D 端的电阻关系为 $R_A=R_B=2R_C=R_D/2$。

例 1.6.1 两路功率分配与合成放大器如图 1.6.2 所示，放大单元的输入电阻 $R_i=2.4\ \text{k}\Omega$，输出电阻 $R_o=40\ \Omega$。计算阻抗匹配时的信号源内阻 R_s、负载电阻 R_L，以及电阻 R_{D1}、R_{D2}、R_{C1} 和 R_{C2} 的取值。

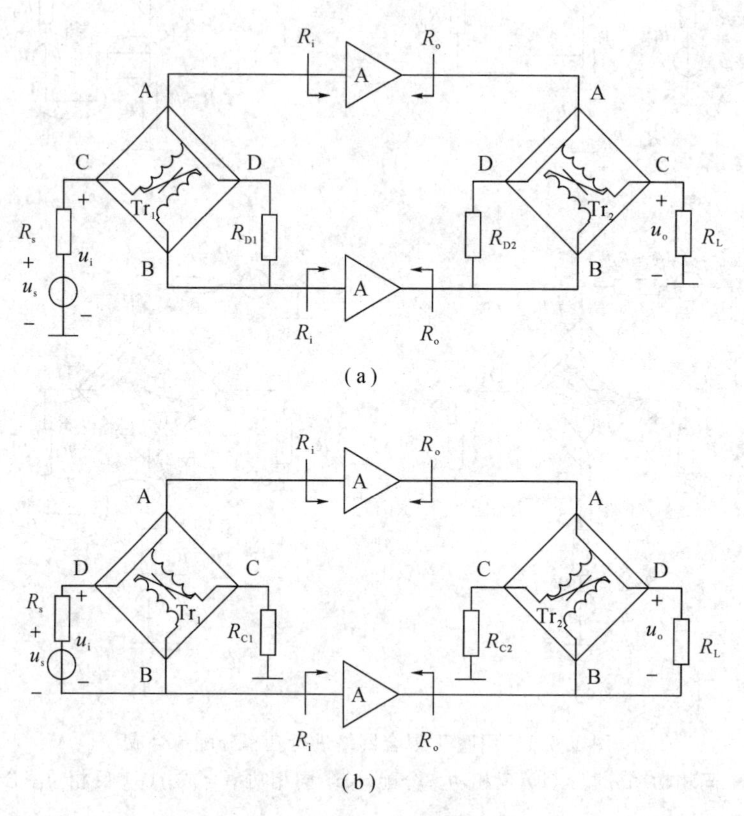

图 1.6.2 两路功率分配与合成放大器

(a) 同相功率分配与合成；(b) 反相功率分配与合成

解 图 1.6.2(a)所示为两路同相功率分配与合成放大器的交流通路。其中，传输线变压器 Tr_1 和 Tr_2 构成的魔 T 混合网络分别用于同相功率分配和同相功率合成。根据阻抗匹配的电阻关系，对左边的魔 T 混合网络，有 $R_s=R_C=\dfrac{R_A}{2}=\dfrac{R_B}{2}=\dfrac{R_i}{2}=\dfrac{2.4\ \text{k}\Omega}{2}=1.2\ \text{k}\Omega$，

$R_{D1}=2R_A=2R_B=2R_i=2\times2.4\ \text{k}\Omega=4.8\ \text{k}\Omega$；对右边的魔 T 混合网络，有 $R_L=R_C=\dfrac{R_A}{2}=\dfrac{R_B}{2}=\dfrac{R_o}{2}=\dfrac{40\ \Omega}{2}=20\ \Omega$，$R_{D2}=2R_A=2R_B=2R_o=2\times40\ \Omega=80\ \Omega$。

图 1.6.2(b)所示为两路反相功率分配与合成放大器的交流通路。其中，传输线变压器 Tr_1 和 Tr_2 构成的魔 T 混合网络分别用于反相功率分配和反相功率合成。根据阻抗匹配的电阻关系，对左边的魔 T 混合网络，有 $R_s=R_D=2R_A=2R_B=2R_i=2\times2.4\ \text{k}\Omega=4.8\ \text{k}\Omega$，$R_{C1}=\dfrac{R_A}{2}=\dfrac{R_B}{2}=\dfrac{R_i}{2}=\dfrac{2.4\ \text{k}\Omega}{2}=1.2\ \text{k}\Omega$；对右边的魔 T 混合网络，有 $R_L=R_D=2R_A=2R_B=2R_o=2\times40\ \Omega=80\ \Omega$，$R_{C2}=\dfrac{R_A}{2}=\dfrac{R_B}{2}=\dfrac{R_o}{2}=\dfrac{40\ \Omega}{2}=20\ \Omega$。

思考题和习题解答索引

本章选用配套教材《射频电路基础(第二版)》第二章谐振功率放大器的全部思考题和习题，编为例题给出详细解答，可以在表 P1.1 中依据教材中思考题和习题的编号查找对应的本书中例题的编号。个别例题对思考题和习题做了修改，参考时请注意区别。

表 P1.1　教材中思考题和习题与本书中例题的编号对照

思考题和习题编号	例题编号	思考题和习题编号	例题编号
2-1	1.1.4	2-9	1.3.5
2-2	1.1.5	2-10	1.4.1
2-3	1.2.3	2-11	1.4.2
2-4	1.2.4	2-12	1.4.3
2-5	1.3.1	2-13	1.4.4
2-6	1.3.2	2-14	1.5.1
2-7	1.3.3	2-15	1.6.1
2-8	1.3.4		

第二章　正弦波振荡器

教学内容

反馈式振荡器的原理和振荡条件、*LC* 正弦波振荡器、石英晶体振荡器、*RC* 正弦波振荡器、各种振荡器中振荡条件的具体实现和基本参数的计算。

基本要求

(1) 了解无线电通信系统中使用的振荡器。
(2) 熟悉反馈式振荡器的基本结构和工作原理。
(3) 掌握反馈式振荡器产生振荡的条件。
(4) 掌握 *LC* 正弦波振荡器的工作原理和振荡频率、反馈系数的计算。
(5) 熟悉 *LC* 正弦波振荡器的振幅起振条件的分析。
(6) 熟悉 *LC* 正弦波振荡器的频率稳定度、提高频率稳定度的措施和电路。
(7) 掌握石英晶体振荡器的工作原理和振荡频率的计算。
(8) 掌握 *RC* 正弦波振荡器的工作原理。

重点、难点

重点：反馈式振荡器产生振荡的 6 个条件、相位平衡条件和振幅起振条件在各种振荡器中的具体实现、振荡器类型的判断、振荡频率和反馈系数的计算。

难点：振荡器交流通路的作图、正反馈的电路实现、*LC* 谐振回路的识别、石英谐振器的选频稳频作用、*RC* 移相网络的识别。

没有输入信号，仅需要直流电压源供电，正弦波振荡器就可以产生并输出单频正弦波，具有振幅、频率和相位三个基本参数。

无线电发射机需要用正弦波振荡器产生载波参与调制，无线电接收机需要用正弦波振荡器产生本振信号参与同步检波，发射机、接收机和中继也经常用正弦波振荡器产生本振信号参与混频。正弦波振荡器广泛在无线电测量仪表中被作为本机振荡器、标准信号源等。

正弦波振荡器要求振荡频率的精度和稳定度很高，能够在工作时间内和间断工作时维持频率不变。为此，正弦波振荡器普遍采用选频网络作为放大器的负载，结合反馈网络来建立和控制振荡频率，构成反馈式振荡器。

2.1　反馈式振荡器的工作原理

反馈式振荡器的结构体现了电压的传输路径，如图 2.1.1 所示。放大器的输出电压 $\dot{U}_o$

进入反馈网络，产生反馈电压 $\dot{U}_f$。在放大器的输入端，正反馈使 $\dot{U}_f$ 与输入电压 $\dot{U}'_i$ 相加得到净输入电压 $\dot{U}_i$，$\dot{U}_i$ 进入放大器。能够形成振荡的电路并不需要输入电压，即 $\dot{U}'_i$ 为零，$\dot{U}_f$ 提供全部的 $\dot{U}_i$。

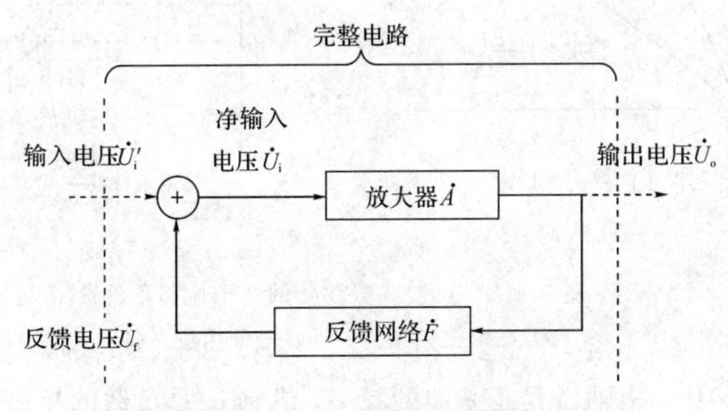

图 2.1.1　反馈式振荡器的结构

反馈式振荡器用 4 个基本参数描述各个电压之间的关系。开环增益 $\dot{A}$ 是放大器的电压放大倍数，$\dot{A}=\dot{U}_o/\dot{U}_i=Ae^{j\varphi_A}$，其中，振幅放大倍数 $A=U_o/U_i$，放大器的相移 $\varphi_A=\angle\dot{U}_o-\angle\dot{U}_i$。反馈系数 $\dot{F}=\dot{U}_f/\dot{U}_o=Fe^{j\varphi_F}$，其中，振幅放大倍数 $F=U_f/U_o$，反馈网络的相移 $\varphi_F=\angle\dot{U}_f-\angle\dot{U}_o$。环路增益 $\dot{A}\dot{F}=\dot{U}_f/\dot{U}_i$，是电压沿环路走一圈，经过放大器和反馈网络两次放大后得到的总放大倍数。如果将图 2.1.1 虚线内部的完整电路视为一个放大器，则该放大器的电压放大倍数称为闭环增益，即 $\dot{A}_f=\dot{U}_o/\dot{U}'_i$。

根据 $\dot{A}$、$\dot{F}$ 和 $\dot{A}_f$ 的定义以及正反馈条件 $\dot{U}_i=\dot{U}_f+\dot{U}'_i$，可以得到

$$\dot{A}_f=\frac{A}{1-\dot{A}\dot{F}} \tag{2.1.1}$$

式(2.1.1)称为反馈式振荡器的基本方程。基本方程表明，当设计满足 $\dot{A}\dot{F}=1$ 时，$\dot{A}_f=\dot{U}_o/\dot{U}'_i\to\infty$，即 $\dot{U}'_i=0$，$\dot{U}_i=\dot{U}_f$，电路可以不需要输入电压 $\dot{U}'_i$，用反馈电压 $\dot{U}_f$ 作为净输入电压 $\dot{U}_i$，就能够产生输出电压 $\dot{U}_o$，这种现象称为自激振荡。

在正反馈产生自激振荡的基础上，反馈式振荡器为了产生、维持并输出正弦波电压，成为正弦波振荡器，还需要满足 6 个条件：振幅平衡条件、相位平衡条件、振幅稳定条件、相位稳定条件、振幅起振条件和相位起振条件，如图 2.1.2 所示。

在图 2.1.2(a)中，横轴的 U_i 和 U_f 是净输入电压和反馈电压的振幅，纵轴的 U_o 是输出电压的振幅。在图 2.1.1 中，放大器与反馈网络在电路右端共有 U_o，在电路左端需要有 $U_i=U_f$，相同的纵坐标和横坐标要求放大器的放大特性曲线与反馈网络的反馈特性曲线相交，这就是振幅平衡条件。放大特性曲线与反馈特性曲线的交点 P 即为正弦波振荡器的工作点，其坐标给出了振荡时各个电压的振幅 U_{op}、U_{ip} 和 U_{fp}。振幅稳定条件要求 P 附近放大特性曲线的斜率小于反馈特性曲线的斜率，这样工作点位置变化后，放大器和反馈网络对电压振幅不断调节，能使工作点回到 P。振幅起振条件要求原点 O 附近的放大特性曲线的斜率大于反馈特性曲线的斜率，以便振荡器加直流电压后，工作点能脱离 O，在起振阶段逐渐运动到 P。

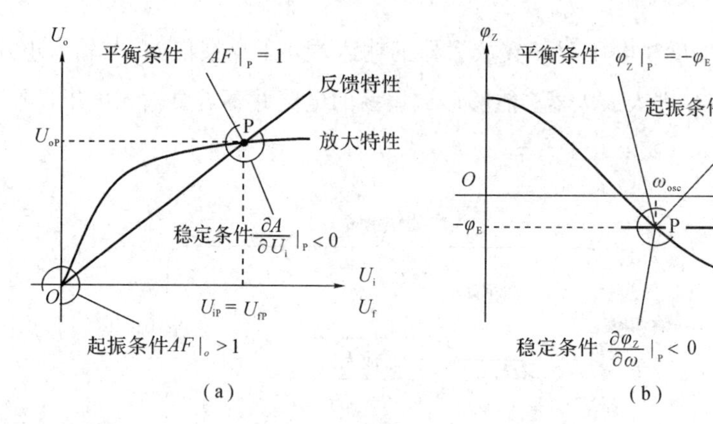

图 2.1.2 反馈式振荡器的 6 个振荡条件

(a) 三个振幅条件；(b) 三个相位条件

在图 2.1.2(b)中，横轴 ω 是正弦波的频率，纵轴 φ_Z 是负载的相移。以晶体管放大器为例，净输入电压 $\dot{U}_i$ 控制晶体管产生输出电流 $\dot{I}_o$，$\dot{I}_o$ 流过负载产生输出电压 $\dot{U}_o$，所以放大器的相移 $\varphi_A=\varphi_Y+\varphi_Z$，其中，晶体管的相移 $\varphi_Y=\angle\dot{I}_o-\angle\dot{U}_i$，负载的相移 $\varphi_Z=\angle\dot{U}_o-\angle\dot{I}_o$。$\varphi_Y$ 和反馈网络的相移 φ_F 基本不随 ω 变化，合并为 $\varphi_E=\varphi_Y+\varphi_F$。相位平衡条件要求电压沿如图 2.1.1 所示的回路走一圈的总相移 $\varphi_A+\varphi_F=\varphi_Y+\varphi_Z+\varphi_F=\varphi_Z+\varphi_E=0$，所以 $\varphi_Z=-\varphi_E$，即 φ_Z 曲线与 $-\varphi_E$ 曲线有交点 P，P 即为工作点，其横坐标给出了振荡频率 ω_{osc}。相位稳定条件要求 P 附近 φ_Z 曲线斜率为负，这样工作点位置变化后能自动回到 P。相位起振条件与相位平衡条件相同，在起振阶段振荡频率即为 ω_{osc}。从图 2.1.2(b)中可以看出，在工作点 P，三个相移 φ_Y、φ_Z 和 φ_F 都不为零，但都接近零，如果负载是 LC 并联谐振回路，则需要其略微失谐以提供略小于零的 φ_Z。

例 2.1.1 有 4 组放大器和反馈网络构成 4 个正弦波振荡器，其放大特性曲线和反馈特性曲线如图 2.1.3 所示。假设各个电路均已满足三个相位条件，根据三个振幅条件判断它们是否可以振荡。

解 图 2.1.3(a)所示的放大特性曲线和反馈特性曲线在交点 P 满足振幅平衡条件，在 P 附近满足振幅稳定条件，在原点 O 附近满足振幅起振条件，电路可以振荡。

图 2.1.3(b)所示的放大特性曲线和反馈特性曲线在交点 P 满足振幅平衡条件，在 P 附近不满足振幅稳定条件，在原点 O 附近不满足振幅起振条件，电路不能振荡。

图 2.1.3(c)所示的放大特性曲线和反馈特性曲线在交点 P_1 满足振幅平衡条件，在 P_1 附近不满足振幅稳定条件，在交点 P_2 满足振幅平衡条件，在 P_2 附近满足振幅稳定条件，在原点 O 附近不满足振幅起振条件，电路不能振荡。

图 2.1.3(d)所示的放大特性曲线和反馈特性曲线在交点 P_1 满足振幅平衡条件，在 P_1 附近满足振幅稳定条件，在交点 P_2 满足振幅平衡条件，在 P_2 附近不满足振幅稳定条件，在原点 O 附近满足振幅起振条件，电路可以振荡，工作点在 P_1。

正弦波振荡器的放大器一般为非线性放大器，反馈网络一般为 LC 并联谐振回路、RC 移相网络或 RC 选频网络。这时，只要满足相位平衡条件和振幅起振条件，正弦波振荡器就可以振荡，其他四个条件则自动满足。相位平衡条件与电路结构有关，振幅起振条件则与元器件的参数有关。

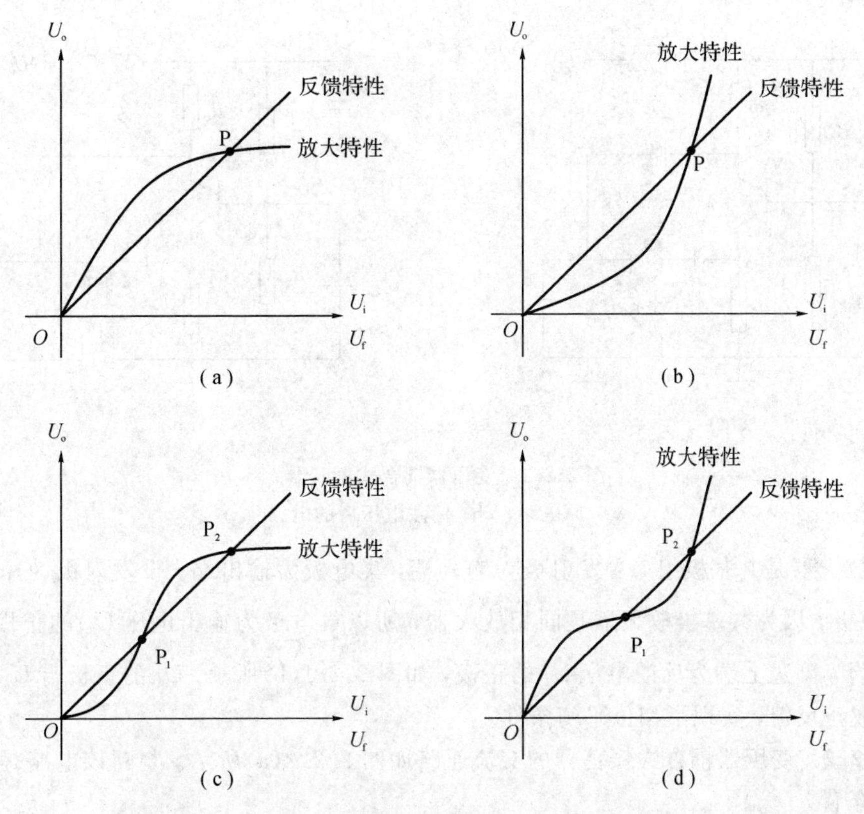

图 2.1.3　四组正弦波振荡器的放大特性曲线和反馈特性曲线

(a) 第一组；(b) 第二组；(c) 第三组；(d) 第四组

在正弦波振荡器的具体电路中，相位平衡条件表现为反馈电压与净输入电压同相，即正反馈。对 LC 正弦波振荡器和石英晶体振荡器，可以利用简化交流通路单独分析相位平衡条件。简化交流通路是在交流通路中去掉电阻后得到的近似交流通路：如果电阻与邻近的电抗是并联关系，则将电阻开路；如果电阻与邻近的电抗是串联关系，则将电阻短路。经过简化，净输入电压、输出电流、输出电压和反馈电压的相位略有变化，信号之间或者同相，或者反相。在简化交流通路中，晶体管的相移 φ_Y、负载的相移 φ_Z和反馈网络的相移 φ_F都近似为零。

2.2　LC 正弦波振荡器

LC 正弦波振荡器用 LC 并联谐振回路作为放大器的负载并构成反馈网络，根据电路结构的特点，其又可以分为变压器耦合式振荡器、三端式振荡器和差分对振荡器。

2.2.1　变压器耦合式振荡器

变压器耦合式振荡器在 LC 正弦波振荡器中引入变压器，放大器在变压器的原边上产生输出电压，在副边上感应出反馈电压，通过变压器的同名端决定反馈电压的相位，使其与净输入电压同相，实现相位平衡条件。

例 2.2.1　变压器耦合式振荡器如图 2.2.1(a)所示。判断该电路是否实现相位平衡条件。

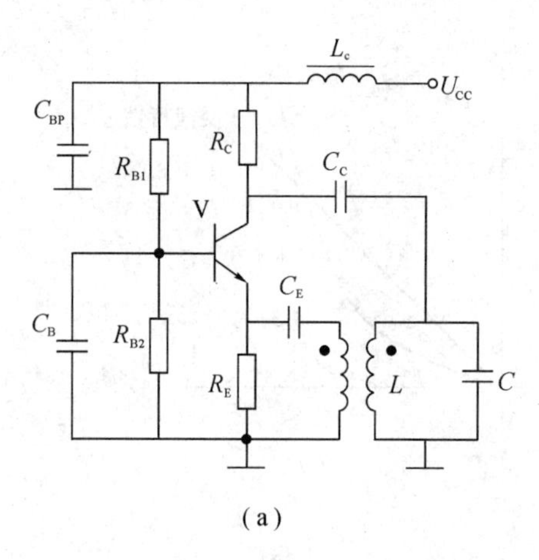

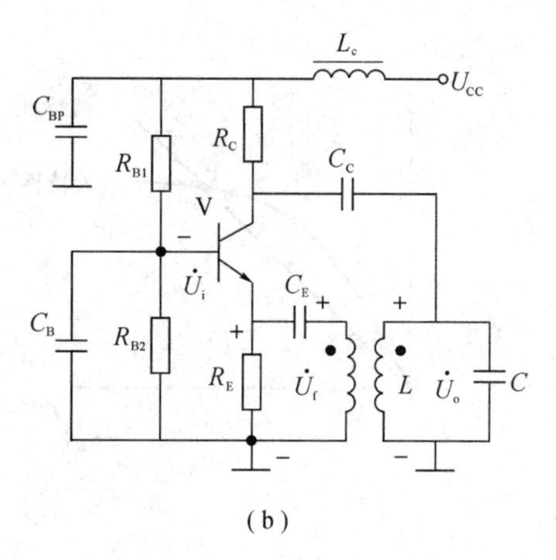

图 2.2.1　变压器耦合式振荡器

(a) 原电路；(b) 标注电压后的电路

解　放大器是共基极组态，发射极为输入端，集电极为输出端。设发射极为净输入电压 $\dot{U}_i$ 的正极，因为共基极放大器是同相放大器，所以集电极为输出电压 $\dot{U}_o$ 的正极。经过变压器耦合，副边上端为反馈电压 $\dot{U}_f$ 的正极，如图 2.2.1(b)所示。$\dot{U}_f$ 的正极与 $\dot{U}_i$ 的正极连接，构成正反馈，实现了相位平衡条件。

例 2.2.2　变压器耦合式振荡器的交流通路如图 2.2.2(a)所示。判断该电路是否实现相位平衡条件。

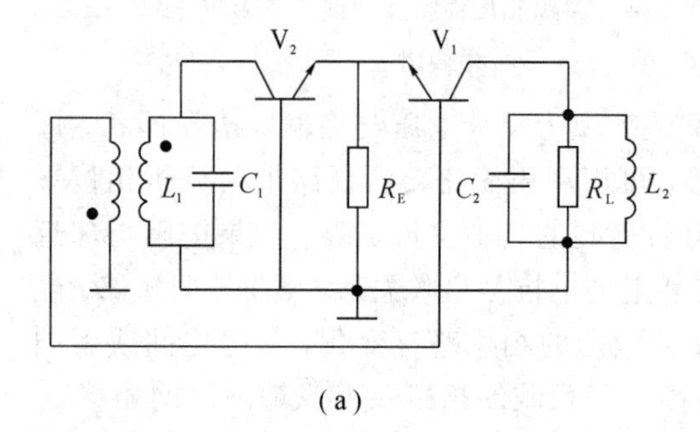

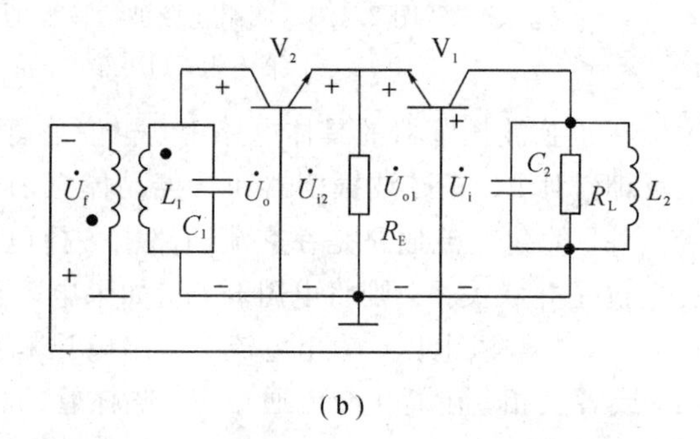

图 2.2.2　变压器耦合式振荡器的交流通路

(a) 原电路；(b) 标注电压后的电路

解　放大器是两级放大器。第一级是晶体管 V_1 构成的共集电极放大器，这种放大器的集电极与接地端无论是交流短路还是有图示的 L_2C_2 并联谐振回路都不影响其电压放大倍数、输入电阻和输出电阻。第二级放大器是晶体管 V_2 构成的共基极放大器。

如图 2.2.2(b)所示，从 V_1 的基极即共集电极放大器的输入端开始，设基极为净输入电压 $\dot{U}_i$ 的正极。共集电极放大器是同相放大器，所以 V_1 的发射极即共集电极放大器的输出端为输出电压 $\dot{U}_{o1}$ 的正极，$\dot{U}_{o1}$ 又是 V_2 的发射极即共基极放大器的输入端的输入电压 $\dot{U}_{i2}$。共基极放大器也是同相放大器，所以 V_2 的集电极即共基极放大器的输出端是输出电压 $\dot{U}_o$ 的正极。经过变压器耦合，副边下端为反馈电压 $\dot{U}_f$ 的正极，$\dot{U}_f$ 的负极在副边上端，再沿反

馈支路连接到 V_1 的基极。因为 $\dot{U}_f$ 的负极与 $\dot{U}_i$ 的正极连接，所以这不是正反馈，而是负反馈，不能振荡，必须修改变压器的同名端才能实现相位平衡条件。

电路中的 L_1C_1 并联谐振回路用作选频滤波，使 V_2 的集电极电流中频率接近谐振频率的频率分量产生输出电压，再经过变压器得到反馈，从而决定振荡频率。L_2C_2 回路的谐振频率等于 L_1C_1 回路的谐振频率，专门用来接负载电阻 R_L，从 V_1 的集电极电流中产生频率为振荡频率的交流输出电压。如果负载包含电容或电感，则会改变 L_2C_2 回路的谐振频率，L_2C_2 回路会因为失谐而导致交流输出电压的振幅减小，但 L_2C_2 回路没有反馈，不参与选频滤波，所以其谐振频率的变化不影响振荡频率，负载将得到振幅较小，但频率仍然为振荡频率的交流输出电压。

同名端是相位平衡条件在变压器耦合式振荡器中的具体表现。为了确定同名端，实现相位平衡条件，变压器耦合式振荡器需要在电路中标注出各个信号的位置和方向，并根据反馈电压与净输入电压的方向确定同名端。在该过程中，信号的方向用瞬时极性表示，信号的同相和反相关系表现为信号方向一致或不一致。表 2.2.1 以晶体管放大器为代表，给出了变压器耦合式振荡器中信号的标注步骤和方法。

表 2.2.1　变压器耦合式振荡器中信号的位置和方向

步骤	晶体管放大器的组态		
	共发射极	共基极	共集电极
1. 标注净输入电压 $\dot{U}_i$ 的位置和方向	$\dot{U}_i$ 加在基极与发射极之间，方向任选	$\dot{U}_i$ 加在发射极与基极之间，方向任选	$\dot{U}_i$ 加在基极与集电极之间，方向任选
2. 标注输出电流 $\dot{I}_o$ 的位置和方向	$\dot{I}_o$ 是集电极电流 $\dot{I}_c$，$\dot{I}_c$ 方向与 $\dot{U}_i$ 方向的关系如图所示 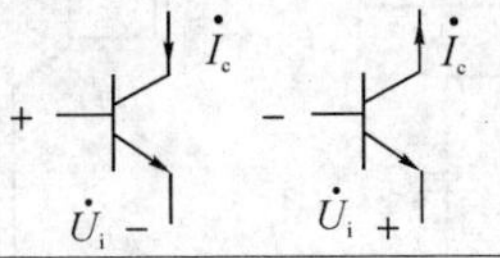	$\dot{I}_o$ 是集电极电流 $\dot{I}_c$，$\dot{I}_c$ 方向与 $\dot{U}_i$ 方向的关系如图所示 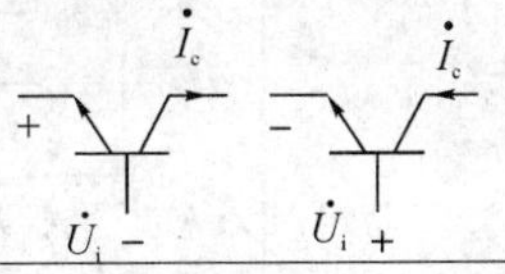	$\dot{I}_o$ 是发射极电流 $\dot{I}_e$，$\dot{I}_e$ 方向与 $\dot{U}_i$ 方向的关系如图所示 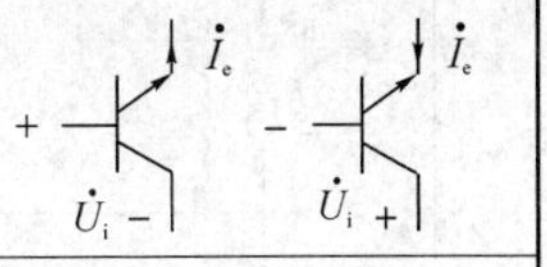
3. 标注输出电压 $\dot{U}_o$ 的位置和方向	$\dot{U}_o$ 在 $\dot{I}_c$ 流过的变压器线圈（原边）上，方向与 $\dot{I}_c$ 一致	$\dot{U}_o$ 在 $\dot{I}_c$ 流过的变压器线圈（原边）上，方向与 $\dot{I}_c$ 一致	$\dot{U}_o$ 在 $\dot{I}_e$ 流过的变压器线圈（原边）上，方向与 $\dot{I}_e$ 一致
4. 标注反馈电压 $\dot{U}_f$ 的位置和方向	$\dot{U}_f$ 在变压器的副边上，方向与 $\dot{U}_i$ 一致		

例 2.2.3　变压器耦合式振荡器的简化交流通路如图 2.2.3 所示。确定各个变压器的同名端，实现相位平衡条件。

解　在图 2.2.3(a)中，放大器是共发射极放大器，净输入电压 $\dot{U}_i$ 加在基极与发射极之间，选择基极为正极，发射极为负极。输出电流是集电极电流 $\dot{I}_c$，参考 $\dot{U}_i$ 的方向，$\dot{I}_c$ 流入晶体管。$\dot{I}_c$ 通过抽头流过变压器的原边，抽头把原边分为上下两个电感 L_1 和 L_2。根据 $\dot{I}_c$ 的方向可以确定 L_2 上的电压方向，该电压是集电极与发射极之间的输出电压 $\dot{U}_o$。变压器副

边上的反馈电压 $\dot{U}_f$ 与 $\dot{U}_i$ 方向一致。最后，根据 $\dot{U}_o$ 的方向和 $\dot{U}_f$ 的方向确定同名端，结果如图 2.2.4(a)所示。

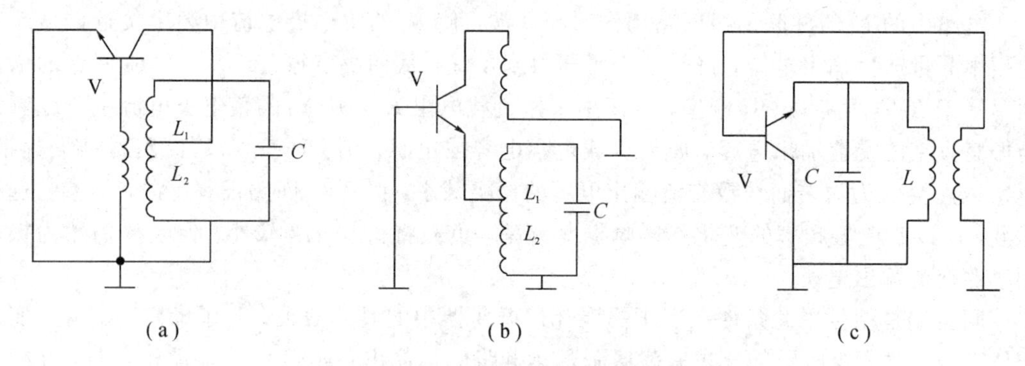

图 2.2.3　三个变压器耦合式振荡器的简化交流通路

(a) 电路一；(b) 电路二；(c) 电路三

在图 2.2.3(b)中，放大器是共基极放大器，$\dot{U}_i$ 加在发射极与基极之间，选择基极为正极，发射极为负极。输出电流是 $\dot{I}_c$，参考 $\dot{U}_i$ 的方向，$\dot{I}_c$ 流入晶体管。$\dot{U}_o$ 在 $\dot{I}_c$ 流过的变压器的原边上，方向与 $\dot{I}_c$ 一致。抽头把副边分为上下两个电感 L_1 和 L_2，L_2 上的电压为 $\dot{U}_f$，$\dot{U}_f$ 与 $\dot{U}_i$ 方向一致。最后，根据 $\dot{U}_o$ 的方向和 $\dot{U}_f$ 的方向确定同名端，结果如图 2.2.4(b)所示。该电路中，电容 C 没有与变压器的原边并联，而是与副边并联，交换了变压器和 LC 并联谐振回路的作用次序。

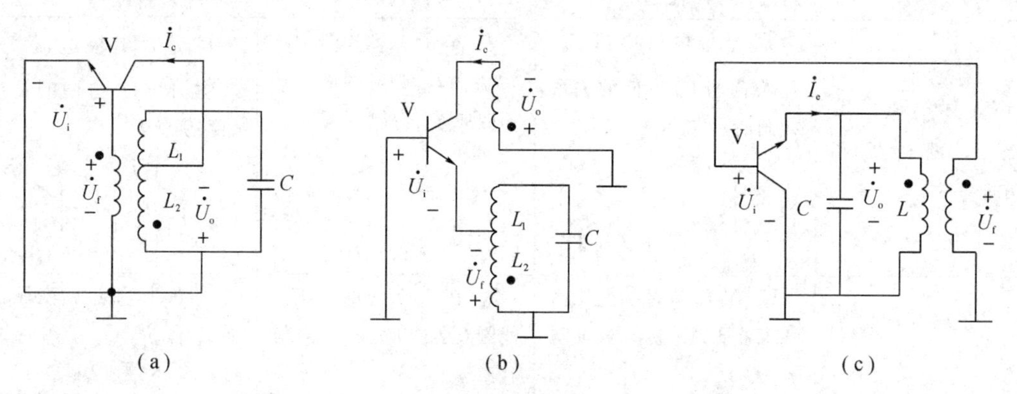

图 2.2.4　三个变压器耦合式振荡器的同名端

(a) 电路一；(b) 电路二；(c) 电路三

在图 2.2.3(c)中，放大器是共集电极放大器，$\dot{U}_i$ 加在基极与集电极之间，选择基极为正极，集电极为负极。输出电流是发射极电流 $\dot{I}_e$，参考 $\dot{U}_i$ 的方向，$\dot{I}_e$ 流出晶体管。$\dot{U}_o$ 在 $\dot{I}_e$ 流过的变压器的原边上，方向与 $\dot{I}_e$ 一致。变压器副边上的 $\dot{U}_f$ 与 $\dot{U}_i$ 方向一致。最后，$\dot{U}_o$ 和 $\dot{U}_f$ 的方向相同，所以原边和副边的同名端在同一端，结果如图 2.2.4(c)所示。

2.2.2　三端式振荡器

在三端式振荡器中，LC 并联谐振回路由三段电抗通过三个节点首尾相接构成，有源器件如晶体管的三个电极与三个节点分别连接，构成三端式结构。放大器在 LC 回路上产生输出电压，由反馈网络的阻抗分压获得反馈电压，送入放大器成为净输入电压。

1. 三端式振荡器的相位平衡条件

与放大器对电压相位和振幅的变换相匹配，三端式振荡器的相位平衡条件由 LC 并联谐振回路的三段电抗的性质实现，电抗的性质称为“射同基反”，即在 LC 回路上，从晶体管发射极出去，连到基极和连到集电极的是相同性质的电抗，而从基极出去，连到发射极和连到集电极的是相反性质的电抗。如果放大器是场效应管放大器，则实现相位平衡条件的电抗性质称为“源同栅反”。满足“射同基反”设计要求的三端式振荡器有电容三端式振荡器和电感三端式振荡器两大类，再结合晶体管放大器的组态，三端式振荡器可以分为 6 种基本类型，如图 2.2.5 所示。

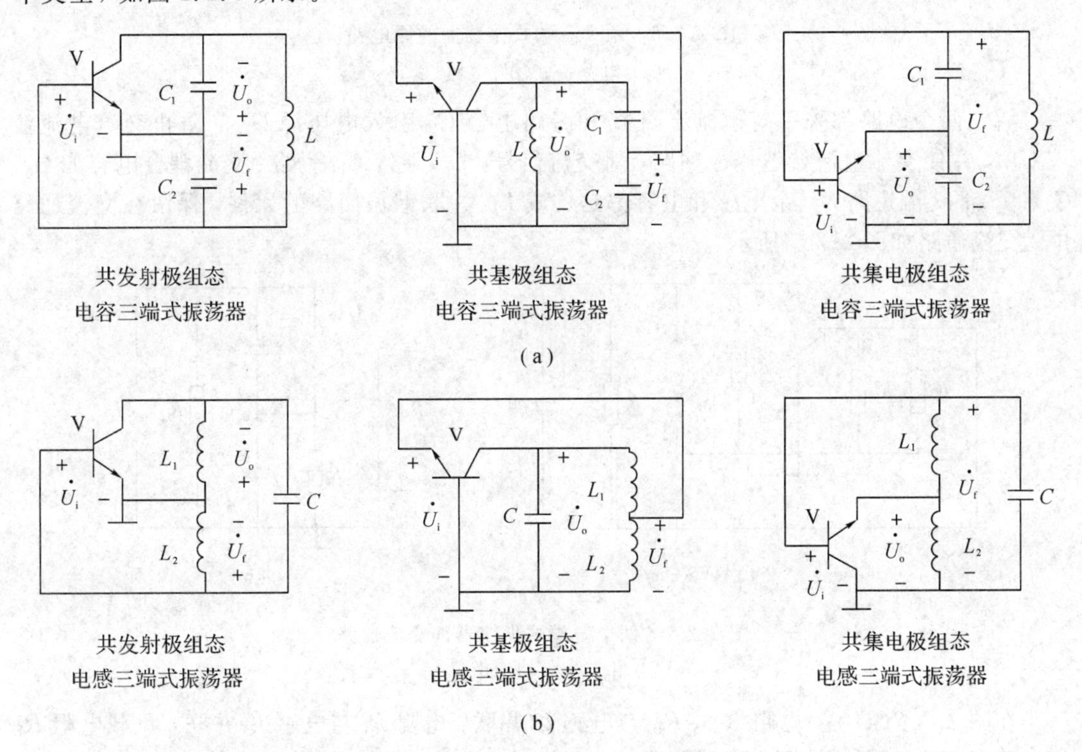

图 2.2.5　基本类型的三端式振荡器

(a) 三种放大器组态下的电容三端式振荡器的简化交流通路；

(b) 三种放大器组态下的电感三端式振荡器的简化交流通路

在电容三端式振荡器中，LC 并联谐振回路主要包括一个电感 L 和两个电容 C_1、C_2。输出电压 $\dot{U}_o$ 和反馈电压 $\dot{U}_f$ 在 C_1 和 C_2 串联构成的电容支路上，电容支路为主构成反馈网络，C_1 和 C_2 的串联分压基本决定 $\dot{U}_o$ 和 $\dot{U}_f$ 的关系。在电感三端式振荡器中，LC 回路主要包括一个电容 C 和两个电感 L_1、L_2。$\dot{U}_o$ 和 $\dot{U}_f$ 在 L_1 和 L_2 串联构成的电感支路上，电感支路为主构成反馈网络，L_1 和 L_2 的串联分压基本决定 $\dot{U}_o$ 和 $\dot{U}_f$ 的关系。

例 2.2.4　三端式振荡器如图 2.2.6 所示。画出原电路的交流通路和简化交流通路，判断振荡器的类型。

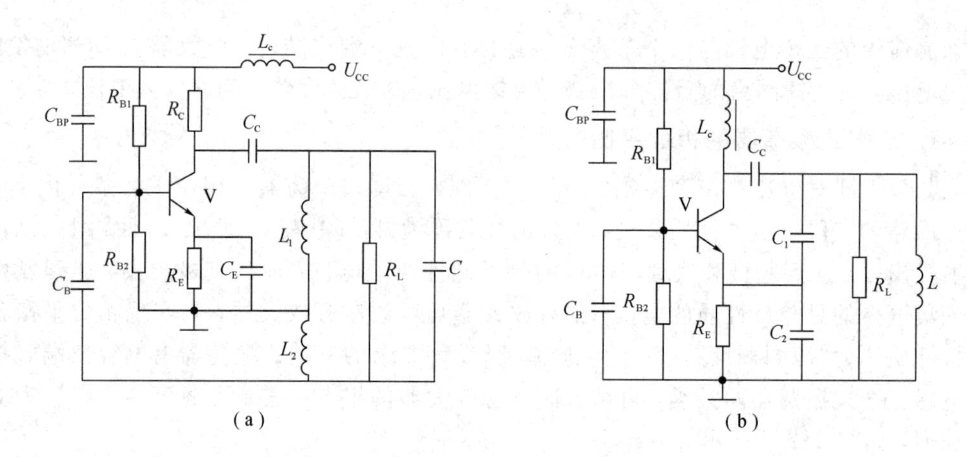

图 2.2.6　两个三端式振荡器的原电路

(a) 电路一；(b) 电路二

解　两个电路都采用高频扼流圈 L_c 和旁路电容 C_{BP} 引入电压源 U_{CC}，防止交流电流流入 U_{CC}，并使交流电流接地构成回路。对交流信号，L_c 开路，C_{BP} 短路。交流耦合电容如 C_B、C_C 和 C_E 都交流短路。其余电感和电容都是构成 LC 并联谐振回路的元件，保留在交流通路中。交流通路如图 2.2.7 所示。

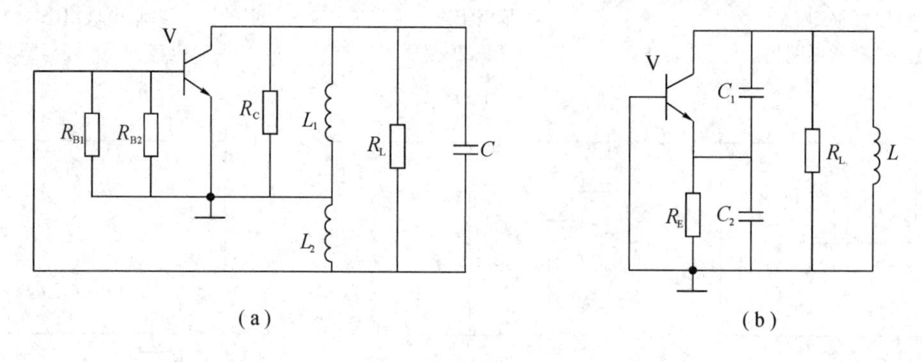

图 2.2.7　两个三端式振荡器的交流通路

(a) 电路一；(b) 电路二

在图 2.2.7(a)中，电阻 R_{B1}、R_{B2} 与电感 L_2 并联，电阻 R_C 与电感 L_1 并联，负载电阻 R_L 与电感支路和电容支路都并联。在图 2.2.7(b)中，电阻 R_E 与电容 C_2 并联，R_L 与电感支路和电容支路都并联。将以上电阻开路，得到的简化交流通路如图 2.2.8 所示。

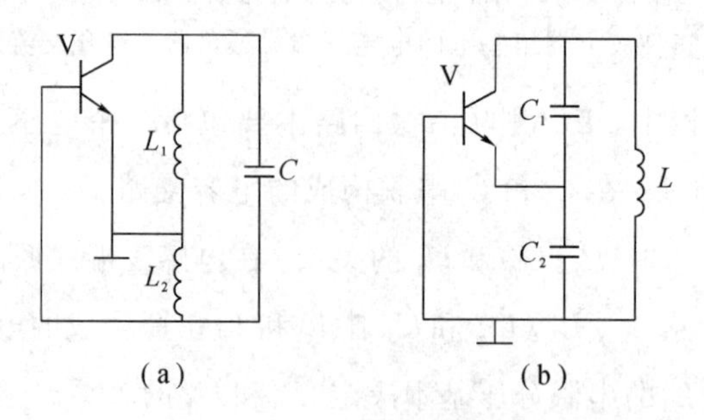

图 2.2.8　两个三端式振荡器的简化交流通路

(a) 电路一；(b) 电路二

根据晶体管的接地端、输入端和输出端，以及 LC 回路的电抗与晶体管的连接关系，可以判断如图 2.2.8(a)所示的电路为共发射极组态电感三端式振荡器，图 2.2.8(b)所示电路为共基极组态电容三端式振荡器。

在三端式振荡器及其衍生电路(如石英晶体振荡器)中，经常采用多 LC 回路的结构来限制振荡频率的取值范围。多回路三端式振荡器把部分电抗替换为局部的 LC 并联谐振回路或 LC 串联谐振回路，这些 LC 回路失谐工作，等效为电感或电容，其电抗的频率特性如图 2.2.9 所示。LC 回路的电抗为 $\mathrm{j}X$，如果 $X>0$，则 LC 回路等效为电感 L，即 $X=\omega_{\mathrm{osc}}L$，如果 $X<0$，则 LC 回路等效为电容 C，即 $X=-(\omega_{\mathrm{osc}}C)^{-1}$，其中，振荡频率 ω_{osc} 不等于 LC 回路的谐振频率 ω_0。根据“射同基反”的设计要求，各个 LC 回路分别等效为电感或电容，从而用它们的谐振频率限制了失谐所需的振荡频率的取值范围。

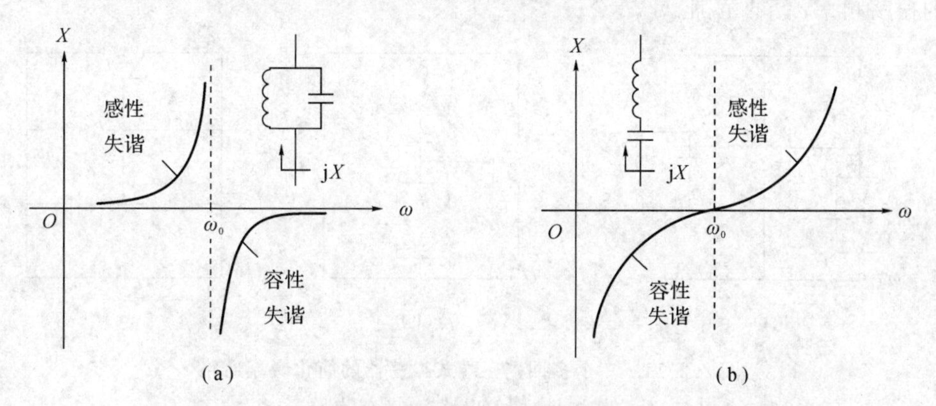

图 2.2.9　LC 并联谐振回路和 LC 串联谐振回路的电抗的频率特性

(a) LC 并联谐振回路；(b) LC 串联谐振回路

例 2.2.5　多回路三端式振荡器的简化交流通路如图 2.2.10 所示。判断电路是否满足相位平衡条件。如果满足条件，确定振荡频率 ω_{osc} 的范围；如果不满足条件，说明原因，并提出修改措施。

解　在图 2.2.10(a)所示电路中，晶体管的发射极到基极接有电容 C_1，发射极到集电极接有电容 C_2，符合“射同基反”中“射同”的设计要求，于是“基反”要求从基极到集电极的 LC 串联谐振回路应失谐并呈感性。LC 串联谐振回路的谐振频率 $\omega_0=1/\sqrt{LC}$，感性失谐需要 $\omega_{\mathrm{osc}}>\omega_0$。所以该电路可以满足相位平衡条件，振荡频率的范围为 $\omega_{\mathrm{osc}}>1/\sqrt{LC}$。

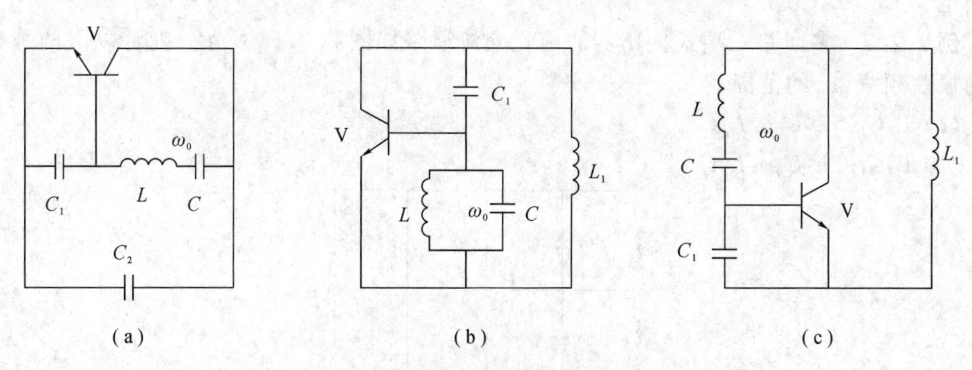

图 2.2.10　三个多回路三端式振荡器的简化交流通路

(a) 电路一；(b) 电路二；(c) 电路三

在图 2.2.10(b)所示电路中，只有 LC 并联谐振回路失谐并呈感性，才能符合“射同基反”的设计要求。LC 并联谐振回路的谐振频率 $\omega_0=1/\sqrt{LC}$，感性失谐需要 $\omega_{osc}<\omega_0$。所以该电路可以满足相位平衡条件，振荡频率的范围为 $\omega_{osc}<1/\sqrt{LC}$。

在图 2.2.10(c)所示电路中，晶体管的发射极到基极接有电容 C_1，发射极到集电极接有电感 L_1，不符合“射同基反”中“射同”的设计要求，不满足相位平衡条件。修改时，可以把 C_1 替换为电感 L_2，并使 LC 串联谐振回路容性失谐，构成电感三端式振荡器，振荡频率的范围为 $\omega_{osc}<\omega_0=1/\sqrt{LC}$，或者把 L_1 替换为电容 C_2，并使 LC 串联谐振回路感性失谐，构成电容三端式振荡器，振荡频率的范围为 $\omega_{osc}>\omega_0=1/\sqrt{LC}$。

例 2.2.6 多回路三端式振荡器的简化交流通路如图 2.2.11 所示，确定满足相位平衡条件的振荡频率 ω_{osc} 的范围。

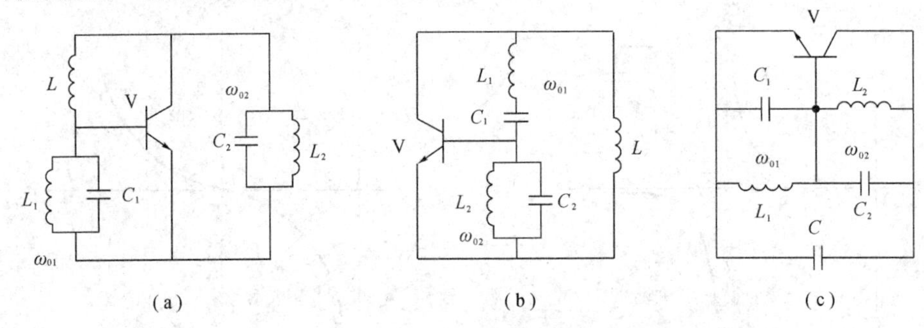

图 2.2.11 三个多回路三端式振荡器的简化交流通路

(a) 电路一；(b) 电路二；(c) 电路三

解 图 2.2.11(a)所示电路中，晶体管的基极到集电极接有电感 L，根据“射同基反”的设计要求，L_1C_1 并联谐振回路和 L_2C_2 并联谐振回路都应容性失谐，所以 $\omega_{osc}>\max(\omega_{01},\omega_{02})$。

在图 2.2.11(b)所示电路中，晶体管的发射极到集电极接有电感 L，根据“射同基反”的设计要求，L_1C_1 串联谐振回路应容性失谐，L_2C_2 并联谐振回路应感性失谐，所以 $\omega_{osc}<\min(\omega_{01},\omega_{02})$。

在图 2.2.11(c)所示电路中，晶体管的发射极到集电极接有电容 C，根据“射同基反”的设计要求，L_1C_1 并联谐振回路应容性失谐，L_2C_2 并联谐振回路应感性失谐，所以 $\omega_{01}<\omega_{osc}<\omega_{02}$。作为前提，该区间应该存在，即 $\omega_{01}=1/\sqrt{L_1C_1}<\omega_{02}=1/\sqrt{L_2C_2}$，所以元件取值要满足 $L_1C_1>L_2C_2$。

例 2.2.7 多回路三端式振荡器的简化交流通路如图 2.2.12 所示，确定以下两种条件下的振荡频率 ω_{osc} 的范围：

(1) $L_1C_1>L_2C_2>L_3C_3$。

(2) $L_1C_1<L_2C_2<L_3C_3$。

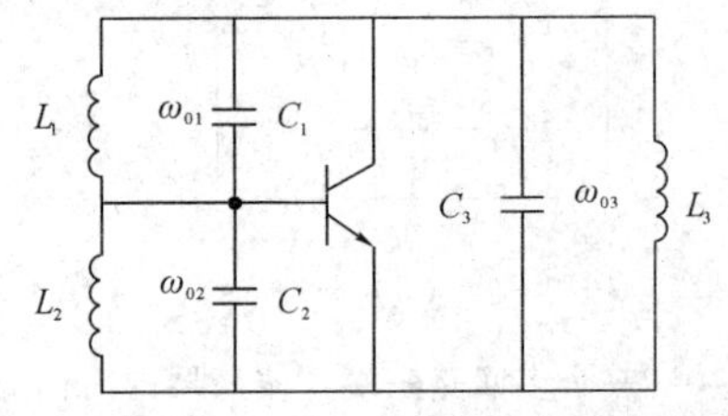

图 2.2.12 多回路三端式振荡器的简化交流通路

解　设三个 LC 并联谐振回路的电抗分别为 $\mathrm{j}X_1$、$\mathrm{j}X_2$ 和 $\mathrm{j}X_3$，根据“射同基反”的设计要求，L_2C_2 回路和 L_3C_3 回路应失谐并呈相同性质的电抗，L_1C_1 回路应失谐并呈相反性质的电抗。

(1) 当 $L_1C_1>L_2C_2>L_3C_3$ 时，谐振频率的关系为 $\omega_{01}<\omega_{02}<\omega_{03}$，各个 LC 回路的电抗的频率特性如图 2.2.13(a)所示。ω_{osc} 位于 ω_{01} 和 ω_{02} 之间，即 $\omega_{01}<\omega_{\mathrm{osc}}<\omega_{02}$。这时 L_2C_2 回路和 L_3C_3 回路感性失谐，L_1C_1 回路容性失谐，构成电感三端式振荡器。

(2) 当 $L_1C_1<L_2C_2<L_3C_3$ 时，谐振频率的关系为 $\omega_{01}>\omega_{02}>\omega_{03}$，各个 LC 回路的电抗的频率特性如图 2.2.13(b)所示。ω_{osc} 位于 ω_{02} 和 ω_{01} 之间，即 $\omega_{02}<\omega_{\mathrm{osc}}<\omega_{01}$。这时 L_2C_2 回路和 L_3C_3 回路容性失谐，L_1C_1 回路感性失谐，构成电容三端式振荡器。

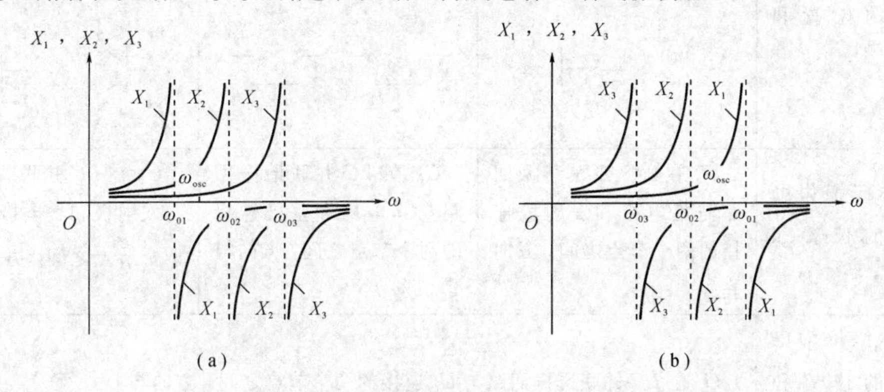

图 2.2.13　三个 LC 并联谐振回路的电抗的频率特性

(a) $L_1C_1>L_2C_2>L_3C_3$ 时的结果；(b) $L_1C_1<L_2C_2<L_3C_3$ 时的结果

2. 三端式振荡器的振荡频率和振幅起振条件

为了计算三端式振荡器的振荡频率并推导振幅起振条件对元器件参数的要求，需要将三端式振荡器进行拆环，形成多级放大器，并对其中的一级放大器做交流解析分析。分析中需要根据表 2.2.2 在电路中标注出净输入电压 $\dot{U}_{\mathrm{i}}$、输出电压 $\dot{U}_{\mathrm{o}}$ 和反馈电压 $\dot{U}_{\mathrm{f}}$ 的位置和方向，并根据放大器的组态引入晶体管的交流小信号模型。晶体管的交流小信号模型如图 2.2.14 所示。其中，r_{e} 为发射结交流电阻，也是共基极组态模型的交流输入电阻，$r_{\mathrm{be}}=(1+\beta)r_{\mathrm{e}}$，也是共发射极组态模型的交流输入电阻，$C_{\mathrm{b'e}}$ 为发射结电容，$\dot{U}_{\mathrm{be}}$ 为发射结上的交流电压，$\dot{g}_{\mathrm{m}}=g_{\mathrm{m}}\mathrm{e}^{\mathrm{j}\varphi_{\mathrm{Y}}}$ 为晶体管的交流跨导，φ_{Y} 为晶体管的相移。

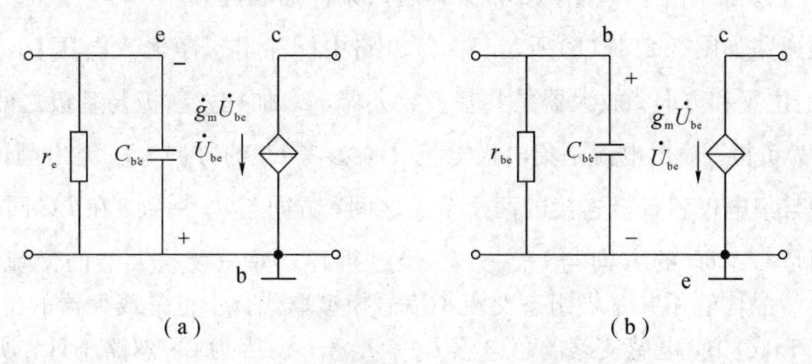

图 2.2.14　晶体管的交流小信号模型

(a) 共基极组态模型；(b) 共发射极组态模型

表 2.2.2　三端式振荡器中信号的位置和方向

步骤	晶体管放大器的组态		
	共发射极	共基极	共集电极
1. 标注净输入电压 $\dot{U}_i$ 的位置和方向	$\dot{U}_i$ 加在基极与发射极之间，方向任选	$\dot{U}_i$ 加在发射极与基极之间，方向任选	$\dot{U}_i$ 加在基极与集电极之间，方向任选
2. 标注输出电流 $\dot{I}_o$ 的位置和方向	$\dot{I}_o$ 是集电极电流 $\dot{I}_c$，$\dot{I}_c$ 方向与 $\dot{U}_i$ 方向的关系如图所示	$\dot{I}_o$ 是集电极电流 $\dot{I}_c$，$\dot{I}_c$ 方向与 $\dot{U}_i$ 方向的关系如图所示	$\dot{I}_o$ 是发射极电流 $\dot{I}_e$，$\dot{I}_e$ 方向与 $\dot{U}_i$ 方向的关系如图所示
3. 标注输出电压 $\dot{U}_o$ 的位置和方向	$\dot{U}_o$ 在 LC 并联谐振回路与集电极和发射极连接的两个节点之间，方向与 $\dot{I}_c$ 一致	$\dot{U}_o$ 在 LC 并联谐振回路与集电极和基极连接的两个节点之间，方向与 $\dot{I}_c$ 一致	$\dot{U}_o$ 在 LC 并联谐振回路与发射极和集电极连接的两个节点之间，方向与 $\dot{I}_e$ 一致
4. 标注反馈电压 $\dot{U}_f$ 的位置和方向	$\dot{U}_f$ 在 LC 并联谐振回路与 $\dot{U}_i$ 连接的两个节点之间，方向与 $\dot{U}_i$ 一致		

通过适当的近似可以简化三端式振荡器的交流解析分析。首先，晶体管的相移 φ_Y 可以近似为零，于是交流跨导 $\dot{g}_m$ 恢复实数形式 g_m。其次，LC 并联谐振回路的相移 φ_Z(即负载)可以近似为零，于是 LC 回路的阻抗 $\dot{Z}_e$ 成为谐振电阻 R_e。最后，反馈网络的相移 φ_F 可以近似为零，于是反馈系数 $\dot{F}$ 成为实数 F，可以只用电抗分压近似计算，忽略电阻的影响。经过近似，振荡频率 ω_{osc} 成为谐振频率 ω_0，振幅起振条件变为 $g_m R_e F>1$，其中的 g_m 是放大器的交流跨导。如果放大器和晶体管的输入电压相同，输出电流也相同，则 g_m 等于晶体管的交流跨导。

例 2.2.8　共基极组态电感三端式振荡器如图 2.2.15(a)所示。已知晶体管的交流输入电阻 r_e 和交流跨导 g_m，发射结电容 $C_{b'e}$ 忽略不计，其余元件参数在图中给出，不计电感 L_1 和 L_2 之间的互感。推导振荡频率 ω_{osc} 和振幅起振条件的表达式。

解　交流通路如图 2.2.15(b)所示。在该电路中标注出了净输入电压 $\dot{U}_i$、输出电压 $\dot{U}_o$、反馈电压 $\dot{U}_f$ 的位置和方向。放大器是共基极放大器，$\dot{U}_i$ 加在发射极与基极之间，选择发射极为正极，基极为负极。输出电流是集电极电流 $\dot{I}_c$，参考 $\dot{U}_i$ 的方向，$\dot{I}_c$ 流出晶体管。$\dot{U}_o$ 在 LC 并联谐振回路与集电极和基极连接的两个节点之间，方向与 $\dot{I}_c$ 一致。在 LC 回路与 $\dot{U}_i$ 连接的两个节点之间是 $\dot{U}_f$，$\dot{U}_f$ 的方向与 $\dot{U}_i$ 一致。经过拆环，每一级放大器的交流等效电路如图 2.2.15(c)所示。晶体管用共基极组态交流小信号模型取代，g_m 也是放大器的交流跨导。

在图 2.2.15(c)中，电感支路的总电感 $L_\Sigma=L_1+L_2$，因为 $C_{b'e}$ 忽略不计，所以振荡频率为

$$\omega_{osc}\approx\omega_0=\frac{1}{\sqrt{L_\Sigma C}}=\frac{1}{\sqrt{(L_1+L_2)C}}$$

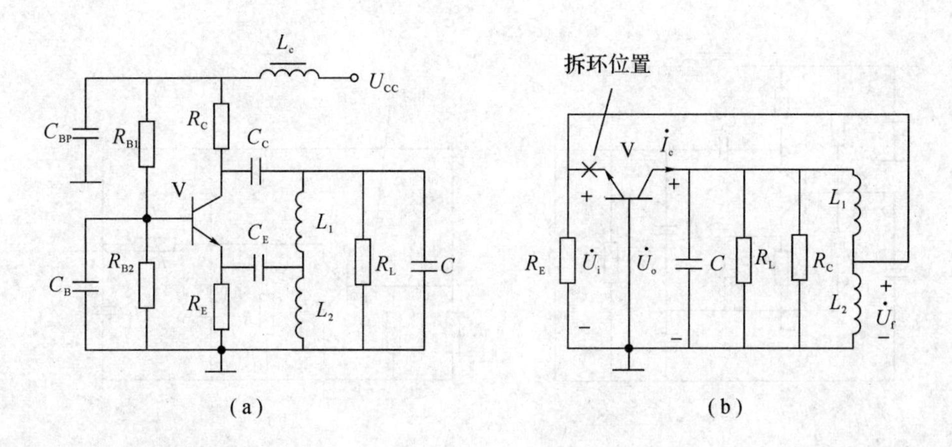

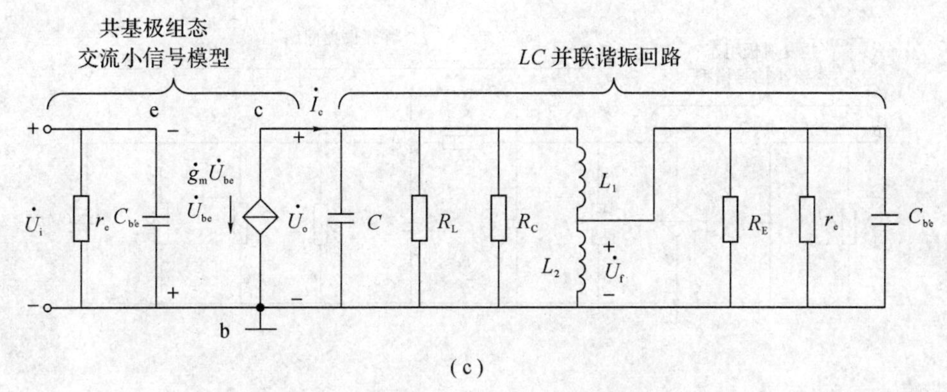

图 2.2.15　共基极组态电感三端式振荡器

(a) 原电路；(b) 交流通路；(c) 拆环后每一级放大器的交流等效电路

根据 $\dot{U}_f$ 和 $\dot{U}_o$ 的位置，反馈系数为

$$F \approx \frac{j\omega L_2}{j\omega L_1 + j\omega L_2} = \frac{L_2}{L_1 + L_2}$$

在谐振电阻 R_e上消耗的交流功率为

$$\frac{1}{2}\frac{U_o^2}{R_e} = \frac{1}{2}\frac{U_o^2}{R_L} + \frac{1}{2}\frac{U_o^2}{R_C} + \frac{1}{2}\frac{U_f^2}{R_E} + \frac{1}{2}\frac{U_f^2}{r_e}$$

即

$$R_e = R_L \mathbin{/\!/} R_C \mathbin{/\!/} \frac{R_E \mathbin{/\!/} r_e}{F^2} = R_L \mathbin{/\!/} R_C \mathbin{/\!/} \frac{R_E \mathbin{/\!/} r_e}{\left(\dfrac{L_2}{L_1 + L_2}\right)^2}$$

振幅起振条件为

$$g_m R_e F = g_m \left[R_L \mathbin{/\!/} R_C \mathbin{/\!/} \frac{R_E \mathbin{/\!/} r_e}{\left(\dfrac{L_2}{L_1 + L_2}\right)^2} \right] \frac{L_2}{L_1 + L_2} > 1$$

例 2.2.9　共发射极组态电容三端式振荡器如图 2.2.16(a)所示。已知晶体管的交流输入电阻 r_{be}、发射结电容 $C_{b'e}$和交流跨导 g_m，其余元件参数在图中给出。推导振荡频率 ω_{osc}和振幅起振条件的表达式。

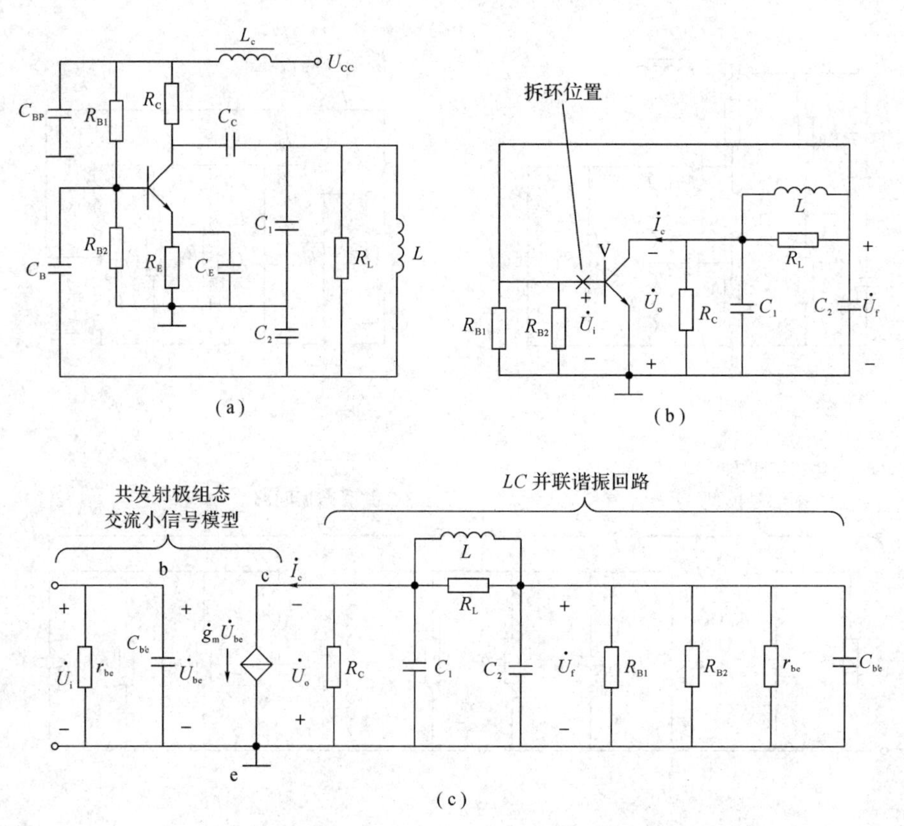

图 2.2.16　共发射极组态电容三端式振荡器

(a) 原电路；(b) 交流通路；(c) 拆环后每一级放大器的交流等效电路

解　交流通路如图 2.2.16(b)所示。在该电路中标注出了净输入电压 $\dot{U}_i$、输出电压 $\dot{U}_o$、反馈电压 $\dot{U}_f$ 的位置和方向。放大器是共发射极放大器，$\dot{U}_i$ 加在基极与发射极之间，选择基极为正极，发射极为负极。输出电流是集电极电流 $\dot{I}_c$，参考 $\dot{U}_i$ 的方向，$\dot{I}_c$ 流入晶体管。$\dot{U}_o$ 在 LC 并联谐振回路与集电极和发射极连接的两个节点之间，方向与 $\dot{I}_c$ 一致。在 LC 回路与 $\dot{U}_i$ 连接的两个节点之间是 $\dot{U}_f$，$\dot{U}_f$ 的方向与 $\dot{U}_i$ 一致。经过拆环，每一级放大器的交流等效电路如图 2.2.16(c)所示。晶体管用共发射极组态交流小信号模型取代，g_m 也是放大器的交流跨导。

在图 2.2.16(c)中，电容支路的总电容为

$$C_\Sigma = \frac{C_1(C_2 + C_{b'e})}{C_1 + (C_2 + C_{b'e})}$$

振荡频率为

$$\omega_{osc} \approx \omega_0 = \frac{1}{\sqrt{LC_\Sigma}} = \frac{1}{\sqrt{L\dfrac{C_1(C_2 + C_{b'e})}{C_1 + (C_2 + C_{b'e})}}}$$

根据 $\dot{U}_f$ 和 $\dot{U}_o$ 的位置，反馈系数为

$$F \approx \frac{\dfrac{1}{j\omega(C_2 + C_{b'e})}}{\dfrac{1}{j\omega C_1}} = \frac{C_1}{C_2 + C_{b'e}}$$

在谐振电阻 R_e 上消耗的交流功率为

$$\frac{1}{2}\frac{U_o^2}{R_e} = \frac{1}{2}\frac{(U_o + U_f)^2}{R_L} + \frac{1}{2}\frac{U_o^2}{R_C} + \frac{1}{2}\frac{U_f^2}{R_{B1}} + \frac{1}{2}\frac{U_f^2}{R_{B2}} + \frac{1}{2}\frac{U_f^2}{r_{be}}$$

即

$$R_e = \frac{R_L}{(1+F)^2} /\!/ R_C /\!/ \frac{R_{B1} /\!/ R_{B2} /\!/ r_{be}}{F^2} = \frac{R_L}{\left(1 + \dfrac{C_1}{C_2 + C_{b'e}}\right)^2} /\!/ R_C /\!/ \frac{R_{B1} /\!/ R_{B2} /\!/ r_{be}}{\left(\dfrac{C_1}{C_2 + C_{b'e}}\right)^2}$$

振幅起振条件为

$$g_m R_e F = g_m \left[\frac{R_L}{\left(1 + \dfrac{C_1}{C_2 + C_{b'e}}\right)^2} /\!/ R_C /\!/ \frac{R_{B1} /\!/ R_{B2} /\!/ r_{be}}{\left(\dfrac{C_1}{C_2 + C_{b'e}}\right)^2}\right] \frac{C_1}{C_2 + C_{b'e}} > 1$$

从例 2.2.8 和例 2.2.9 中可以看出，反馈系数 F 过小则振幅起振条件 $g_m R_e F > 1$ 不成立，F 过大，则谐振电阻 R_e 近似按着 $1/F^2$ 的倍数减小，也会导致 $g_m R_e F > 1$ 不成立，所以 F 的取值应该适中。

例 2.2.10　电路如图 2.2.17(a)所示，忽略不计晶体管的发射结电容 $C_{b'e}$。

(1) 已知振荡频率 $f_{osc} = 2.5$ MHz，计算电感 L。

(2) 保持 f_{osc} 和 L 不变，如何调整元件参数，使反馈系数 F 减小一半？

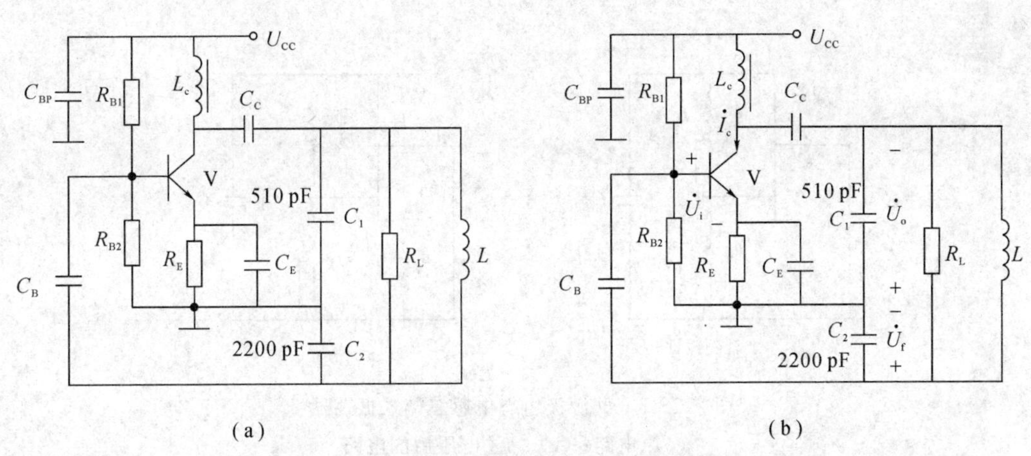

图 2.2.17　共发射极组态电容三端式振荡器

(a) 原电路；(b) 标注电压后的电路

解　(1) 在 LC 并联谐振回路中，电容支路的总电容

$$C_\Sigma = \frac{C_1 C_2}{C_1 + C_2} = \frac{510\ \text{pF} \times 2200\ \text{pF}}{510\ \text{pF} + 2200\ \text{pF}} = 414\ \text{pF}$$

由振荡频率

$$f_{osc} = \frac{1}{2\pi\sqrt{LC_\Sigma}}$$

得电感为

$$L=\frac{1}{(2\pi f_{osc})^2C_\Sigma}=\frac{1}{(2\pi\times2.5\ \text{MHz})^2\times414\ \text{pF}}=9.79\ \mu\text{H}$$

(2) 在电路中标注出净输入电压 $\dot{U}_i$、输出电压 $\dot{U}_o$ 和反馈电压 $\dot{U}_f$ 的位置和方向，如图 2.2.17(b)所示。反馈系数为

$$F\approx\frac{\frac{1}{j\omega C_2}}{\frac{1}{j\omega C_1}}=\frac{C_1}{C_2}=\frac{510\ \text{pF}}{2200\ \text{pF}}=0.232$$

F 减小一半，要求

$$\frac{C_1}{C_2}=0.116 \tag{2.2.1}$$

因为 f_{osc} 和 L 不变，所以 C_Σ 不变，即

$$\frac{C_1C_2}{C_1+C_2}=414\ \text{pF} \tag{2.2.2}$$

电容 C_1 和 C_2 需要同时调整。式(2.2.1)与式(2.2.2)联立，解得调整后的 $C_1=462$ pF，$C_2=3983$ pF。

例 2.2.11 振荡频率为 ω_{osc} 的共源极组态电感三端式振荡器如图 2.2.18(a)所示。已知场效应管的交流跨导 g_m，忽略不计场效应管的输入阻抗，不计电感 L_1 和 L_2 之间的互感，电感的内阻 $r_1\ll\omega_{osc}L_1$，$r_2\ll\omega_{osc}L_2$。证明振幅起振条件为

$$g_m>\frac{r_1+r_2}{\omega_{osc}^2L_1L_2}$$

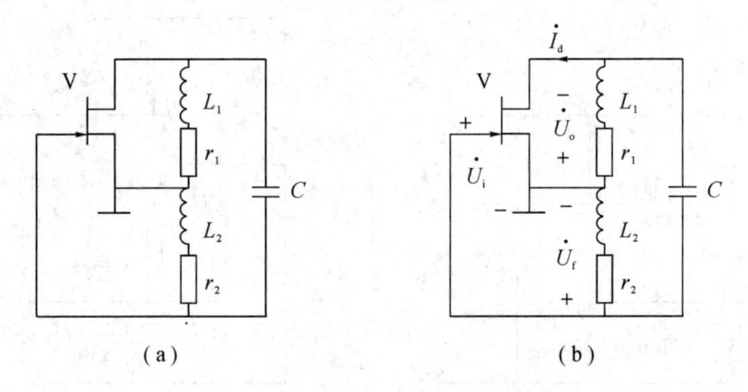

图 2.2.18 共源极组态电感三端式振荡器

(a) 原电路；(b) 标注电压后的电路

证明 电路中标注出净输入电压 $\dot{U}_i$、输出电压 $\dot{U}_o$、反馈电压 $\dot{U}_f$ 的位置和方向，如图 2.2.18(b)所示。反馈系数 $F\approx\frac{j\omega L_2}{j\omega L_1}=\frac{L_2}{L_1}$。$r_1$、$r_2$ 等效为空载谐振电阻，即

$$R_{e0}=\frac{L_1+L_2}{C(r_1+r_2)}$$

在谐振电阻 R_e 上消耗的交流功率为

$$\frac{1}{2}\frac{U_o^2}{R_e}=\frac{1}{2}\frac{(U_o+U_f)^2}{R_{e0}}$$

即

$$R_e = \frac{R_{e0}}{(1+F)^2}$$

根据振幅起振条件，有

$$g_m > \frac{1}{R_e F} = \frac{(1+F)^2}{R_{e0} F} = \frac{C(r_1+r_2)}{L_1+L_2} \frac{\left(1+\frac{L_2}{L_1}\right)^2}{\frac{L_2}{L_1}}$$

$$= \frac{C(r_1+r_2)(L_1+L_2)}{L_1 L_2} = \frac{r_1+r_2}{\omega_{osc}^2 L_1 L_2}$$

其中，振荡频率 $\omega_{osc} = \frac{1}{\sqrt{(L_1+L_2)C}}$。

例 2.2.12 振荡频率为 ω_{osc} 的共源极组态电容三端式振荡器如图 2.2.19(a)所示。已知场效应管的交流跨导 g_m，忽略不计场效应管的输入阻抗。证明振幅起振条件为 $g_m > \omega_{osc}^2 C_1 C_2 r$。

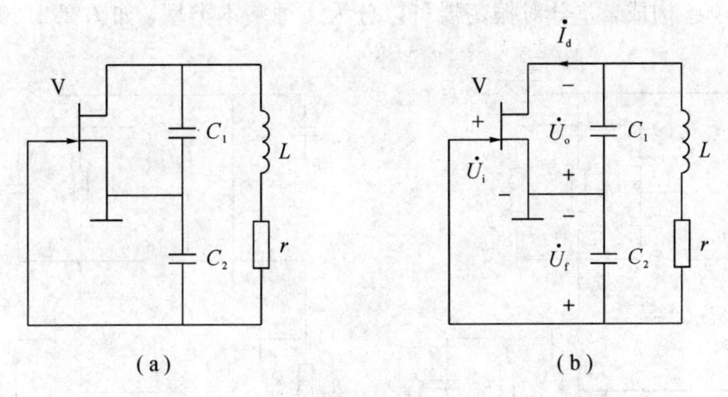

图 2.2.19 共源极组态电容三端式振荡器

(a) 原电路；(b) 标注电压后的电路

证明 电路中标注出净输入电压 $\dot{U}_i$、输出电压 $\dot{U}_o$、反馈电压 $\dot{U}_f$ 的位置和方向，如图 2.2.19(b)所示。反馈系数为

$$F \approx \frac{\frac{1}{j\omega C_2}}{\frac{1}{j\omega C_1}} = \frac{C_1}{C_2}$$

r 等效为空载谐振电阻，即

$$R_{e0} = \frac{L}{\frac{C_1 C_2}{C_1 + C_2} r}$$

在谐振电阻 R_e 上消耗的交流功率为

$$\frac{1}{2}\frac{U_o^2}{R_e} = \frac{1}{2}\frac{(U_o+U_f)^2}{R_{e0}}$$

即

$$R_e = \frac{R_{e0}}{(1+F)^2}$$

根据振幅起振条件，有

$$g_m > \frac{1}{R_e F} = \frac{(1+F)^2}{R_{e0} F} = \frac{\frac{C_1 C_2}{C_1 + C_2} r}{L} \frac{\left(1 + \frac{C_1}{C_2}\right)^2}{\frac{C_1}{C_2}} = \frac{C_1 C_2 r}{L \frac{C_1 C_2}{C_1 + C_2}} = \omega_{osc}^2 C_1 C_2 r$$

其中，振荡频率为

$$\omega_{osc} = \frac{1}{\sqrt{L \frac{C_1 C_2}{C_1 + C_2}}}$$

2.2.3 差分对振荡器

差分对振荡器的差动放大器可以用单端输出或双端输出来连接 LC 并联谐振回路，放大器在 LC 回路上产生输出电压，经过反馈网络的阻抗分压获得反馈电压，反馈支路使反馈电压与净输入电压同相，实现相位平衡条件。根据电路是单端输出还是双端输出以及反馈网络由电容构成还是由电感构成，差分对振荡器可以分为 4 种基本类型，如图 2.2.20 所示。

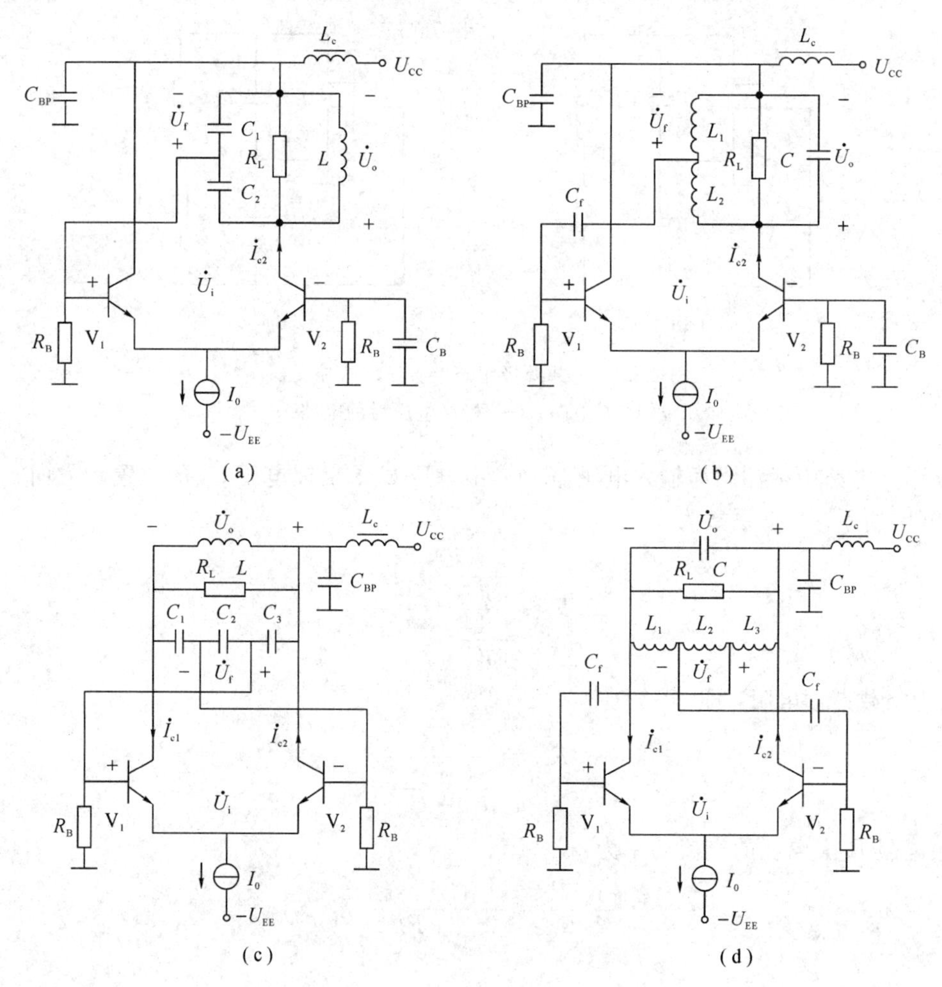

图 2.2.20　基本类型的差分对振荡器

(a) 单端输出电容反馈；(b) 单端输出电感反馈；(c) 双端输出电容反馈；(d) 双端输出电感反馈

根据表 2.2.3，图 2.2.20 所示的各个电路标注出了净输入电压 $\dot{U}_i$、输出电压 $\dot{U}_o$、反馈电压 $\dot{U}_f$ 的位置和方向。单端输出和双端输出的电感反馈式差分对振荡器需要在反馈支路中接入交流耦合电容 C_f，隔离电感支路和基极上不相等的直流偏置电压。为了满足相位平衡条件，单端输出的差分对振荡器一般需要一条反馈支路，该反馈支路从一个晶体管的集电极所接的 LC 并联谐振回路上连接到另一个晶体管的基极，双端输出的差分对振荡器一般有两条反馈支路，它们从 LC 回路上出来，互相交叉，再连接到两个晶体管的基极上。

表 2.2.3　差分对振荡器中信号的位置和方向

步 骤	单端输出或双端输出
1. 标注净输入电压 $\dot{U}_i$ 的位置和方向	$\dot{U}_i$ 加在晶体管 V_1 和 V_2 的基极之间，方向任选
2. 标注输出电流 $\dot{I}_o$ 的位置和方向	$\dot{I}_o$ 是集电极电流 $\dot{I}_{c1}$ 或(和) $\dot{I}_{c2}$，$\dot{I}_{c1}$ 方向、$\dot{I}_{c2}$ 方向与 $\dot{U}_i$ 方向的关系如图所示 $\dot{I}_{c1}$ $\dot{I}_{c2}$ + $\dot{U}_i$ − V_1 V_2　　　$\dot{I}_{c1}$ $\dot{I}_{c2}$ − $\dot{U}_i$ + V_1 V_2
3. 标注输出电压 $\dot{U}_o$ 的位置和方向	当单端输出时，$\dot{U}_o$ 在 LC 并联谐振回路与集电极连接的节点与接地端之间；当双端输出时，$\dot{U}_o$ 在 LC 回路与两个集电极连接的两个节点之间。$\dot{U}_o$ 的方向与 $\dot{I}_{c1}$、$\dot{I}_{c2}$ 一致
4. 标注反馈电压 $\dot{U}_f$ 的位置和方向	当有一条反馈支路时，$\dot{U}_f$ 在 LC 回路与反馈支路连接的节点与接地端之间；当有两条反馈支路时，$\dot{U}_f$ 在 LC 回路与两条反馈支路连接的两个节点之间。$\dot{U}_f$ 的方向与 $\dot{U}_i$ 一致

三端式振荡器的交流解析分析方法可以用来计算差分对振荡器的振荡频率并推导振幅起振条件对元器件参数的要求。因为每个晶体管都是基极输入、集电极输出，所以晶体管的模型应该用共发射极组态交流小信号模型。振幅起振条件 $g_m R_e F>1$ 中的 g_m 是差动放大器的交流跨导，不再是晶体管的交流跨导。

例 2.2.13　单端输出电容反馈式差分对振荡器如图 2.2.21(a)所示。已知晶体管的交流输入电阻 r_{be} 和发射结电容 $C_{b'e}$，其余元件参数和电流源电流在图中给出。推导振荡频率 ω_{osc} 和振幅起振条件的表达式。

解　交流通路如图 2.2.21(b)所示。该电路画出了晶体管 V_1 和 V_2 的输入回路的 r_{be} 和 $C_{b'e}$，标注出了净输入电压 $\dot{U}_i$、输出电压 $\dot{U}_o$ 和反馈电压 $\dot{U}_f$ 的位置和方向。$\dot{U}_i$ 加在 V_1 和 V_2 的基极之间，左边的基极为 $\dot{U}_i$ 的正极，右边的基极为 $\dot{U}_i$ 的负极。输出电流是集电极电流 $\dot{I}_{c2}$，参考 $\dot{U}_i$ 的方向，$\dot{I}_{c2}$ 流出 V_2。$\dot{U}_o$ 在 LC 并联谐振回路与集电极连接的节点与接地端之间，方向与 $\dot{I}_{c2}$ 一致。LC 回路与两条反馈支路连接的两个节点之间是 $\dot{U}_f$，$\dot{U}_f$ 的方向与 $\dot{U}_i$ 一致。

LC 回路中的电抗有电感 L、电容 C_1、C_2、C_3 和两个 $C_{b'e}$，两个 $C_{b'e}$ 串联，再与 C_2 并联。电容支路的总电容为

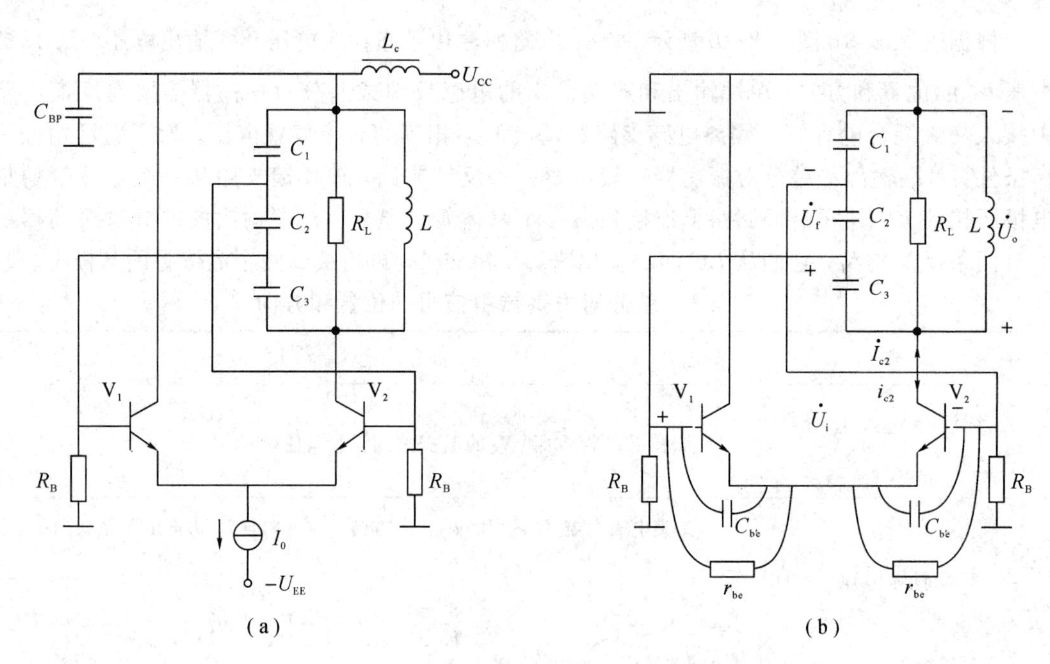

图 2.2.21 单端输出电容反馈式差分对振荡器

(a) 原电路；(b) 交流通路

$$C_\Sigma=\left(\frac{1}{C_1}+\frac{1}{C_2+\dfrac{C_{b'e}}{2}}+\frac{1}{C_3}\right)^{-1}=\frac{C_1\left(C_2+\dfrac{C_{b'e}}{2}\right)C_3}{C_1\left(C_2+\dfrac{C_{b'e}}{2}\right)+C_1C_3+\left(C_2+\dfrac{C_{b'e}}{2}\right)C_3}$$

振荡频率为

$$\omega_{osc}\approx\omega_0=\frac{1}{\sqrt{LC_\Sigma}}=\frac{1}{\sqrt{L\dfrac{C_1\left(C_2+\dfrac{C_{b'e}}{2}\right)C_3}{C_1\left(C_2+\dfrac{C_{b'e}}{2}\right)+C_1C_3+\left(C_2+\dfrac{C_{b'e}}{2}\right)C_3}}}$$

根据 $\dot{U}_f$ 和 $\dot{U}_o$ 的位置，反馈系数为

$$F\approx\frac{\dfrac{1}{j\omega\left(C_2+\dfrac{C_{b'e}}{2}\right)}}{\dfrac{1}{j\omega C_1}+\dfrac{1}{j\omega\left(C_2+\dfrac{C_{b'e}}{2}\right)}+\dfrac{1}{j\omega C_3}}=\frac{C_1C_3}{C_1\left(C_2+\dfrac{C_{b'e}}{2}\right)+C_1C_3+\left(C_2+\dfrac{C_{b'e}}{2}\right)C_3}$$

放大器的交流跨导 g_m 根据差动放大器的电流方程计算。刚起振时，交流信号振幅较小，差动放大器工作在线性区，以流入晶体管为正方向，V_2的集电极电流为

$$i_{C2}=\frac{I_0}{2}\left(1-\text{th}\,\frac{u_i}{2U_T}\right)\approx\frac{I_0}{2}\left(1-\frac{u_i}{2U_T}\right)$$

其中，U_T为热电压。i_{C2} 即为放大器的输出电流，将其对放大器的输入电压即净输入电压 u_i 求导，得到差动放大器的交流跨导为

$$g_m=\left|\frac{\partial i_{C2}}{\partial u_i}\bigg|_{u_i=0}\right|=\frac{I_0}{4U_T}$$

在图 2.2.21(b)中，电阻 R_L上的电压是 $\dot{U}_o$，两个 R_B串联，两端的电压是 $\dot{U}_f$，两个 r_{be}串联，两端的电压也是 $\dot{U}_f$。在谐振电阻 R_e上消耗的交流功率为

$$\frac{1}{2}\frac{U_o^2}{R_e}=\frac{1}{2}\frac{U_o^2}{R_L}+\frac{1}{2}\frac{U_f^2}{2R_B}+\frac{1}{2}\frac{U_f^2}{2r_{be}}$$

即

$$R_e=R_L\ /\!/\ \frac{2R_B\ /\!/\ 2r_{be}}{F^2}=R_L\ /\!/\ \frac{2R_B\ /\!/\ 2r_{be}}{\left[\dfrac{C_1C_3}{C_1\left(C_2+\dfrac{C_{b'e}}{2}\right)+C_1C_3+\left(C_2+\dfrac{C_{b'e}}{2}\right)C_3}\right]^2}$$

振幅起振条件为

$$g_mR_eF=\frac{I_0}{4U_T}\left\{R_L\ /\!/\ \frac{2R_B\ /\!/\ 2r_{be}}{\left[\dfrac{C_1C_3}{C_1\left(C_2+\dfrac{C_{b'e}}{2}\right)+C_1C_3+\left(C_2+\dfrac{C_{b'e}}{2}\right)C_3}\right]^2}\right\}\times$$

$$\frac{C_1C_3}{C_1\left(C_2+\dfrac{C_{b'e}}{2}\right)+C_1C_3+\left(C_2+\dfrac{C_{b'e}}{2}\right)C_3}>1$$

例 2.2.14　双端输出电感反馈式差分对振荡器如图 2.2.22(a)所示。已知晶体管的交流输入电阻 r_{be}和发射结电容 $C_{b'e}$，其余元件参数和电流源电流在图中给出，不计电感 L_1和 L_2之间的互感。推导振荡频率 ω_{osc}和振幅起振条件的表达式。

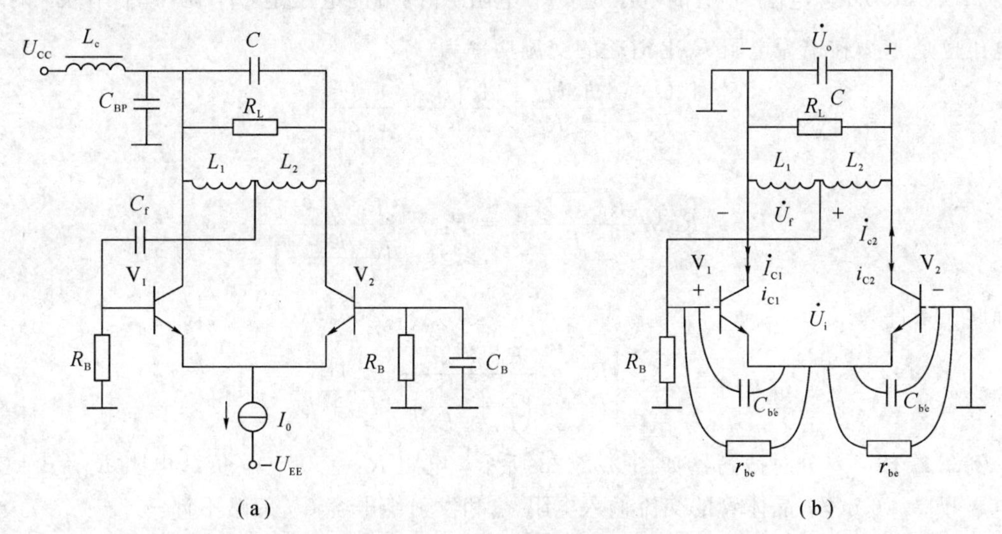

图 2.2.22　双端输出电感反馈式差分对振荡器

(a) 原电路；(b) 交流通路

解　交流通路如图 2.2.22(b)所示。该电路画出了晶体管 V_1和 V_2的输入回路的 r_{be}和 $C_{b'e}$，标注出了净输入电压 $\dot{U}_i$、输出电压 $\dot{U}_o$和反馈电压 $\dot{U}_f$ 的位置和方向。$\dot{U}_i$ 加在 V_1和 V_2的基极之间，左边的基极为 $\dot{U}_i$ 的正极，右边的基极为 $\dot{U}_i$ 的负极。输出电流是集电极电流 $\dot{I}_{c1}$和 $\dot{I}_{c2}$，参考 $\dot{U}_i$ 的方向，$\dot{I}_{c1}$流入晶体管，$\dot{I}_{c2}$流出晶体管，$\dot{I}_{c1}$和 $\dot{I}_{c2}$在 LC 并联谐振回路中形成从右向左的输出电流。$\dot{U}_o$在 LC 回路与两个集电极连接的两个节点之间，方向与 $\dot{I}_{c1}$、

$\dot{I}_{c2}$一致。LC 回路与反馈支路连接的节点与接地端之间是 $\dot{U}_f$，$\dot{U}_f$ 的方向与 $\dot{U}_i$ 一致。

LC 回路中的电抗有电感 L_1 和 L_2、电容 C 和两个 $C_{b'e}$。电感反馈式振荡器的振荡频率较低，$C_{b'e}$的阻抗远大于与之并联的电感的阻抗，所以 $C_{b'e}$近似开路。电感支路的总电感为

$$L_\Sigma = L_1 + L_2$$

振荡频率为

$$\omega_{osc} \approx \omega_0 = \frac{1}{\sqrt{L_\Sigma C}} = \frac{1}{\sqrt{(L_1 + L_2)C}}$$

根据 $\dot{U}_f$ 和 $\dot{U}_o$ 的位置，反馈系数为

$$F \approx \frac{j\omega L_1}{j\omega L_1 + j\omega L_2} = \frac{L_1}{L_1 + L_2}$$

在差动放大器的线性区，以流入晶体管为正方向，V_1 和 V_2 的集电极电流分别为

$$i_{C1} = \frac{I_0}{2}\left(1 + \text{th}\,\frac{u_i}{2U_T}\right) \approx \frac{I_0}{2}\left(1 + \frac{u_i}{2U_T}\right)$$

$$i_{C2} = \frac{I_0}{2}\left(1 - \text{th}\,\frac{u_i}{2U_T}\right) \approx \frac{I_0}{2}\left(1 - \frac{u_i}{2U_T}\right)$$

将 i_{C1} 或 i_{C2} 对净输入电压 u_i 求导，得到差动放大器的交流跨导为

$$g_m = \left|\left.\frac{\partial i_{C1}}{\partial u_i}\right|_{u_i=0}\right| = \left|\left.\frac{\partial i_{C2}}{\partial u_i}\right|_{u_i=0}\right| = \frac{I_0}{4U_T}$$

在图 2.2.22(b)中，电阻 R_L 上的电压是 $\dot{U}_o$，电阻 R_B 两端的电压是 $\dot{U}_f$，两个 r_{be} 串联，两端的电压也是 $\dot{U}_f$。在谐振电阻 R_e 上消耗的交流功率为

$$\frac{1}{2}\frac{U_o^2}{R_e} = \frac{1}{2}\frac{U_o^2}{R_L} + \frac{1}{2}\frac{U_f^2}{R_B} + \frac{1}{2}\frac{U_f^2}{2r_{be}}$$

即

$$R_e = R_L \,/\!/\, \frac{R_B \,/\!/\, 2r_{be}}{F^2} = R_L \,/\!/\, \frac{R_B \,/\!/\, 2r_{be}}{\left(\dfrac{L_1}{L_1 + L_2}\right)^2}$$

振幅起振条件为

$$g_m R_e F = \frac{I_0}{4U_T}\left\{R_L \,/\!/\, \frac{R_B \,/\!/\, 2r_{be}}{\left(\dfrac{L_1}{L_1 + L_2}\right)^2}\right\}\frac{L_1}{L_1 + L_2} > 1$$

例 2.2.15 差分对振荡器如图 2.2.23 所示，电阻 $R_B = 500\ \Omega$，负载电阻 $R_L = 1\ \text{k}\Omega$，热电压 $U_T = 26\ \text{mV}$，晶体管的交流输入电阻 r_{be} 和发射结电容 $C_{b'e}$忽略不计。

(1) 在图 2.2.23(a)中，电感 $L_1 = 3.8\ \mu\text{H}$，$L_2 = 56\ \mu\text{H}$，L_1 和 L_2 之间的互感不计，电容 $C = 128\ \text{pF}$。计算振荡频率 ω_{osc} 和振幅起振条件对电流源电流 I_0 的取值要求。

(2) 在图 2.2.23(b)中，电容 $C_1 = 330\ \text{pF}$，$C_2 = 330\ \text{pF}$，$C_3 = 33\ \text{pF}$，电感 $L = 8\ \mu\text{H}$。计算振荡频率 ω_{osc} 和振幅起振条件对电流源电流 I_0 的取值要求。

解 (1) 交流通路和净输入电压 $\dot{U}_i$、输出电压 $\dot{U}_o$、反馈电压 $\dot{U}_f$ 的位置和方向如图 2.2.24(a)所示。LC 并联谐振回路的电抗有电感 L_1、L_2 和电容 C。电感支路的总电感为

$$L_\Sigma = L_1 + L_2 = 3.8\ \mu\text{H} + 56\ \mu\text{H} = 59.8\ \mu\text{H}$$

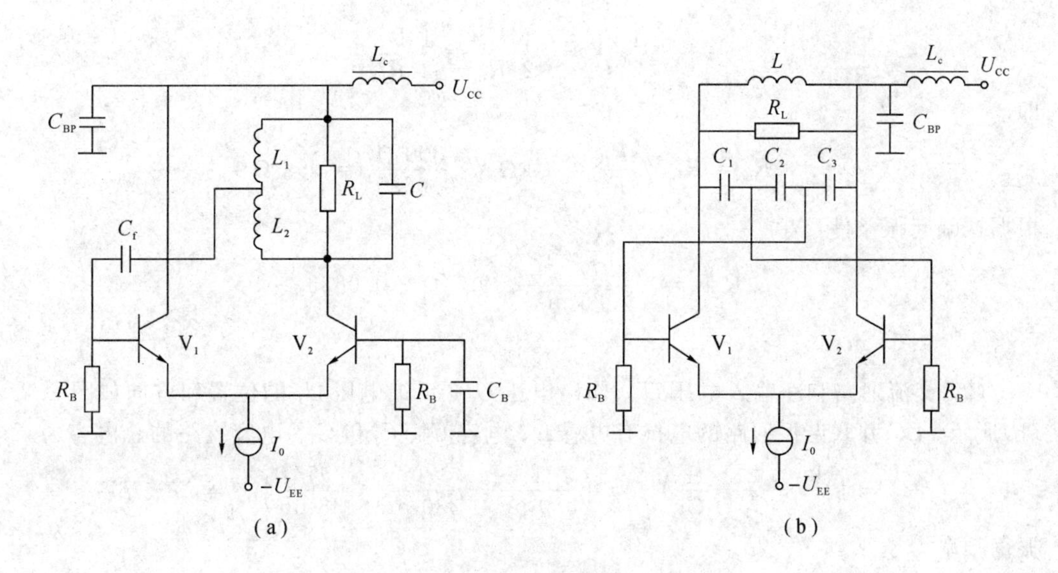

图 2.2.23　差分对振荡器的原电路

(a) 单端输出电感反馈；(b) 双端输出电容反馈

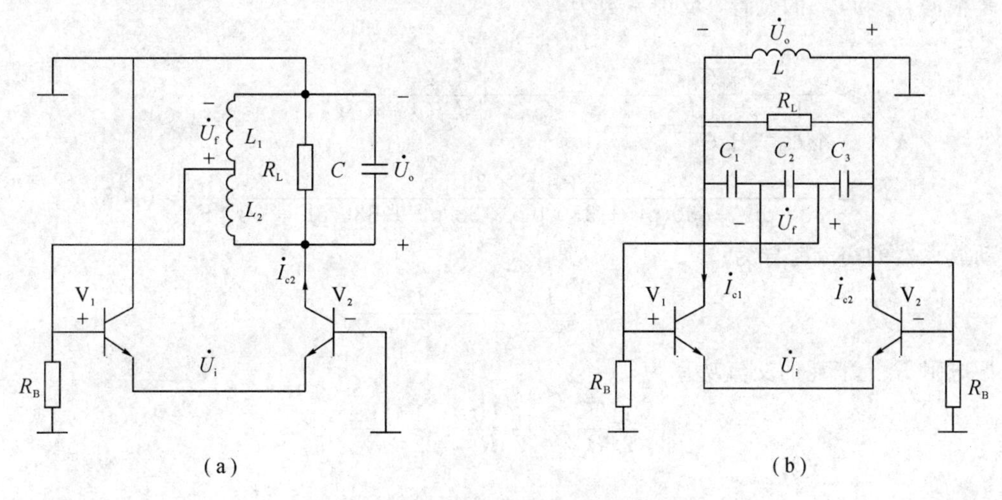

图 2.2.24　差分对振荡器的交流通路

(a) 单端输出电感反馈；(b) 双端输出电容反馈

振荡频率为

$$\omega_{osc} \approx \omega_0 = \frac{1}{\sqrt{L_\Sigma C}} = \frac{1}{\sqrt{59.8\ \mu\text{H} \times 128\ \text{pF}}} = 11.4\ \text{Mrad/s}$$

根据 $\dot{U}_f$ 和 $\dot{U}_o$ 的位置，反馈系数为

$$F \approx \frac{j\omega L_1}{j\omega L_1 + j\omega L_2} = \frac{L_1}{L_1 + L_2} = \frac{3.8\ \mu\text{H}}{3.8\ \mu\text{H} + 56\ \mu\text{H}} = 0.0635$$

差动放大器的交流跨导为

$$g_m = \frac{I_0}{4U_T} = \frac{I_0}{4 \times 26\ \text{mV}}$$

谐振电阻 R_e 上消耗的交流功率为

$$\frac{1}{2}\frac{U_o^2}{R_e}=\frac{1}{2}\frac{U_o^2}{R_L}+\frac{1}{2}\frac{U_f^2}{R_B}$$

即

$$R_e=R_L\ /\!/\ \frac{R_B}{F^2}=1\ \mathrm{k\Omega}\ /\!/\ \frac{500\ \Omega}{0.0635^2}=992\ \Omega$$

根据振幅起振条件，有

$$g_m R_e F=\frac{I_0}{4\times 26\ \mathrm{mV}}\times 992\ \Omega\times 0.0635>1$$

可得 $I_0>1.65\ \mathrm{mA}$。

(2) 交流通路和净输入电压 $\dot{U}_i$、输出电压 $\dot{U}_o$、反馈电压 $\dot{U}_f$ 的位置和方向如图 2.2.24(b)所示。LC 并联谐振回路的电抗有电感 L、电容 C_1、C_2 和 C_3。电容支路的总电容为

$$C_\Sigma=\left(\frac{1}{C_1}+\frac{1}{C_2}+\frac{1}{C_3}\right)^{-1}=\left(\frac{1}{330\ \mathrm{pF}}+\frac{1}{330\ \mathrm{pF}}+\frac{1}{33\ \mathrm{pF}}\right)^{-1}=27.5\ \mathrm{pF}$$

振荡频率为

$$\omega_{osc}\approx\omega_0=\frac{1}{\sqrt{LC_\Sigma}}=\frac{1}{\sqrt{8\ \mu\mathrm{H}\times 27.5\ \mathrm{pF}}}=67.4\ \mathrm{Mrad/s}$$

根据 $\dot{U}_f$ 和 $\dot{U}_o$ 的位置，反馈系数为

$$F\approx\frac{\dfrac{1}{j\omega C_2}}{\dfrac{1}{j\omega C_1}+\dfrac{1}{j\omega C_2}+\dfrac{1}{j\omega C_3}}=\frac{C_1C_3}{C_1C_2+C_1C_3+C_2C_3}$$

$$=\frac{330\ \mathrm{pF}\times 33\ \mathrm{pF}}{330\ \mathrm{pF}\times 330\ \mathrm{pF}+330\ \mathrm{pF}\times 33\ \mathrm{pF}+330\ \mathrm{pF}\times 33\ \mathrm{pF}}=0.0833$$

差动放大器的交流跨导为

$$g_m=\frac{I_0}{4U_T}=\frac{I_0}{4\times 26\ \mathrm{mV}}$$

谐振电阻 R_e上消耗的交流功率为

$$\frac{1}{2}\frac{U_o^2}{R_e}=\frac{1}{2}\frac{U_o^2}{R_L}+\frac{1}{2}\frac{U_f^2}{2R_B}$$

即

$$R_e=R_L\ /\!/\ \frac{2R_B}{F^2}=1\ \mathrm{k\Omega}\ /\!/\ \frac{2\times 500\ \Omega}{0.0833^2}=993\ \Omega$$

根据振幅起振条件，有

$$g_m R_e F=\frac{I_0}{4\times 26\ \mathrm{mV}}\times 993\ \Omega\times 0.0833>1$$

可得 $I_0>1.26\ \mathrm{mA}$。

2.2.4 *LC* 正弦波振荡器的频率稳定度

LC 正弦波振荡器的频率稳定度用振荡频率的相对变化量描述，将用作负载的 LC 并联谐振回路的相移 φ_Z的表达式代入相位平衡条件 $\varphi_Z=-\varphi_E$，有

$$\frac{\Delta\omega_{osc}}{\omega_{osc}}\approx\frac{\Delta\omega_0}{\omega_0}-\frac{1}{2Q_e^2}\tan\varphi_E\Delta Q_e+\frac{1}{2Q_e\cos^2\varphi_E}\Delta\varphi_E$$

其中，ω_{osc}为设计的振荡频率；$\Delta\omega_{osc}$为振荡频率的变化量；ω_0为LC回路的谐振频率；$\Delta\omega_0$为ω_0的变化量；Q_e为品质因数；φ_E是晶体管的相移φ_Y与反馈网络的相移φ_F之和。

为了提高频率稳定度，可以采用Q_e较大而φ_E较小的设计，并将LC正弦波振荡器改进为克拉泼振荡器和席勒振荡器，减小有源器件的极间电容如晶体管的$C_{b'e}$的变化对振荡频率的影响。

以如图2.2.25(a)所示的共基极组态电容三端式振荡器为例，LC并联谐振回路的电容支路的总电容C_Σ由电容C_2与$C_{b'e}$并联，再与电容C_1串联构成。振荡频率为

$$\omega_{osc}\approx\omega_0=\frac{1}{\sqrt{LC_\Sigma}}=\frac{1}{\sqrt{L\dfrac{C_1(C_2+C_{b'e})}{C_1+(C_2+C_{b'e})}}}$$

晶体管在工作中发热引起$C_{b'e}$改变时，C_Σ也改变，导致ω_{osc}变化。

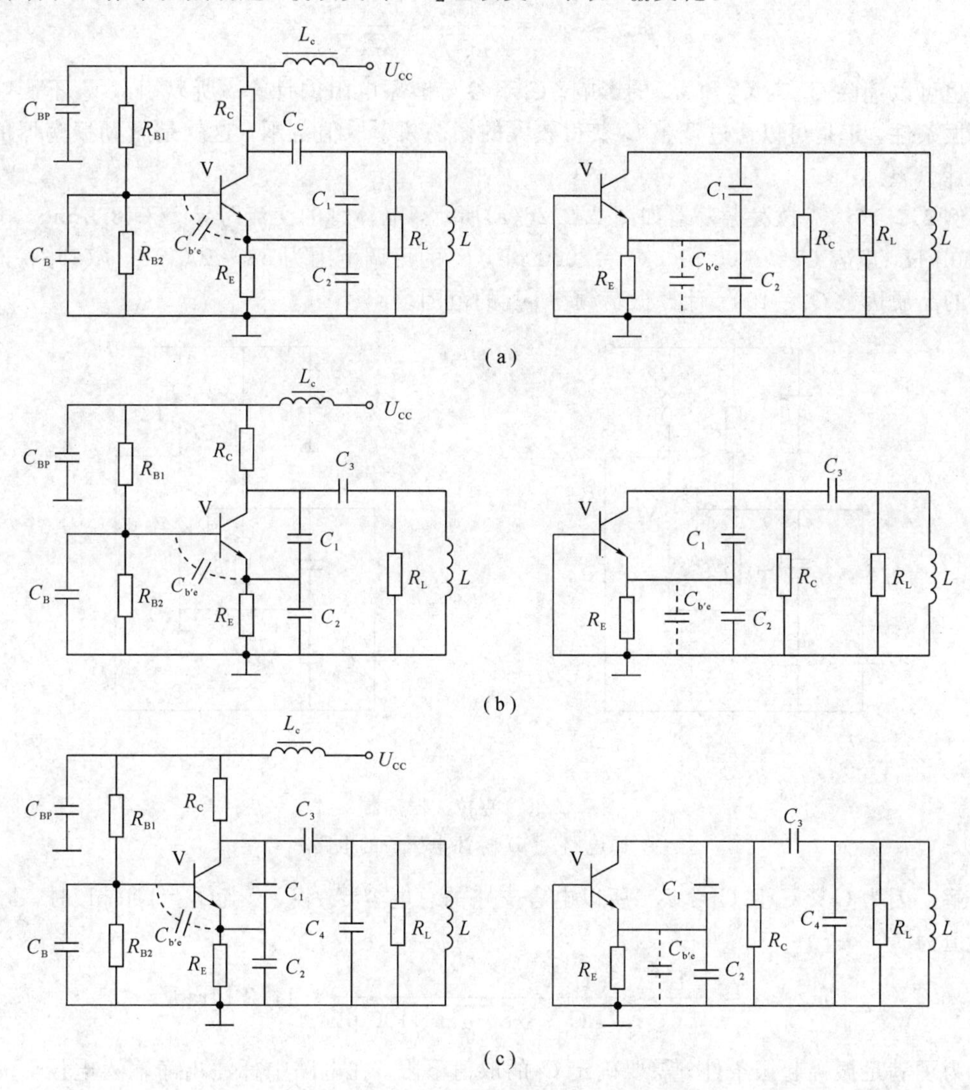

图2.2.25　共基极组态电容三端式振荡器

(a) 原电路及其交流通路；(b) 克拉泼振荡器及其交流通路；(c) 席勒振荡器及其交流通路

克拉泼振荡器的基本设计思想是在电容支路上串联一个较小的电容，如图 2.2.25(b)所示的 C_3。当 $C_3 \ll C_1$ 且 $C_3 \ll C_2$ 时，有

$$C_\Sigma = \left(\frac{1}{C_1} + \frac{1}{C_2 + C_{b'e}} + \frac{1}{C_3}\right)^{-1} \approx C_3$$

$$\omega_{osc} \approx \omega_0 = \frac{1}{\sqrt{LC_\Sigma}} \approx \frac{1}{\sqrt{LC_3}}$$

因此，$C_{b'e}$ 对 C_Σ 和 ω_{osc} 的影响可以忽略不计。

引入 C_3 后，克拉泼振荡器的谐振电阻 R_e 减小，如果 C_3 太小则 R_e 过小，电路不容易实现振幅起振条件，为此，可以继续给电容支路并联一个较大的电容，如图 2.2.25(c)所示的 C_4。当 $C_4 \gg C_3$ 时，有

$$C_\Sigma \approx C_3 + C_4 \approx C_4$$

$$\omega_{osc} \approx \omega_0 = \frac{1}{\sqrt{LC_\Sigma}} \approx \frac{1}{\sqrt{LC_4}}$$

这样也可以消除 $C_{b'e}$ 对 C_Σ 和 ω_{osc} 的影响。C_4 不参与谐振电阻的计算，所以引入 C_4 不影响振幅起振条件，于是可以通过调整 C_4 获得较大的振荡频率取值范围，这就是席勒振荡器的基本设计思想。

例 2.2.16 克拉泼振荡器如图 2.2.26(a)所示，晶体管的交流跨导 $g_m = 8.2$ mS，电感 $L = 80$ μH，电容 $C_1 = 2000$ pF，$C_2 = 2000$ pF，C_3 的可调范围为 58～100 pF，LC 并联谐振回路的品质因数 $Q_e = 100$。计算振荡频率 ω_{osc} 的范围。

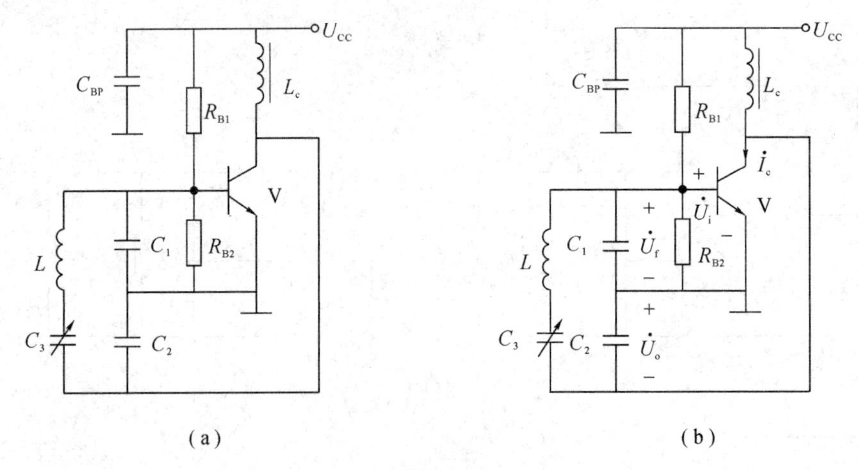

图 2.2.26 克拉泼振荡器

(a) 原电路；(b) 标注电压后的电路

解 因为 $C_3 \ll C_1$ 且 $C_3 \ll C_2$，所以电容支路的总电容 $C_\Sigma \approx C_3$。当 $C_3 = 100$ pF 时，ω_{osc} 的最小值为

$$\omega_{osc} \approx \omega_0 = \frac{1}{\sqrt{LC_\Sigma}} \approx \frac{1}{\sqrt{LC_3}} = \frac{1}{\sqrt{80\ \mu\text{H} \times 100\ \text{pF}}} = 11.2\ \text{Mrad/s}$$

为了满足振幅起振条件，需要确定 C_3 的取值下限。在电路中标注出净输入电压 $\dot{U}_i$、输出电压 $\dot{U}_o$、反馈电压 $\dot{U}_f$ 的位置和方向，如图 2.2.26(b)所示。根据 $\dot{U}_f$ 和 $\dot{U}_o$ 的位置，反馈系数为

$$F \approx \frac{\dfrac{1}{\mathrm{j}\omega C_1}}{\dfrac{1}{\mathrm{j}\omega C_2}} = \frac{C_2}{C_1}$$

LC 回路的固有谐振电阻 $R_{eo} = \omega_0 L Q_e$，位于电感支路和电容支路的两端，R_{eo} 上的电压可以根据电容阻抗的分压关系由 $\dot{U}_o$ 计算，即

$$\dot{U}_{eo} = \frac{\dfrac{1}{\mathrm{j}\omega C_1} + \dfrac{1}{\mathrm{j}\omega C_2} + \dfrac{1}{\mathrm{j}\omega C_3}}{\dfrac{1}{\mathrm{j}\omega C_2}} \dot{U}_o = \frac{C_1C_2 + C_1C_3 + C_2C_3}{C_1C_3} \dot{U}_o$$

谐振电阻 R_e 上消耗的交流功率为

$$\frac{1}{2}\frac{U_o^2}{R_e} = \frac{1}{2}\frac{U_{eo}^2}{R_{eo}}$$

即

$$R_e = R_{eo}\frac{U_o^2}{U_{eo}^2} = \omega_0 L Q_e \left(\frac{C_1C_3}{C_1C_2 + C_1C_3 + C_2C_3}\right)^2$$

振幅起振条件为

$$\begin{aligned} g_m R_e F &= g_m \omega_0 L Q_e \left(\frac{C_1C_3}{C_1C_2 + C_1C_3 + C_2C_3}\right)^2 \frac{C_2}{C_1} \\ &\approx g_m \frac{1}{\sqrt{LC_3}} L Q_e \left(\frac{C_1C_3}{C_1C_2 + C_1C_3 + C_2C_3}\right)^2 \frac{C_2}{C_1} > 1 \end{aligned}$$

代入有关参数的取值，解得 $C_3 \geqslant 73.4$ pF。当 $C_3 = 73.4$ pF 时，ω_{osc} 的最大值为

$$\omega_{osc} \approx \frac{1}{\sqrt{LC_3}} = \frac{1}{\sqrt{80\ \mu\mathrm{H} \times 73.4\ \mathrm{pF}}} = 13.0\ \mathrm{Mrad/s}$$

例 2.2.17 席勒振荡器如图 2.2.27(a)所示，电感 $L = 20\ \mu$H，电容 $C_2 = 2000$ pF，$C_3 = 51$ pF，$C_4 = 10$ pF，C_5 的可调范围为 9～35 pF，反馈系数 $F = 0.36$。计算振荡频率 ω_{osc} 的范围。

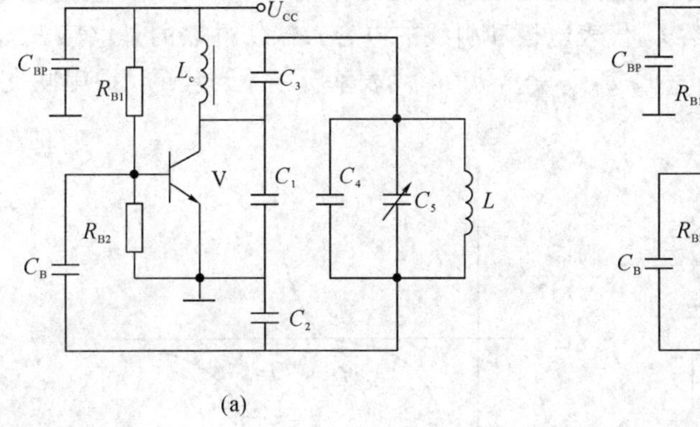

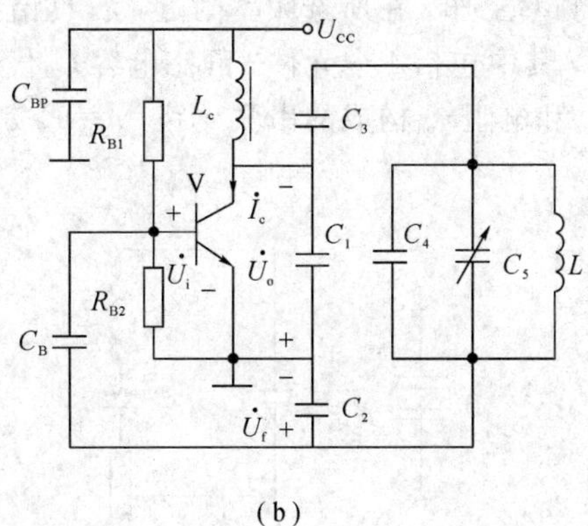

图 2.2.27 席勒振荡器

(a) 原电路；(b) 标注电压后的电路

解 在电路中标注出净输入电压 $\dot{U}_i$、输出电压 $\dot{U}_o$、反馈电压 $\dot{U}_f$ 的位置和方向，如图 2.2.27(b)所示。根据 $\dot{U}_f$ 和 $\dot{U}_o$ 的位置，反馈系数为

$$F \approx \frac{\dfrac{1}{j\omega C_2}}{\dfrac{1}{j\omega C_1}} = \frac{C_1}{C_2}$$

其中，电容 $C_1 \approx FC_2 = 0.36 \times 2000$ pF $= 720$ pF。因为 $C_3 \ll C_1$ 且 $C_3 \ll C_2$，所以 C_1、C_2、C_3 串联支路的总电容近似为 C_3。C_3 又与 C_4、C_5 并联，电容支路的总电容 $C_\Sigma \approx C_3 + C_4 + C_5$。当 $C_5 = 35$ pF 时，ω_{osc} 的最小值为

$$\omega_{\text{osc}} \approx \omega_0 = \frac{1}{\sqrt{LC_\Sigma}} \approx \frac{1}{\sqrt{L(C_3 + C_4 + C_5)}}$$

$$= \frac{1}{\sqrt{20\ \mu\text{H} \times (51\ \text{pF} + 10\ \text{pF} + 35\ \text{pF})}} = 22.8\ \text{Mrad/s}$$

当 $C_5 = 9$ pF 时，ω_{osc} 的最大值为

$$\omega_{\text{osc}} \approx \frac{1}{\sqrt{L(C_3 + C_4 + C_5)}} = \frac{1}{\sqrt{20\ \mu\text{H} \times (51\ \text{pF} + 10\ \text{pF} + 9\ \text{pF})}} = 26.7\ \text{Mrad/s}$$

2.3 石英晶体振荡器

石英晶体振荡器在 LC 正弦波振荡器的基础上引入石英谐振器，利用其很高的品质因数选频稳频，显著提高频率稳定度。

2.3.1 石英谐振器

按一定角度在石英晶体中切出一定大小和形状的晶体片，这样的晶体片可以产生频率稳定度很高的机械振动，并通过压电效应表现为电谐振。为了把电谐振引入电路，在晶体片的两个切面镀银，连接引脚，进行封装保护，制成石英谐振器，简称晶振。

石英谐振器的电路符号和电路模型如图 2.3.1(a)所示。石英谐振器可以在基音频率和近似为其整数倍的泛音频率上发生谐振，基音晶振选用基音频率工作，泛音晶振选用奇次泛音频率工作。在所选频率附近，石英谐振器的谐振特性可以用一个 LC 串并联谐振回路代表，其中包括 4 个元件。静态电容 C_0 代表电极和引线的电容，与 C_0 并联的是电感 L_{qn}、电容 C_{qn} 和电阻 r_{qn} 构成的串联支路，$n=1, 3, 5, \cdots$，$n=1$ 代表基音频率对应的 LC 串联支路，

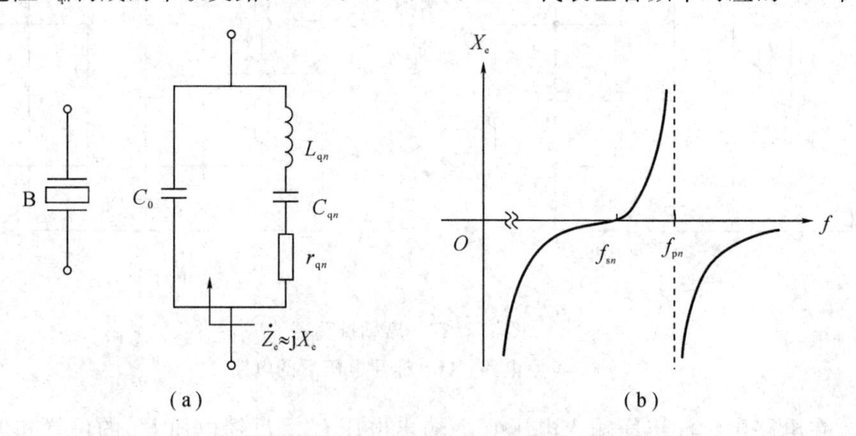

图 2.3.1 石英谐振器的电路符号、电路模型和阻抗的频率特性

$n=3$ 代表三次泛音频率对应的 LC 串联支路，以此类推。石英谐振器的基音和奇次泛音支路的品质因数很高，当振荡频率为基音或某个奇次泛音时，电路模型中其他的串联支路都因为失谐而近似为开路。因为 C_0 远大于 C_{qn}，外接电路对石英谐振器的谐振特性的影响很小。

忽略很小的 r_{qn}，则石英谐振器的阻抗 $\dot{Z}_e \approx jX_e$。X_e 的频率特性如图 2.3.1(b)所示。其中，f_{sn} 和 f_{pn} 分别称为串联谐振频率和并联谐振频率。在 f_{sn} 附近，频率特性表现出串联谐振的特点，而在 f_{pn} 附近，频率特性则表现出并联谐振的特点。

石英谐振器产品上标注的频率为标称频率 f_N，f_N 为石英谐振器在并联指定取值的负载电容 C_L 时的并联谐振频率或在串联该 C_L 时的串联谐振频率。

例 2.3.1　如图 2.3.2 所示，石英谐振器并联指定取值的负载电容 C_L，证明标称频率为

$$f_N \approx \frac{1}{2\pi\sqrt{L_{qn}C_{qn}}}\left[1+\frac{C_{qn}}{2(C_0+C_L)}\right]$$

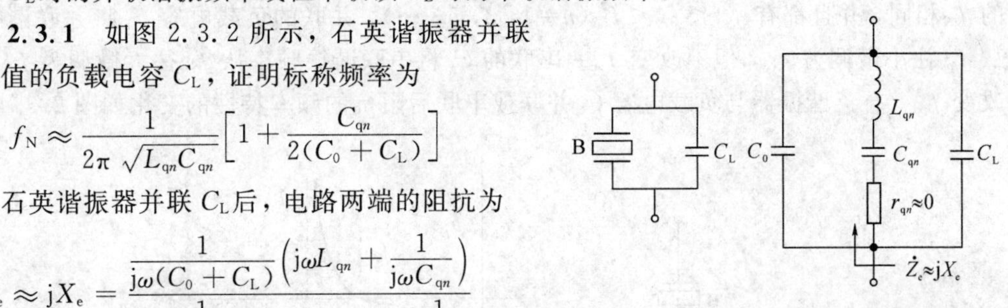

图 2.3.2　石英谐振器并联负载电容

证明　石英谐振器并联 C_L 后，电路两端的阻抗为

$$\dot{Z}_e \approx jX_e = \frac{\dfrac{1}{j\omega(C_0+C_L)}\left(j\omega L_{qn}+\dfrac{1}{j\omega C_{qn}}\right)}{\dfrac{1}{j\omega(C_0+C_L)}+j\omega L_{qn}+\dfrac{1}{j\omega C_{qn}}}$$

并联谐振即当 $\omega=2\pi f_N$ 时，$X_e \to \infty$，表达式的分母为零，即

$$\frac{1}{j2\pi f_N(C_0+C_L)}+j2\pi f_N L_{qn}+\frac{1}{j2\pi f_N C_{qn}}=0$$

解得

$$f_N=\frac{1}{2\pi\sqrt{L_{qn}C_{qn}}}\sqrt{1+\frac{C_{qn}}{C_0+C_L}}$$

因为 $C_{qn} \ll C_0+C_L$，利用 $\sqrt{1+x}\approx 1+\dfrac{x}{2}(|x|\ll 1)$，取 $x=\dfrac{C_{qn}}{C_0+C_L}$，可得

$$f_N \approx \frac{1}{2\pi\sqrt{L_{qn}C_{qn}}}\left[1+\frac{C_{qn}}{2(C_0+C_L)}\right]$$

例 2.3.2　如图 2.3.3 所示，石英谐振器串联指定取值的负载电容 C_L，证明标称频率为

$$f_N \approx \frac{1}{2\pi\sqrt{L_{qn}C_{qn}}}\left[1+\frac{C_{qn}}{2(C_0+C_L)}\right]$$

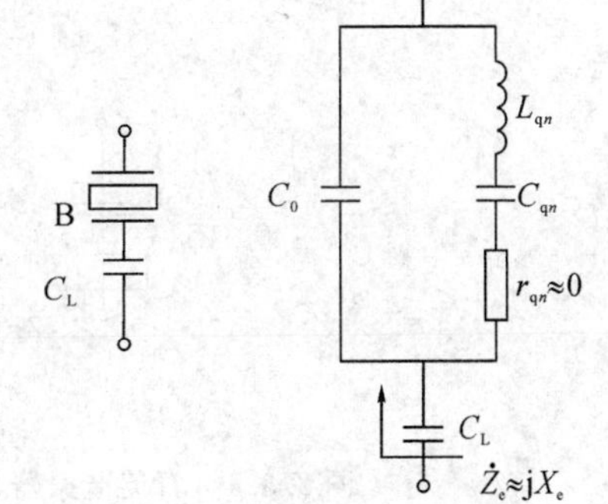

图 2.3.3　石英谐振器串联负载电容

证明　石英谐振器串联 C_L 后，电路两端的阻抗为

$$\dot{Z}_e \approx jX_e = \frac{\dfrac{1}{j\omega C_0}\left(j\omega L_{qn}+\dfrac{1}{j\omega C_{qn}}\right)}{\dfrac{1}{j\omega C_0}+j\omega L_{qn}+\dfrac{1}{j\omega C_{qn}}}+\frac{1}{j\omega C_L}$$

$$=\frac{\dfrac{1}{j\omega C_0}\left(j\omega L_{qn}+\dfrac{1}{j\omega C_{qn}}\right)j\omega C_L+\dfrac{1}{j\omega C_0}+j\omega L_{qn}+\dfrac{1}{j\omega C_{qn}}}{\left(\dfrac{1}{j\omega C_0}+j\omega L_{qn}+\dfrac{1}{j\omega C_{qn}}\right)j\omega C_L}$$

串联谐振即当 $\omega=2\pi f_N$ 时，$X_e=0$，表达式的分子为零，即

$$\frac{1}{\mathrm{j}2\pi f_{\mathrm{N}}C_0}\left(\mathrm{j}2\pi f_{\mathrm{N}}L_{\mathrm{q}n}+\frac{1}{\mathrm{j}2\pi f_{\mathrm{N}}C_{\mathrm{q}n}}\right)\mathrm{j}2\pi f_{\mathrm{N}}C_{\mathrm{L}}+\frac{1}{\mathrm{j}2\pi f_{\mathrm{N}}C_0}+\mathrm{j}2\pi f_{\mathrm{N}}L_{\mathrm{q}n}+\frac{1}{\mathrm{j}2\pi f_{\mathrm{N}}C_{\mathrm{q}n}}=0$$

解得

$$\begin{aligned}f_{\mathrm{N}}&=\frac{1}{2\pi\sqrt{L_{\mathrm{q}n}C_{\mathrm{q}n}}}\sqrt{1+\frac{C_{\mathrm{q}n}}{C_0+C_{\mathrm{L}}}}\\&\approx\frac{1}{2\pi\sqrt{L_{\mathrm{q}n}C_{\mathrm{q}n}}}\left[1+\frac{C_{\mathrm{q}n}}{2(C_0+C_{\mathrm{L}})}\right]\end{aligned}$$

从例 2.3.1 和例 2.3.2 中可以看出，石英谐振器与指定的负载电容 C_{L} 并联或串联得到的 f_{N} 相同，并且都有 $f_{\mathrm{s}n}<f_{\mathrm{N}}<f_{\mathrm{p}n}(n=1, 3, 5, \cdots)$。并联的负载电容 C_{L} 将并联谐振频率从 $f_{\mathrm{p}n}$ 往小微调为 f_{N}，但不改变 $f_{\mathrm{s}n}$；串联的 C_{L} 将串联谐振频率从 $f_{\mathrm{s}n}$ 往大微调为 f_{N}，但不改变 $f_{\mathrm{p}n}$。石英谐振器与负载电容 C_{L} 并联或串联后阻抗的频率特性的变化如图 2.3.4 所示。

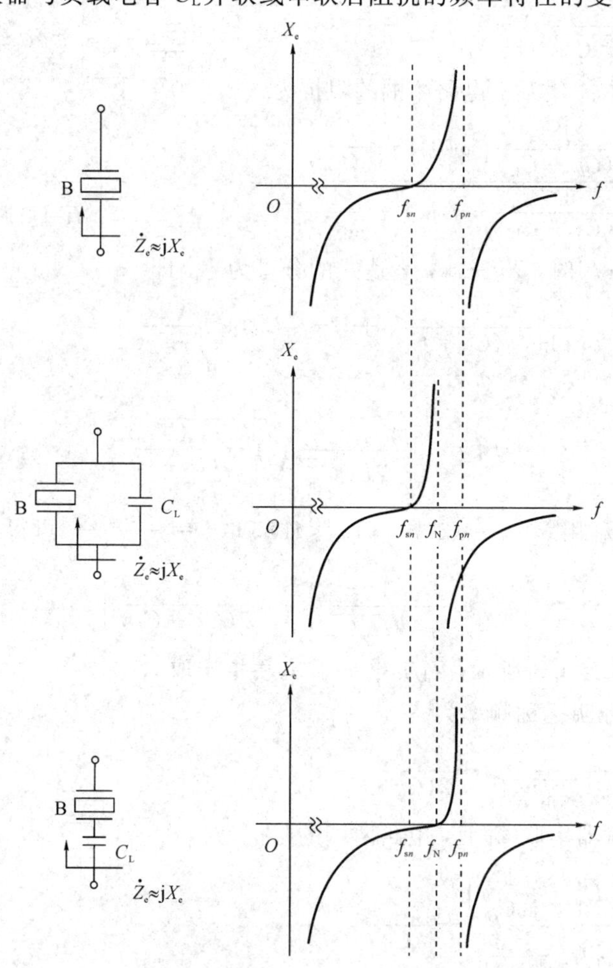

图 2.3.4　石英谐振器与负载电容 C_{L} 并联或串联后阻抗的频率特性的变化

例 2.3.3　石英谐振器的电路模型如图 2.3.5 所示，静态电容 $C_0=5$ pF，在基音频率对应的 LC 串联支路上，电感 $L_{\mathrm{q1}}=20$ H，电容 $C_{\mathrm{q1}}=7.25\times10^{-4}$ pF，电阻 r_{q1} 忽略不计，石英谐振器指定的负载电容 $C_{\mathrm{L}}=30$ pF。计算该基音晶振的串联谐振频率 f_{s1}、并联谐振频率 f_{p1} 和标称频率 f_{N}(结果保留 6 位有效数字)。

解　石英谐振器两端的阻抗为

$$\dot{Z}_e \approx jX_e = \frac{\dfrac{1}{j\omega C_0}\left(j\omega L_{q1}+\dfrac{1}{j\omega C_{q1}}\right)}{\dfrac{1}{j\omega C_0}+j\omega L_{q1}+\dfrac{1}{j\omega C_{q1}}}$$

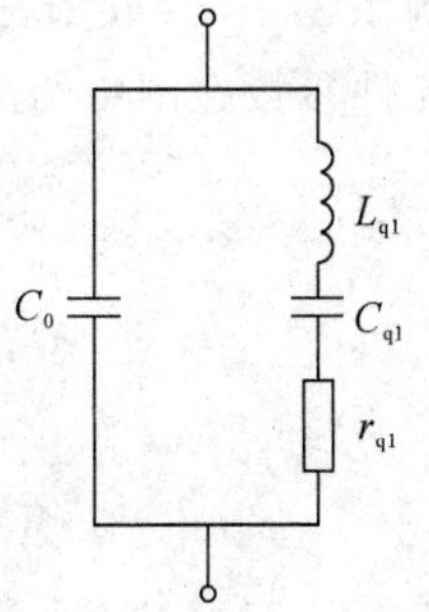

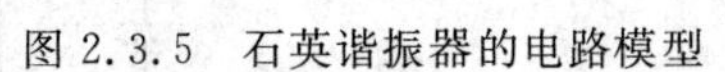

图 2.3.5　石英谐振器的电路模型

串联谐振即当 $\omega=2\pi f_{s1}$ 时，$X_e=0$，表达式的分子为零，即

$$\frac{1}{j2\pi f_{s1} C_0}\left(j2\pi f_{s1} L_{q1}+\frac{1}{j2\pi f_{s1} C_{q1}}\right)=0$$

解得

$$f_{s1}=\frac{1}{2\pi\sqrt{L_{q1}C_{q1}}}=\frac{1}{2\pi\sqrt{20\ \mathrm{H}\times 7.25\times 10^{-4}\ \mathrm{pF}}}$$
$$=1.32171\ \mathrm{MHz}$$

并联谐振即当 $\omega=2\pi f_{p1}$ 时，$X_e\to\infty$，表达式的分母为零，即

$$\frac{1}{j2\pi f_{p1} C_0}+j2\pi f_{p1} L_{q1}+\frac{1}{j2\pi f_{p1} C_{q1}}=0$$

解得

$$f_{p1}=\frac{1}{2\pi\sqrt{L_{q1}C_{q1}}}\sqrt{1+\frac{C_{q1}}{C_0}}$$
$$=\frac{1}{2\pi\sqrt{20\ \mathrm{H}\times 7.25\times 10^{-4}\ \mathrm{pF}}}\sqrt{1+\frac{7.25\times 10^{-4}\ \mathrm{pF}}{5\ \mathrm{pF}}}$$
$$=1.32181\ \mathrm{MHz}$$

可以将基音晶振与 C_L 并联，按并联谐振频率计算标称频率 f_N。因为 C_L 与 C_0 并联，所以可以在 f_{p1} 的表达式中，将 C_0 替换为 C_0+C_L，可得

$$f_N=\frac{1}{2\pi\sqrt{L_{q1}C_{q1}}}\sqrt{1+\frac{C_{q1}}{C_0+C_L}}$$
$$=\frac{1}{2\pi\sqrt{20\ \mathrm{H}\times 7.25\times 10^{-4}\ \mathrm{pF}}}\sqrt{1+\frac{7.25\times 10^{-4}\ \mathrm{pF}}{5\ \mathrm{pF}+30\ \mathrm{pF}}}$$
$$=1.32172\ \mathrm{MHz}$$

根据石英谐振器在电路中的位置和功能，石英晶体振荡器分为并联型石英晶体振荡器和串联型石英晶体振荡器。在分析并联型和串联型石英晶体振荡器时，因为串联谐振频率 f_{sn} 和并联谐振频率 f_{pn} 的取值十分接近，可以认为 $f_{sn}\approx f_{pn}$，将它们统称为基音频率或奇次泛音频率。

2.3.2　并联型石英晶体振荡器

并联型石英晶体振荡器一般采用基音晶振，石英谐振器等效为 LC 并联谐振回路中的电感，因此，振荡频率 f_{osc} 满足 $f_{s1}<f_{osc}<f_{p1}$。基于负载电容 C_L 对并联谐振频率和串联谐振频率的影响，并联型石英晶体振荡器可以给石英谐振器连接 C_L，并把 C_L 视为石英谐振器的一部分，则 C_L 并联或串联时分别改变 f_{p1} 或 f_{s1}，从而略微调整 f_{osc}。为了获得足够大的等效电感，f_{osc} 更接近 f_{p1}，所以 C_L 并联能更有效地调整 f_{osc}。用指定取值的 C_L 与石英谐振器并联，可以使 f_{osc} 几乎等于标称频率 f_N。

例 2.3.4 并联型石英晶体振荡器如图 2.3.6 所示。石英谐振器的基音频率为 5.6 MHz，其余元件参数在图中给出。计算振荡频率 f_{osc}，说明调节电容 C_1 和 C_2 的作用。

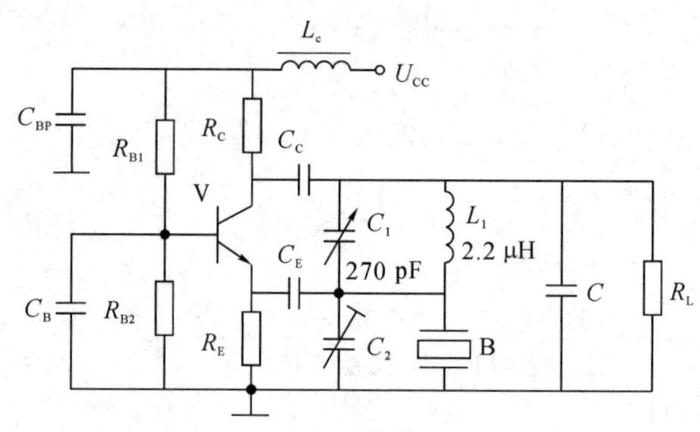

图 2.3.6 并联型石英晶体振荡器

解 电路的基础是共基极组态电感三端式振荡器，电感 L_1 和电容 C_1 构成的局部 LC 并联谐振回路、石英谐振器、电容 C 与晶体管的连接满足“射同基反”的设计要求。因为晶体管的基极到集电极接有 C，所以 L_1C_1 回路应感性失谐，石英谐振器则用作电感，构成并联型石英晶体振荡器。L_1C_1 回路的谐振频率为

$$f_0=\frac{1}{2\pi\sqrt{L_1C_1}}=\frac{1}{2\pi\sqrt{2.2\ \mu\text{H}\times 270\ \text{pF}}}=6.53\ \text{MHz}$$

感性失谐要求振荡频率 $f_{osc}<f_0$，所以 f_{osc} 取基音频率 5.6 MHz。

在该电路中，与石英谐振器并联的 C_2 用来略微调整 f_{osc}，但 f_{osc} 的变化很小，不能通过三位有效数字表现出来。当 f_{osc} 变化时，石英谐振器与 C_2 并联等效的电感 L_B 也变化。C_1 的变化不能改变 f_{osc}，但调整 C_1 可以改变 L_1C_1 回路等效的电感 L_{eq}。反馈系数 $F\approx\frac{L_B}{L_{eq}+L_B}$，调整 C_2 引起 L_B 变化时，相应调整 C_1 使 L_{eq} 变化，可以保持 F 不变，继续满足振幅起振条件。

例 2.3.5 石英晶体振荡器如图 2.3.7 所示。石英谐振器的基音频率为 10 MHz，电感 L_1 的可调范围为 3.2～4.8 μH，电容 C_1＝82 pF，其余元件参数在图中给出。确定振荡器的类型，说明石英谐振器的作用，计算振荡频率 f_{osc}。

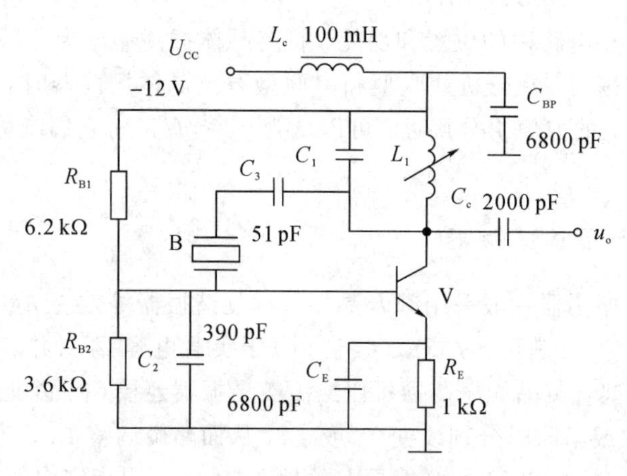

图 2.3.7 石英晶体振荡器

解　电路的基础是共发射极组态电容三端式振荡器，L_1和C_1构成的局部LC并联谐振回路、石英谐振器、电容C_2与晶体管的连接满足“射同基反”的设计要求。因为晶体管的发射极到基极接有电容C_2，所以L_1C_1回路应容性失谐，石英谐振器则用作电感，构成并联型石英晶体振荡器。L_1C_1回路的谐振频率$f_0=(2\pi\sqrt{L_1C_1})^{-1}=8.02\sim9.83$ MHz，容性失谐要求振荡频率$f_{osc}>f_0$，所以f_{osc}取基音频率10 MHz。虽然奇次泛音频率也满足要求，但频率太大会使L_1C_1回路严重失谐，等效的电容C_{eq}太大，导致反馈系数$F\approx C_{eq}/C_2$过大而不满足振幅起振条件，甚至L_1C_1回路近似短路，不满足“射同基反”的设计要求，所以f_{osc}不取奇次泛音频率。如果石英谐振器的基音频率为3.3 MHz，则f_{osc}取三次泛音频率9.9 MHz，而不取更高的泛音频率。

在该电路中，与石英谐振器串联的电容C_3用来略微调整f_{osc}，但f_{osc}的变化很小，不能通过两位有效数字表现出来。L_1的变化不能改变f_{osc}，但调整L_1可以改变L_1C_1回路等效的C_{eq}，从而调整F，直至满足振幅起振条件。

例 2.3.6　石英晶体振荡器如图2.3.8所示。石英谐振器的基音频率为1.4 MHz，其余元件参数在图中给出，C_{cb}为晶体管集电极与基极之间的极间电容。确定振荡器的类型，说明石英谐振器的作用，计算振荡频率f_{osc}。

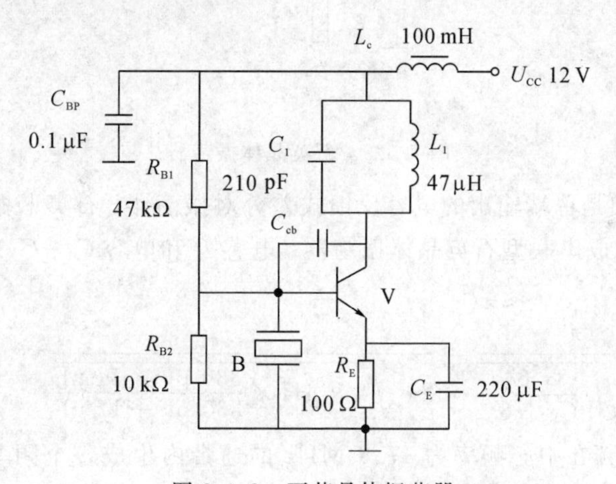

图2.3.8　石英晶体振荡器

解　电路的基础是共发射极组态电感三端式振荡器，电感L_1和电容C_1构成的局部LC并联谐振回路、电容C_{cb}、石英谐振器与晶体管的连接满足“射同基反”的设计要求。因为晶体管的基极到集电极接有C_{cb}，所以石英谐振器应用作电感，L_1C_1回路则感性失谐，构成并联型石英晶体振荡器。L_1C_1回路的谐振频率$f_0=(2\pi\sqrt{L_1C_1})^{-1}=1.60$ MHz，感性失谐要求振荡频率$f_{osc}<f_0$，所以f_{osc}取基音频率为1.4 MHz。

2.3.3　串联型石英晶体振荡器

串联型石英晶体振荡器一般采用泛音晶振，石英谐振器添加在正反馈支路中，等效为一个具有串联谐振频率f_{sn}的选频短路线。原有的LC并联谐振回路做第一次选频，在其通带内生成各个频率的电压，石英谐振器做第二次选频，只有频率等于f_{sn}的电压被短路反馈，送回放大器继续放大，因此，振荡频率$f_{osc}=f_{sn}$。串联型石英晶体振荡器可以给石英谐振器串联负载电容C_L，作为石英谐振器的一部分，该电容改变f_{sn}，从而略微调整f_{osc}。用

指定取值的 C_L 与石英谐振器串联，可以使 f_{osc} 准确等于标称频率 f_N。

例 2.3.7 石英晶体振荡器如图 2.3.9 所示。石英谐振器的基音频率为 3.6 MHz。确定振荡器的类型，说明石英谐振器的作用，计算振荡频率 f_{osc}。

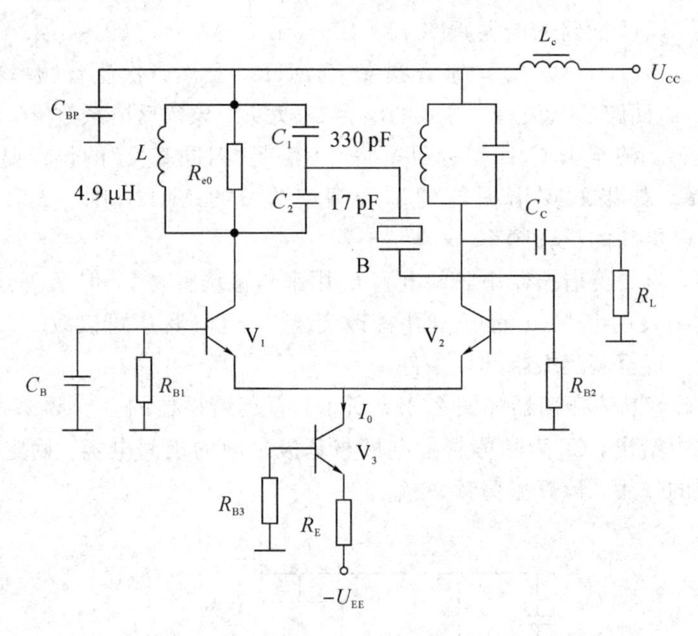

图 2.3.9 石英晶体振荡器

解 电路的基础是单端输出的电容反馈式差分对振荡器，石英谐振器在正反馈支路中用作选频短路线，构成串联型石英晶体振荡器。电感 L 和电容 C_1、C_2 为主构成 LC 并联谐振回路，谐振频率为

$$f_0=\frac{1}{2\pi\sqrt{L\,\dfrac{C_1C_2}{C_1+C_2}}}=\frac{1}{2\pi\sqrt{4.9\ \mu\text{H}\times\dfrac{330\ \text{pF}\times 17\ \text{pF}}{330\ \text{pF}+17\ \text{pF}}}}=17.9\ \text{MHz}$$

LC 回路的第一次选频在中心频率为 17.9 MHz 的通带内生成各个频率的电压，石英谐振器的五次泛音频率约为 3.6 MHz×5=18 MHz，可以落在 LC 回路的通带内，经过石英谐振器的第二次选频，f_{osc} 取五次泛音的串联谐振频率 f_{s5}，约为 18 MHz。

在该电路中，在正反馈支路中添加微调电容，与石英谐振器串联，则可以微调 f_{osc}。将 C_1 或 C_2 换成可调电容，则可以调整反馈系数，满足振幅起振条件。

例 2.3.8 串联型石英晶体振荡器如图 2.3.10(a)所示。石英谐振器的基音频率为 1.9 MHz，电感 L_1 和 L_2 之间的互感不计。画出该电路的简化交流通路，计算振荡频率 f_{osc}。

解 简化交流通路如图 2.3.10(b)所示。该电路的基础是共发射极组态电感三端式振荡器，L_1、L_2 和电容 C 为主构成 LC 并联谐振回路，谐振频率为

$$f_0=\frac{1}{2\pi\sqrt{(L_1+L_2)C}}=\frac{1}{2\pi\sqrt{(1\ \mu\text{H}+9\ \mu\text{H})\times 80\ \text{pF}}}=5.63\ \text{MHz}$$

LC 回路的第一次选频在中心频率为 5.63 MHz 的通带内生成各个频率的电压，石英谐振器的三次泛音频率约为 1.9 MHz×3=5.7 MHz，可以落在 LC 回路的通带内，经过石英谐振器的第二次选频，f_{osc} 取三次泛音的串联谐振频率 f_{s3}，约为 5.7 MHz。

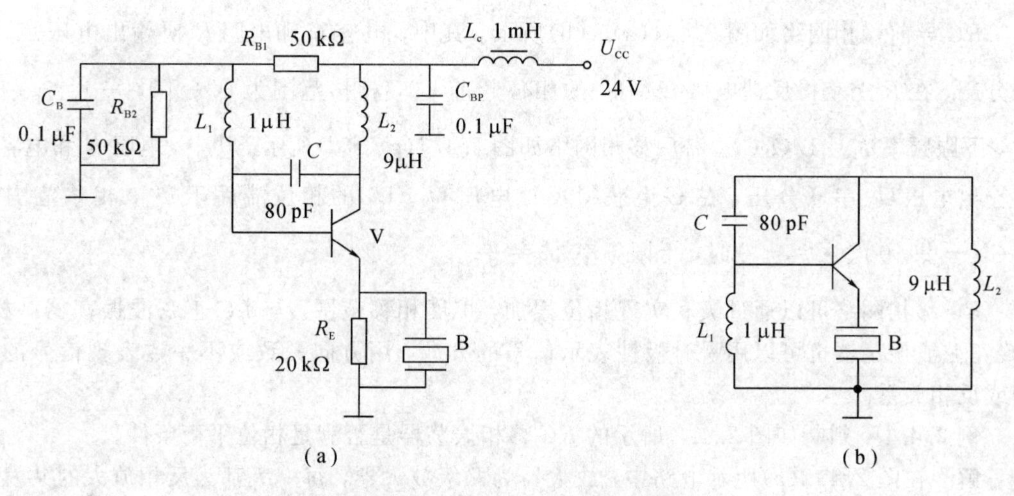

图 2.3.10　串联型石英晶体振荡器

(a) 原电路；(b) 简化交流通路

2.4　RC 正弦波振荡器

LC 正弦波振荡器和石英晶体振荡器的振荡频率一般在几百千赫兹以上，几十千赫兹以下的振荡可以用 RC 正弦波振荡器实现。RC 正弦波振荡器分为 RC 移相振荡器和 RC 选频振荡器，它们用电阻和电容构成的 RC 移相网络或 RC 选频网络取代 LC 并联谐振回路，作为放大器的负载并构成反馈网络。

2.4.1　RC 移相振荡器

RC 移相振荡器利用 RC 移相网络对输出电压做相移，适当的相移使得反馈电压与净输入电压同相，实现相位平衡条件。RC 移相网络包括 RC 导前移相网络和 RC 滞后移相网络，如图 2.4.1 所示。

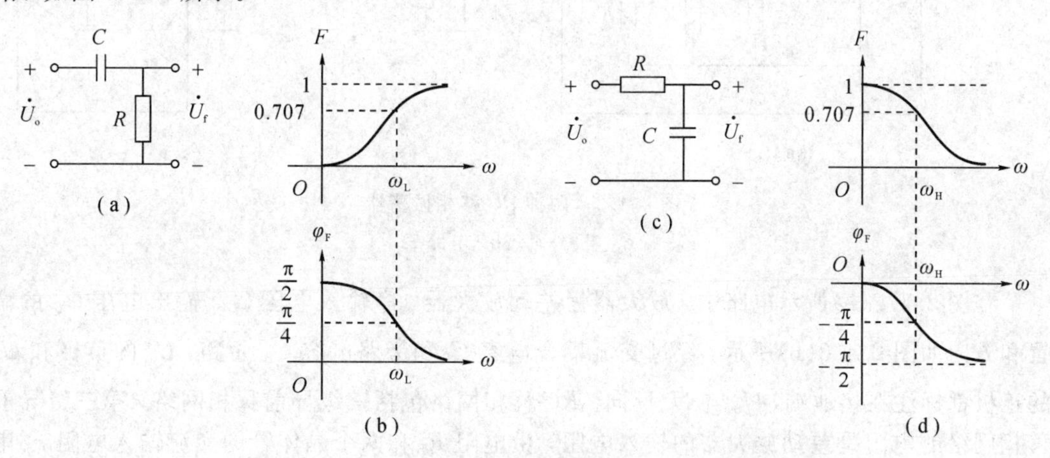

图 2.4.1　RC 移相网络及其反馈系数的频率特性

(a) RC 导前移相网络；(b) 导前移相网络的幅频特性和相频特性；

(c) RC 滞后移相网络；(d) 滞后移相网络的幅频特性和相频特性

RC 导前移相网络如图 2.4.1(a)、(b)所示。其中，电容 C 和电阻 R 对输出电压 $\dot{U}_o$ 串联分压，在 R 上获得反馈电压 $\dot{U}_f$。$\dot{U}_f$ 的相位超前 $\dot{U}_o$，相移范围为 $\varphi_F \in \left(0, \frac{\pi}{2}\right)$。$\varphi_F = \frac{\pi}{4}$ 时，下限频率 $\omega_L = 1/(RC)$。滞后移相网络如图 2.4.1(c)、(d)所示。其中，电阻 R 和电容 C 对输出电压 $\dot{U}_o$ 串联分压，在 C 上获得反馈电压 $\dot{U}_f$。$\dot{U}_f$ 的相位滞后于 $\dot{U}_o$，相移范围为 $\varphi_F \in \left(-\frac{\pi}{2}, 0\right)$。$\varphi_F = -\frac{\pi}{4}$ 时，上限频率 $\omega_H = \frac{1}{RC}$。

RC 移相网络可以通过级联实现相位累加，扩展相移范围。与 LC 正弦波振荡器一样，RC 正弦波振荡器也可以用瞬时极性表示信号的方向，用方向一致或不一致表现信号的同相或反相关系。

例 2.4.1 判断如图 2.4.2 所示的 RC 移相振荡器是否满足相位平衡条件。

解 在图 2.4.2(a)所示电路中，放大器为两级放大器，每一级都为反相放大的共发射极放大器。净输入电压 $\dot{U}_i$、输出电压 $\dot{U}_o$、第一级共发射极放大器的输出电压 $\dot{U}_{o1}$(即第二级共发射极放大器的输入电压 $\dot{U}_{i2}$)的位置和方向如图 2.4.3(a)所示。$\dot{U}_o$ 与 $\dot{U}_i$ 同向。RC 移相网络包括三级导前移相网络，第三级导前移相网络的电阻是第一级共发射极放大器的输入电阻，由电阻 R_B 和晶体管的交流输入电阻 r_{be} 并联构成。三级导前移相网络的相移范围为 $\varphi_F \in \left(0, \frac{3\pi}{2}\right)$，对 $\dot{U}_o$ 移相后获得的反馈电压 $\dot{U}_f$ 与 $\dot{U}_i$ 无法同向，所以该电路不满足相位平衡条件。

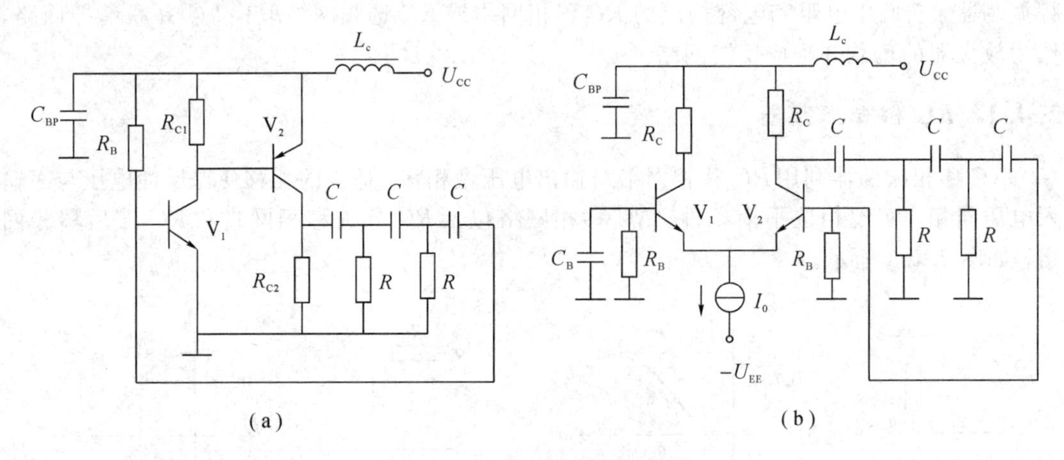

图 2.4.2 两种 RC 移相振荡器
(a) 电路一；(b) 电路二

在图 2.4.2(b)所示电路中，放大器为差动放大器，净输入电压 $\dot{U}_i$、输出电压 $\dot{U}_o$ 的位置和方向如图 2.4.3(b)所示。经过交流耦合电容 C_B 和旁路电容 C_{BP} 短路，$\dot{U}_i$ 的负极和 $\dot{U}_o$ 的正极都标注在接地端，$\dot{U}_o$ 与 $\dot{U}_i$ 反向。RC 移相网络包括三级导前移相网络，第三级导前移相网络的电阻是差动放大器的输入电阻，由电阻 R_B 和两个晶体管的交流输入电阻 r_{be} 串并联构成。三级导前移相网络的相移范围为 $\varphi_F \in \left(0, \frac{3\pi}{2}\right)$，当 $\varphi_F = \pi$ 时，反馈电压 $\dot{U}_f$ 与 $\dot{U}_o$ 反向，而与 $\dot{U}_i$ 同向，满足相位平衡条件。

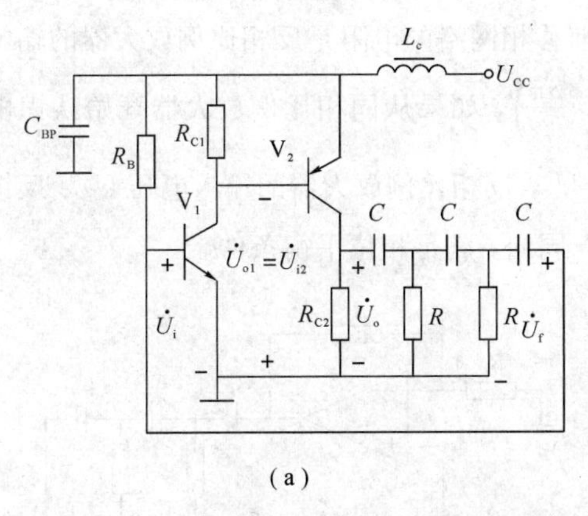

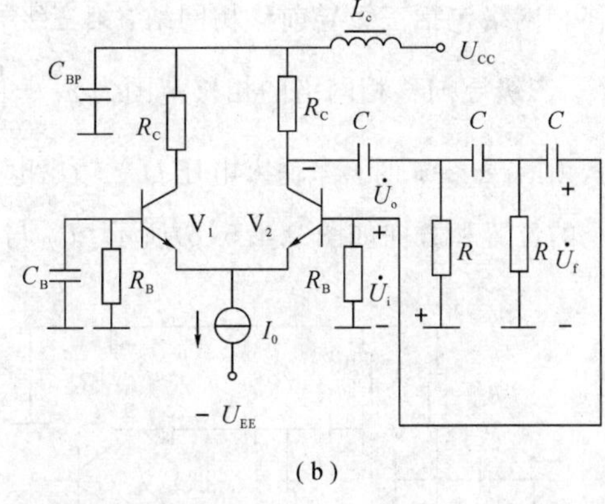
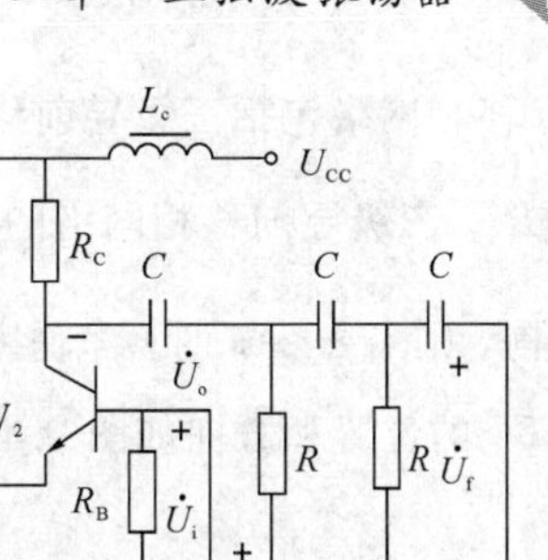

图 2.4.3　两种 RC 移相振荡器的电压变换

(a) 电路一；(b) 电路二

例 2.4.2　判断如图 2.4.4 所示的 RC 移相振荡器是否满足相位平衡条件。

解　在图 2.4.4(a)所示电路中，晶体管 V_1构成反相放大的共发射极放大器，晶体管 V_2构成同相放大的共基极放大器。对电路结构可以有两种认识，可以从共基极放大器开始，把电路视为共基极－共发射极两级放大器，后接 RC 移相网络，也可以认为 RC 移相网络级联在两级放大器之间，只把共发射极放大器作为放大器，把共基极放大器视为 RC 移相网络后续的相位变换电路。RC 移相网络包括三级导前移相网络，第三级导前移相网络的电阻是共基极放大器的输入电阻，由电阻 R_{E2} 和 r_e并联构成，r_e是 V_2的交流输入电阻。三级导前移相网络的相移范围为 $\varphi_F\in\left(0,\ \dfrac{3\pi}{2}\right)$，如果从共发射极放大器开始认识电路结构，则当 $\varphi_F=\pi$ 时，净输入电压 $\dot{U}_i$、输出电压 $\dot{U}_o$、共基极放大器的输入电压 $\dot{U}_{i2}$、反馈电压 $\dot{U}_f$ 的位置和方向如图 2.4.5(a)所示。$\dot{U}_f$ 与 $\dot{U}_i$ 同向，满足相位平衡条件。

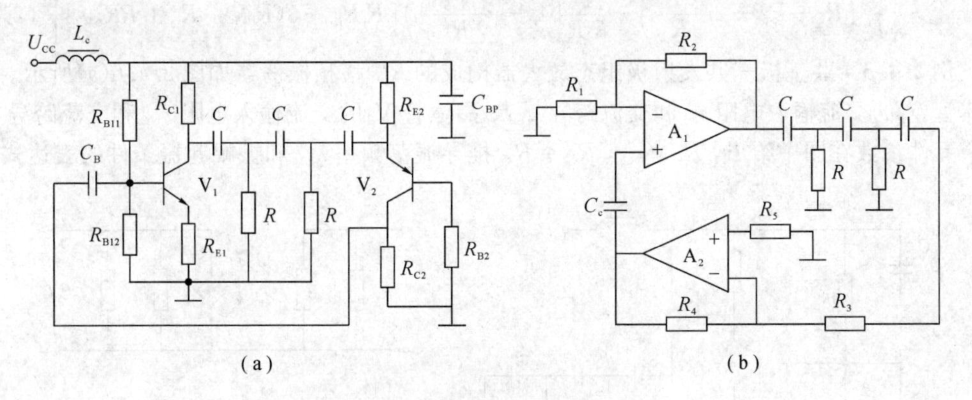

图 2.4.4　两种 RC 移相振荡器

(a) 电路一；(b) 电路二

在图 2.4.4(b)所示电路中，集成运放 A_1构成同相比例放大器，集成运放 A_2构成反相比例放大器。对电路结构可以有两种认识，可以从反相比例放大器开始，把电路视为反相比例－同相比例两级放大器，后接 RC 移相网络，也可以认为 RC 移相网络级联在两级放大器之间，只把同相比例放大器作为放大器，把反相比例放大器视为 RC 移相网络后续的相位变换电路。

RC 移相网络包括三级导前移相网络，第三级导前移相网络的电阻是反相比例放大器的输入电阻 R_3。三级导前移相网络的相移范围为 $\varphi_F \in \left(0, \frac{3\pi}{2}\right)$，如果从同相比例放大器开始认识电路结构，则当 $\varphi_F = \pi$ 时，净输入电压 $\dot{U}_i$、输出电压 $\dot{U}_o$、反相比例放大器的输入电压 $\dot{U}_{i2}$、反馈电压 $\dot{U}_f$ 的位置和方向如图 2.4.5(b)所示。$\dot{U}_f$ 与 $\dot{U}_i$ 同向，满足相位平衡条件。

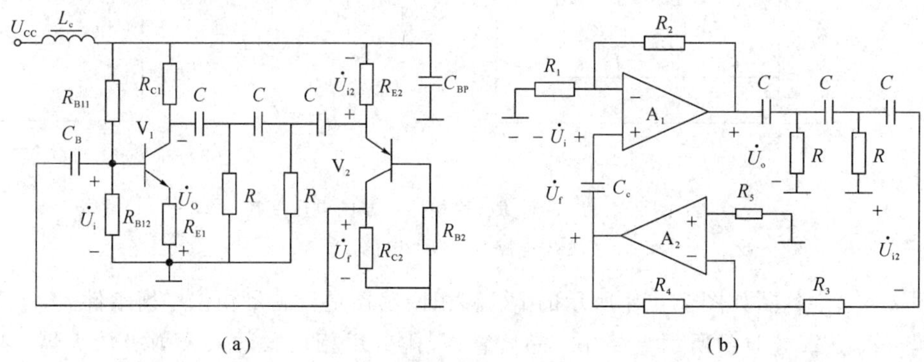

图 2.4.5　两种 RC 移相振荡器的电压变换

(a) 电路一；(b) 电路二

用类似于 LC 正弦波振荡器中的交流解析分析方法可以计算出 RC 移相振荡器的振荡频率并推导出振幅起振条件对元器件参数的要求。RC 移相振荡器常用反相放大器连接三级导前移相网络来构成，设未连接 RC 移相网络的放大器的开路电压放大倍数为 A_{uo}，输入电阻为 R_i，输出电阻为 R_o，则振荡频率为

$$\omega_{osc} = \frac{1}{\sqrt{R_iR_o + 3(R_iR + R^2 + RR_o)}\,C} \tag{2.4.1}$$

振幅起振条件则要求

$$|A_{uo}| > \left|\frac{1}{R_i}\left(R_i + R_o + 2\frac{R_iR_o}{R}\right) - \frac{1}{R_iR}\left(4 + \frac{R_i + R_o}{R}\right)\left[R_iR_o + 3(R_iR + R^2 + RR_o)\right]\right| \tag{2.4.2}$$

例 2.4.3　共基极—共发射极组态放大器构成的 RC 移相振荡器如图 2.4.6(a)所示。已知晶体管 V_1 的交流输入电阻 r_{e1} 和交流跨导 g_{m1}、晶体管 V_2 的交流输入电阻 r_{be2} 和交流跨导 g_{m2}，其余元件参数在图中给出，$R_E \gg r_{e1}$，$R_{C2} = R$。推导振荡频率 ω_{osc} 和振幅起振条件的表达式。

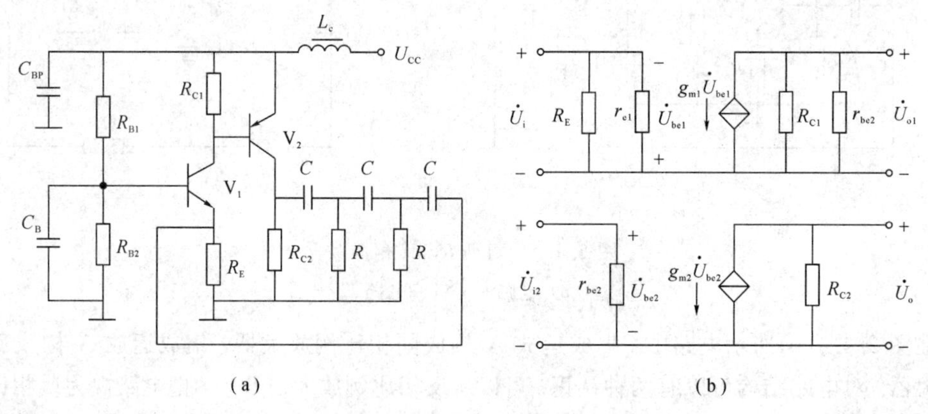

图 2.4.6　共基极—共发射极组态放大器构成的 RC 移相振荡器和开路放大器的交流等效电路

(a) RC 移相振荡器；(b) 交流等效电路

解　当未连接 RC 移相网络时，共基极放大器和共发射极放大器的交流等效电路如图 2.4.6(b)所示。共基极放大器的电压放大倍数为

$$A_{u1}=\frac{\dot{U}_{o1}}{\dot{U}_{i}}=\frac{-g_{m1}\dot{U}_{be1}(R_{C1}\ /\!/\ r_{be2})}{-\dot{U}_{be1}}=g_{m1}(R_{C1}\ /\!/\ r_{be2})$$

共发射极放大器的开路电压放大倍数为

$$A_{uo2}=\frac{\dot{U}_{o}}{\dot{U}_{i2}}=\frac{-g_{m2}\dot{U}_{be2}R_{C2}}{\dot{U}_{be2}}=-g_{m2}R_{C2}$$

共基极—共发射极组态放大器的开路电压放大倍数为

$$A_{uo}=A_{u1}\times A_{uo2}=g_{m1}(R_{C1}\ /\!/\ r_{be2})\times(-g_{m2}R_{C2})=-g_{m1}g_{m2}(R_{C1}\ /\!/\ r_{be2})R_{C2}$$

输入电阻 $R_i=R_E /\!/ r_{e1}\approx r_{e1}$，输出电阻 $R_o=R_{C2}=R$。将 R_i 和 R_o 的表达式代入式(2.4.1)，可得振荡频率为

$$\omega_{osc}=\frac{1}{\sqrt{4r_{e1}R+6R^2}\,C}$$

将 A_{uo}、R_i 和 R_o 的表达式代入式(2.4.2)，可得振幅起振条件为

$$g_{m1}g_{m2}>\frac{23+29\dfrac{R}{r_{e1}}+4\dfrac{r_{e1}}{R}}{(R_{C1}\ /\!/\ r_{be2})R}$$

当无源 RC 移相网络级联时，因为各级网络的负载不同，所以各级的相移不均匀。如果采用有源 RC 移相网络提高前后级之间的隔离度，则可以使各级网络的相移相等。

例 2.4.4　反相比例放大器构成的有源 RC 移相振荡器如图 2.4.7 所示。

(1) 计算振荡频率 ω_{osc}。

(2) 已知输出电压 $u_{o1}=20\cos\omega_{osc}t$ mV，写出输出电压 u_{o2} 的表达式。

(3) 为了满足振幅起振条件和振幅平衡条件，热敏电阻 R_1 和 R_2 应该有什么样的温度特性?

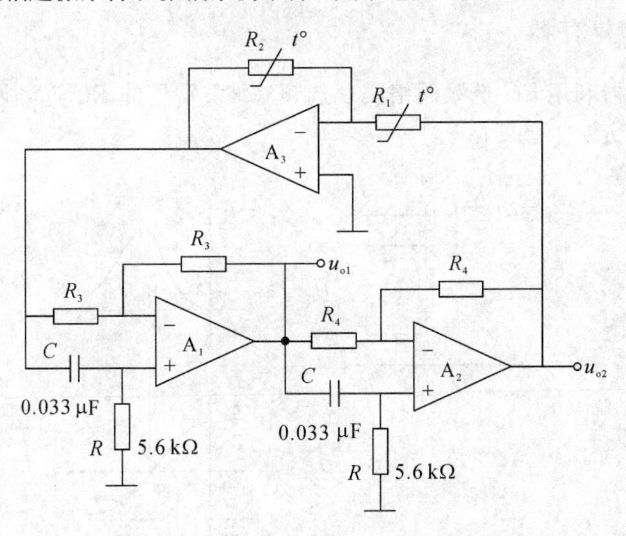

图 2.4.7　反相比例放大器构成的有源 RC 移相振荡器

解　(1) 集成运放 A_3 构成的反相比例放大器作为放大器，左端是输出电压 $\dot{U}_o$，右端是净输入电压 $\dot{U}_i$ 即反馈电压 $\dot{U}_f$。集成运放 A_1 和 A_2 构成全通滤波器，用作移相器，替换无源

RC 移相网络。每级移相器的电压放大倍数为

$$\dot{A}_{uf1}=\dot{A}_{uf2}=-\frac{1-j\omega RC}{1+j\omega RC}$$

两级移相器构成反馈网络，反馈系数为

$$\dot{F}=\frac{\dot{U}_f}{\dot{U}_o}=\dot{A}_{uf1}\cdot\dot{A}_{uf2}=\left(\frac{1-j\omega RC}{1+j\omega RC}\right)^2$$

放大器的开环增益即反相比例放大器的电压放大倍数为

$$\dot{A}=\frac{\dot{U}_o}{\dot{U}_i}=-\frac{R_2}{R_1}$$

$\dot{A}$ 与 $\dot{F}$ 相乘，可得

$$\dot{A}\dot{F}=-\frac{R_2}{R_1}\left(\frac{1-j\omega RC}{1+j\omega RC}\right)^2 \tag{2.4.3}$$

相位平衡条件 $\varphi_A+\varphi_F=0$ 说明 $\dot{A}\dot{F}$ 的虚部为零，解得振荡频率为

$$\omega_{osc}=\frac{1}{RC}=\frac{1}{5.6\ \text{k}\Omega\times 0.033\ \mu\text{F}}=5.41\ \text{krad/s}$$

(2) 反相比例放大器的 $\varphi_A=-\pi$，所以反馈网络的 $\varphi_F=\pi$，每级移相器提供$\frac{\pi}{2}$的相移，所以 u_{o2} 的相位比 u_{o1} 超前$\frac{\pi}{2}$，$u_{o2}=20\cos(\omega_{osc}t+\pi/2)=-20\sin\omega_{osc}t$。

(3) 在式(2.4.3)中，将 ω 用 ω_{osc} 替换，则 $\dot{A}\dot{F}$ 变为 $AF=R_2/R_1$。于是，振幅起振条件为 $AF=R_2/R_1>1$，振幅平衡条件为 $AF=R_2/R_1=1$，这要求 R_1 具有正温度系数，而 R_2 具有负温度系数。起振时，R_1 和 R_2 上电流较小，温度较低，满足 $R_2/R_1>1$ 的振幅起振条件。随着电压振幅的增大，R_1 和 R_2 上电流增大，R_1 增大而 R_2 减小，当 $R_2/R_1=1$ 时，实现振幅平衡条件。

2.4.2 *RC* 选频振荡器

RC 选频振荡器利用 RC 选频网络实现选频滤波，常见的 RC 选频网络是 RC 串并联网络，如图 2.4.8 所示。

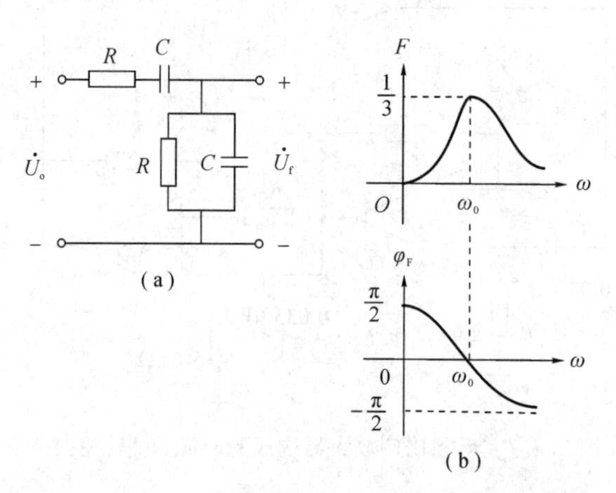

图 2.4.8 RC 串并联网络及其反馈系数的频率特性

(a) RC 串并联网络；(b) 反馈系数的幅频特性和相频特性

RC 串并联网络作为带通滤波器，中心频率 $\omega_0=\dfrac{1}{RC}$。在 ω_0 处，$F=\dfrac{1}{3}$，$\varphi_F=0$。$\varphi_F=0$ 说明反馈电压 $\dot{U}_f$ 与输出电压 $\dot{U}_o$ 同相，为了满足相位平衡条件，$\dot{U}_o$ 也应该与净输入电压 $\dot{U}_i$ 同相，所以 RC 选频振荡器必须采用同相放大器，振荡频率 $\omega_{osc}=\omega_0$。

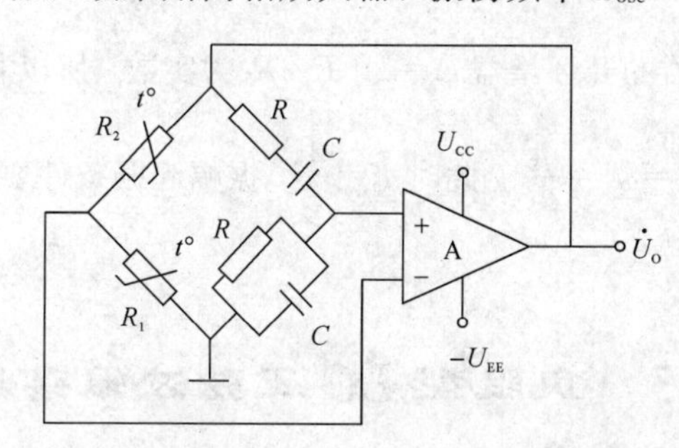

图 2.4.9　采用同相比例放大器的文氏桥振荡器

图 2.4.9 所示为同相比例放大器和 RC 串并联网络构成的 RC 选频振荡器，称为文氏桥振荡器。RC 串并联网络和电阻 R_1、R_2 构成电桥，集成运算放大器工作在线性放大区。同相比例放大器的开环增益 $A=1+R_2/R_1$，在振荡频率 $\omega_{osc}=\omega_0$ 处，反馈系数 $F=1/3$。振幅平衡条件要求 $AF=(1+R_2/R_1)/3=1$，即 $R_2=2R_1$，振幅起振条件则要求 $AF>1$，即 $R_2>2R_1$。为了兼顾振幅起振条件和振幅平衡条件，可以选 R_1 和 R_2 为热敏电阻，R_1 具有正温度系数，而 R_2 具有负温度系数。

例 2.4.5　文氏桥振荡器的元器件如图 2.4.10(a)所示。

(1) 正确连接元器件，构成电路。

(2) 标出集成运算放大器的同相输入端和反相输入端。

(3) 推导振荡频率 ω_{osc} 和振幅起振条件的表达式。

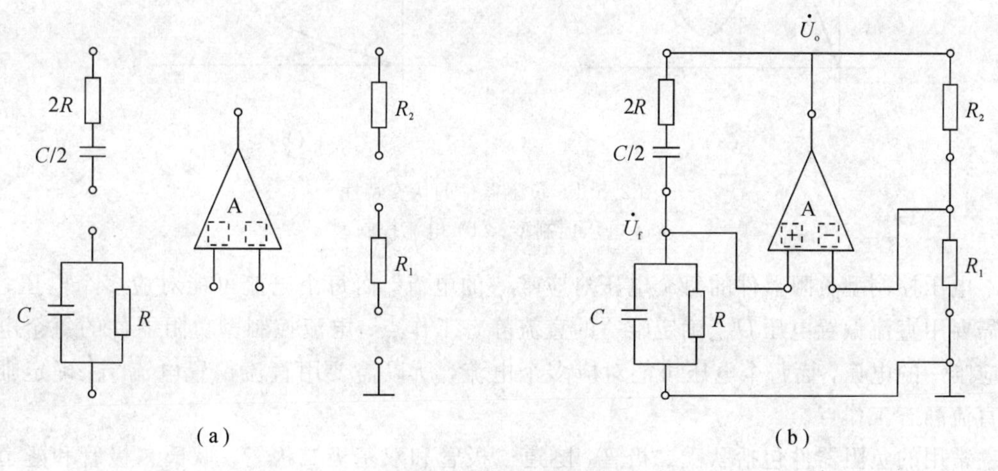

图 2.4.10　文氏桥振荡器
(a)元器件；(b) 电路

解　(1) 元器件连接如图 2.4.10(b)所示。

(2) 集成运放的同相端和反相端如图 2.4.10(b)所示。

(3) 输出电压 $\dot{U}_o$ 和反馈电压 $\dot{U}_f$ 如图 2.4.10(b)所示。反馈系数为

$$\dot{F}=\frac{\dot{U}_\mathrm{f}}{\dot{U}_\mathrm{o}}=\frac{R\;/\!/\;\dfrac{1}{\mathrm{j}\omega C}}{2R+\dfrac{1}{\mathrm{j}\omega\dfrac{C}{2}}+R\;/\!/\;\dfrac{1}{\mathrm{j}\omega C}}=\frac{1}{5+2\mathrm{j}\left(\dfrac{\omega}{\omega_0}-\dfrac{\omega_0}{\omega}\right)}$$

其中，$\omega_0=\dfrac{1}{RC}$。因为放大器的开环增益 $A=1+R_2/R_1$ 为实数，所以相位平衡条件要求 $\dot{F}$ 的虚部为零，解得振荡频率 $\omega_{\mathrm{osc}}=\omega_0=\dfrac{1}{RC}$。此时 $F=\dfrac{1}{5}$，振幅起振条件要求 $AF=(1+R_2/R_1)/5>1$，即 $R_2>4R_1$。

2.5 负阻型 LC 正弦波振荡器

较高的射频频段如微波频段经常采用负阻器件作为有源器件，为 LC 谐振回路或谐振腔补充交流能量，产生并维持正弦波输出，这样的电路称为负阻型 LC 正弦波振荡器。

如图 2.5.1 所示，负阻器件的伏安特性曲线有一段的斜率为负值，称为负阻区。将直流静态工作点 Q 设置在负阻区的中点，则交流信号使工作点在负阻区运动时，因为动态电阻 $-r$ 为负值，交流电压和交流电流反相，$-r$ 上消耗的交流功率为负值，即输出交流功率。负阻器件输出的交流功率从直流功率转换而来。

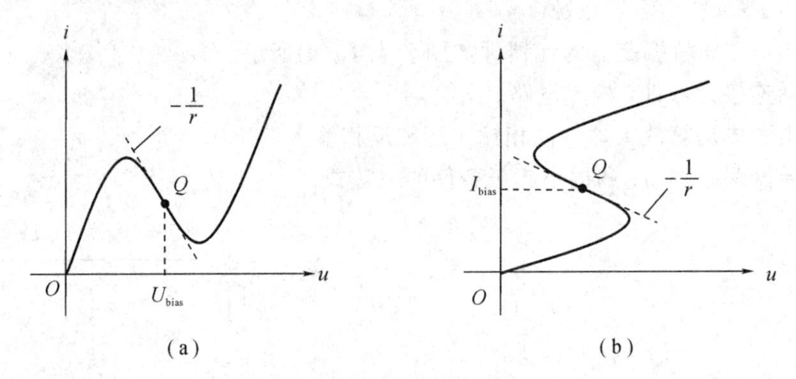

图 2.5.1 负阻器件的伏安特性

(a) 电压控制型；(b) 电流控制型

电压控制型负阻器件的每个电压对应唯一的电流，而每个电流可能对应多个电压，所以需要用直流偏置电压 U_{bias} 确定唯一的直流静态工作点；电流控制型负阻器件的每个电流对应唯一的电压，而每个电压可能对应多个电流，所以需要用直流偏置电流 I_{bias} 确定唯一的直流静态工作点。

常用的负阻器件包括耿氏二极管、隧道二极管和双基极二极管。耿氏二极管和隧道二极管具有电压控制型的伏安特性，双基极二极管则表现出电流控制型的伏安特性。

图 2.5.2(a)所示为使用耿氏二极管的微波谐振腔的电压控制型电路模型。耿氏二极管的负阻为 $-r_\mathrm{d}$，结电容为 C_d，管壳电容为 C_0，引线电感为 L_0。谐振腔用 LC 并联谐振回路等效，包括电感 L_r、电容 C_r 和负载电阻 R_L。把所有的元件参数都折算到与耿氏二极管并联的支路上，得到如图 2.5.2(b)所示的简化电路模型，其中的 LC 并联谐振回路包括电感 L、

电容 C 和不计 $-r_d$ 时的谐振电阻 R_e。

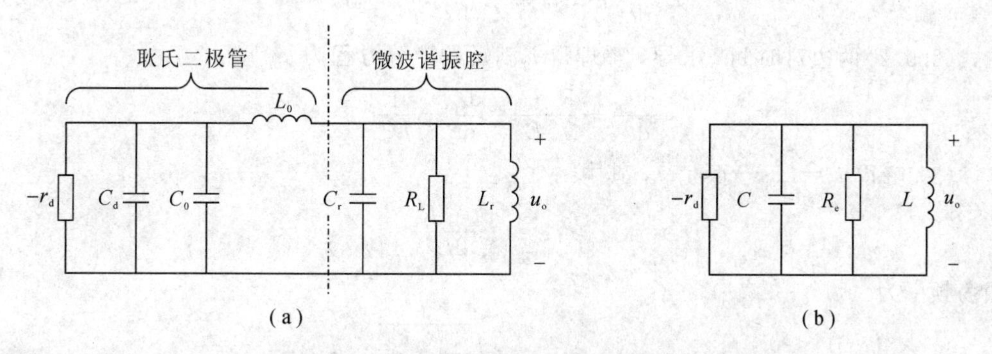

图 2.5.2　使用耿氏二极管的微波谐振腔的电压控制型电路模型
(a) 完整模型；(b) 简化模型

根据基尔霍夫电流定律，输出电压 u_o 满足方程：

$$\frac{d^2u_o}{dt^2}+\frac{1}{C}\left(\frac{1}{R_e}-\frac{1}{r_d}\right)\frac{du_o}{dt}+\frac{1}{LC}u_o=0$$

解得 $u_o=U_{om}e^{\alpha t}\cos\omega_{osc}t$。$u_o$ 是一个正弦波，其中

$$\alpha=\frac{R_e-r_d}{2R_er_dC}$$

振荡频率为

$$\omega_{osc}=\sqrt{\frac{1}{LC}-\alpha^2} \tag{2.5.1}$$

u_o 的振幅 $U_{om}e^{\alpha t}$ 与 α 有关。当 $r_d<R_e$ 时，$\alpha>0$，u_o 的振幅增大。随着振幅增大，工作点逐渐接近并超出负阻区的边缘，r_d 增大。当 $r_d=R_e$ 时，$\alpha=0$，u_o 的振幅达到最大。如果 u_o 的振幅继续增大，则 $r_d>R_e$，$\alpha<0$，u_o 的振幅又会减小。所以，该电路最后工作在 $r_d=R_e$ 的情况。此时，$\alpha=0$，由式(2.5.1)可得振荡频率 $\omega_{osc}=1/\sqrt{LC}$。

例 2.5.1　使用双基极二极管的微波谐振腔的电流控制型电路模型如图 2.5.3 所示。其中，双基极二极管的负阻为 $-r_d$，结电容、管壳电容和引线电感都折算入谐振腔等效的 LC 串联谐振回路，LC 回路包括电感 L、电容 C 和不计 $-r_d$ 时的谐振电阻 R_e。

(1) 推导回路电流 i_o 满足的微分方程。

(2) 求解振荡频率 ω_{osc}。

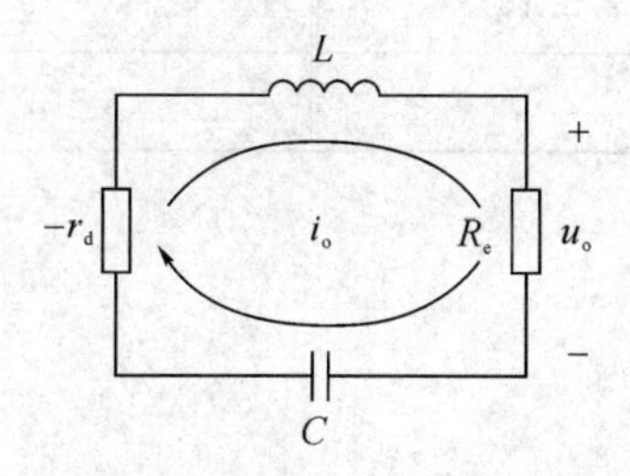

图 2.5.3　使用双基极二极管的微波谐振腔的电流控制型电路模型

解　(1) 根据基尔霍夫电压定律，沿回路电流 i_o 的方向，各个元件上的电压之和为零，即

$$L\frac{\mathrm{d}i_o}{\mathrm{d}t}+R_e i_o+\frac{1}{C}\int^t i_o \mathrm{d}t-r_d i_o=0 \tag{2.5.2}$$

在式(2.5.2)两边对时间 t 求导，整理得 i_o 满足的微分方程为

$$\frac{\mathrm{d}^2 i_o}{\mathrm{d}t^2}+\frac{R_e-r_d}{L}\frac{\mathrm{d}i_o}{\mathrm{d}t}+\frac{1}{LC}i_o=0$$

(2) 解得 $i_o=I_{om}\mathrm{e}^{\alpha t}\cos\omega_{osc}t$，其中

$$\alpha=\frac{r_d-R_e}{2L}$$

振荡频率为

$$\omega_{osc}=\sqrt{\frac{1}{LC}-\alpha^2}$$

思考题和习题解答索引

本章选用配套教材《射频电路基础(第二版)》第三章正弦波振荡器的全部思考题和习题，编为例题给出详细解答，可以在表 P2.1 中依据教材中思考题和习题的编号查找对应的本书中例题的编号。个别例题对思考题和习题做了修改，参考时请注意区别。

表 P2.1 教材中思考题和习题与本书中例题的编号对照

思考题和习题编号	例题编号	思考题和习题编号	例题编号
3-1	2.2.3	3-11	2.2.17
3-2	2.2.5	3-12	2.3.3
3-3	2.2.6	3-13	2.3.5
3-4	2.2.7	3-14	2.3.7
3-5	2.2.8	3-15	2.3.8
3-6	2.2.10	3-16	2.4.1
3-7	2.2.11	3-17	2.4.3
3-8	2.2.12	3-18	2.4.4
3-9	2.2.15	3-19	2.4.5
3-10	2.2.16	3-20	2.5.1

第三章 振幅调制与解调

教学内容

振幅调制信号、调幅原理、调幅电路、包络检波、乘积型同步检波、叠加型同步检波、振幅调制与解调中的失真、平衡对消技术。

基本要求

(1) 了解振幅调制与解调的线性频谱搬移作用。
(2) 掌握调幅信号的产生、分析和计算。
(3) 熟悉非线性电路调幅和线性时变电路调幅的原理。
(4) 掌握调幅电路的分析计算。
(5) 掌握包络检波的原理和分析计算。
(6) 掌握乘积型和叠加型同步检波的原理和分析计算。
(7) 熟悉振幅调制与解调中的失真和克服失真的措施。
(8) 熟悉平衡对消技术在振幅调制与解调中的应用。

重点、难点

重点：调幅信号的产生原理、调幅信号的时域和频域描述、基于开关函数的线性时变电路调幅的分析计算、包络检波和同步检波的分析计算。

难点：普通调幅信号和双边带调幅信号的波形、线性时变电路调幅原理、乘法器的电路实现和分析计算、包络检波和同步检波的分析计算。

无线电发射机将语音、图像或数据生成的低频基带信号作为调制信号，另外产生高频载波，用调制信号改变载波的主要参数，使之按调制信号规律变化，生成高频已调波，这一过程称为调制。已调波波长较短，方便用天线发射和接收。无线电接收机对已调波解调，恢复调制信号，转换为语音、图像或数据。

根据调制信号所改变的载波的参数，调制主要分为振幅调制、频率调制和相位调制。调制信号可以用低频正弦波代表，用余弦函数表示为 $u_\Omega = U_{\Omega m}\cos\Omega t$，载波是高频正弦波，可以用余弦函数表示为 $u_c = U_{cm}\cos(\omega_c t + \varphi)$，其中，$U_{cm}$、$\omega_c$ 和 φ 分别为振幅、频率和相位。用 u_Ω 改变 U_{cm}，生成振幅随 u_Ω 线性变化的已调波，这种调制称为振幅调制，简称调幅，记为 AM；用 u_Ω 改变 ω_c，生成频率随 u_Ω 线性变化的已调波，这种调制称为频率调制，简称调频，记为 FM；用 u_Ω 改变 φ，产生相位随 u_Ω 线性变化的已调波，这种调制称为相位调制，简称调相，记为 PM。频率调制和相位调制都改变载波的总相角，即余弦函数的自变量，统称为角度调制。振幅调制、频率调制和相位调制得到的已调波分别称为调幅信号、调频信号和调相信号。

3.1 调幅信号

调幅信号主要分为普通调幅信号、双边带调幅信号和单边带调幅信号，各种调幅信号的产生方式、时域表达式和波形、频谱和功率分布既有联系，又有区别。

3.1.1 普通调幅信号

普通调幅信号 u_{AM} 可以用两种方法产生，如图 3.1.1 所示。

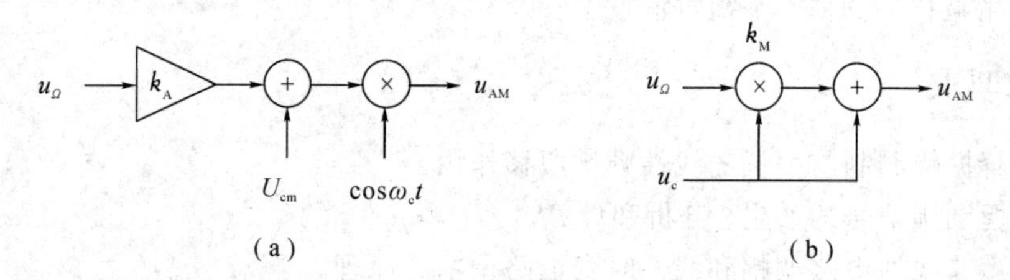

图 3.1.1 产生 u_{AM} 的两种方法

(a) 方法一；(b) 方法二

图 3.1.1(a)中，u_{AM} 的振幅是在载波 $u_c=U_{cm}\cos\omega_c t$ 的振幅 U_{cm} 的基础上，叠加正比于调制信号 $u_\Omega=U_{\Omega m}\cos\Omega t$ 的变化量，得到一个与 u_Ω 成线性关系的时变振幅，即

$$u_{sm}=U_{cm}+k_A u_\Omega=U_{cm}+k_A U_{\Omega m}\cos\Omega t=U_{cm}\left(1+k_A\frac{U_{\Omega m}}{U_{cm}}\cos\Omega t\right)$$
$$=U_{sm}(1+m_a\cos\Omega t)$$

其中，平均振幅 $U_{sm}=U_{cm}$；$m_a=k_A\dfrac{U_{\Omega m}}{U_{cm}}$，称为调幅度；$k_A$ 是放大器的增益。u_{AM} 的振幅为时变振幅，振荡频率为载波的频率 ω_c，时域表达式为

$$u_{AM}=U_{sm}(1+m_a\cos\Omega t)\cos\omega_c t$$

图 3.1.1(b)中，u_Ω 与 u_c 相乘，再与 u_c 叠加，该方法产生的 u_{AM} 为

$$u_{AM}=k_M u_\Omega u_c+u_c=k_M U_{\Omega m}\cos\Omega t U_{cm}\cos\omega_c t+U_{cm}\cos\omega_c t$$
$$=U_{cm}(1+k_M U_{\Omega m}\cos\Omega t)\cos\omega_c t$$
$$=U_{sm}(1+m_a\cos\Omega t)\cos\omega_c t$$

其中，$m_a=k_M U_{\Omega m}$，k_M 为乘法器的增益。

u_{AM} 的波形如图 3.1.2(a)所示。上包络线和下包络线体现了 u_Ω 的变化规律，u_{AM} 是在上、下包络线约束下的高频振荡。为了能基于包络线恢复调制信号，u_{AM} 的包络线不能过横轴，即要求 $m_a\leqslant 1$。$m_a>1$ 的情况称为过调制，会导致恢复出的调制信号出现失真。

利用三角函数的积化和差，普通调幅信号可以继续写为

$$u_{AM}=U_{sm}(1+m_a\cos\Omega t)\cos\omega_c t=U_{sm}\cos\omega_c t+m_a U_{sm}\cos\Omega t\cos\omega_c t$$
$$=U_{sm}\cos\omega_c t+\frac{1}{2}m_a U_{sm}\cos(\omega_c+\Omega)t+\frac{1}{2}m_a U_{sm}\cos(\omega_c-\Omega)t$$

u_{AM}的频谱如图 3.1.2(b)所示。单频调制信号 u_Ω生成的 u_{AM}包括三个频率分量。中间的载频分量的频率为载频 ω_c(即载波 u_c)的频率，载频分量的振幅 U_{sm}等于 u_c的振幅 U_{cm}，载频分量不携带 u_Ω的任何信息。上边频分量和下边频分量的频率分别为上边频 $\omega_c+\Omega$ 和下边频 $\omega_c-\Omega$，与 ω_c的频率差为 u_Ω的频率 Ω，上、下边频分量的振幅 $m_aU_{sm}/2$ 都正比于 u_Ω的振幅 $U_{\Omega m}$，所以这两个边频分量携带了 u_Ω的全部信息。u_{AM}的带宽 $BW_{AM}=2\ \Omega$，是 u_Ω带宽的两倍。

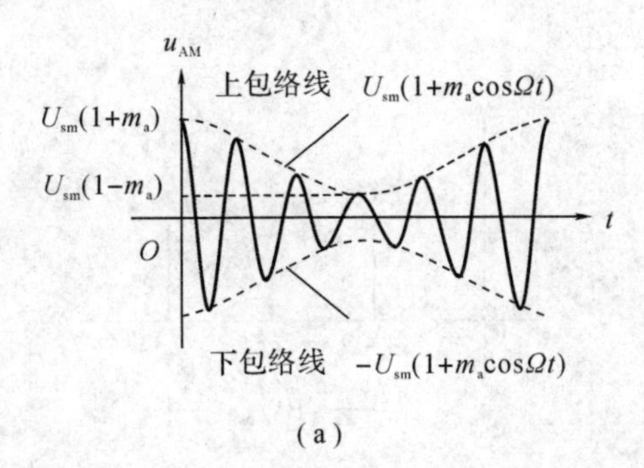

(a)

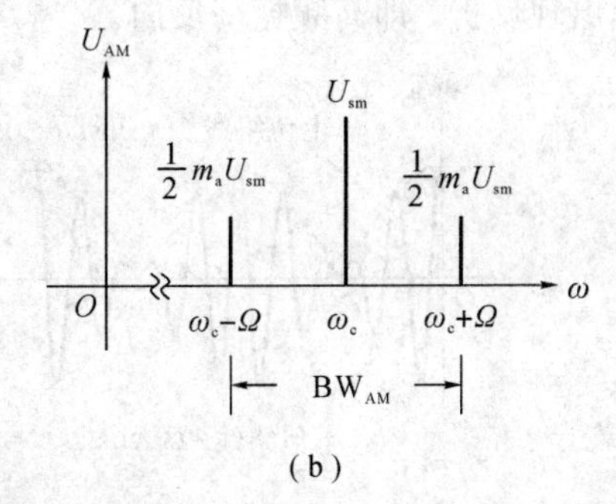

(b)

图 3.1.2　u_{AM}的波形和频谱

(a) 波形；(b) 频谱

u_{AM}的总平均功率由各个频率分量的平均功率相加而成。在 1 Ω 的单位负载电阻 R_L上，载波功率为

$$P_c=\frac{1}{2}\frac{U_{sm}^2}{R_L}=\frac{1}{2}U_{sm}^2$$

边带功率为

$$P_{SB}=\frac{1}{2}\frac{\left(\frac{1}{2}m_aU_{sm}\right)^2}{R_L}+\frac{1}{2}\frac{\left(\frac{1}{2}m_aU_{sm}\right)^2}{R_L}=\frac{1}{4}m_a^2U_{sm}^2$$

总平均功率为

$$P_{AM}=P_c+P_{SB}=P_c\left(1+\frac{1}{2}m_a^2\right)$$

普通调幅信号的带宽是调制信号带宽的两倍，不携带调制信号信息的载频分量占用了 $\frac{2}{3}$以上的总平均功率，所以普通调幅信号的频带利用率和功率利用率都比较低。

3.1.2　双边带调幅信号

与普通调幅信号相比，双边带调幅信号 u_{DSB}中没有载频分量，其产生示意图如图 3.1.3 所示。

图 3.1.3　u_{DSB}的产生

据此可以写出 u_{DSB} 的时域表达式为

$$\begin{aligned} u_{\mathrm{DSB}} &= k_{\mathrm{M}} u_{\Omega} u_{\mathrm{c}} = k_{\mathrm{M}} U_{\Omega\mathrm{m}} \cos\Omega t U_{\mathrm{cm}} \cos\omega_{\mathrm{c}} t \\ &= U_{\mathrm{sm}} \cos\Omega t \cos\omega_{\mathrm{c}} t \end{aligned}$$

其中，$U_{\mathrm{sm}}\cos\Omega t=k_{\mathrm{M}}U_{\Omega\mathrm{m}}U_{\mathrm{cm}}\cos\Omega t$ 为时变振幅，U_{sm} 为最大振幅。u_{DSB} 的波形如图 3.1.4(a)所示。时变振幅给出的上、下包络线都过横轴。当包络线过横轴(即 $\cos\Omega t$ 过零)时，高频振荡会出现倒相。如果 $\cos\Omega t$ 过零时 $\cos\omega_{\mathrm{c}} t$ 也过零，则在包络线过横轴的位置，倒相表现为波形出现反折，即高频振荡反向。

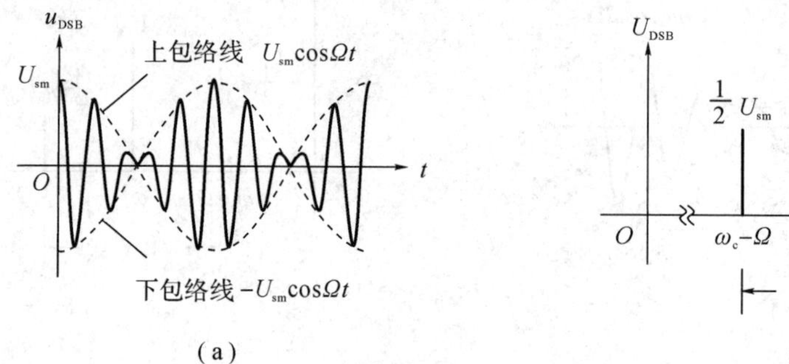

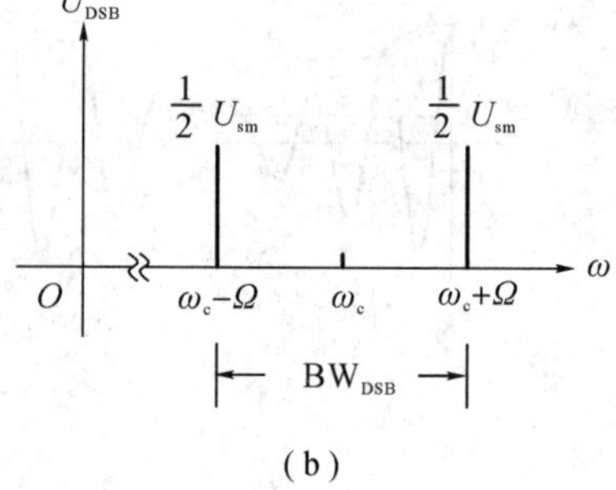

图 3.1.4 u_{DSB} 的波形和频谱

(a) 波形；(b) 频谱

双边带调幅信号可以继续写为

$$u_{\mathrm{DSB}}=U_{\mathrm{sm}}\cos\Omega t\cos\omega_{\mathrm{c}} t=\frac{1}{2}U_{\mathrm{sm}}\cos(\omega_{\mathrm{c}}+\Omega)t+\frac{1}{2}U_{\mathrm{sm}}\cos(\omega_{\mathrm{c}}-\Omega)t$$

u_{DSB} 的频谱如图 3.1.4(b)所示。单频调制信号 u_{Ω} 生成的 u_{DSB} 包括上边频和下边频两个频率分量，带宽 $\mathrm{BW}_{\mathrm{DSB}}=2\Omega$。

u_{DSB} 的总平均功率等于边带功率，在 1 Ω 的单位负载电阻 R_{L} 上，有

$$P_{\mathrm{DSB}} = P_{\mathrm{SB}} = \frac{1}{2}\frac{\left(\frac{1}{2}U_{\mathrm{sm}}\right)^2}{R_{\mathrm{L}}} + \frac{1}{2}\frac{\left(\frac{1}{2}U_{\mathrm{sm}}\right)^2}{R_{\mathrm{L}}} = \frac{1}{4}U_{\mathrm{sm}}^2$$

双边带调幅信号的带宽和频带利用率与普通调幅信号的相同，因为没有不携带调制信号信息的载频分量，所以双边带调幅信号的功率利用率优于普通调幅信号。

3.1.3 单边带调幅信号

双边带调幅信号的上、下边频分量对称携带了调制信号的信息，所以可以保留一个边频分量，去除另一个边频分量，这样就得到单边带调幅信号 u_{SSB}。根据保留的是上边频分量还是下边频分量，u_{SSB} 分为上边带调幅信号 $u_{\mathrm{SSB(H)}}$ 和下边带调幅信号 $u_{\mathrm{SSB(L)}}$，$u_{\mathrm{SSB(H)}}$ 和 $u_{\mathrm{SSB(L)}}$ 的时域表达式分别为

$$u_{\mathrm{SSB(H)}} = \frac{1}{2}U_{\mathrm{sm}}\cos(\omega_{\mathrm{c}}+\Omega)t = \frac{1}{2}k_{\mathrm{M}}U_{\Omega\mathrm{m}}U_{\mathrm{cm}}\cos(\omega_{\mathrm{c}}+\Omega)t$$

$$u_{\mathrm{SSB(L)}} = \frac{1}{2}U_{\mathrm{sm}}\cos(\omega_{\mathrm{c}}-\Omega)t = \frac{1}{2}k_{\mathrm{M}}U_{\Omega\mathrm{m}}U_{\mathrm{cm}}\cos(\omega_{\mathrm{c}}-\Omega)t$$

u_{SSB} 的波形和频谱如图 3.1.5 所示，带宽 $\mathrm{BW}_{\mathrm{SSB}}=\Omega$。

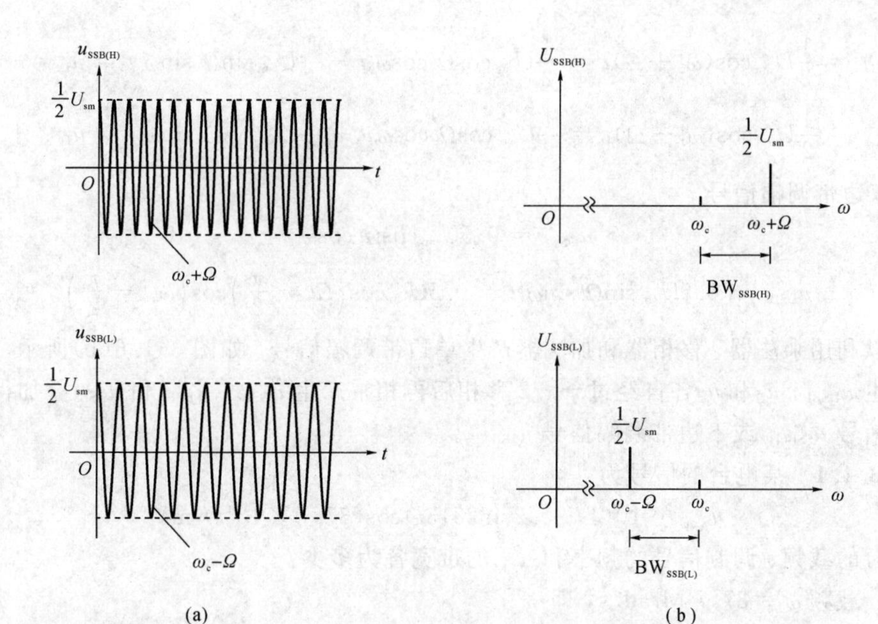

图 3.1.5　u_{SSB}的波形和频谱

(a) 波形；(b) 频谱

单边带调幅信号的总平均功率等于上边频或下边频分量的平均功率，在 1 Ω 的单位负载电阻 R_L上，有

$$P_{SSB}=P_{SSB(H)}=P_{SSB(L)}=\frac{1}{2}\frac{\left(\frac{1}{2}U_{sm}\right)^2}{R_L}=\frac{1}{8}U_{sm}^2$$

单边带调幅信号的带宽与调制信号的带宽相等，频带利用率是普通调幅信号和双边带调幅信号的两倍。单边带调幅信号只用一个边频分量就携带调制信号的全部信息，功率利用率是双边带调幅信号的两倍。

单边带调幅信号的产生方法有滤波法和相移法，如图 3.1.6 所示。

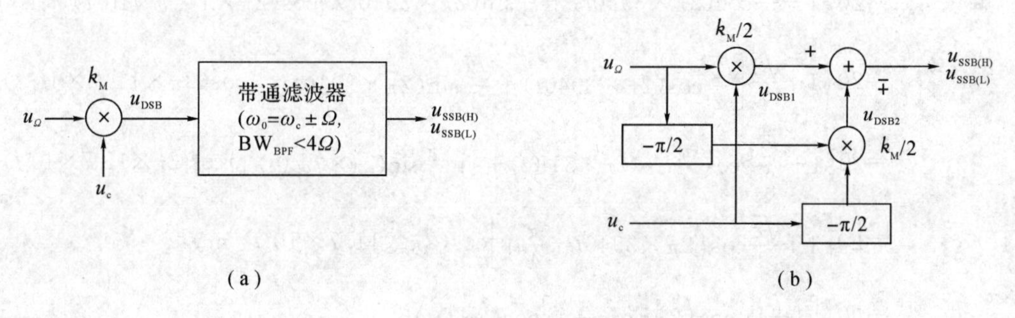

图 3.1.6　u_{SSB}的产生

(a)滤波法；(b) 相移法

调制信号 u_Ω和载波 u_c经过乘法器产生双边带调幅信号 u_{DSB}，再让 u_{DSB}经过带通滤波器，如图 3.1.6(a)所示。选择合适的滤波器中心频率 ω_0 和带宽 BW_{BPF}，则得到上边带调幅信号 $u_{SSB(H)}$或下边带调幅信号 $u_{SSB(L)}$。

单边带调幅信号可以写为

$$u_{SSB(H)}=\frac{1}{2}U_{sm}\cos(\omega_c+\Omega)t=\frac{1}{2}U_{sm}\cos\Omega t\cos\omega_c t-\frac{1}{2}U_{sm}\sin\Omega t\sin\omega_c t=u_{DSB1}-u_{DSB2}$$

$$u_{SSB(L)}=\frac{1}{2}U_{sm}\cos(\omega_c-\Omega)t=\frac{1}{2}U_{sm}\cos\Omega t\cos\omega_c t+\frac{1}{2}U_{sm}\sin\Omega t\sin\omega_c t=u_{DSB1}+u_{DSB2}$$

其中，双边带调幅信号

$$u_{DSB1}=0.5U_{sm}\cos\Omega t\cos\omega_c t$$

$$u_{DSB2}=0.5U_{sm}\sin\Omega t\sin\omega_c t=0.5U_{sm}\cos\left(\Omega t-\frac{\pi}{2}\right)\cos\left(\omega_c t-\frac{\pi}{2}\right)$$

据此可以利用乘法器、移相器和加法器产生单边带调幅信号。如图 3.1.6(b)所示，u_Ω和u_c相乘产生u_{DSB1}，u_Ω和u_c各自经过$-\pi/2$移相后再相乘产生u_{DSB2}，u_{DSB1}和u_{DSB2}叠加得到上边带调幅信号$u_{SSB(H)}$或下边带调幅信号$u_{SSB(L)}$。

例 3.1.1 某电台的信号为

$$u_{AM}=10(1+0.2\sin2513t)\cos(37.7\times10^6 t)\ \text{mV}$$

则该电台的载频、调制信号的频率和u_{AM}的带宽各为多少？

解 载频$\omega_c=37.7$ Mrad/s，即

$$f_c=\frac{\omega_c}{2\pi}=\frac{37.7\ \text{Mrad/s}}{2\pi}=6\ \text{MHz}$$

调制信号的频率$\Omega=2513$ rad/s，即

$$F=\frac{\Omega}{2\pi}=\frac{2513\ \text{rad/s}}{2\pi}=400\ \text{Hz}$$

u_{AM}的带宽

$$BW_{AM}=2\Omega=2\times2513\ \text{rad/s}=5026\ \text{rad/s}=800\ \text{Hz}$$

例 3.1.2 普通调幅信号

$$u_{AM}=20\cos(2\pi\times11.7\times10^6 t)+10\cos(2\pi\times3940t)\cos(2\pi\times11.7\times10^6 t)+10\sin(2\pi\times3940t)\cos(2\pi\times11.7\times10^6 t)\ \text{mV}$$

计算载频分量的振幅U_{sm}和调幅度m_a，以及载频和调制信号的频率。

解

$$\begin{aligned}u_{AM}&=20\left[1+\frac{1}{2}\cos(2\pi\times3940t)+\frac{1}{2}\sin(2\pi\times3940t)\right]\cos(2\pi\times11.7\times10^6 t)\\&=20\left\{1+\frac{\sqrt{2}}{2}\left[\frac{\sqrt{2}}{2}\cos(2\pi\times3940t)+\frac{\sqrt{2}}{2}\sin(2\pi\times3940t)\right]\right\}\cos(2\pi\times11.7\times10^6 t)\\&=20\left\{1+\frac{\sqrt{2}}{2}\left[\cos\frac{\pi}{4}\cos(2\pi\times3940t)+\sin\frac{\pi}{4}\sin(2\pi\times3940t)\right]\right\}\cos(2\pi\times11.7\times10^6 t)\\&=20\left[1+\frac{\sqrt{2}}{2}\cos\left(2\pi\times3940t-\frac{\pi}{4}\right)\right]\cos(2\pi\times11.7\times10^6 t)\ \text{mV}\\&=U_{sm}\left[1+m_a\cos\left(2\pi Ft-\frac{\pi}{4}\right)\right]\cos(2\pi f_c t)\end{aligned}$$

所以，$U_{sm}=20$ mV，$m_a=\sqrt{2}/2=0.707$，载频 $f_c=11.7$ MHz，调制信号的频率 $F=3940$ Hz。

例 3.1.3 调制信号和载波都用余弦函数表示，载频 $f_c=10^6$ Hz，判断以下调幅信号的类型：

(1) $u_{s1}=10\cos(2\pi\times10^3 t)\sin(2\pi\times10^6 t)$ V；

(2) $u_{s2}=[10+2\sin(2\pi\times10^3 t)]\sin(2\pi\times10^6 t)$ V；

(3) $u_{s3}=2\cos(2\pi\times1.001\times10^6 t)$ V。

解　(1) u_{s1}是双边带调幅信号，在生成u_{s1}时，载波经过了$-\pi/2$的相移。

(2) $u_{s2}=10[1+0.2\sin(2\pi\times10^3 t)]\sin(2\pi\times10^6 t)$ V，u_{s2}是普通调幅信号，在生成u_{s2}时，调制信号和载波都经过了$-\pi/2$的相移。

(3) $u_{s3}=2\cos[(2\pi\times10^6+2\pi\times10^3)t]$ V，u_{s3}是单边带调幅信号。

例 3.1.4　判断以下调幅信号的类型，画出其波形和频谱，计算信号带宽和在$R_L=100\ \Omega$的负载电阻上产生的载波功率P_c、边带功率P_{SB}和总平均功率P_{av}。

(1) $i=200\cos(2\pi\times10^7 t)+60\cos(2\pi\times100t)\cos(2\pi\times10^7 t)$ mA；

(2) $u=0.1\cos(628\times10^3 t)+0.1\cos(624.6\times10^3 t)$ V。

解　(1) $i=200[1+0.3\cos(2\pi\times100t)]\cos(2\pi\times10^7 t)=I_{sm}(1+m_a\cos\Omega t)\cos\omega_c t$，单位为mA，$i$是普通调幅信号；载频分量的振幅$I_{sm}=200$ mA，调幅度$m_a=0.3$，调制信号的频率$\Omega=2\pi\times100$ rad/s，载频$\omega_c=2\pi\times10^7$ rad/s。i的波形和频谱如图3.1.7(a)所示，带宽$BW_{AM}=2\Omega=2\times2\pi\times100=2\pi\times200$ rad/s。在$R_L=100\ \Omega$的负载电阻上，载波功率为

$$P_c=\frac{1}{2}I_{sm}^2R_L=\frac{1}{2}(200\text{ mA})^2\times100\ \Omega=2\text{ W}$$

边带功率为

$$P_{SB}=\frac{1}{2}\left(\frac{1}{2}m_a I_{sm}\right)^2R_L+\frac{1}{2}\left(\frac{1}{2}m_a I_{sm}\right)^2R_L=\frac{1}{4}m_a^2I_{sm}^2R_L$$
$$=\frac{1}{4}\times0.3^2\times(200\text{ mA})^2\times100\ \Omega=0.09\text{ W}$$

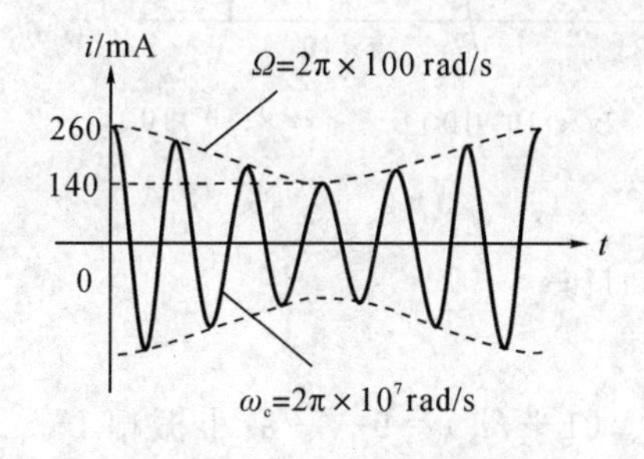

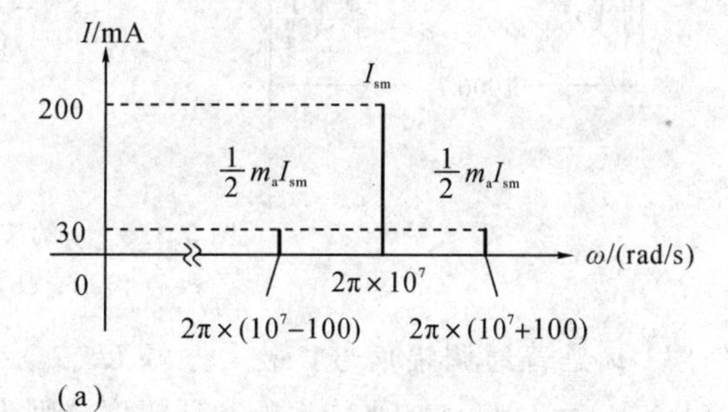

(a)

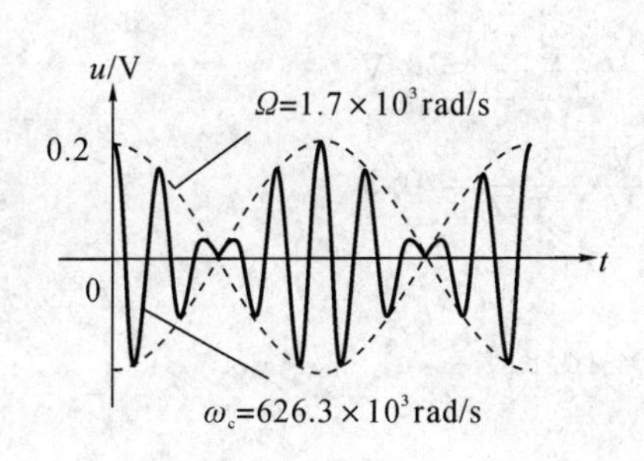

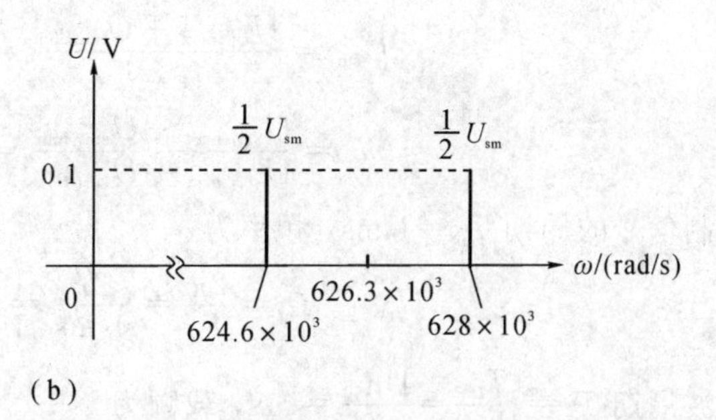

(b)

图 3.1.7　调幅信号

(a) i的波形和频谱；(b) u的波形和频谱

总平均功率为

$$P_{AM}=P_c+P_{SB}=2\ W+0.09\ W=2.09W$$

(2) $u=0.1\cos[(626.3\times10^3+1.7\times10^3)t]+0.1\cos[(626.3\times10^3-1.7\times10^3)t]$

$=0.2\cos(1.7\times10^3t)\cos(626.3\times10^3t)$ V

$=U_{sm}\cos\Omega t\cos\omega_c t$

u是双边带调幅信号。时变振幅的最大值$U_{sm}=0.2$ V，调制信号的频率$\Omega=1.7\times10^3$ rad/s，载频$\omega_c=626.3\times10^3$ rad/s。u的波形和频谱如图 3.1.7(b)所示。在包络线过横轴的位置，倒相用波形反折来表现，带宽$BW_{DSB}=2\Omega=2\times1.7\times10^3$ rad/s$=3.4\times10^3$ rad/s。在$R_L=100\ \Omega$的负载电阻上，载波功率$P_c=0$，边带功率为

$$P_{SB}=\frac{1}{2}\frac{\left(\frac{1}{2}U_{sm}\right)^2}{R_L}+\frac{1}{2}\frac{\left(\frac{1}{2}U_{sm}\right)^2}{R_L}=\frac{1}{4}\frac{U_{sm}^2}{R_L}=\frac{1}{4}\frac{(0.2\ V)^2}{100\ \Omega}=0.1\ mW$$

总平均功率$P_{av}=P_{SB}=0.1$ mW。

例 3.1.5 调幅信号u_s的波形如图 3.1.8(a)所示，判断其类型，写出时域表达式，并画出频谱。

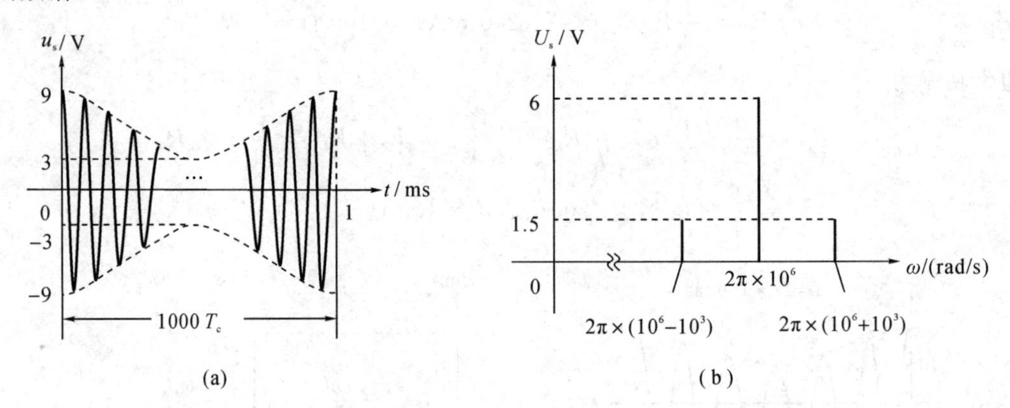

图 3.1.8 u_s的波形和频谱

(a) 波形；(b) 频谱

解 u_s是普通调幅信号，最大振幅$U_{sm,max}=U_{sm}(1+m_a)=9$ V，最小振幅$U_{sm,min}=U_{sm}(1-m_a)=3$ V。u_s的平均振幅和调幅度分别为

$$U_{sm}=\frac{U_{sm,max}+U_{sm,min}}{2}=\frac{9\ V+3\ V}{2}=6\ V$$

$$m_a=\frac{U_{sm,max}-U_{sm,min}}{U_{sm,max}+U_{sm,min}}=\frac{9\ V-3\ V}{9\ V+3\ V}=0.5$$

调制信号的周期$T_\Omega=1$ ms，频率为

$$\Omega=\frac{2\pi}{T_\Omega}=\frac{2\pi}{1\ ms}=2\pi\times10^3\ rad/s$$

载波周期$T_c=\frac{T_\Omega}{1000}=\frac{1\ ms}{1000}=1\mu s$，载频为

$$\omega_c=\frac{2\pi}{T_c}=\frac{2\pi}{1\ \mu s}=2\pi\times10^6\ rad/s$$

根据以上参数，u_s的时域表达式为

$$u_s = U_{sm}(1 + m_a\cos\Omega t)\cos\omega_c t = 6[1 + 0.5\cos(2\pi\times10^3 t)]\cos(2\pi\times10^6 t)\ \text{V}$$

u_s的频谱如图 3.1.8(b)所示。

例 3.1.6　调幅信号 u_s的频谱如图 3.1.9(a)所示，判断其类型，写出时域表达式，并画出波形。

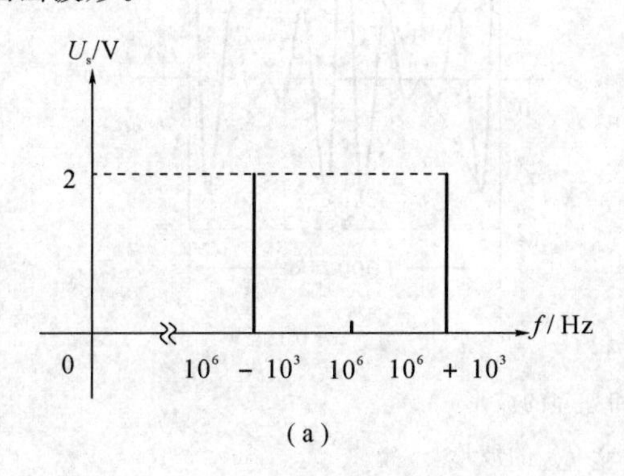

(a)

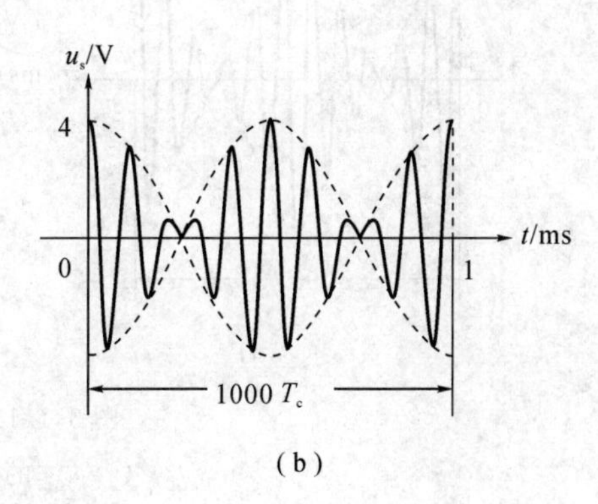

(b)

图 3.1.9　u_s的频谱和波形

(a) 频谱；(b) 波形

解　u_s是双边带调幅信号，有

$$\begin{aligned} u_s &= 2\cos[2\pi\times(10^6+10^3)t] + 2\cos[2\pi\times(10^6-10^3)t] \\ &= 4\cos(2\pi\times10^3 t)\cos(2\pi\times10^6 t)\ \text{V} \end{aligned}$$

u_s的波形如图 3.1.9(b)所示，在包络线过横轴的位置，倒相用波形反折来表现。调制信号的频率 $\Omega=2\pi\times10^3$ rad/s，周期 $T_\Omega=\dfrac{2\pi}{\Omega}=\dfrac{2\pi}{2\pi\times10^3\ \text{rad/s}}=1$ ms，载频 $\omega_c=2\pi\times10^6$ rad/s，周期 $T_c=\dfrac{2\pi}{\omega_c}=\dfrac{2\pi}{2\pi\times10^6\ \text{rad/s}}=1\ \mu$s，1 ms 的 T_Ω等于 1000 个 T_c。

例 3.1.7　调制信号 u_Ω的波形如图 3.1.10 所示，载波是频率为 1 MHz 的正弦波。

(1) 画出最大振幅为 4 V、最小振幅为 0 的普通调幅信号 u_{AM}的波形。

(2) 画出最大振幅为 2 V 的双边带调幅信号 u_{DSB}的波形。

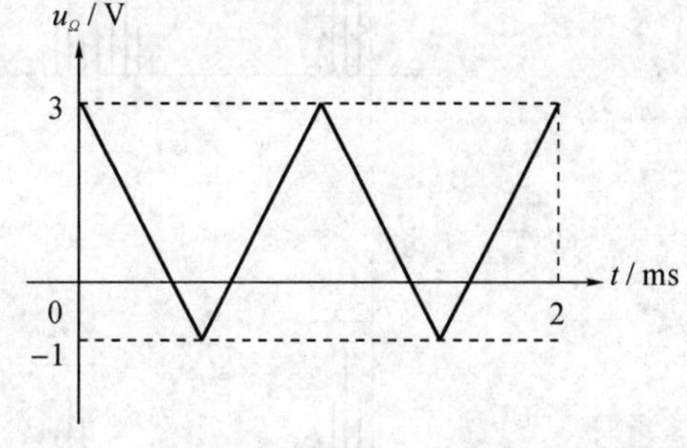

图 3.1.10　u_Ω的波形

解　(1) u_Ω加 1 V 直流电压，即可作为上包络线，生成最大振幅为 4 V、最小振幅为 0 的 u_{AM}。u_{AM}的波形如图 3.1.11(a)所示，2 ms 的时长为两个调制信号周期即 2000 个载波周期 T_c，上包络线和下包络线在横轴接触但不相交，波形不倒相。

(2) u_Ω中包括 1 V 直流分量，如果不去除，则该直流分量与载波相乘会产生载频分量，结果不是双边带调幅信号，所以在乘法器之前要去除 u_Ω中的直流分量。$u_\Omega-1$ V 的波形最大振幅为 2 V，可作为上包络线，生成最大振幅为 2 V 的 u_{DSB}。u_{DSB}的波形如图 3.1.11(b)所示，1 ms 的时长为一个调制信号周期即 1000 个载波周期 T_c，上包络线和下包络线在横轴相交，倒相用波形反折来表现。

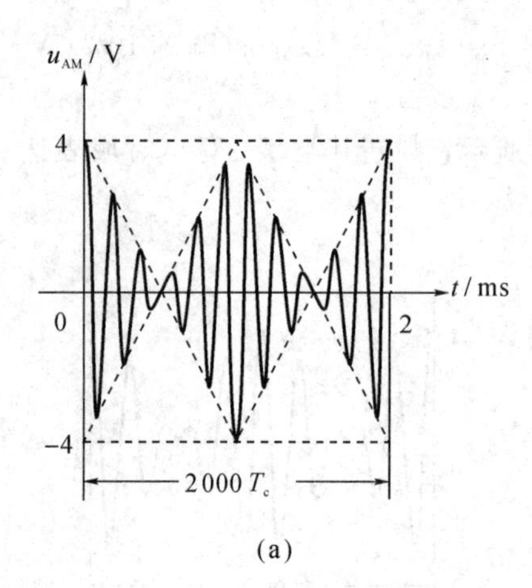

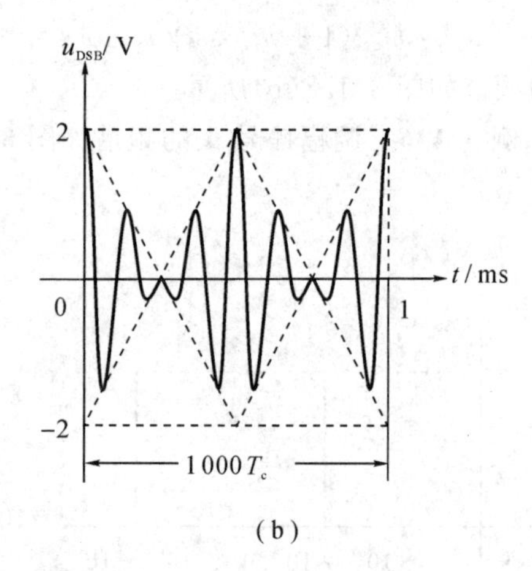

图 3.1.11　u_{AM}和u_{DSB}的波形

(a) u_{AM}的波形；(b) u_{DSB}的波形

当u_Ω是包含多个频率分量的复杂调制信号时，可以表示为$u_\Omega = U_{\Omega m} f(t)$，$U_{\Omega m}$是最大振幅，$|f(t)| \leqslant 1$。$f(t)$表现$u_\Omega$与时间的关系，称为波形函数。$u_\Omega$生成的普通调幅信号和双边带调幅信号的时域表达式分别为$u_{AM} = U_{sm}[1 + m_a f(t)]\cos\omega_c t$，$u_{DSB} = U_{sm} f(t)\cos\omega_c t$。振幅调制将$u_\Omega$的频谱搬移到载频$\omega_c$的左右两侧，形成上、下边带，其呈镜像对称，如图 3.1.12 所示。在上、下边带中，各个频率分量的振幅比和频率间隔与u_Ω中的相同，即频谱结构不变，这称为线性频谱搬移。

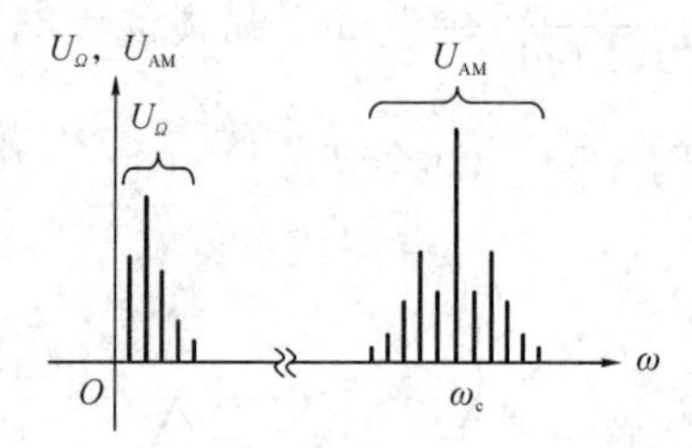

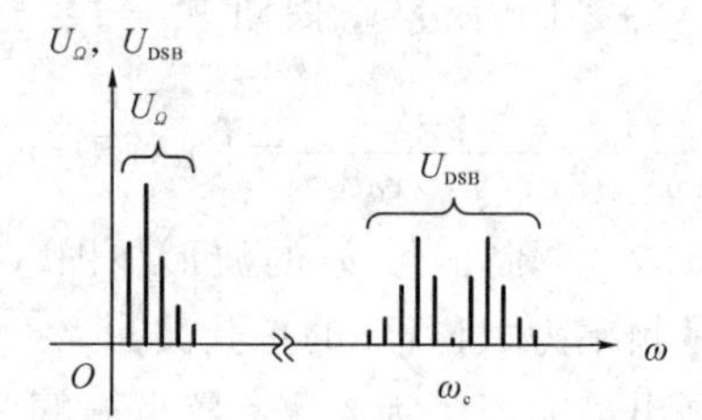

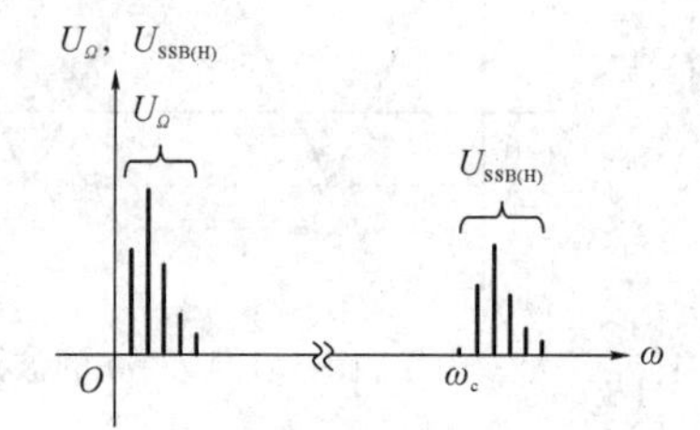

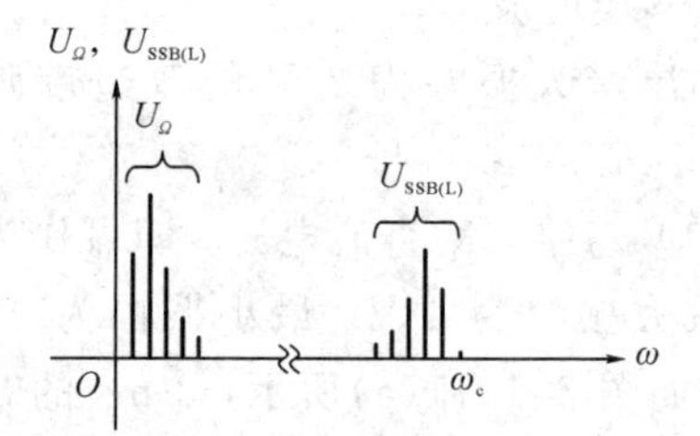

图 3.1.12　振幅调制实现线性频谱搬移

例 3.1.8　已知调幅信号为

$$u_s = U_{sm}\cos(2\pi \times 10^6 t) + 75\cos(2\pi \times 100t)\cos(2\pi \times 10^6 t) + 50\cos(2\pi \times 300t)\cos(2\pi \times 10^6 t)\ \text{mV}$$

判断u_s的类型，写出调制信号u_Ω的表达式，确定U_{sm}的取值下限。

解　$u_s = U_{sm}\left[1 + \dfrac{75\ \text{mV}}{U_{sm}}\cos(2\pi \times 100t) + \dfrac{50\ \text{mV}}{U_{sm}}\cos(2\pi \times 300t)\right]\cos(2\pi \times 10^6 t)$，$u_s$是

普通调幅信号。u_Ω包含两个频率分量，频率分别为100 Hz和300 Hz，振幅比为3∶2，$u_\Omega = U_{\Omega m} f(t) = U_{\Omega m}[0.6\cos(2\pi\times100t)+0.4\cos(2\pi\times300t)]$。因为$\cos(2\pi\times100t)$和$\cos(2\pi\times300t)$可以同时取1，所以根据振幅比确定表达式中的系数0.6和0.4，保证波形函数满足$|f(t)|\leqslant1$。u_s的包络线不能过横轴，U_{sm}应该保证：

$$1+\frac{75\ \text{mV}}{U_{sm}}\cos(2\pi\times100t)+\frac{50\ \text{mV}}{U_{sm}}\cos(2\pi\times300t)\geqslant0$$

考虑到$\cos(2\pi\times100t)$和$\cos(2\pi\times300t)$可以同时取-1，有

$$1+\frac{75\ \text{mV}}{U_{sm}}(-1)+\frac{50\ \text{mV}}{U_{sm}}(-1)\geqslant0$$

即$U_{sm}\geqslant75\ \text{mV}+50\ \text{mV}=125\ \text{mV}$。

3.2　振幅调制原理和电路

在图3.1.1、图3.1.3和图3.1.6所示的调幅信号产生过程中，乘法器起关键作用。乘法器输出上边频分量和下边频分量，有非线性电路和线性时变电路两种基本设计，振幅调制原理也相应分为非线性电路调幅和线性时变电路调幅。振幅调制电路主要采用线性时变电路调幅。

3.2.1　非线性电路调幅

大信号工作时，晶体管和场效应管的转移特性即输出电流与输入电压呈明显的非线性关系。利用这一特点，可以设计晶体管放大器和场效应管放大器，以调制信号和载波作为输入电压，经过转移特性的非线性变换，输出电流中会出现许多新的频率分量，对其滤波，取出上边频分量和下边频分量，实现振幅调制。

以如图3.2.1(a)所示的晶体管放大器调幅的原理电路为例。在该电路中，直流电压源U_{BB}和U_{CC}设置晶体管的直流静态工作点Q。调制信号u_Ω和载波u_c相加得到交流输入电压u_{be}，与U_{BB}叠加后成为晶体管基极和发射极之间的输入电压u_{BE}。在u_{BE}的作用下，晶体管产生集电极电流i_C。图3.2.1(b)所示的晶体管转移特性在Q附近可以用一个非线性函数$i_C=f(u_{BE})$描述，再以U_{BB}为中心值，以u_{be}为变化量，将$f(u_{BE})$展开成泰勒级数，有

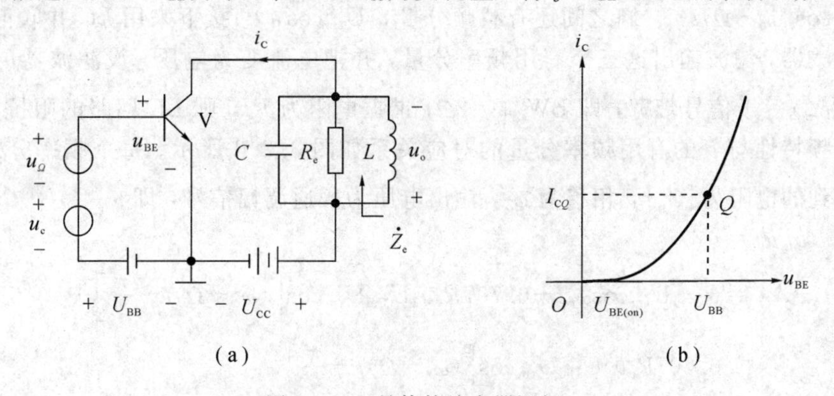

图3.2.1　晶体管放大器调幅
(a) 原理电路；(b) 晶体管的转移特性

$$i_C = f(U_{BB}) + f'(U_{BB})u_{be} + \frac{1}{2}f''(U_{BB})u_{be}^2 + \frac{1}{6}f^{(3)}(U_{BB})u_{be}^3 + \cdots$$
$$= a_0 + a_1 u_{be} + a_2 u_{be}^2 + \sum_{n=3}^{\infty} a_n u_{be}^n$$

其中

$$a_n = \frac{f^{(n)}(U_{BB})}{n!} \quad (n = 0, 1, 2, \cdots)$$

对 i_C的泰勒级数做近似，只保留前三项，可得

$$i_C \approx a_0 + a_1 u_{be} + a_2 u_{be}^2 = a_0 + a_1(u_\Omega + u_c) + a_2 (u_\Omega + u_c)^2$$
$$= a_0 + a_1 u_\Omega + a_1 u_c + a_2 u_\Omega^2 + a_2 u_c^2 + 2a_2 u_\Omega u_c \tag{3.2.1}$$

此时，i_C的表达式中出现了 u_Ω和 u_c相乘的项 $2a_2 u_\Omega u_c$。将 $u_\Omega = U_{\Omega m}\cos\Omega t$ 和 $u_c = U_{cm}\cos\omega_c t$ 代入式(3.2.1)，利用三角函数的降幂和积化和差，整理得到

$$i_C = a_0 + \frac{a_2}{2}(U_{\Omega m}^2 + U_{cm}^2) + a_1 U_{\Omega m}\cos\Omega t + \frac{a_2}{2}U_{\Omega m}^2\cos 2\Omega t + a_1 U_{cm}\cos\omega_c t +$$
$$a_2 U_{\Omega m} U_{cm}\cos(\omega_c + \Omega)t + a_2 U_{\Omega m} U_{cm}\cos(\omega_c - \Omega)t + \frac{a_2}{2}U_{cm}^2\cos 2\omega_c t$$

据此可以画出 i_C的频谱，如图 3.2.2 所示。

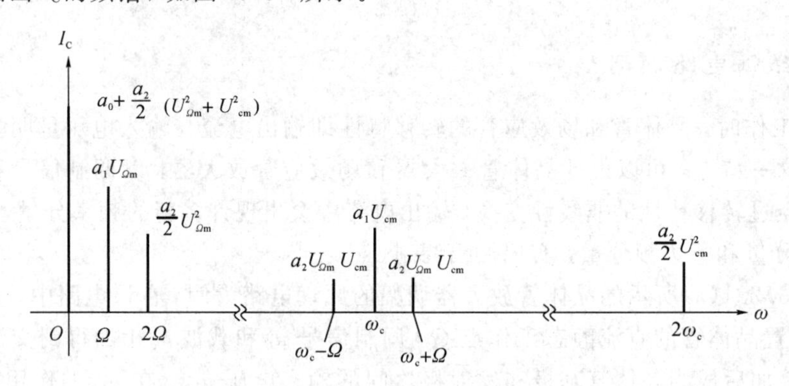

图 3.2.2　i_C的频谱

i_C中的 $2a_2 u_\Omega u_c$ 在频域上产生上边频分量和下边频分量 $a_2 U_{\Omega m} U_{cm}\cos(\omega_c + \Omega)t$ 和 $a_2 U_{\Omega m} U_{cm}\cos(\omega_c - \Omega)t$，它们之间还有载频分量 $a_1 U_{cm}\cos\omega_c t$。接下来用 LC 并联谐振回路作为带通滤波器，滤波输出这三个有用频率分量，并把电流变为电压。设滤波器的中心频率 $\omega_0 = \omega_c$，带宽等于信号带宽，即 $BW_{BPF} = 2\Omega$，谐振电阻为 R_e，则 LC 回路的阻抗 $\dot{Z}_e$ 的幅频特性和相频特性与 i_C的有用频率分量的对应关系如图 3.2.3 所示。每个频率分量流过 LC 回路时遇到的电阻为$|\dot{Z}_e|$，相移为 φ_Z，输出电压为普通调幅信号，即

$$u_o = u_{AM}$$
$$= R_e a_1 U_{cm}\cos\omega_c t + 0.707 R_e a_2 U_{\Omega m} U_{cm}\cos\left[(\omega_c + \Omega)t - \frac{\pi}{4}\right] +$$
$$0.707 R_e a_2 U_{\Omega m} U_{cm}\cos\left[(\omega_c - \Omega)t + \frac{\pi}{4}\right]$$
$$= R_e a_1 U_{cm}\left[1 + 1.41\frac{a_2}{a_1}U_{\Omega m}\cos\left(\Omega t - \frac{\pi}{4}\right)\right]\cos\omega_c t$$

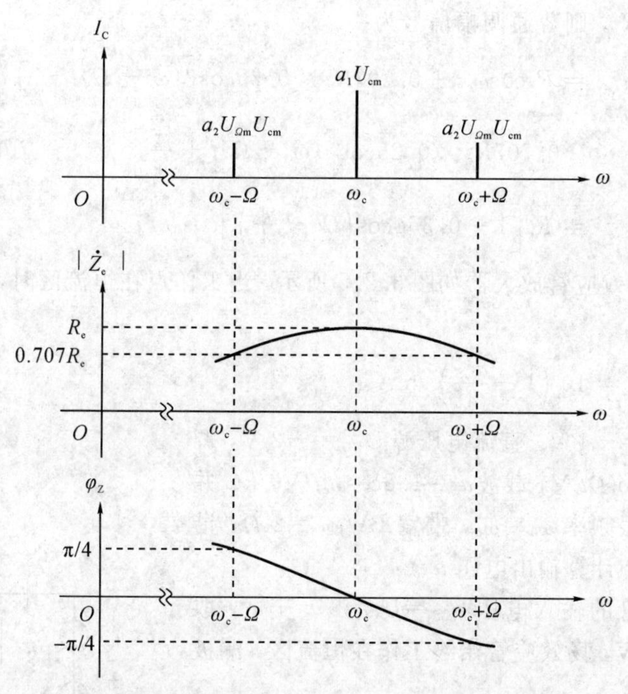

图 3.2.3　i_C的有用频率分量、$\dot{Z}_e=|\dot{Z}_e|e^{j\varphi_Z}$的幅频特性和相频特性

例 3.2.1　晶体管的转移特性如图 3.2.4(a)所示，当晶体管的输入电压 $u_{BE}=1+0.5\cos\omega_c t+0.5\cos\Omega t$ V 时，画出集电极电流 i_C的频谱，说明该器件可以输出什么类型的调幅信号，写出其表达式，在 i_C的频谱图上定性画出滤波器的幅频特性。

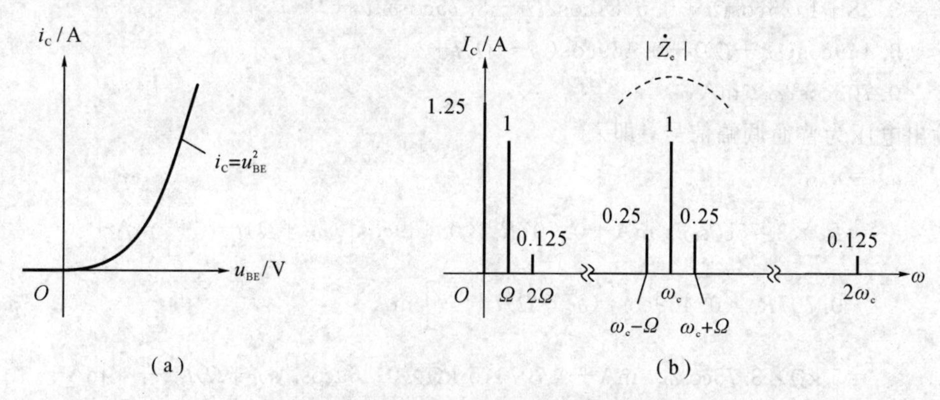

图 3.2.4　晶体管的转移特性和 i_C的频谱
(a) 晶体管的转移特性；(b) i_C 的频谱

解　u_{BE}的取值范围为 0～2 V，晶体管始终工作在放大区，有

$$\begin{aligned}i_C&=u_{BE}^2=(1+0.5\cos\omega_c t+0.5\cos\Omega t\ \text{V})^2\\&=1.25+\cos\Omega t+0.125\cos 2\Omega t+\cos\omega_c t+0.25\cos(\omega_c+\Omega)t+\\&\quad 0.25\cos(\omega_c-\Omega)t+0.125\cos 2\omega_c t\ \text{A}\end{aligned}$$

i_C的频谱和用作滤波器的 LC 并联谐振回路的阻抗 $\dot{Z}_e$ 的幅频特性如图 3.2.4(b)所示，该器件可以输出普通调幅信号。设滤波器的中心频率 $\omega_0=\omega_c$，带宽等于信号带宽，即 $BW_{BPF}=$

2Ω，谐振电阻为 R_e，则普通调幅信号为

$$u_{AM} = R_e\cos\omega_c t + 0.707R_e \times 0.25\cos\left[(\omega_c + \Omega)t - \frac{\pi}{4}\right] + 0.707R_e \times 0.25\cos\left[(\omega_c - \Omega)t + \frac{\pi}{4}\right] = R_e\left[1 + 0.354\cos\left(\Omega t - \frac{\pi}{4}\right)\right]\cos\omega_c t$$

例 3.2.2 场效应管放大器如图 3.2.5 所示，当工作点在恒流区时，场效应管的转移特性为

$$i_D = 10\left(1 + \frac{u_{GS}}{4}\right)^2 \text{ mA}$$

夹断电压 $U_{GS(off)} = -4$ V，直流电压源 $U_{GG} = -2$ V，调制信号 $u_\Omega = 0.5\cos\Omega t$ V，载波 $u_c = 1.5\cos\omega_c t$ V，LC 并联谐振回路的谐振频率 $\omega_0 = \omega_c$，带宽 $BW_{BPF} = 2\ \Omega$，谐振电阻 $R_e = 5$ kΩ。计算输出电压 u_o。

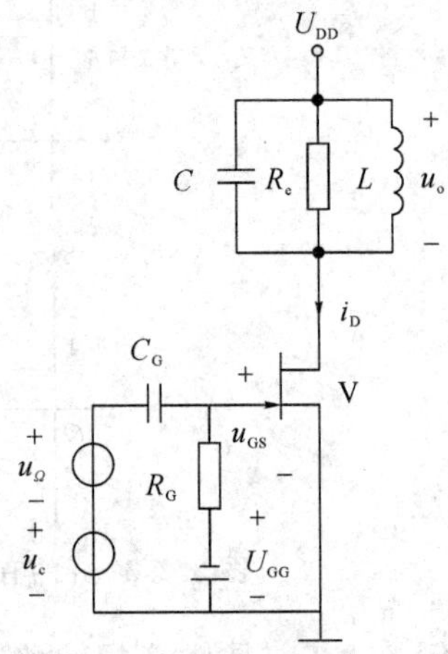

图 3.2.5 场效应管放大器调幅电路

解 场效应管的输入电压 $u_{GS} = U_{GG} + u_\Omega + u_c$，取值范围为 $-4 \sim 0$ V，场效应管始终工作在恒流区，漏极电流为

$$\begin{aligned} i_D &= 10\left(1 + \frac{u_{GS}}{4}\right)^2 \\ &= 10\left(1 + \frac{-2\text{ V} + 0.5\cos\Omega t\text{ V} + 1.5\cos\omega_c t\text{ V}}{4}\right)^2 \\ &= 3.28 + 1.25\cos\Omega t + 0.0781\cos 2\Omega t + 3.75\cos\omega_c t + \\ &\quad 0.469\cos(\omega_c + \Omega)t + 0.469\cos(\omega_c - \Omega)t + \\ &\quad 0.703\cos 2\omega_c t \text{ mA} \end{aligned}$$

输出电压为普通调幅信号，即

$$\begin{aligned} u_o &= u_{AM} \\ &= R_e \times 3.75\cos\omega_c t\text{ mA} + 0.707R_e \times 0.469\cos\left[(\omega_c + \Omega)t - \frac{\pi}{4}\right]\text{ mA} + \\ &\quad 0.707R_e \times 0.469\cos\left[(\omega_c - \Omega)t + \frac{\pi}{4}\right]\text{ mA} \\ &= 5\text{ k}\Omega \times 3.75\cos\omega_c t\text{ mA} + 0.707 \times 5\text{ k}\Omega \times 0.469\cos\left[(\omega_c + \Omega)t - \frac{\pi}{4}\right]\text{ mA} + \\ &\quad 0.707 \times 5\text{ k}\Omega \times 0.469\cos\left[(\omega_c - \Omega)t + \frac{\pi}{4}\right]\text{ mA} \\ &= 18.8\left[1 + 0.177\cos\left(\Omega t - \frac{\pi}{4}\right)\right]\cos\omega_c t\text{ V} \end{aligned}$$

式(3.2.1)中忽略了 $n \geqslant 3$ 的高阶项。当高阶项取值较大且不可忽略时，其产生的组合频率分量可能叠加在普通调幅信号上，造成输出电压失真。高阶项的组合频率分量可以叠加在载频分量和上、下边频分量上，即使载频分量的振幅与调制信号的振幅发生联系，也会使上、下边频分量的振幅不正比于调制信号的振幅，从而导致输出电压的包络线不完全按调制信号规律变化，这种失真称为包络失真，属于线性失真。高阶项的组合频率分量也

可以出现在上、下边频分量附近，因为接近带通滤波器的通带，所以这些组合频率分量也会产生一定的电压，使输出电压中出现新的频率分量，产生非线性失真。

为了减小高阶项造成的包络失真和非线性失真，除了采取减小高阶项的措施外，还可以在电路设计中采用平衡对消技术，用不同方式叠加调制信号和载波，分别输入到多个相同的放大器，再将各个放大器的输出电流适当叠加，尽量使高阶项的组合频率分量反相叠加，对消为零，同时使有用频率分量同相叠加。平衡对消还可以去除直流分量、低频分量和载频分量，提高振幅调制的功率利用率。乘法器电路设计中经常采用平衡对消技术去除不需要的频率分量。

例 3.2.3　采用平衡对消技术的场效应管放大器调幅电路如图 3.2.6 所示，直流电压源 U_{DD} 和 U_{GG} 设置场效应管 V_1 和 V_2 的直流静态工作点 Q，调制信号 $u_\Omega = U_{\Omega m}\cos\Omega t$ 和载波 $u_c = U_{cm}\cos\omega_c t$ 叠加产生交流输入电压 u_{gs}。在 Q 附近，V_1 和 V_2 的转移特性为

$$i_D = a_0 + a_1 u_{gs} + a_2 u_{gs}^2$$

LC 并联谐振回路的中心频率 $\omega_0 = \omega_c$，带宽 $BW_{BPF} = 2\Omega$，谐振电阻为 R_e。推导输出电压 u_o 的表达式。

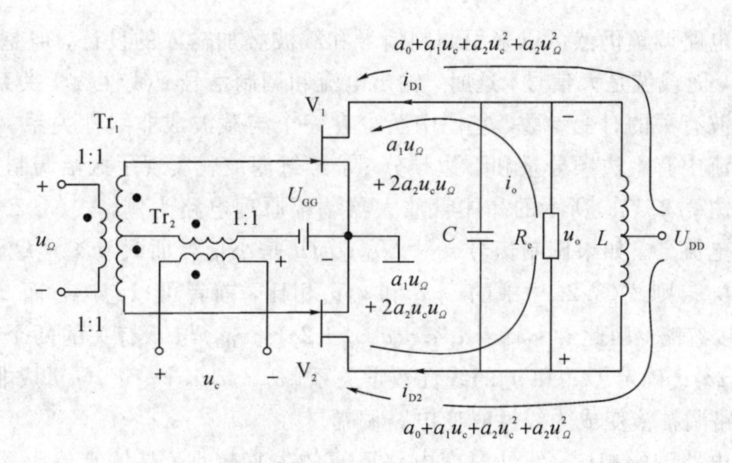

图 3.2.6　采用平衡对消技术的场效应管放大器调幅电路

解　V_1 的交流输入电压 $u_{gs1} = u_c + u_\Omega$，漏极电流为

$$\begin{aligned} i_{D1} &= a_0 + a_1 u_{gs1} + a_2 u_{gs1}^2 \\ &= a_0 + a_1(u_c + u_\Omega) + a_2(u_c + u_\Omega)^2 \\ &= a_0 + a_1 u_c + a_2 u_c^2 + a_2 u_\Omega^2 + a_1 u_\Omega + 2a_2 u_c u_\Omega \end{aligned}$$

V_2 的交流输入电压 $u_{gs2} = u_c - u_\Omega$，漏极电流为

$$\begin{aligned} i_{D2} &= a_0 + a_1 u_{gs2} + a_2 u_{gs2}^2 \\ &= a_0 + a_1(u_c - u_\Omega) + a_2(u_c - u_\Omega)^2 \\ &= a_0 + a_1 u_c + a_2 u_c^2 + a_2 u_\Omega^2 - a_1 u_\Omega - 2a_2 u_c u_\Omega \end{aligned}$$

如图 3.2.6 所示，i_{D1} 和 i_{D2} 都可以分解为两部分电流：$a_0 + a_1 u_c + a_2 u_c^2 + a_2 u_\Omega^2$ 和 $a_1 u_\Omega + 2a_2 u_c u_\Omega$。第一部分电流 $a_0 + a_1 u_c + a_2 u_c^2 + a_2 u_\Omega^2$ 从 U_{DD} 流入，经过 V_1 和 V_2 流入接地端。$a_0 + a_1 u_c + a_2 u_c^2 + a_2 u_\Omega^2$ 中的 a_0、$a_2 u_c^2$ 和 $a_2 u_\Omega^2$ 中的直流分量被电感短路，不产生电压，$a_1 u_c$ 虽然产生电压，但两股电流在 LC 回路中反向流动，电压在回路两端抵消，$a_2 u_c^2$ 和 $a_2 u_\Omega^2$ 中的交流分量则因为 LC 回路失谐也不能产生电压。第二部分电流 $a_1 u_\Omega + 2a_2 u_c u_\Omega$ 构成连续的输出

电流 i_o，其中的 a_1u_Ω 是低频信号，近似被电感短路，几乎不产生电压，只有 $2a_2u_cu_\Omega$ 产生输出电压 u_o。于是，有

$$
\begin{aligned}
2a_2u_cu_\Omega &= 2a_2U_{cm}\cos\omega_c tU_{\Omega m}\cos\Omega t \\
&= a_2U_{\Omega m}U_{cm}\cos(\omega_c+\Omega)t + a_2U_{\Omega m}U_{cm}\cos(\omega_c-\Omega)t
\end{aligned}
$$

$$
\begin{aligned}
u_o &= 0.707R_e\times a_2U_{\Omega m}U_{cm}\cos\left[(\omega_c+\Omega)t-\frac{\pi}{4}\right]+ \\
&\quad 0.707R_e\times a_2U_{\Omega m}U_{cm}\cos\left[(\omega_c-\Omega)t+\frac{\pi}{4}\right] \\
&= 1.41a_2R_eU_{\Omega m}U_{cm}\cos\left(\Omega t-\frac{\pi}{4}\right)\cos\omega_c t
\end{aligned}
$$

作为平方律器件，场效应管的输出电流中没有高阶项，该电路通过平衡对消去除了 i_o 中的直流分量、频率为 2Ω 的低频分量、频率为 ω_c 的载频分量和频率为 $2\omega_c$ 的交流分量，最后得到的 u_o 是双边带调幅信号 u_{DSB}。

3.2.2 线性时变电路调幅

线性时变电路调幅仍然可以采用调制信号和载波叠加输入的设计，但是一般要求调制信号是小信号，而载波是大信号。这时，输出电流和调制信号成线性数学关系，关系中的两个参数是与载波有关的时变参数，它们中至少有一个与载波成非线性关系。线性时变电路调幅的输出电流中有上边频分量和下边频分量，经过滤波就实现了振幅调制。

继续以如图 3.2.1(a)所示的晶体管放大器调幅原理电路为例，式(3.2.1)给出了输出电流即集电极电流 i_C。如果调制信号 $u_\Omega=U_{\Omega m}\cos\Omega t$ 是小信号而载波 $u_c=U_{cm}\cos\omega_c t$ 是大信号，即 $U_{cm}\gg U_{\Omega m}$，则式(3.2.1)中的 a_1u_Ω 和 a_1u_c 相比，前者可以忽略，而 $a_2u_\Omega^2$ 和 $a_2u_c^2$ 相比，前者也可以忽略，因此 $i_C\approx a_0+a_1u_c+a_2u_c^2+2a_2u_cu_\Omega$，与 u_c 有关的两个时变参数 $a_0+a_1u_c+a_2u_c^2$ 和 $2a_2u_c$ 确定了 i_C 和 u_Ω 的线性数学关系，$a_0+a_1u_c+a_2u_c^2$ 与 u_c 成非线性关系。此时，非线性电路调幅演变成为线性时变电路调幅。

与非线性电路调幅相比，线性时变电路调幅的失真较小。晶体管放大器、场效应管放大器、差动放大器和二极管电路都可以用来实现线性时变电路调幅。

对线性时变电路调幅的分析经常用到两个开关函数，分别称为单向开关函数和双向开关函数。与载波 u_c 同频同相的单向开关函数为

$$
k_1(\omega_c t)=\begin{cases}1 & (u_c>0)\\ 0 & (u_c<0)\end{cases}
$$

其傅里叶级数展开式为

$$
\begin{aligned}
k_1(\omega_c t) &= \frac{1}{2}+\sum_{n=1}^{\infty}(-1)^{n-1}\frac{2}{(2n-1)\pi}\cos(2n-1)\omega_c t \\
&= \frac{1}{2}+\frac{2}{\pi}\cos\omega_c t-\frac{2}{3\pi}\cos3\omega_c t+\cdots
\end{aligned}
$$

与载波 u_c 同频同相的双向开关函数为

$$
k_2(\omega_c t)=\begin{cases}1 & (u_c>0)\\ -1 & (u_c<0)\end{cases}
$$

其傅里叶级数展开式为

$$k_2(\omega_c t) = \sum_{n=1}^{\infty} (-1)^{n-1} \frac{4}{(2n-1)\pi}\cos(2n-1)\omega_c t$$
$$= \frac{4}{\pi}\cos\omega_c t - \frac{4}{3\pi}\cos 3\omega_c t + \frac{4}{5\pi}\cos 5\omega_c t - \cdots$$

$k_1(\omega_c t)$和 $k_2(\omega_c t)$的波形如图 3.2.7 所示。

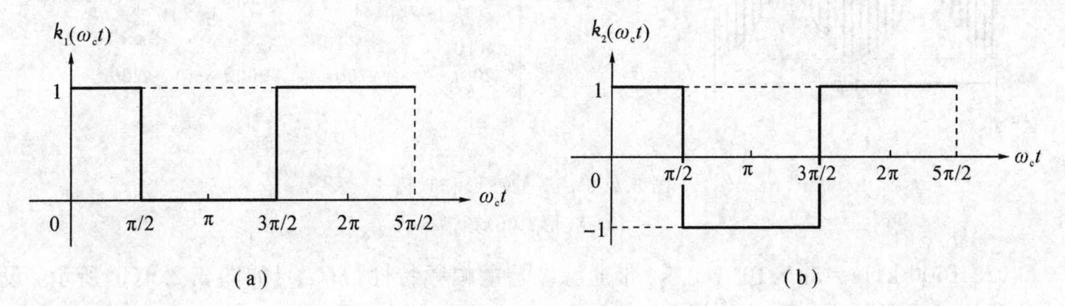

图 3.2.7　开关函数

(a) $k_1(\omega_c t)$的波形；(b) $k_2(\omega_c t)$的波形

与载波同频同相的单向开关函数和双向开关函数可以直接作为载波参与振幅调制。

例 3.2.4　振幅调制电路框图如图 3.2.8(a)所示，输入电压 $u_1 = 2\cos 200\pi t$ V，u_2 的波形如图 3.2.8(b)所示。

(1) 画出乘法器的输出电压 u_{o1} 的波形和频谱。

(2) 为了获得载频为 1500 kHz 的调幅信号，在 u_{o1} 的频谱图上定性画出带通滤波器的幅频特性，写出输出电压 u_o 的表达式。

解　u_1 是调制信号，u_2 作为载波，周期 $T_c = 2$ μs，频率 $\omega_c = \frac{2\pi}{T_c} = \pi \times 10^6$ rad/s，$u_2 = k_2(\omega_c t) = k_2(\pi \times 10^6 t)$ V。

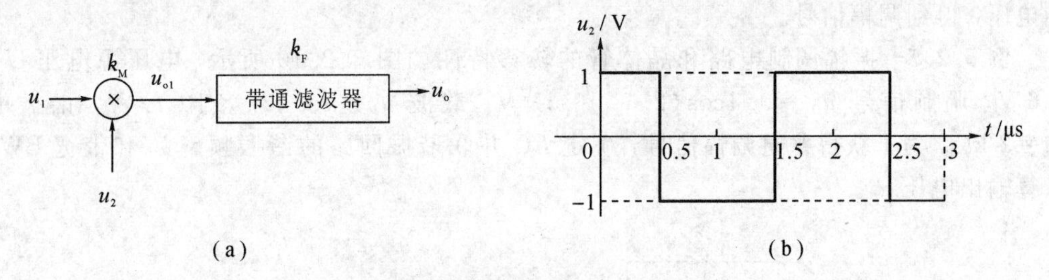

图 3.2.8　开关函数调幅

(a) 电路；(b) u_2 的波形

(1) $u_{o1} = k_M u_1 u_2 = k_M \times 2\cos 200\pi t \text{ V} \times k_2(\pi \times 10^6 t) \text{ V} = 2k_M \cos 200\pi t k_2(\pi \times 10^6 t)$

$$= 2k_M \cos 200\pi t \left[\frac{4}{\pi}\cos(\pi \times 10^6 t) - \frac{4}{3\pi}\cos(3\pi \times 10^6 t) + \cdots\right]$$

$$= \frac{4}{\pi}k_M \cos[(\pi \times 10^6 + 200\pi)t] + \frac{4}{\pi}k_M \cos[(\pi \times 10^6 - 200\pi)t]$$

$$-\frac{4}{3\pi}k_M \cos[(3\pi \times 10^6 + 200\pi)t] - \frac{4}{3\pi}k_M \cos[(3\pi \times 10^6 - 200\pi)t] + \cdots$$

u_{o1} 的波形和频谱如图 3.2.9 所示，倒相用波形反折来表现。

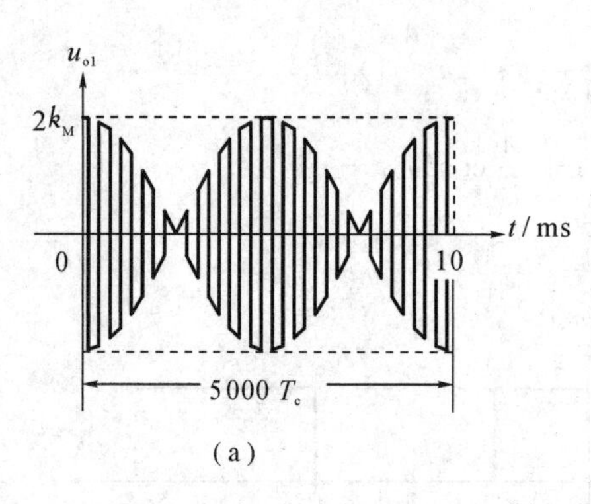

(a)

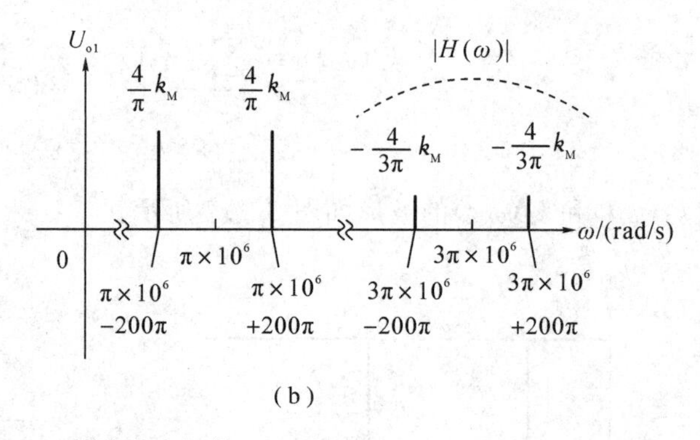

(b)

图 3.2.9　u_{o1}的波形和频谱
(a) 波形；(b)频谱

(2) 1500 kHz$=3\pi\times10^6$ rad/s，带通滤波器的幅频特性$|H(\omega)|$如图 3.2.9(b)所示。设滤波器的通带增益为 k_F，滤波后，输出电压是双边带调幅信号，即

$$\begin{aligned}u_o&=u_{DSB}=k_F\left\{-\frac{4}{3\pi}k_M\cos[(3\pi\times10^6+200\pi)t]-\frac{4}{3\pi}k_M\cos[(3\pi\times10^6-200\pi)t]\right\}\\&=-\frac{8}{3\pi}k_Fk_M\cos200\pi t\cos(3\pi\times10^6t)\end{aligned}$$

3.2.3　基于晶体管放大器的线性时变电路调幅

非线性电路调幅中的晶体管放大器可以直接应用于线性时变电路调幅，除了控制调制信号是小信号而载波是大信号以外，如果晶体管是线性器件，即其转移特性在放大区的线性较好，则需要使晶体管轮流工作在放大区和截止区才能对信号做非线性变换。为了提高交流输出的功率和效率，电路一般将直流静态工作点设置在放大区和截止区之间的临界位置。线性时变电路调幅可以利用这些特点近似分析输出电流，既而对输出电流滤波产生输出电压，得到调幅信号。

例 3.2.5　振幅调制电路和晶体管的转移特性如图 3.2.10 所示，电压源电压 $U_{BB}=0.6$ V，调制信号 $u_\Omega=0.1\cos(2\pi\times10^3t)$ V，载波 $u_c=\cos(2\pi\times10^7t)$ V，谐振电阻 $R_e=2$ kΩ。为了获得普通调幅信号，确定 LC 并联谐振回路的谐振频率 ω_0 和带宽 BW_{BPF}，计算输出电压 u_o。

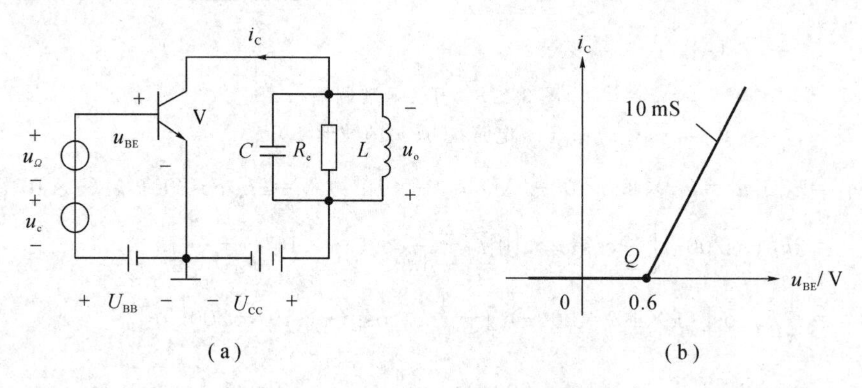

图 3.2.10　晶体管放大器调幅
(a) 电路；(b) 晶体管的转移特性

解　调制信号和载波分别为 $u_\Omega=U_{\Omega m}\cos\Omega t$，$u_c=U_{cm}\cos\omega_c t$，由已知条件可得振幅 $U_{\Omega m}=0.1\ \text{V}$，$U_{cm}=1\ \text{V}$，频率 $\Omega=2\pi\times10^3\ \text{rad/s}$，$\omega_c=2\pi\times10^7\ \text{rad/s}$。由晶体管的转移特性可得导通电压 $U_{BE(on)}=0.6\ \text{V}$，交流跨导 $g_m=10\ \text{mS}$。

因为 $U_{BB}=U_{BE(on)}$，所以直流静态工作点 Q 位于晶体管的放大区和截止区之间，交流电压 $u_{be}=u_\Omega+u_c$ 决定晶体管工作在放大区还是截止区。因为 $U_{cm}\gg U_{\Omega m}$，$\omega_c\gg\Omega$，所以工作状态近似取决于 u_c 的正负。当 $u_c>0$ 时，晶体管工作在放大区，集电极电流 $i_C=g_m(u_\Omega+u_c)$；当 $u_c<0$ 时，晶体管工作在截止区，$i_C=0$。利用单向开关函数，有

$$\begin{aligned}
i_C&=g_m(u_\Omega+u_c)k_1(\omega_c t)\\
&=g_m k_1(\omega_c t)u_c+g_m k_1(\omega_c t)u_\Omega\\
&=g_m\left(\frac{1}{2}+\frac{2}{\pi}\cos\omega_c t-\frac{2}{3\pi}\cos3\omega_c t+\cdots\right)U_{cm}\cos\omega_c t+\\
&\quad g_m\left(\frac{1}{2}+\frac{2}{\pi}\cos\omega_c t-\frac{2}{3\pi}\cos3\omega_c t+\cdots\right)U_{\Omega m}\cos\Omega t\\
&=\frac{1}{\pi}g_m U_{cm}+\frac{1}{2}g_m U_{\Omega m}\cos\Omega t+\\
&\quad \frac{1}{2}g_m U_{cm}\cos\omega_c t+\frac{1}{\pi}g_m U_{\Omega m}\cos(\omega_c+\Omega)t+\\
&\quad \frac{1}{\pi}g_m U_{\Omega m}\cos(\omega_c-\Omega)t+\frac{2}{3\pi}g_m U_{cm}\cos2\omega_c t-\\
&\quad \frac{1}{3\pi}g_m U_{\Omega m}\cos(3\omega_c+\Omega)t-\frac{1}{3\pi}g_m U_{\Omega m}\cos(3\omega_c-\Omega)t-\\
&\quad \frac{1}{3\pi}g_m U_{cm}\cos4\omega_c t+\cdots
\end{aligned}$$

根据 i_C 的频谱，设 LC 回路的 $\omega_0=\omega_c$，$\text{BW}_{BPF}=2\ \Omega$，则输出电压为普通调幅信号，即

$$\begin{aligned}
u_o&=u_{AM}\\
&=R_e\times\frac{1}{2}g_m U_{cm}\cos\omega_c t+0.707R_e\times\frac{1}{\pi}g_m U_{\Omega m}\cos\left[(\omega_c+\Omega)t-\frac{\pi}{4}\right]+\\
&\quad 0.707R_e\times\frac{1}{\pi}g_m U_{\Omega m}\cos\left[(\omega_c-\Omega)t+\frac{\pi}{4}\right]\\
&=\frac{1}{2}R_e g_m U_{cm}\left[1+\frac{2.83}{\pi}\frac{U_{\Omega m}}{U_{cm}}\cos\left(\Omega t-\frac{\pi}{4}\right)\right]\cos\omega_c t\\
&=\frac{1}{2}\times2\ \text{k}\Omega\times10\ \text{mS}\times1\ \text{V}\left[1+\frac{2.83}{\pi}\times\frac{0.1\ \text{V}}{1\ \text{V}}\cos\left(2\pi\times10^3 t-\frac{\pi}{4}\right)\right]\cos(2\pi\times10^7 t)\\
&=10\left[1+0.0901\cos\left(2\pi\times10^3 t-\frac{\pi}{4}\right)\right]\cos(2\pi\times10^7 t)\ \text{V}
\end{aligned}$$

例 3.2.6　振幅调制电路和晶体管的转移特性如图 3.2.11 所示，电压源电压 $U_{EE}=U_{BE(on)}$，调制信号 $u_\Omega=U_{\Omega m}\cos\Omega t$，载波 $u_c=U_{cm}\cos\omega_c t$，$U_{cm}\gg U_{\Omega m}$，$\omega_c\gg\Omega$。为了获得双边带调幅信号，确定 LC 并联谐振回路的谐振频率 ω_0 和带宽 BW_{BPF}，计算输出电压 u_o。

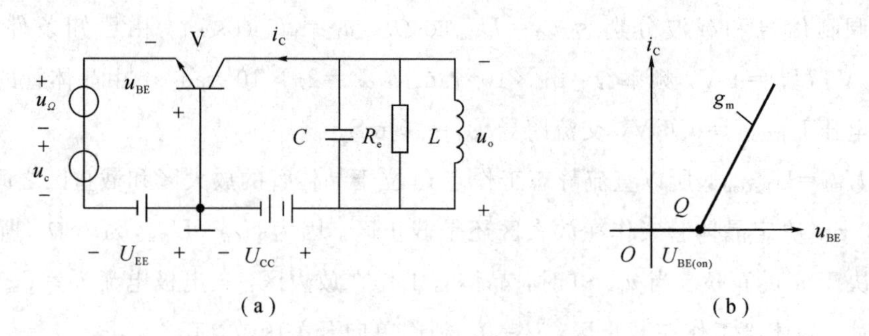

图 3.2.11 晶体管放大器调幅

(a) 电路；(b) 晶体管的转移特性

解 该电路用共基极放大器做振幅调制。因为 $U_{EE}=U_{BE(on)}$，所以直流静态工作点 Q 位于晶体管的放大区和截止区之间，晶体管的工作状态近似取决于 u_c 的正负。当 $u_c>0$ 时，晶体管工作在截止区，集电极电流 $i_C=0$；当 $u_c<0$ 时，晶体管工作在放大区，$i_C=-g_m(u_\Omega+u_c)$。利用单向开关函数，有

$$
\begin{aligned}
i_C &= g_m(u_\Omega+u_c)[k_1(\omega_c t)-1] \\
&= g_m[k_1(\omega_c t)-1]u_c+g_m[k_1(\omega_c t)-1]u_\Omega \\
&= g_m\left(-\frac{1}{2}+\frac{2}{\pi}\cos\omega_c t-\frac{2}{3\pi}\cos 3\omega_c t+\cdots\right)U_{cm}\cos\omega_c t+ \\
&\quad g_m\left(-\frac{1}{2}+\frac{2}{\pi}\cos\omega_c t-\frac{2}{3\pi}\cos 3\omega_c t+\cdots\right)U_{\Omega m}\cos\Omega t \\
&= \frac{1}{\pi}g_m U_{cm}-\frac{1}{2}g_m U_{\Omega m}\cos\Omega t-\frac{1}{2}g_m U_{cm}\cos\omega_c t+ \\
&\quad \frac{1}{\pi}g_m U_{\Omega m}\cos(\omega_c+\Omega)t+\frac{1}{\pi}g_m U_{\Omega m}\cos(\omega_c-\Omega)t+ \\
&\quad \frac{2}{3\pi}g_m U_{cm}\cos 2\omega_c t-\frac{1}{3\pi}g_m U_{\Omega m}\cos(3\omega_c+\Omega)t- \\
&\quad \frac{1}{3\pi}g_m U_{\Omega m}\cos(3\omega_c-\Omega)t-\frac{1}{3\pi}g_m U_{cm}\cos 4\omega_c t+\cdots
\end{aligned}
$$

根据 i_C 的频谱，设 LC 回路的 $\omega_0=3\omega_c$，$BW_{BPF}=2\Omega$，则输出电压为双边带调幅信号，即

$$
\begin{aligned}
u_o &= u_{DSB} \\
&= 0.707R_e\times\left\{-\frac{1}{3\pi}g_m U_{\Omega m}\cos\left[(3\omega_c+\Omega)t-\frac{\pi}{4}\right]\right\}+ \\
&\quad 0.707R_e\times\left\{-\frac{1}{3\pi}g_m U_{\Omega m}\cos\left[(3\omega_c-\Omega)t+\frac{\pi}{4}\right]\right\} \\
&= -0.15R_e g_m U_{\Omega m}\cos\left(\Omega t-\frac{\pi}{4}\right)\cos 3\omega_c t
\end{aligned}
$$

3.2.4 基于场效应管放大器的线性时变电路调幅

场效应管放大器的线性时变电路调幅与晶体管放大器的线性时变电路调幅有类似的电路结构。电路可以将直流静态工作点设置在场效应管的恒流区和截止区之间的临界位置，

这时可以利用单向开关函数分析输出电流。场效应管是非线性器件，其转移特性在恒流区即为非线性，只要调制信号是小信号而载波是大信号，即使一直工作在恒流区，放大器也可以实现线性时变电路调幅。

例 3.2.7　振幅调制电路和场效应管的转移特性如图 3.2.12 所示，电压源电压 $U_{GG}=-4$ V，调制信号 $u_{\Omega}=0.2\cos(2\pi\times10^3 t)$ V，载波 $u_c=2\cos(2\pi\times10^6 t)$ V，谐振电阻 $R_e=10$ kΩ。为了获得双边带调幅信号，确定 LC 并联谐振回路的谐振频率 ω_0 和带宽 BW_{BPF}，计算输出电压 u_o。

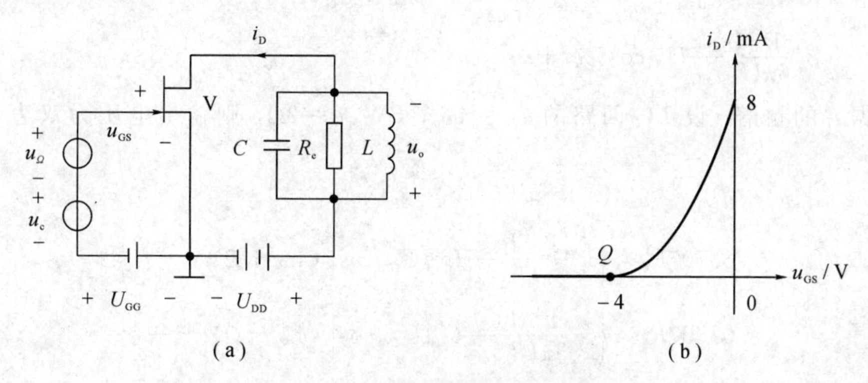

图 3.2.12　场效应管放大器调幅

(a) 电路；(b) 场效应管的转移特性

解　调制信号和载波分别为 $u_{\Omega}=U_{\Omega m}\cos\Omega t$，$u_c=U_{cm}\cos\omega_c t$，由已知条件得振幅 $U_{\Omega m}=0.2$ V，$U_{cm}=2$ V，频率 $\Omega=2\pi\times10^3$ rad/s，$\omega_c=2\pi\times10^6$ rad/s。由场效应管的转移特性得夹断电压 $U_{GS(off)}=-4$ V，饱和电流 $I_{DSS}=8$ mA。

因为 $U_{GG}=U_{GS(off)}$，所以直流静态工作点 Q 位于场效应管的恒流区和截止区之间，交流电压 $u_{GS}=u_{\Omega}+u_c$ 决定场效应管工作在恒流区还是截止区。因为 $U_{cm}\gg U_{\Omega m}$，$\omega_c\gg\Omega$，所以场效应管的工作状态近似取决于 u_c 的正负。当 $u_c>0$ 时，场效应管工作在恒流区，漏极电流 $i_D=I_{DSS}\left(1-\dfrac{u_{GS}}{U_{GS(off)}}\right)^2$；当 $u_c<0$ 时，场效应管工作在截止区，$i_D=0$。利用单向开关函数，有

$$\begin{aligned}
i_D &= I_{DSS}\left(1-\frac{u_{GS}}{U_{GS(off)}}\right)^2 k_1(\omega_c t)=I_{DSS}\left(1-\frac{U_{GG}+u_{\Omega}+u_c}{U_{GS(off)}}\right)^2 k_1(\omega_c t)\\
&=\frac{I_{DSS}}{U_{GS(off)}^2}(u_{\Omega}+u_c)^2 k_1(\omega_c t)=\frac{I_{DSS}}{U_{GS(off)}^2}(u_{\Omega}^2+u_c^2+2u_{\Omega}u_c)k_1(\omega_c t)\\
&\approx\frac{I_{DSS}}{U_{GS(off)}^2}(u_c^2+2u_{\Omega}u_c)k_1(\omega_c t)\\
&=\frac{I_{DSS}}{U_{GS(off)}^2}u_c^2 k_1(\omega_c t)+2\frac{I_{DSS}}{U_{GS(off)}^2}u_c k_1(\omega_c t)u_{\Omega}\\
&=\frac{I_{DSS}}{U_{GS(off)}^2}(U_{cm}\cos\omega_c t)^2\left(\frac{1}{2}+\frac{2}{\pi}\cos\omega_c t-\frac{2}{3\pi}\cos3\omega_c t+\cdots\right)+\\
&\quad 2\frac{I_{DSS}}{U_{GS(off)}^2}U_{cm}\cos\omega_c t\left(\frac{1}{2}+\frac{2}{\pi}\cos\omega_c t-\frac{2}{3\pi}\cos3\omega_c t+\cdots\right)U_{\Omega m}\cos\Omega t\\
&=\frac{1}{4}\frac{I_{DSS}}{U_{GS(off)}^2}U_{cm}^2+\frac{2}{\pi}\frac{I_{DSS}}{U_{GS(off)}^2}U_{cm}U_{\Omega m}\cos\Omega t+\frac{4}{3\pi}\frac{I_{DSS}}{U_{GS(off)}^2}U_{cm}^2\cos\omega_c t+
\end{aligned}$$

$$\frac{1}{2}\frac{I_{DSS}}{U_{GS(off)}^2}U_{cm}U_{\Omega m}\cos(\omega_c+\Omega)t+\frac{1}{2}\frac{I_{DSS}}{U_{GS(off)}^2}U_{cm}U_{\Omega m}\cos(\omega_c-\Omega)t+$$
$$\frac{1}{4}\frac{I_{DSS}}{U_{GS(off)}^2}U_{cm}^2\cos 2\omega_c t+\frac{2}{3\pi}\frac{I_{DSS}}{U_{GS(off)}^2}U_{cm}U_{\Omega m}\cos(2\omega_c+\Omega)t+$$
$$\frac{2}{3\pi}\frac{I_{DSS}}{U_{GS(off)}^2}U_{cm}U_{\Omega m}\cos(2\omega_c-\Omega)t+\frac{1}{6\pi}\frac{I_{DSS}}{U_{GS(off)}^2}U_{cm}^2\cos 3\omega_c t-$$
$$\frac{1}{3\pi}\frac{I_{DSS}}{U_{GS(off)}^2}U_{cm}U_{\Omega m}\cos(4\omega_c+\Omega)t-\frac{1}{3\pi}\frac{I_{DSS}}{U_{GS(off)}^2}U_{cm}U_{\Omega m}\cos(4\omega_c-\Omega)t-$$
$$\frac{1}{6\pi}\frac{I_{DSS}}{U_{GS(off)}^2}U_{cm}^2\cos 5\omega_c t+\cdots$$

根据 i_D 的频谱，设 LC 回路的 $\omega_0=4\omega_c$，$BW_{BPF}=2\Omega$，则输出电压为双边带调幅信号，即

$$\begin{aligned}
u_o&=u_{DSB}\\
&=0.707R_e\times\left\{-\frac{1}{3\pi}\frac{I_{DSS}}{U_{GS(off)}^2}U_{cm}U_{\Omega m}\cos\left[(4\omega_c+\Omega)t-\frac{\pi}{4}\right]\right\}+\\
&\quad 0.707R_e\times\left\{-\frac{1}{3\pi}\frac{I_{DSS}}{U_{GS(off)}^2}U_{cm}U_{\Omega m}\cos\left[(4\omega_c-\Omega)t+\frac{\pi}{4}\right]\right\}\\
&=-\frac{1.41}{3\pi}R_e\frac{I_{DSS}}{U_{GS(off)}^2}U_{cm}U_{\Omega m}\cos\left(\Omega t-\frac{\pi}{4}\right)\cos 4\omega_c t\\
&=-\frac{1.41}{3\pi}\times 10\ \text{k}\Omega\times\frac{8\ \text{mA}}{(-4\ \text{V})^2}\times 2\ \text{V}\times 0.2\ \text{V}\times\\
&\quad\cos\left(2\pi\times 10^3 t-\frac{\pi}{4}\right)\cos(4\times 2\pi\times 10^6 t)\\
&=-0.299\cos\left(2\pi\times 10^3 t-\frac{\pi}{4}\right)\cos(8\pi\times 10^6 t)\ \text{V}
\end{aligned}$$

例 3.2.8 振幅调制电路和场效应管的转移特性如图 3.2.13 所示，电压源电压 $U_{GG}=U_{GS(off)}/2$，调制信号 $u_\Omega=U_{\Omega m}\cos\Omega t$，载波 $u_c=U_{cm}\cos\omega_c t$，$U_{cm}\gg U_{\Omega m}$，$\omega_c\gg\Omega$，且 $U_{GS(off)}<U_{GG}+u_\Omega+u_c<0$。为了获得普通调幅信号，确定 LC 并联谐振回路的谐振频率 ω_0 和带宽 BW_{BPF}，计算输出电压 u_o。

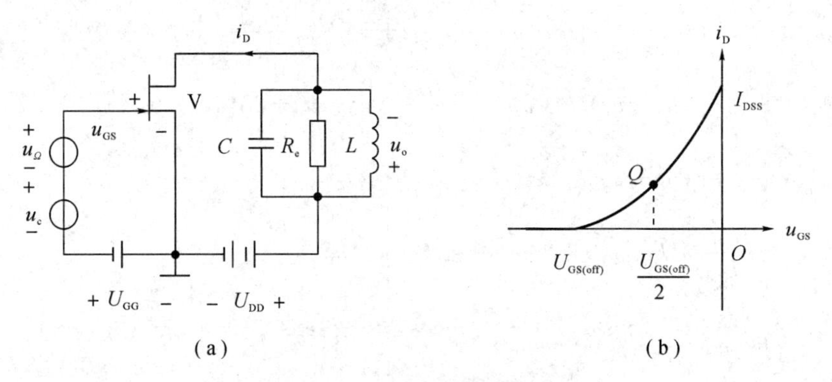

图 3.2.13 场效应管放大器调幅

(a) 电路；(b) 场效应管的转移特性

解 因为 $U_{GS(off)}<U_{GG}+u_\Omega+u_c<0$，所以场效应管工作在恒流区，其漏极电流为

$$i_D=I_{DSS}\left(1-\frac{u_{GS}}{U_{GS(off)}}\right)^2=I_{DSS}\left(1-\frac{U_{GG}+u_\Omega+u_c}{U_{GS(off)}}\right)^2=\frac{I_{DSS}}{U_{GS(off)}^2}\left(\frac{U_{GS(off)}}{2}-u_\Omega-u_c\right)^2$$

$$=\frac{I_{DSS}}{U_{GS(off)}^2}\left(\frac{U_{GS(off)}^2}{4}+u_\Omega^2+u_c^2-U_{GS(off)}u_\Omega-U_{GS(off)}u_c+2u_\Omega u_c\right)$$

$$\approx\frac{I_{DSS}}{U_{GS(off)}^2}\left(\frac{U_{GS(off)}^2}{4}+u_c^2-U_{GS(off)}u_c+2u_\Omega u_c\right)$$

$$=\frac{I_{DSS}}{4}+\frac{I_{DSS}}{U_{GS(off)}^2}u_c^2-\frac{I_{DSS}}{U_{GS(off)}}u_c+2\frac{I_{DSS}}{U_{GS(off)}^2}u_c u_\Omega$$

$$=\frac{I_{DSS}}{4}+\frac{I_{DSS}}{U_{GS(off)}^2}(U_{cm}\cos\omega_c t)^2-\frac{I_{DSS}}{U_{GS(off)}}U_{cm}\cos\omega_c t+2\frac{I_{DSS}}{U_{GS(off)}^2}U_{cm}\cos\omega_c tU_{\Omega m}\cos\Omega t$$

$$=\frac{I_{DSS}}{4}+\frac{1}{2}\frac{I_{DSS}}{U_{GS(off)}^2}U_{cm}^2-\frac{I_{DSS}}{U_{GS(off)}}U_{cm}\cos\omega_c t+\frac{I_{DSS}}{U_{GS(off)}^2}U_{cm}U_{\Omega m}\cos(\omega_c+\Omega)t+$$

$$\frac{I_{DSS}}{U_{GS(off)}^2}U_{cm}U_{\Omega m}\cos(\omega_c-\Omega)t+\frac{1}{2}\frac{I_{DSS}}{U_{GS(off)}^2}U_{cm}^2\cos 2\omega_c t$$

根据 i_D 的频谱，设 LC 回路的 $\omega_0=\omega_c$，$BW_{BPF}=2\Omega$，则输出电压为普通调幅信号，即

$$u_o=u_{AM}$$

$$=R_e\times\left(-\frac{I_{DSS}}{U_{GS(off)}}U_{cm}\cos\omega_c t\right)+0.707R_e\times\frac{I_{DSS}}{U_{GS(off)}^2}U_{cm}U_{\Omega m}\cos\left[(\omega_c+\Omega)t-\frac{\pi}{4}\right]+$$

$$0.707R_e\times\frac{I_{DSS}}{U_{GS(off)}^2}U_{cm}U_{\Omega m}\cos\left[(\omega_c-\Omega)t+\frac{\pi}{4}\right]$$

$$=-R_e\frac{I_{DSS}}{U_{GS(off)}}U_{cm}\left[1-1.41\frac{U_{\Omega m}}{U_{GS(off)}}\cos\left(\Omega t-\frac{\pi}{4}\right)\right]\cos\omega_c t$$

3.2.5 基于差动放大器的线性时变电路调幅

在如图 3.2.14(a)所示的单端输出的差动放大器调幅原理电路中，载波 u_c 为差模输入电压，在交流通路中加在晶体管 V_1 和 V_2 的基极之间，调制信号 u_Ω 控制晶体管 V_3 的发射极电流 i_{E3}，从而控制电流源的电流，即 V_3 的集电极电流 i_{C3}。图 3.2.14(b)所示的转移特性给出了 V_1 和 V_2 的集电极电流 i_{C1} 和 i_{C2} 与 u_c 和 i_{C3} 之间的关系。根据差动放大器的电流方程，有

$$i_{C1}=\frac{i_{C3}}{2}\left(1+\text{th}\frac{u_c}{2U_T}\right)\approx\frac{i_{E3}}{2}\left(1+\text{th}\frac{u_c}{2U_T}\right)=\frac{u_\Omega-U_{BE(on)}-(-U_{EE})}{2R_E}\left(1+\text{th}\frac{u_c}{2U_T}\right)$$

$$=\frac{U_{EE}-U_{BE(on)}}{2R_E}+\frac{1}{2R_E}u_\Omega+\frac{U_{EE}-U_{BE(on)}}{2R_E}\text{th}\frac{u_c}{2U_T}+\frac{1}{2R_E}u_\Omega\text{th}\frac{u_c}{2U_T}\tag{3.2.2}$$

其中，U_T 为热电压，在室温为 27℃(即 300 K)时，$U_T=26$ mV。以下分三种情况讨论对双曲正切函数的变换。

(1) 当 $U_{cm}<U_T$ 时，差动放大器工作在线性区，双曲正切函数近似为自变量，即

$$\text{th}\frac{u_c}{2U_T}\approx\frac{u_c}{2U_T}$$

(2) 当 $U_{cm}>4U_T$ 时，差动放大器工作在开关状态，双曲正切函数近似为双向开关函数，即

$$\text{th}\frac{u_c}{2U_T}\approx k_2(\omega_c t)$$

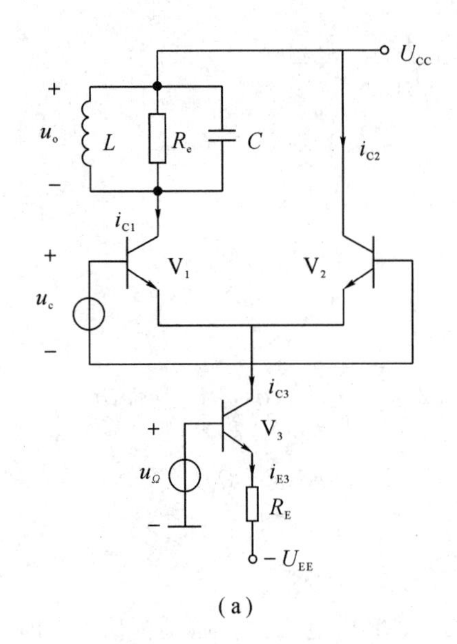

(a)

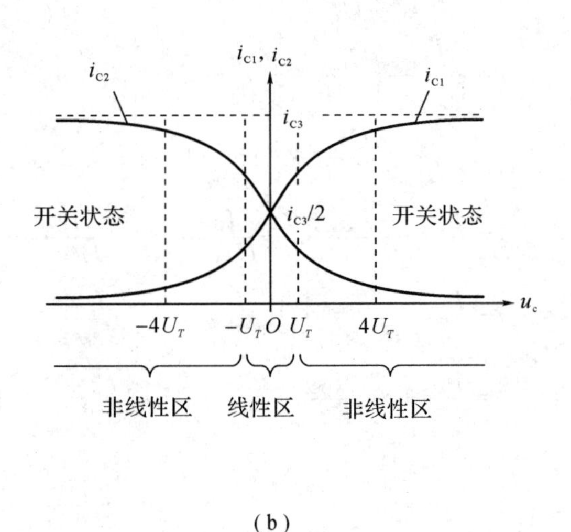

(b)

图 3.2.14 单端输出的差动放大器调幅

(a) 原理电路；(b) 转移特性

(3) 当$U_T<U_{cm}<4U_T$时，差动放大器工作在非线性区，但不是开关状态。此时，可以将双曲正切函数展开为傅里叶级数，即

$$\text{th}\frac{u_c}{2U_T}=\sum_{n=1}^{\infty}\beta_{2n-1}\left(\frac{U_{cm}}{U_T}\right)\cos(2n-1)\omega_c t$$

傅里叶系数为

$$\beta_{2n-1}\left(\frac{U_{cm}}{U_T}\right)=\frac{1}{\pi}\int_{-\pi}^{\pi}\text{th}\frac{u_c}{2U_T}\cos(2n-1)\omega_c t\mathrm{d}\omega_c t\ (n=1,2,3,\cdots)$$

在情况(1)下，i_{C1}中包含频率为ω_c、$\omega_c\pm\Omega$的载频分量和上、下边频分量；在情况(2)和情况(3)下，i_{C1}中包含频率为$(2n-1)\omega_c$、$(2n-1)\omega_c\pm\Omega(n=1, 2, 3, \cdots)$的载频分量和上、下边频分量。无论哪种情况，都可以用LC并联谐振回路对i_{C1}滤波，输出普通调幅信号。

当差动放大器实现线性时变电路调幅时，调制信号和载波可以分别作为电流源的控制电压和差模输入电压，不必叠加输入。式(3.2.2)说明，在这种分置电压的设计中，调制信号是小信号而载波是大信号不是必要条件。同时，差动放大器中的两个晶体管是非线性器件，它们始终导通，不在导通和截止之间转换工作状态。

例 3.2.9 差动放大器调幅电路如图 3.2.15 所示，调制信号$u_\Omega=5\cos(2\pi\times10^3 t)$ V，载波$u_c=100\cos(10\pi\times10^6 t)$ mV，LC并联谐振回路的谐振频率$\omega_0=10\pi\times10^6$ rad/s，谐振电阻$R_e=2$ kΩ，带宽$\text{BW}_{\text{BPF}}=4\pi\times10^3$ rad/s，晶体管的导通电压$U_{\text{BE(on)}}=0.7$ V，其他参数如图 3.2.15 所示。计算输出电压u_o。

解 调制信号和载波分别为$u_\Omega=U_{\Omega m}\cos\Omega t$，$u_c=U_{cm}\cos\omega_c t$，振幅$U_{\Omega m}=5$ V，$U_{cm}=100$ mV，频率$\Omega=2\pi\times10^3$ rad/s，$\omega_c=10\pi\times10^6$ rad/s。晶体管 V_3的集电极电流近似为发射极电流，即

$$i_{C3}\approx i_{E3}=\frac{-U_{BB}+u_\Omega-U_{BE(on)}-(-U_{EE})}{R_E}=\frac{U_{EE}-U_{BB}-U_{BE(on)}}{R_E}+\frac{u_\Omega}{R_E}$$

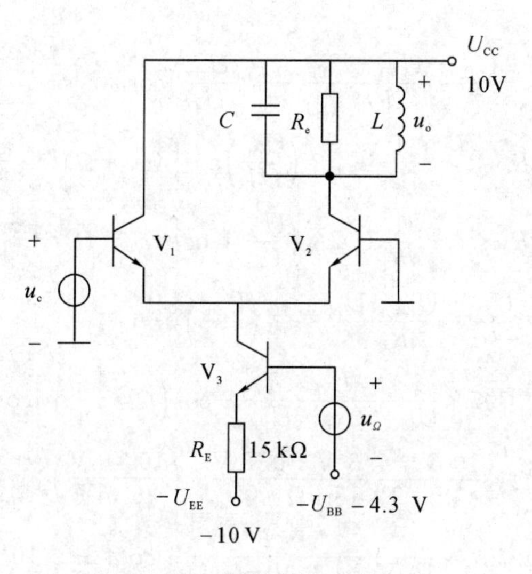

图 3.2.15　差动放大器调幅

晶体管 V_2 的集电极电流为

$$i_{C2}=\frac{i_{C3}}{2}\left(1-\operatorname{th}\frac{u_c}{2U_T}\right)\approx\left(\frac{U_{EE}-U_{BB}-U_{BE(on)}}{2R_E}+\frac{u_\Omega}{2R_E}\right)\left(1-\operatorname{th}\frac{u_c}{2U_T}\right)$$

$$=\frac{U_{EE}-U_{BB}-U_{BE(on)}}{2R_E}+\frac{1}{2R_E}u_\Omega-\frac{U_{EE}-U_{BB}-U_{BE(on)}}{2R_E}\operatorname{th}\frac{u_c}{2U_T}-\frac{1}{2R_E}u_\Omega\operatorname{th}\frac{u_c}{2U_T}\qquad(3.2.3)$$

设 $U_T=26$ mV，因为 U_{cm} 介于 U_T 和 $4U_T$ 之间，所以将双曲正切函数展开为傅里叶级数，即

$$\operatorname{th}\frac{u_c}{2U_T}=\sum_{n=1}^{\infty}\beta_{2n-1}\left(\frac{U_{cm}}{U_T}\right)\cos(2n-1)\omega_c t$$

$$=\beta_1\left(\frac{U_{cm}}{U_T}\right)\cos\omega_c t+\sum_{n=2}^{\infty}\beta_{2n-1}\left(\frac{U_{cm}}{U_T}\right)\cos(2n-1)\omega_c t\qquad(3.2.4)$$

将式(3.2.4)代入式(3.2.3)，可得

$$\begin{aligned}i_{C2}=&\frac{U_{EE}-U_{BB}-U_{BE(on)}}{2R_E}+\frac{1}{2R_E}u_\Omega-\\&\frac{U_{EE}-U_{BB}-U_{BE(on)}}{2R_E}\beta_1\left(\frac{U_{cm}}{U_T}\right)\cos\omega_c t-\frac{1}{2R_E}u_\Omega\beta_1\left(\frac{U_{cm}}{U_T}\right)\cos\omega_c t-\\&\frac{U_{EE}-U_{BB}-U_{BE(on)}}{2R_E}\sum_{n=2}^{\infty}\beta_{2n-1}\left(\frac{U_{cm}}{U_T}\right)\cos(2n-1)\omega_c t-\frac{1}{2R_E}u_\Omega\sum_{n=2}^{\infty}\beta_{2n-1}\left(\frac{U_{cm}}{U_T}\right)\cos(2n-1)\omega_c t\\=&\frac{U_{EE}-U_{BB}-U_{BE(on)}}{2R_E}+\frac{1}{2R_E}u_\Omega-\\&\frac{U_{EE}-U_{BB}-U_{BE(on)}}{2R_E}\beta_1\left(\frac{U_{cm}}{U_T}\right)\cos\omega_c t-\\&\frac{1}{4R_E}U_{\Omega m}\beta_1\left(\frac{U_{cm}}{U_T}\right)\cos(\omega_c+\Omega)t-\frac{1}{4R_E}U_{\Omega m}\beta_1\left(\frac{U_{cm}}{U_T}\right)\cos(\omega_c-\Omega)t-\\&\frac{U_{EE}-U_{BB}-U_{BE(on)}}{2R_E}\sum_{n=2}^{\infty}\beta_{2n-1}\left(\frac{U_{cm}}{U_T}\right)\cos(2n-1)\omega_c t-\frac{1}{2R_E}u_\Omega\sum_{n=2}^{\infty}\beta_{2n-1}\left(\frac{U_{cm}}{U_T}\right)\cos(2n-1)\omega_c t\end{aligned}$$

LC 回路的 $BW_{BPF}=2\Omega$，输出电压为普通调幅信号，即

$$
\begin{aligned}
u_o &= u_{AM} \\
&= R_e \times \left[-\frac{U_{EE}-U_{BB}-U_{BE(on)}}{2R_E} \beta_1 \left(\frac{U_{cm}}{U_T} \right) \cos\omega_c t \right] + \\
&\quad 0.707 R_e \times \left\{ -\frac{1}{4R_E} U_{\Omega m} \beta_1 \left(\frac{U_{cm}}{U_T} \right) \cos\left[(\omega_c + \Omega) t - \frac{\pi}{4} \right] \right\} + \\
&\quad 0.707 R_e \times \left\{ -\frac{1}{4R_E} U_{\Omega m} \beta_1 \left(\frac{U_{cm}}{U_T} \right) \cos\left[(\omega_c - \Omega) t + \frac{\pi}{4} \right] \right\} \\
&= -R_e \times \frac{U_{EE}-U_{BB}-U_{BE(on)}}{2R_E} \beta_1 \left(\frac{U_{cm}}{U_T} \right) \times \\
&\quad \left[1 + 0.707 \times \frac{U_{\Omega m}}{U_{EE}-U_{BB}-U_{BE(on)}} \cos\left(\Omega t - \frac{\pi}{4} \right) \right] \cos\omega_c t \\
&= -2\ \text{k}\Omega \times \frac{10\ \text{V} - 4.3\ \text{V} - 0.7\ \text{V}}{2 \times 15\ \text{k}\Omega} \beta_1 \left(\frac{100\ \text{mV}}{26\ \text{mV}} \right) \times \\
&\quad \left[1 + 0.707 \times \frac{5\ \text{V}}{10\ \text{V} - 4.3\ \text{V} - 0.7\ \text{V}} \cos\left(2\pi \times 10^3 t - \frac{\pi}{4} \right) \right] \times \\
&\quad \cos(10\pi \times 10^6 t) \\
&= -0.369 \left[1 + 0.707 \cos\left(2\pi \times 10^3 t - \frac{\pi}{4} \right) \right] \times \\
&\quad \cos(10\pi \times 10^6 t)\ \text{V}
\end{aligned}
$$

在如图 3.2.14(a)所示电路的基础上，将电压源 U_{CC} 接到电感 L 的中心抽头位置，使集电极电流 i_{C2} 也流过 LC 并联谐振回路，则差动放大器变为双端输出，如图 3.2.16 所示。

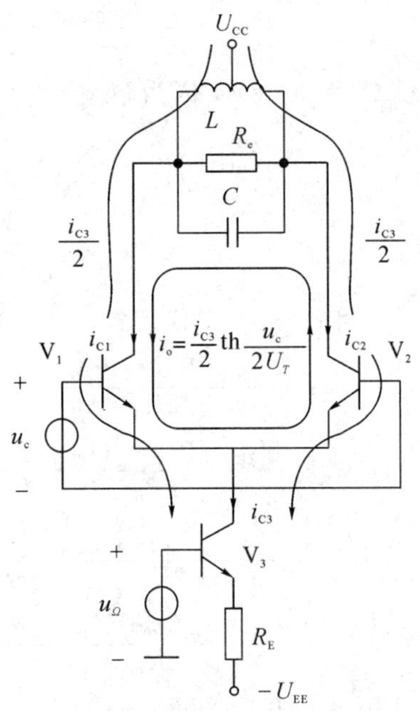

图 3.2.16 双端输出的差动放大器的调幅原理电路

晶体管 V_3 提供的集电极电流为

$$
i_{C3} \approx \frac{U_{EE}-U_{BE(on)}}{R_E} + \frac{u_\Omega}{R_E}
$$

根据差动放大器的电流方程，在调制信号 u_Ω 和载波 u_c 作用下，晶体管 V_1 和 V_2 的集电极电流分别为

$$
i_{C1} = \frac{i_{C3}}{2}\left(1 + \text{th}\frac{u_c}{2U_T}\right) = \frac{i_{C3}}{2} + \frac{i_{C3}}{2}\text{th}\frac{u_c}{2U_T}
$$

$$
i_{C2} = \frac{i_{C3}}{2}\left(1 - \text{th}\frac{u_c}{2U_T}\right) = \frac{i_{C3}}{2} - \frac{i_{C3}}{2}\text{th}\frac{u_c}{2U_T}
$$

如图 3.2.16 所示，i_{C1} 和 i_{C2} 表达式的第一项 $i_{C3}/2$ 中的直流电流 $\frac{U_{EE}-U_{BE(on)}}{2R_E}$ 和低频电流 $\frac{u_\Omega}{2R_E}$ 基本被电感 L 短路，并且 i_{C1} 和 i_{C2} 各自的 $i_{C3}/2$ 在 LC 回路中流向相反，产生的电压反向抵消，实现平衡对消。与输出有关的是 i_{C1} 和 i_{C2} 表达式的第二项，这一项即为输出电流，有

$$
\begin{aligned}
i_o &= \frac{i_{C3}}{2}\text{th}\frac{u_c}{2U_T} = \left(\frac{U_{EE}-U_{BE(on)}}{2R_E} + \frac{u_\Omega}{2R_E}\right)\text{th}\frac{u_c}{2U_T} \\
&= \frac{U_{EE}-U_{BE(on)}}{2R_E}\text{th}\frac{u_c}{2U_T} + \frac{u_\Omega}{2R_E}\text{th}\frac{u_c}{2U_T}
\end{aligned}
$$

根据 u_c 的振幅 U_{cm} 的取值，近似或展开双曲正切函数，得到 i_o 的频谱。i_o 再经过 LC 回路滤波，就产生输出电压，得到调幅信号。

例 3.2.10　差动放大器调幅电路如图 3.2.17 所示，调制信号 $u_\Omega=20\cos(2\pi\times10^3t)$ mV，载波 $u_c=4\cos(4\pi\times10^6t)$ V，LC 并联谐振回路的谐振频率 $\omega_0=4\pi\times10^6$ rad/s，谐振电阻 $R_e=10$ kΩ，带宽 $BW_{BPF}=4\pi\times10^3$ rad/s，晶体管的导通电压 $U_{BE(on)}=0.6$ V，其余参数在图 3.2.17 中给出。计算输出电压 u_o。

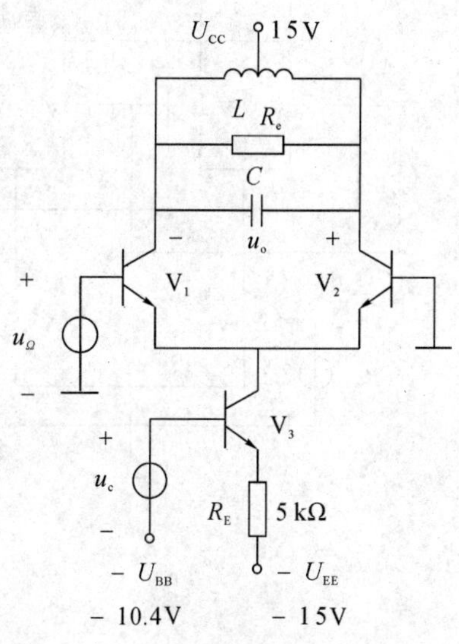

图 3.2.17　差动放大器调幅电路

解　调制信号和载波分别为 $u_\Omega=U_{\Omega m}\cos\Omega t$，$u_c=U_{cm}\cos\omega_c t$，振幅 $U_{\Omega m}=20$ mV，$U_{cm}=4$ V，频率 $\Omega=2\pi\times10^3$ rad/s，$\omega_c=4\pi\times10^6$ rad/s。与图 3.2.16 所示电路相比，图 3.2.17 所示电路中的 u_Ω 和 u_c 对调了位置，晶体管 V_3 提供的集电极电流为

$$i_{C3}\approx\frac{U_{EE}-U_{BB}-U_{BE(on)}}{R_E}+\frac{u_c}{R_E}$$

晶体管 V_1 和 V_2 的集电极电流分别为

$$i_{C1}=\frac{i_{C3}}{2}\left(1+\text{th}\frac{u_\Omega}{2U_T}\right)=\frac{i_{C3}}{2}+\frac{i_{C3}}{2}\text{th}\frac{u_\Omega}{2U_T}$$

$$i_{C2}=\frac{i_{C3}}{2}\left(1-\text{th}\frac{u_\Omega}{2U_T}\right)=\frac{i_{C3}}{2}-\frac{i_{C3}}{2}\text{th}\frac{u_\Omega}{2U_T}$$

i_{C1} 和 i_{C2} 各自的 $i_{C3}/2$ 在 LC 回路中流向相反，产生的电压反向抵消。输出电流为

$$\begin{aligned}i_o&=\frac{i_{C3}}{2}\text{th}\frac{u_\Omega}{2U_T}=\left(\frac{U_{EE}-U_{BB}-U_{BE(on)}}{2R_E}+\frac{u_c}{2R_E}\right)\text{th}\frac{u_\Omega}{2U_T}\\&=\frac{U_{EE}-U_{BB}-U_{BE(on)}}{2R_E}\text{th}\frac{u_\Omega}{2U_T}+\frac{u_c}{2R_E}\text{th}\frac{u_\Omega}{2U_T}\end{aligned}$$

因为 $U_{\Omega m}<U_T$，所以将双曲正切函数近似为自变量，有

$$\begin{aligned}i_o&\approx\frac{U_{EE}-U_{BB}-U_{BE(on)}}{2R_E}\frac{u_\Omega}{2U_T}+\frac{u_c}{2R_E}\frac{u_\Omega}{2U_T}\\&=\frac{U_{EE}-U_{BB}-U_{BE(on)}}{4R_EU_T}U_{\Omega m}\cos\Omega t+\frac{1}{8R_EU_T}U_{\Omega m}U_{cm}\cos(\omega_c+\Omega)t+\frac{1}{8R_EU_T}U_{\Omega m}U_{cm}\cos(\omega_c-\Omega)t\end{aligned}$$

LC 回路的 $BW_{BPF}=2\Omega$，输出电压为双边带调幅信号，即

$$\begin{aligned}u_o&=u_{DSB}\\&=0.707R_e\times\frac{1}{8R_EU_T}U_{\Omega m}U_{cm}\cos\left[(\omega_c+\Omega)t-\frac{\pi}{4}\right]+\\&\quad 0.707R_e\times\frac{1}{8R_EU_T}U_{\Omega m}U_{cm}\cos\left[(\omega_c-\Omega)t+\frac{\pi}{4}\right]\\&=0.177\times\frac{R_e}{R_EU_T}U_{\Omega m}U_{cm}\cos\left(\Omega t-\frac{\pi}{4}\right)\cos\omega_c t\\&=0.177\times\frac{10\text{ k}\Omega}{5\text{ k}\Omega\times26\text{ mV}}\times20\text{ mV}\times4\text{ V}\times\cos\left(2\pi\times10^3t-\frac{\pi}{4}\right)\cos(4\pi\times10^6t)\\&=1.09\cos\left(2\pi\times10^3t-\frac{\pi}{4}\right)\cos(4\pi\times10^6t)\text{ V}\end{aligned}$$

由三组差动电路构成的吉尔伯特乘法单元如图 3.2.18(a)所示。其中，左边的差动电路由晶体管 V_1、V_2和 V_5构成，右边的差动电路由晶体管 V_3、V_4和 V_6构成，V_5提供 V_1和 V_2的偏置电流，V_6提供 V_3和 V_4的偏置电流。V_5和 V_6也构成差动电路，由电流源提供偏置电流。

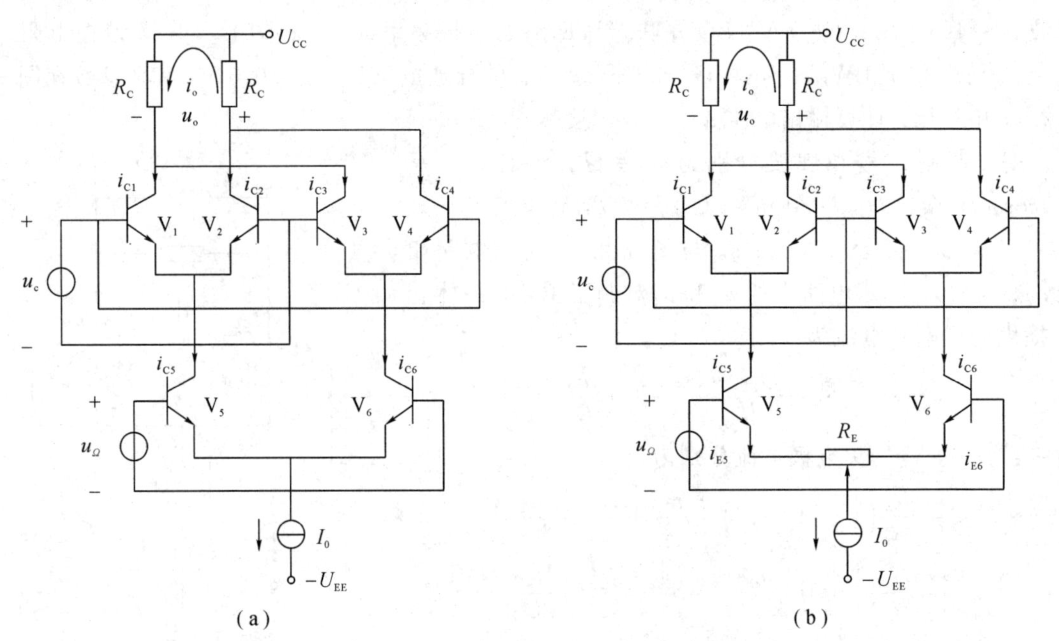

图 3.2.18　吉尔伯特乘法单元调幅

(a) 原电路；(b) 采用串联电流负反馈的电路

将集电极电流 i_{C1}～i_{C6}用差动放大器的电流方程表示，则输出电流为

$$i_o=\frac{(i_{C1}+i_{C3})-(i_{C2}+i_{C4})}{2}=\frac{(i_{C1}-i_{C2})+(i_{C3}-i_{C4})}{2}$$

$$=\frac{i_{C5}-i_{C6}}{2}\text{th}\,\frac{u_c}{2U_T}=\frac{I_0}{2}\text{th}\,\frac{u_\Omega}{2U_T}\text{th}\,\frac{u_c}{2U_T} \tag{3.2.5}$$

i_o流过两个电阻 R_C产生输出电压 u_o。调制信号 u_Ω和载波 u_c的动态范围为$-U_T<u_\Omega<U_T$，$-U_T<u_c<U_T$，在此范围，有

$$u_o=i_o(2R_C)\approx I_0R_C\,\frac{u_\Omega}{2U_T}\,\frac{u_c}{2U_T}=k_Mu_\Omega u_c$$

为了提高 u_Ω的动态范围，可以采用串联电流负反馈，如图 3.2.18(b)所示。当电阻 R_E远大于 V_5和 V_6的发射结交流电阻 r_e时，有

$$i_{C5}\approx i_{E5}\approx\frac{I_0}{2}+\frac{u_\Omega}{R_E}$$

$$i_{C6}\approx i_{E6}\approx\frac{I_0}{2}-\frac{u_\Omega}{R_E}$$

于是

$$i_o=\frac{i_{C5}-i_{C6}}{2}\text{th}\,\frac{u_c}{2U_T}\approx\frac{u_\Omega}{R_E}\text{th}\,\frac{u_c}{2U_T}$$

i_{C5}和 i_{C6}都大于零，由此可以确定 u_Ω的动态范围为$-I_0R_E/2<u_\Omega<I_0R_E/2$。

例 3.2.11 吉尔伯特乘法单元调幅电路如图 3.2.19 所示，当输入电压 u_{i1} 和 u_{i2} 分别为载波 $u_c=U_{cm}\cos\omega_c t$ 和调制信号 $u_\Omega=U_{\Omega m}\cos\Omega t$ 时，输出电流 i_o 包含哪些频率分量？输出电压 u_o 是什么样的振幅调制信号？对滤波器的要求是什么？如果对调 u_c 和 u_Ω 的位置，结果又如何？

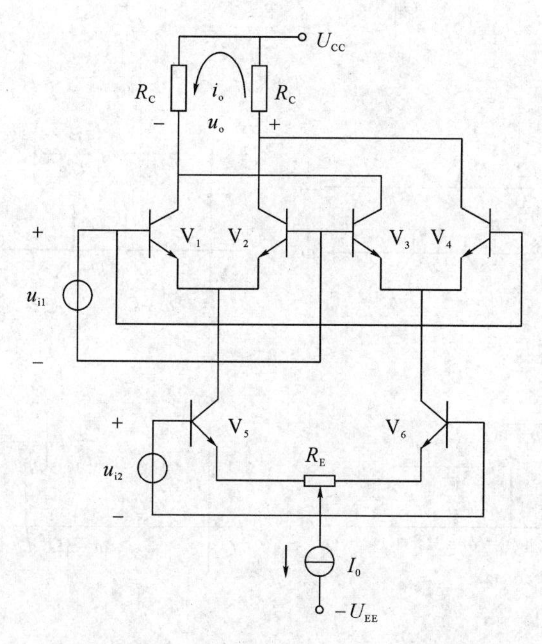

图 3.2.19 吉尔伯特乘法单元调幅电路

解 电路采用串联电流负反馈，输出电流为

$$i_o=\frac{u_{i2}}{R_E}\text{th}\frac{u_{i1}}{2U_T}$$

当 $u_{i1}=u_c=U_{cm}\cos\omega_c t$，$u_{i2}=u_\Omega=U_{\Omega m}\cos\Omega t$ 时，需要根据 U_{cm} 的取值，近似或展开双曲正切函数，得到 i_o 的频谱。当 $U_{cm}<U_T$ 时，有

$$i_o=\frac{u_\Omega}{R_E}\text{th}\frac{u_c}{2U_T}\approx\frac{u_\Omega}{R_E}\frac{u_c}{2U_T}=\frac{1}{2R_EU_T}u_\Omega u_c$$

i_o 的频谱如图 3.2.20(a)所示，经过中心频率 $\omega_0=\omega_c$，带宽 $BW_{BPF}\geqslant 2\Omega$ 的带通滤波器，u_o 为双边带调幅信号 u_{DSB}。当 $U_{cm}>4U_T$ 时，有

$$\begin{aligned}i_o&=\frac{u_\Omega}{R_E}\text{th}\frac{u_c}{2U_T}\approx\frac{u_\Omega}{R_E}k_2(\omega_c t)=\frac{U_{\Omega m}}{R_E}\cos\Omega t\left(\frac{4}{\pi}\cos\omega_c t-\frac{4}{3\pi}\cos 3\omega_c t+\cdots\right)\\&=\frac{4}{\pi}\frac{U_{\Omega m}}{R_E}\cos\Omega t\cos\omega_c t-\frac{4}{3\pi}\frac{U_{\Omega m}}{R_E}\cos\Omega t\cos 3\omega_c t+\cdots\end{aligned}$$

i_o 的频谱如图 3.2.20(b)所示，经过中心频率 $\omega_0=(2n-1)\omega_c(n=1, 2, 3, \cdots)$，带宽 $BW_{BPF}\geqslant 2\Omega$ 的带通滤波器，u_o 为双边带调幅信号 u_{DSB}。当 $U_T<U_{cm}<4U_T$ 时，有

$$\begin{aligned}i_o&=\frac{u_\Omega}{R_E}\text{th}\frac{u_c}{2U_T}=\frac{u_\Omega}{R_E}\sum_{n=1}^{\infty}\beta_{2n-1}\left(\frac{U_{cm}}{U_T}\right)\cos(2n-1)\omega_c t\\&=\sum_{n=1}^{\infty}\frac{U_{\Omega m}}{R_E}\beta_{2n-1}\left(\frac{U_{cm}}{U_T}\right)\cos\Omega t\cos(2n-1)\omega_c t\end{aligned}$$

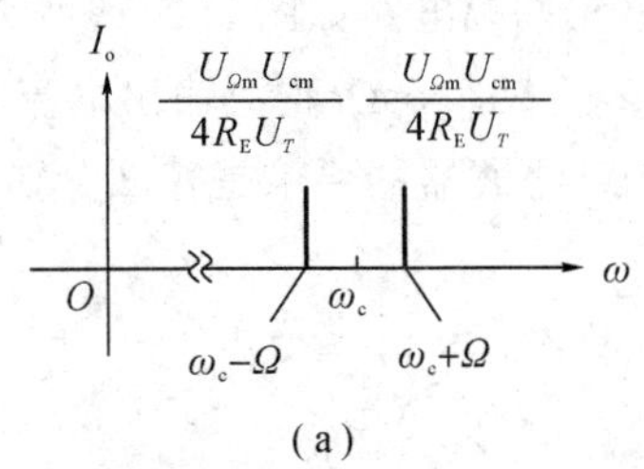

(a)

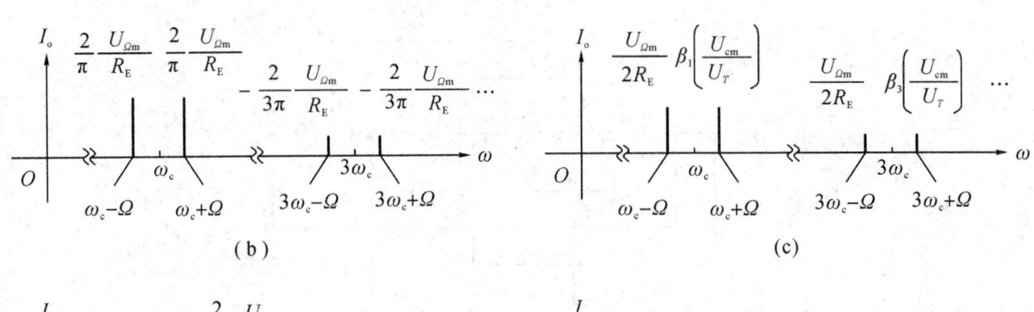

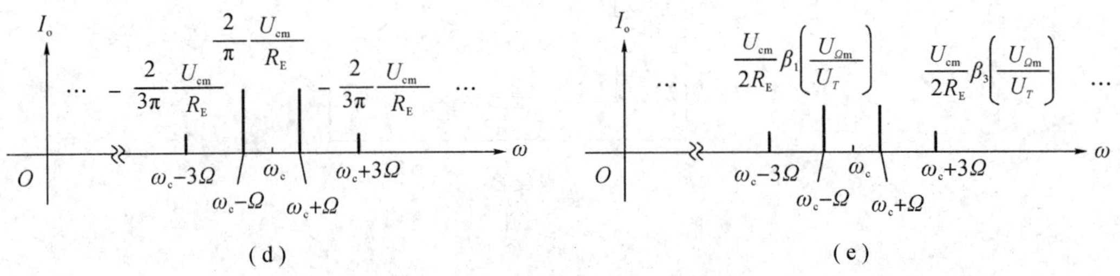

图 3.2.20　各种情况下 i_o 的频谱

(a) 频谱一；(b) 频谱二；(c) 频谱三；(d) 频谱四；(e) 频谱五

i_o的频谱如图 3.2.20(c)所示，经过中心频率 $\omega_0=(2n-1)\omega_c(n=1, 2, 3, \cdots)$，带宽 $BW_{BPF}\geqslant 2\Omega$ 的带通滤波器，u_o为双边带调幅信号 u_{DSB}。

u_c 和 u_Ω 对调位置后，$u_{i1}=u_\Omega=U_{\Omega m}\cos\Omega t$，$u_{i2}=u_c=U_{cm}\cos\omega_c t$，需要根据 $U_{\Omega m}$ 的取值，近似或展开双曲正切函数，得到 i_o的频谱。当 $U_{\Omega m}<U_T$时，有

$$i_o=\frac{u_c}{R_E}\text{th}\frac{u_\Omega}{2U_T}\approx\frac{u_c}{R_E}\frac{u_\Omega}{2U_T}=\frac{1}{2R_EU_T}u_\Omega u_c$$

i_o的频谱如图 3.2.20(a)所示，经过中心频率 $\omega_0=\omega_c$，带宽 $BW_{BPF}\geqslant 2\Omega$ 的带通滤波器，u_o为双边带调幅信号 u_{DSB}。当 $U_{\Omega m}>4U_T$时，有

$$\begin{aligned}i_o&=\frac{u_c}{R_E}\text{th}\frac{u_\Omega}{2U_T}\approx\frac{u_c}{R_E}k_2(\Omega t)=\frac{U_{cm}}{R_E}\cos\omega_c t\left(\frac{4}{\pi}\cos\Omega t-\frac{4}{3\pi}\cos 3\Omega t+\cdots\right)\\&=\frac{4}{\pi}\frac{U_{cm}}{R_E}\cos\Omega t\cos\omega_c t-\frac{4}{3\pi}\frac{U_{cm}}{R_E}\cos 3\Omega t\cos\omega_c t+\cdots\end{aligned}$$

i_o的频谱如图 3.2.20(d)所示，经过中心频率 $\omega_0=\omega_c$，带宽 $2\Omega\leqslant BW_{BPF}<6\Omega$ 的带通滤波器，u_o为双边带调幅信号 u_{DSB}。当 $U_T<U_{\Omega m}<4U_T$时，有

$$\begin{aligned}i_o&=\frac{u_c}{R_E}\text{th}\frac{u_\Omega}{2U_T}=\frac{u_c}{R_E}\sum_{n=1}^{\infty}\beta_{2n-1}\left(\frac{U_{\Omega m}}{U_T}\right)\cos(2n-1)\Omega t\\&=\sum_{n=1}^{\infty}\frac{U_{cm}}{R_E}\beta_{2n-1}\left(\frac{U_{\Omega m}}{U_T}\right)\cos(2n-1)\Omega t\cos\omega_c t\end{aligned}$$

i_o的频谱如图 3.2.20(e)所示，经过中心频率 $\omega_0=\omega_c$，带宽 $2\Omega\leqslant BW_{BPF}<6\Omega$ 的带通滤波器，u_o为双边带调幅信号 u_{DSB}。

在对调 u_c和 u_Ω的位置后，当 $U_{\Omega m}>U_T$时，u_Ω被双曲正切函数扩展出很多频率分量，滤波器的带宽所受限制比较严格，需要在 4Ω 的范围内从通带过渡到阻带，不易实现，容易出现非线性失真。当 u_Ω是包含多个频率分量的复杂信号时，调幅扩展出的各个频率分量容易同频叠加，又造成包络失真。所以差动放大器调幅一般将 u_c设置在差模信号的位置，而将 u_Ω设置到电流源中。

3.2.6 基于二极管的线性时变电路调幅

当二极管用于线性时变电路调幅时，要求调制信号是小信号，载波是大信号，载波控制二极管的导通与截止，且载波的振幅明显大于二极管的导通电压，二极管的工作状态基本随着载波的正负而改变。当二极管导通时，如果电路对调制信号或载波等效为二极管与负载电阻串联，则因为二极管的交流电阻远小于负载电阻，调制信号或载波几乎全部加到负载电阻上，如果等效电路中只有导通的二极管而没有负载电阻，则调制信号或载波全部加到二极管上。

图 3.2.21 所示为 4 种基本的单二极管调幅电路，变压器引入调制信号 u_Ω与载波 u_c，并使二者叠加。以 u_c的方向为参考，u_Ω和二极管 VD 都可以正向接入或反向接入。带通滤波器的输入电阻已折算入负载电阻 R_L，负载电压 $u_{L1}\sim u_{L4}$经过滤波产生的输出电压 $u_{o1}\sim u_{o4}$为振幅调制信号。

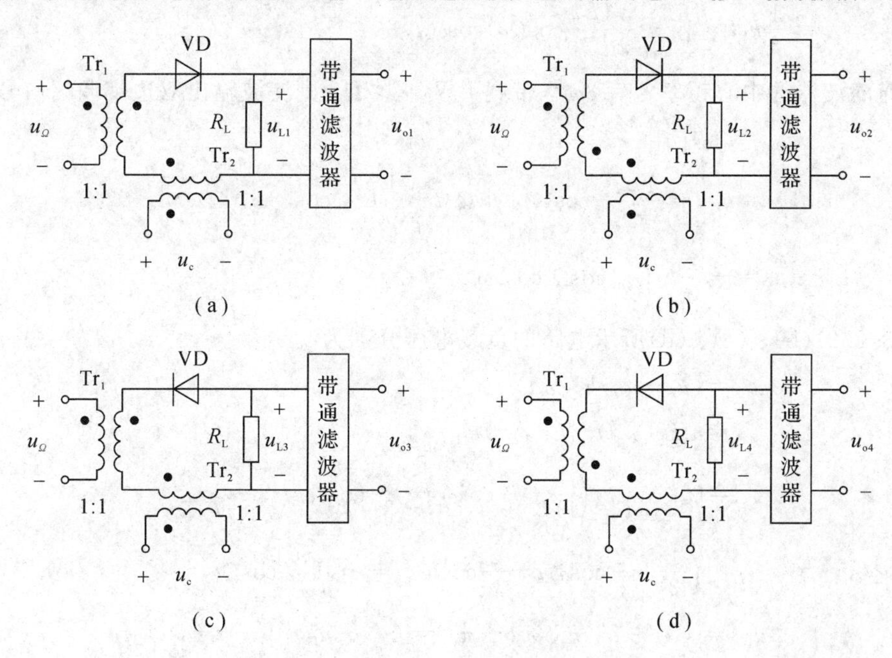

图 3.2.21 单二极管调幅电路

(a) u_Ω正向接入，VD 正向接入；(b) u_Ω反向接入，VD 正向接入；

(c) u_Ω正向接入，VD 反向接入；(d) u_Ω反向接入，VD 反向接入

在图 3.2.21(a)所示电路中，当 $u_c>0$ 时，VD 导通，$u_{L1}=u_c+u_\Omega$；当 $u_c<0$ 时，VD 截

止，$u_{L1}=0$。引入单向开关函数，在任意时刻，有

$$\begin{aligned}u_{L1}&=(u_c+u_\Omega)k_1(\omega_c t)=u_c k_1(\omega_c t)+k_1(\omega_c t)u_\Omega\\&=U_{cm}\cos\omega_c t\left(\frac{1}{2}+\frac{2}{\pi}\cos\omega_c t-\frac{2}{3\pi}\cos3\omega_c t+\cdots\right)+\\&\quad\left(\frac{1}{2}+\frac{2}{\pi}\cos\omega_c t-\frac{2}{3\pi}\cos3\omega_c t+\cdots\right)U_{\Omega m}\cos\Omega t\\&=\frac{1}{\pi}U_{cm}+\frac{1}{2}U_{\Omega m}\cos\Omega t+\frac{1}{2}U_{cm}\cos\omega_c t+\\&\quad\frac{1}{\pi}U_{\Omega m}\cos(\omega_c+\Omega)t+\frac{1}{\pi}U_{\Omega m}\cos(\omega_c-\Omega)t+\\&\quad\frac{2}{3\pi}U_{cm}\cos2\omega_c t-\frac{1}{3\pi}U_{\Omega m}\cos(3\omega_c+\Omega)t-\\&\quad\frac{1}{3\pi}U_{\Omega m}\cos(3\omega_c-\Omega)t-\frac{1}{3\pi}U_{cm}\cos4\omega_c t+\cdots\end{aligned}$$

u_{L1}的频谱如图 3.2.22(a)所示，设带通滤波器的中心频率 $\omega_0=\omega_c$，带宽 $BW_{BPF}\geqslant2\Omega$，通带增益为 k_F，则滤波输出普通调幅信号为

$$\begin{aligned}u_{o1}&=u_{AM}\\&=k_F\left[\frac{1}{2}U_{cm}\cos\omega_c t+\frac{1}{\pi}U_{\Omega m}\cos(\omega_c+\Omega)t+\frac{1}{\pi}U_{\Omega m}\cos(\omega_c-\Omega)t\right]\\&=\frac{1}{2}k_F U_{cm}\left(1+\frac{4}{\pi}\frac{U_{\Omega m}}{U_{cm}}\cos\Omega t\right)\cos\omega_c t\end{aligned}$$

如果带通滤波器的中心频率 $\omega_0=3\omega_c$，带宽 $BW_{BPF}\geqslant2\Omega$，则滤波输出双边带调幅信号为

$$\begin{aligned}u_o&=u_{DSB}\\&=k_F\left[-\frac{1}{3\pi}U_{\Omega m}\cos(3\omega_c+\Omega)t-\frac{1}{3\pi}U_{\Omega m}\cos(3\omega_c-\Omega)t\right]\\&=-\frac{2}{3\pi}k_F U_{\Omega m}\cos\Omega t\cos3\omega_c t\end{aligned}$$

图 3.2.21(b)、(c)、(d)所示电路的负载电压分别为

$$\begin{aligned}u_{L2}&=(u_c-u_\Omega)k_1(\omega_c t)\\&=u_c k_1(\omega_c t)-k_1(\omega_c t)u_\Omega\\&=U_{cm}\cos\omega_c t\left(\frac{1}{2}+\frac{2}{\pi}\cos\omega_c t-\frac{2}{3\pi}\cos3\omega_c t+\cdots\right)-\\&\quad\left(\frac{1}{2}+\frac{2}{\pi}\cos\omega_c t-\frac{2}{3\pi}\cos3\omega_c t+\cdots\right)U_{\Omega m}\cos\Omega t\end{aligned}$$

$$\begin{aligned}u_{L3}&=(u_c+u_\Omega)k_1(\omega_c t-\pi)=(u_c+u_\Omega)[1-k_1(\omega_c t)]\\&=u_c[1-k_1(\omega_c t)]+[1-k_1(\omega_c t)]u_\Omega\\&=U_{cm}\cos\omega_c t\left(\frac{1}{2}-\frac{2}{\pi}\cos\omega_c t+\frac{2}{3\pi}\cos3\omega_c t-\cdots\right)+\\&\quad\left(\frac{1}{2}-\frac{2}{\pi}\cos\omega_c t+\frac{2}{3\pi}\cos3\omega_c t-\cdots\right)U_{\Omega m}\cos\Omega t\end{aligned}$$

$$
\begin{aligned}
u_{L4} &= (u_c - u_\Omega)k_1(\omega_c t - \pi) = (u_c - u_\Omega)[1 - k_1(\omega_c t)] \\
&= u_c[1 - k_1(\omega_c t)] - [1 - k_1(\omega_c t)]u_\Omega \\
&= U_{cm}\cos\omega_c t\left(\frac{1}{2} - \frac{2}{\pi}\cos\omega_c t + \frac{2}{3\pi}\cos 3\omega_c t - \cdots\right) - \\
&\quad \left(\frac{1}{2} - \frac{2}{\pi}\cos\omega_c t + \frac{2}{3\pi}\cos 3\omega_c t - \cdots\right)U_{\Omega m}\cos\Omega t
\end{aligned}
$$

$u_{L2} \sim u_{L4}$的频谱分别如图 3.2.22(b)、(c)、(d)所示。滤波产生的输出电压 $u_{o2} \sim u_{o4}$ 为普通调幅信号 u_{AM} 或双边带调幅信号 u_{DSB}。

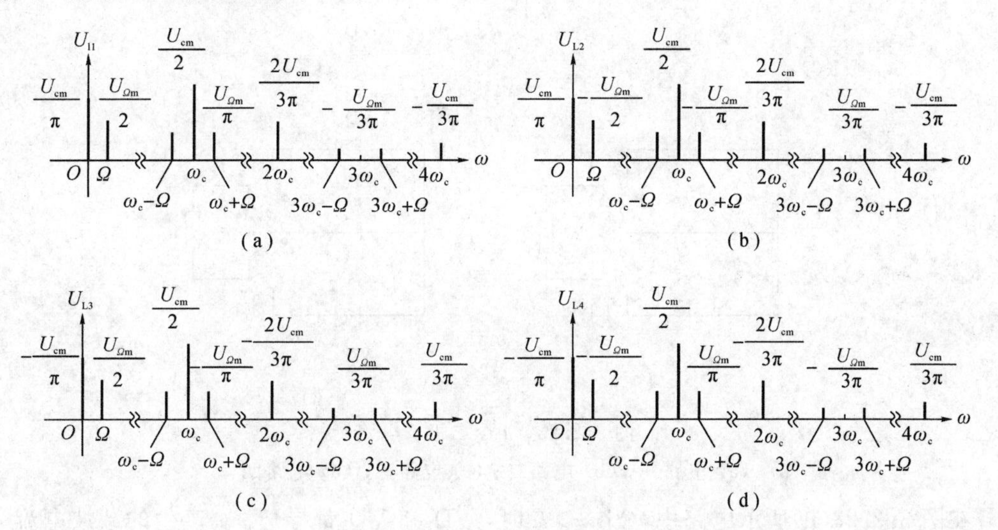

图 3.2.22　$u_{L1} \sim u_{L4}$ 的频谱

(a) u_{L1} 的频谱；(b) u_{L2} 的频谱；(c) u_{L3} 的频谱；(d) u_{L4} 的频谱

对比 $u_{L1} \sim u_{L4}$ 的频谱，可以发现同频的频率分量的振幅大小相等，其正负随着 u_Ω 和 VD 的方向变化，所以，可以组合如图 3.2.21 所示的各个电路，采用平衡对消技术去除不需要的频率分量。

例 3.2.12　图 3.2.23 给出了 4 个二极管电路，载波 u_c 的振幅 U_{cm} 远大于调制信号 u_Ω 的振幅 $U_{\Omega m}$，u_c 和 u_Ω 的频率满足 $\omega_c \gg \Omega$。写出每个电路的输出电压 u_o 的表达式，判断其是否能够继续对 u_o 滤波实现振幅调制。

解　在图 3.2.23(a)所示电路中，当 $u_c > 0$ 时，二极管 VD_1 导通，VD_2 截止，$u_o = u_c + u_\Omega$；当 $u_c < 0$ 时，VD_1 截止，VD_2 导通，$u_o = u_c - u_\Omega$。引入双向开关函数，在任意时刻，有

$$
\begin{aligned}
u_o &= u_c + k_2(\omega_c t)u_\Omega \\
&= U_{cm}\cos\omega_c t + \left(\frac{4}{\pi}\cos\omega_c t - \frac{4}{3\pi}\cos 3\omega_c t + \cdots\right)U_{\Omega m}\cos\Omega t \\
&= U_{cm}\cos\omega_c t + \frac{2}{\pi}U_{\Omega m}\cos(\omega_c + \Omega)t + \frac{2}{\pi}U_{\Omega m}\cos(\omega_c - \Omega)t - \\
&\quad \frac{2}{3\pi}U_{\Omega m}\cos(3\omega_c + \Omega)t - \frac{2}{3\pi}U_{\Omega m}\cos(3\omega_c - \Omega)t + \cdots
\end{aligned}
$$

该电路能够实现振幅调制。u_o 经过中心频率 $\omega_0 = \omega_c$，带宽 $BW_{BPF} \geqslant 2\Omega$ 的带通滤波器，可以产生普通调幅信号 u_{AM}；u_o 经过中心频率 $\omega_0 = 3\omega_c$，带宽 $BW_{BPF} \geqslant 2\Omega$ 的带通滤波器，可以产生双边带调幅信号 u_{DSB}。因为任意时刻只有一个二极管导通，所以变压器的原边只有上半

段或下半段工作。经过$(1:1)^2=1$的阻抗变换，负载电阻R_L反射到原边的上半段或下半段，呈现的电阻是R_L。

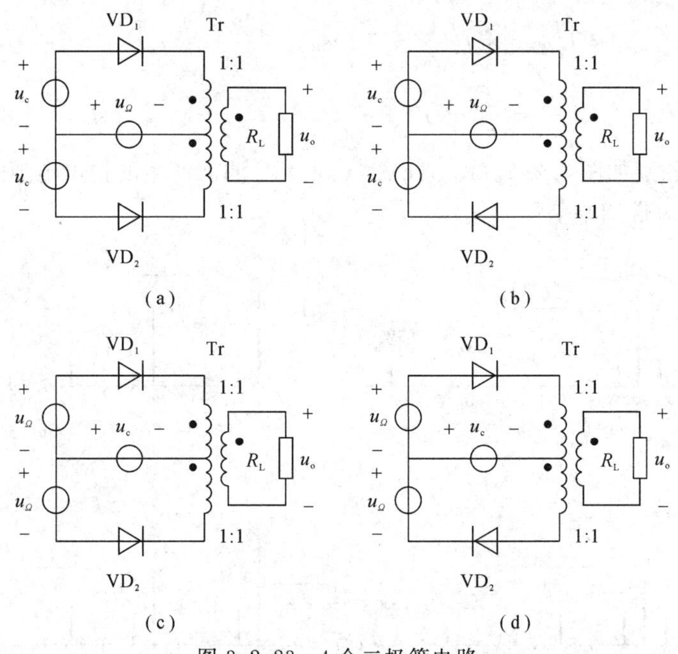

图 3.2.23　4个二极管电路

(a) 电路一；(b) 电路二；(c) 电路三；(d) 电路四

在图 3.2.23(b)所示电路中，当$u_c>0$时，VD_1和VD_2都导通。u_c产生的载波电流i_c按顺时针方向流动，从上方的u_c的正极出发，经过VD_1、完整的原边和VD_2，回到下方的u_c的负极，经过$(2:1)^2=4$的阻抗变换，负载电阻R_L反射到原边，对i_c呈现的电阻是$4R_L$，原边的上、下半段各有$2R_L$。原边上的电压为$2u_c$，上、下半段的电压各为u_c。u_Ω产生的调制信号电流i_Ω从u_Ω的正极出发，分为两路$i_\Omega/2$，在VD_1回路中顺时针流动，在VD_2回路中逆时针流动，两路$i_\Omega/2$分别经过原边的上、下半段流到抽头位置，合并为i_Ω，回到u_Ω的负极。因为原边上、下半段的$i_\Omega/2$方向相反，磁通抵消，所以变压器对u_Ω没有电压变换，对i_Ω没有阻抗变换，u_Ω和两路$i_\Omega/2$均被原边短路，u_Ω加在VD_1和VD_2上。根据以上分析，当$u_c>0$时，$u_o=u_c$；当$u_c<0$时，VD_1和VD_2都截止，$u_o=0$。在任意时刻，u_o与u_Ω无关，所以该电路不能实现振幅调制。

在图 3.2.23(c)所示电路中，当$u_c>0$时，VD_1和VD_2都导通，u_c产生载波电流i_c，u_Ω产生调制信号电流i_Ω。原边上、下半段的$i_c/2$方向相反，u_c被原边短路，加在VD_1和VD_2上。i_Ω则流过完整的原边，原边对其呈现的电阻是$4R_L$。原边上的电压为$2u_\Omega$，上、下半段的电压各为u_Ω。根据以上分析，当$u_c>0$时，$u_o=u_\Omega$；当$u_c<0$时，VD_1和VD_2都截止，$u_o=0$。引入单向开关函数，在任意时刻，有

$$
\begin{aligned}
u_o&=k_1(\omega_c t)u_\Omega=\left(\frac{1}{2}+\frac{2}{\pi}\cos\omega_c t-\frac{2}{3\pi}\cos 3\omega_c t+\cdots\right)U_{\Omega m}\cos\Omega t\\
&=\frac{1}{2}U_{\Omega m}\cos\Omega t+\frac{1}{\pi}U_{\Omega m}\cos(\omega_c+\Omega)t+\frac{1}{\pi}U_{\Omega m}\cos(\omega_c-\Omega)t-\\
&\quad\frac{1}{3\pi}U_{\Omega m}\cos(3\omega_c+\Omega)t-\frac{1}{3\pi}U_{\Omega m}\cos(3\omega_c-\Omega)t+\cdots
\end{aligned}
$$

该电路能够实现振幅调制。u_o经过中心频率 $\omega_0=(2n-1)\omega_c$（$n=1$，2，3，…），带宽 $BW_{BPF}\geqslant 2\Omega$ 的带通滤波器，可以产生双边带调幅信号 u_{DSB}。

在图 3.2.23(d)所示电路中，当 $u_c>0$ 时，VD_1导通，VD_2截止，$u_o=u_c+u_\Omega$；当 $u_c<0$ 时，VD_1截止，VD_2导通，$u_o=-u_c+u_\Omega$。引入双向开关函数，在任意时刻，有 $u_o=k_2(\omega_c t)u_c+u_\Omega$。$u_o$中不包括 u_Ω和 u_c的相乘项，所以该电路不能实现振幅调制。

例 3.2.13　图 3.2.24 给出了 4 个二极管电路，载波 u_c的振幅 U_{cm}远大于调制信号 u_Ω的振幅 $U_{\Omega m}$，u_c和 u_Ω的频率满足 $\omega_c\gg\Omega$。写出每个电路的输出电压 u_o的表达式，判断其是否能够继续对 u_o滤波实现振幅调制。

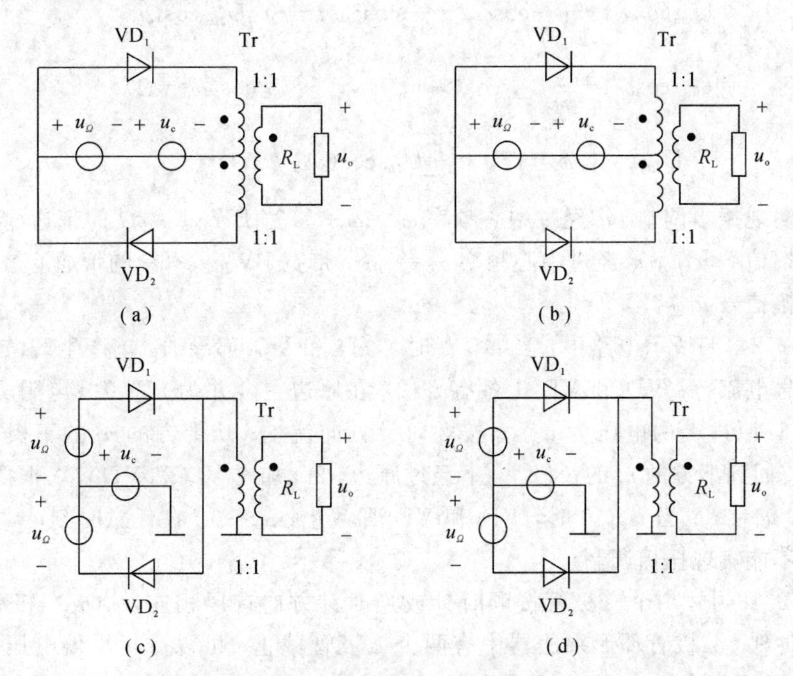

图 3.2.24　4 个二极管电路

(a) 电路一；(b) 电路二；(c) 电路三；(d) 电路四

解　在图 3.2.24(a)所示电路中，当 $u_c>0$ 时，VD_1导通，VD_2截止，$u_o=u_c+u_\Omega$；当 $u_c<0$ 时，VD_1截止，VD_2导通，$u_o=-u_c-u_\Omega$。引入双向开关函数，在任意时刻，有

$$\begin{aligned}u_o&=u_c k_2(\omega_c t)+k_2(\omega_c t)u_\Omega\\&=U_{cm}\cos\omega_c t\left(\frac{4}{\pi}\cos\omega_c t-\frac{4}{3\pi}\cos3\omega_c t+\cdots\right)+\\&\quad\left(\frac{4}{\pi}\cos\omega_c t-\frac{4}{3\pi}\cos3\omega_c t+\cdots\right)U_{\Omega m}\cos\Omega t\\&=\frac{2}{\pi}U_{cm}+\frac{2}{\pi}U_{\Omega m}\cos(\omega_c+\Omega)t+\frac{2}{\pi}U_{\Omega m}\cos(\omega_c-\Omega)t+\\&\quad\frac{4}{3\pi}U_{cm}\cos2\omega_c t-\frac{2}{3\pi}U_{\Omega m}\cos(3\omega_c+\Omega)t-\\&\quad\frac{2}{3\pi}U_{\Omega m}\cos(3\omega_c-\Omega)t-\frac{2}{3\pi}U_{cm}\cos4\omega_c t+\cdots\end{aligned}$$

该电路能够实现振幅调制。u_o经过中心频率 $\omega_0=(2n-1)\omega_c$（$n=1$，2，3，…），带宽 $BW_{BPF}\geqslant 2\Omega$ 的带通滤波器，可以产生双边带调幅信号 u_{DSB}。

在图 3.2.24(b)所示电路中，当 $u_c>0$ 时，VD_1 和 VD_2 都导通，u_c 产生载波电流 i_c，u_Ω 产生调制信号电流 i_Ω。变压器的原边上、下半段的 $i_c/2$ 方向相反，$i_\Omega/2$ 方向也相反，u_c 和 u_Ω 都被原边短路，都加在 VD_1 和 VD_2 上。根据以上分析，当 $u_c>0$ 时，$u_o=0$；当 $u_c<0$ 时，VD_1 和 VD_2 都截止，$u_o=0$。该电路不能实现振幅调制。

在图 3.2.24(c)所示电路中，当 $u_c>0$ 时，VD_1 导通，VD_2 截止，$u_o=u_c+u_\Omega$；当 $u_c<0$ 时，VD_1 截止，VD_2 导通，$u_o=u_c-u_\Omega$。引入双向开关函数，在任意时刻，有

$$
\begin{aligned}
u_o &= u_c + k_2(\omega_c t)u_\Omega \\
&= U_{cm}\cos\omega_c t + \left(\frac{4}{\pi}\cos\omega_c t - \frac{4}{3\pi}\cos 3\omega_c t + \cdots\right)U_{\Omega m}\cos\Omega t \\
&= U_{cm}\cos\omega_c t + \frac{2}{\pi}U_{\Omega m}\cos(\omega_c+\Omega)t + \frac{2}{\pi}U_{\Omega m}\cos(\omega_c-\Omega)t - \\
&\quad \frac{2}{3\pi}U_{\Omega m}\cos(3\omega_c+\Omega)t - \frac{2}{3\pi}U_{\Omega m}\cos(3\omega_c-\Omega)t + \cdots
\end{aligned}
$$

该电路能够实现振幅调制。u_o 经过中心频率 $\omega_0=\omega_c$，带宽 $BW_{BPF}\geqslant 2\Omega$ 的带通滤波器，可以产生普通调幅信号 u_{AM}；u_o 经过中心频率 $\omega_0=3\omega_c$，带宽 $BW_{BPF}\geqslant 2\Omega$ 的带通滤波器，可以产生双边带调幅信号 u_{DSB}。

在图 3.2.24(d)所示电路中，当 $u_c>0$ 时，VD_1 和 VD_2 都导通，u_c 产生载波电流 i_c，u_Ω 产生调制信号电流 i_Ω。VD_1 和 VD_2 上各有 $i_c/2$，在原边上合并为 i_c。负载电阻 R_L 对 i_c 呈现的电阻为 R_L，原边上的电压为 u_c。i_Ω 按顺时针方向流动，从上方的 u_Ω 的正极出发，流过 VD_1 和 VD_2，回到下方的 u_Ω 的负极。i_Ω 不经过原边，$2u_\Omega$ 加在 VD_1 和 VD_2 上。根据以上分析，当 $u_c>0$ 时，$u_o=u_c$；当 $u_c<0$ 时，VD_1 和 VD_2 都截止，$u_o=0$。在任意时刻，u_o 与 u_Ω 无关，所以该电路不能实现振幅调制。

在图 3.2.25 中，4 个二极管按顺时针或逆时针方向首尾相连，构成二极管环形乘法器。在任意时刻，二极管环形乘法器中有两个二极管截止，可以分担反偏电压，不易被击穿。图 3.2.25 所示的二极管环形乘法器用于振幅调制，调制信号 $u_\Omega=U_{\Omega m}\cos\Omega t$，载波 $u_c=U_{cm}\cos\omega_c t$，$U_{cm}\gg U_{\Omega m}$，$\omega_c\gg\Omega$，负载电阻 R_L 远大于二极管的交流电阻 r_D。

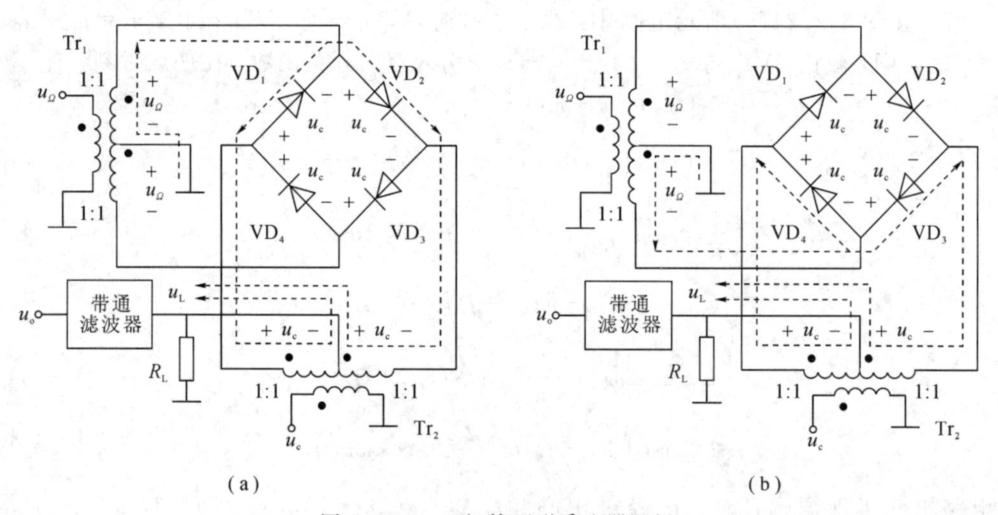

图 3.2.25 二极管环形乘法器调幅

(a) $u_c>0$ 时的电压分布和电位路径；(b) $u_c<0$ 时的电压分布和电位路径

当 $u_c>0$ 时，二极管 VD_1 和 VD_2 导通，VD_3 和 VD_4 截止，根据如图 3.2.25(a)所示的电压分布和电位路径，负载电压 $u_L=u_\Omega+u_c-u_c=u_\Omega$ 或 $u_L=u_\Omega-u_c+u_c=u_\Omega$；当 $u_c<0$ 时，VD_1 和 VD_2 截止，VD_3 和 VD_4 导通，根据如图 3.2.25(b)所示的电压分布和电位路径，负载电压 $u_L=-u_\Omega+u_c-u_c=-u_\Omega$ 或 $u_L=-u_\Omega-u_c+u_c=-u_\Omega$。引入双向开关函数，在任意时刻，有

$$u_L=k_2(\omega_c t)u_\Omega=\left(\frac{4}{\pi}\cos\omega_c t-\frac{4}{3\pi}\cos 3\omega_c t+\cdots\right)U_{\Omega m}\cos\Omega t$$

$$=\frac{2}{\pi}U_{\Omega m}\cos(\omega_c+\Omega)t+\frac{2}{\pi}U_{\Omega m}\cos(\omega_c-\Omega)t-$$

$$\frac{2}{3\pi}U_{\Omega m}\cos(3\omega_c+\Omega)t-\frac{2}{3\pi}U_{\Omega m}\cos(3\omega_c-\Omega)t+\cdots$$

u_L 经过中心频率 $\omega_0=(2n-1)\omega_c(n=1, 2, 3, \cdots)$，带宽 $BW_{BPF}\geqslant 2\Omega$ 的带通滤波器，输出电压 u_o 为双边带调幅信号 u_{DSB}。

例 3.2.14　二极管环形调制器如图 3.2.26 所示，调制信号 $u_\Omega=U_{\Omega m}\cos\Omega t$，载波 $u_c=U_{cm}\cos\omega_c t$，$U_{cm}\gg U_{\Omega m}$，$\omega_c\gg\Omega$，负载电阻 R_L 远大于二极管的交流电阻 r_D。写出输出电压 u_o 的表达式。

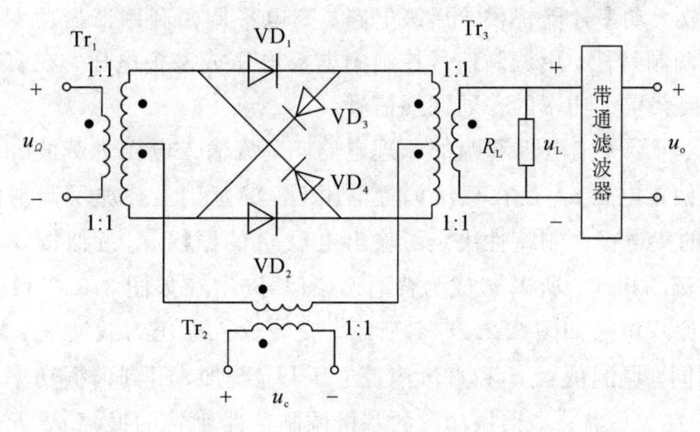

图 3.2.26　二极管环形调制器

解　当 $u_c>0$ 时，二极管 VD_1 和 VD_2 导通，VD_3 和 VD_4 截止，u_c 产生载波电流 i_c，u_Ω 产生调制信号电流 i_Ω。变压器 Tr_1 的副边和 Tr_3 的原边的上、下半段的 $i_c/2$ 方向相反，u_c 被短路，加在 VD_1 和 VD_2 上，i_Ω 则流过完整的 Tr_3 的原边，Tr_3 的原边从上到下的电压为 $2u_\Omega$，负载电压 $u_L=u_\Omega$。当 $u_c<0$ 时，VD_1 和 VD_2 截止，VD_3 和 VD_4 导通，Tr_1 的副边和 Tr_3 的原边的上、下半段的 $i_c/2$ 方向相反，u_c 被短路，加在 VD_3 和 VD_4 上，i_Ω 则流过完整的 Tr_3 的原边，Tr_3 的原边从上到下的电压为 $-2u_\Omega$，负载电压 $u_L=-u_\Omega$。引入双向开关函数，在任意时刻，有

$$u_L=k_2(\omega_c t)u_\Omega$$

$$=\left(\frac{4}{\pi}\cos\omega_c t-\frac{4}{3\pi}\cos 3\omega_c t+\cdots\right)U_{\Omega m}\cos\Omega t$$

$$=\frac{2}{\pi}U_{\Omega m}\cos(\omega_c+\Omega)t+\frac{2}{\pi}U_{\Omega m}\cos(\omega_c-\Omega)t-$$

$$\frac{2}{3\pi}U_{\Omega m}\cos(3\omega_c+\Omega)t-\frac{2}{3\pi}U_{\Omega m}\cos(3\omega_c-\Omega)t+\cdots$$

设带通滤波器的中心频率 $\omega_0=\omega_c$，带宽 $BW_{BPF}\geqslant 2\Omega$，通带增益为 k_F，则滤波输出双边带调幅信号，即

$$\begin{aligned}u_o=u_{DSB}&=k_F\left[\frac{2}{\pi}U_{\Omega m}\cos(\omega_c+\Omega)t+\frac{2}{\pi}U_{\Omega m}\cos(\omega_c-\Omega)t\right]\\&=\frac{4}{\pi}k_FU_{\Omega m}\cos\Omega t\cos\omega_c t\end{aligned}$$

如果带通滤波器的中心频率 $\omega_0=3\omega_c$，带宽 $BW_{BPF}\geqslant 2\Omega$，通带增益为 k_F，则滤波输出双边带调幅信号，即

$$\begin{aligned}u_o=u_{DSB}&=k_F\left[-\frac{2}{3\pi}U_{\Omega m}\cos(3\omega_c+\Omega)t-\frac{2}{3\pi}U_{\Omega m}\cos(3\omega_c-\Omega)t\right]\\&=-\frac{4}{3\pi}k_FU_{\Omega m}\cos\Omega t\cos 3\omega_c t\end{aligned}$$

3.2.7 高电平调幅

非线性电路调幅和线性时变电路调幅属于低电平调幅，利用乘法器产生小功率的调幅信号，需要继续放大功率才能提供给后级电路。高电平调幅利用谐振功率放大器的集电极调制特性和基极调制特性，用调制信号控制集电极电压或基极电压，在实现功率放大的同时完成调幅，直接获得大功率的普通调幅信号。

图 3.2.27(a)所示为集电极调幅的原理电路，交流输入电压为载波 u_c，谐振功率放大器集电极回路的偏置电压 u_{CC}是在直流偏置电压 U_{CC}的基础上叠加了调制信号 u_Ω。在过压状态，谐振功放的集电极调制特性决定了输出电压 u_o的振幅 u_{sm}近似按 u_Ω的规律变化，而 u_o的振荡频率和 u_c的相同，所以 u_o成为普通调幅信号 u_{AM}，如图 3.2.27(b)所示。

基极调幅的原理电路如图 3.2.28(a)所示。交流输入电压为载波 u_c，输出电压 u_o的振荡频率和 u_c的相同。调制信号 u_Ω和直流偏置电压 U_{BB}叠加，得到谐振功率放大器基极回路的偏置电压 u_{BB}。在欠压状态，谐振功放的基极调制特性使 u_o的振幅 u_{sm}近似按 u_Ω的规律变化，u_o成为普通调幅信号 u_{AM}，如图 3.2.28(b)所示。

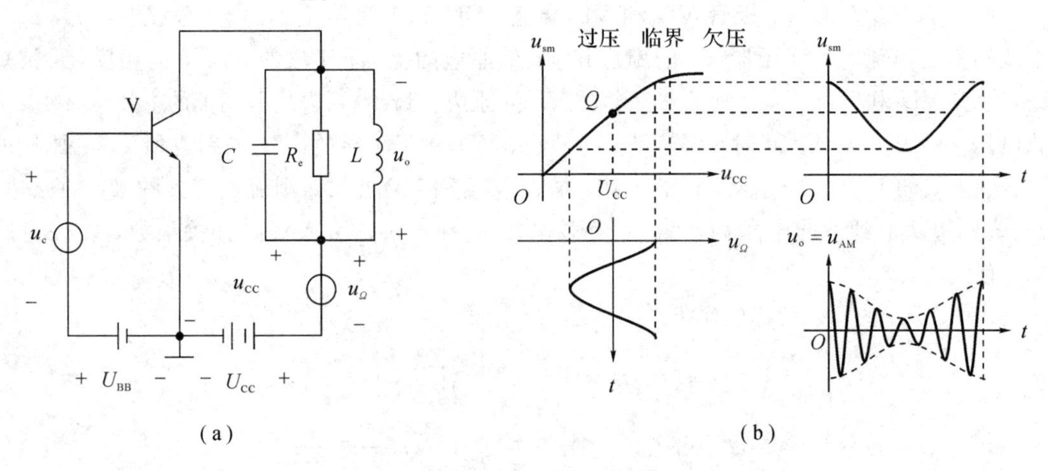

图 3.2.27 集电极调幅
(a) 原理电路；(b) 几何投影和波形

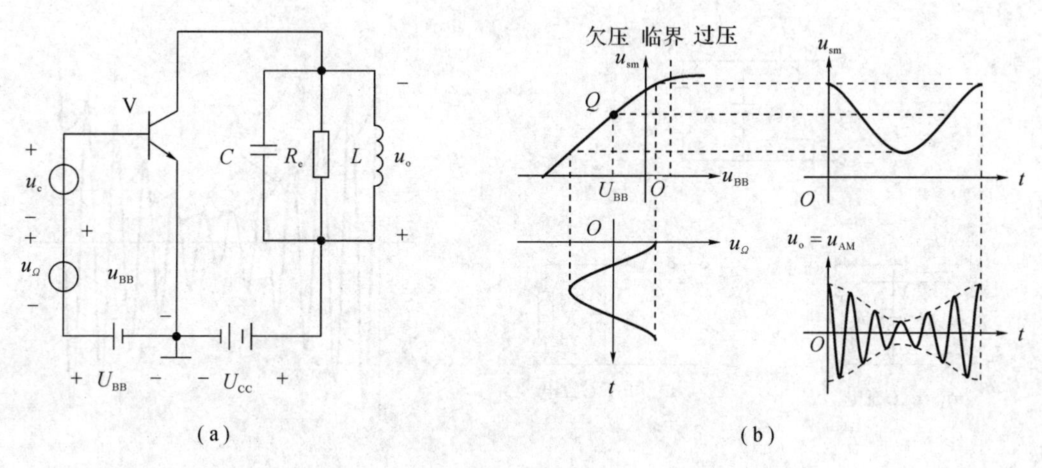

图 3.2.28　基极调幅

(a) 原理电路；(b) 几何投影和波形

3.3　振幅解调原理和电路

解调又称为检波，是从已调波中恢复调制信号。普通调幅信号的包络线与调制信号的变化规律一致，可以设计电路将包络线变为电压，恢复调制信号，这称为包络检波。双边带调幅信号和单边带调幅信号不能直接使用包络检波，接收机需要产生一个与发射机的载波同频同相的同步信号，称为本振信号，利用本振信号实现解调，这称为同步检波。

超外差接收机在检波之前，已调波经过混频成为中频信号，并经过中频放大器的放大，所以检波是对中频已调波进行的。

3.3.1　包络检波

解调普通调幅信号的包络检波主要分为二极管峰值包络检波、并联型二极管包络检波和晶体管峰值包络检波。

1. 二极管峰值包络检波

选用导通电压 $U_{D(on)}$ 很小、交流电阻 r_D 较小的二极管对普通调幅信号 $u_{AM}=U_{sm}(1+m_a\cos\Omega t)\cos\omega_c t$ 检波，如图 3.3.1(a)所示。当 u_{AM} 大于输出电压 u_o 时，二极管导通，u_{AM} 通过二极管对电容 C 充电，u_o 上升；当 $u_{AM}<u_o$ 时，二极管截止，C 通过电阻 R 放电，u_o 下降，直到当 u_{AM} 再次大于 u_o，又开始下一轮的充电。充电时，时间常数近似为 r_DC，取值较小，u_o 上升较快；放电时，时间常数为 RC，当满足 $\omega_c^{-1}\ll RC\ll\Omega^{-1}$ 时，u_o 下降的速度远大于包络线的变化速度，而远小于载波的变化速度，这样就得到如图 3.3.1(b)所示的结果。u_o 的波形近似与 u_{AM} 的上包络线重合，只是叠加了高频波纹电压，经过滤波，就可以输出调制信号。

当元器件参数合适时，包络检波的高频波纹电压很小，输出电压近似为 u_{AM} 的上包络线，即

$$u_o = k_d U_{sm}(1 + m_a\cos\Omega t)$$

其中，k_d 称为检波增益，k_d 小于且近似等于 1，当 VD 是理想二极管时，可以认为 $k_d=1$。

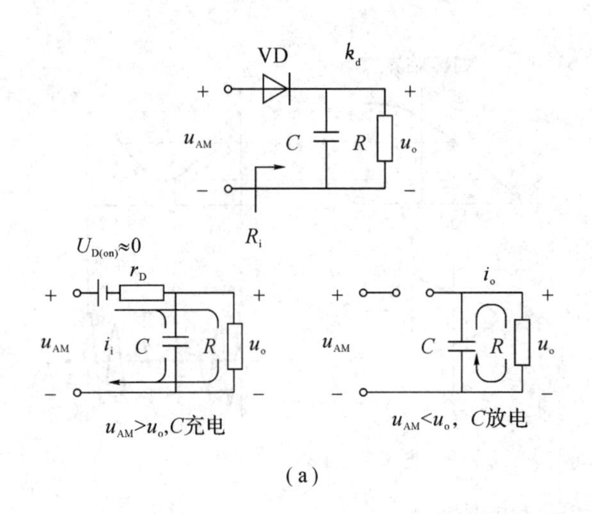

(a)

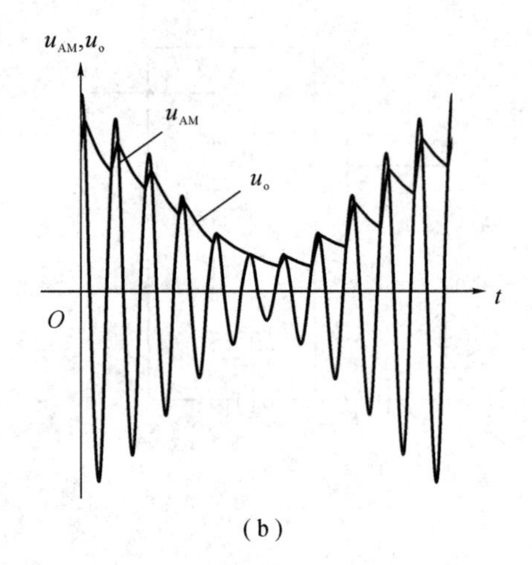

(b)

图 3.3.1　二极管峰值包络检波

(a) 电路；(b) 波形

二极管峰值包络检波的输入电阻 R_i 即为前级中频放大器的负载电阻，取值将影响中频放大器的选频性能。理想的二极管 VD 对振幅为 U_{sm} 的等幅普通调幅信号 u_{AM} 做包络检波，忽略高频波纹电压，则电阻 R 上的输出电压为直流电压：$u_o=U_{sm}$。VD 和电容 C 几乎不消耗功率，u_{AM} 输入的交流功率近似等于电阻 R 消耗的直流功率，即

$$\frac{1}{2}\frac{U_{sm}^2}{R_i}\approx\frac{U_{sm}^2}{R}$$

所以，输入电阻 $R_i\approx\dfrac{R}{2}$。

非理想的二极管 VD 对振幅为 U_{sm} 的等幅普通调幅信号 u_{AM} 做包络检波，设 VD 的导通电压 $U_{D(on)}\ll U_{sm}$，交流电阻为 r_D，利用余弦脉冲分解系数，求得 VD 的通角、检波增益和输入电阻分别为

$$\theta\approx\sqrt[3]{\frac{3\pi r_D}{R}}$$

$$k_d\approx\cos\theta$$

$$R_i\approx\frac{\tan\theta-\theta}{\theta-\sin\theta\cos\theta}R$$

例 3.3.1　二极管峰值包络检波器如图 3.3.2(a)所示。计算以下输入电压 u_i 产生的输出电压 u_o，并定性画出 u_o 的波形：

(1) $u_i=10\cos(2\pi\times10^7t)$ V。

(2) $u_i=10\cos(2\pi\times10^3t)\cos(2\pi\times10^7t)$ V。

(3) $u_i=6\times[1+0.5\cos(2\pi\times10^3t)]\cos(2\pi\times10^7t)$ V。

(4) $u_i=-6\times[1+0.5\cos(2\pi\times10^3t)]\cos(2\pi\times10^7t)$ V。

(5) $u_i=6\times[0.5+\cos(2\pi\times10^3t)]\cos(2\pi\times10^7t)$ V。

解　由已知条件可得调制信号的频率 $\Omega=2\pi\times10^3$ rad/s，周期 $T_\Omega=\dfrac{2\pi}{\Omega}=\dfrac{2\pi}{2\pi\times10^3}=1$ ms，载频 $\omega_c=2\pi\times10^7$ rad/s，周期 $T_c=\dfrac{2\pi}{\omega_c}=\dfrac{2\pi}{2\pi\times10^7}=0.1$ μs。1 ms 的时长为一个 T_Ω，即

10000 个 T_c。

(1) u_i是等幅信号，包络检波提取振幅，$u_o=10$ V，波形如图 3.3.2(b)所示。

(2) u_i是双边带调幅信号，输出电压等于上、下包络线中较高的一个：

$$u_o=10|\cos(2\pi\times10^3 t)|\ \text{V}$$

波形如图 3.3.2(c)所示。其中，u_i的倒相用波形反折来表现。

(3) u_i是普通调幅信号，输出电压等于上包络线：

$$u_o=6\times[1+0.5\cos(2\pi\times10^3 t)]\ \text{V}$$

波形如图 3.3.2(d)所示。

(4) $u_i=6\times[1+0.5\cos(2\pi\times10^3 t)]\cos(2\pi\times10^7 t-\pi)$ V，是高频振荡倒相的普通调幅信号，输出电压等于较高的包络线：

$$u_o=6\times[1+0.5\cos(2\pi\times10^3 t)]\ \text{V}$$

波形如图 3.3.2(e)所示。

(5) $u_i=3\times[1+2\cos(2\pi\times10^3 t)]\cos(2\pi\times10^7 t)$ V，是过调制的普通调幅信号，调幅度 $m_a=2$ 导致上、下包络线穿过横轴，造成高频振荡倒相，输出电压等于上、下包络线中较高的一个：

$$u_o=3\times|1+2\cos(2\pi\times10^3 t)|\ \text{V}$$

波形如图 3.3.2(f)所示。其中，u_i的倒相用波形反折来表现。

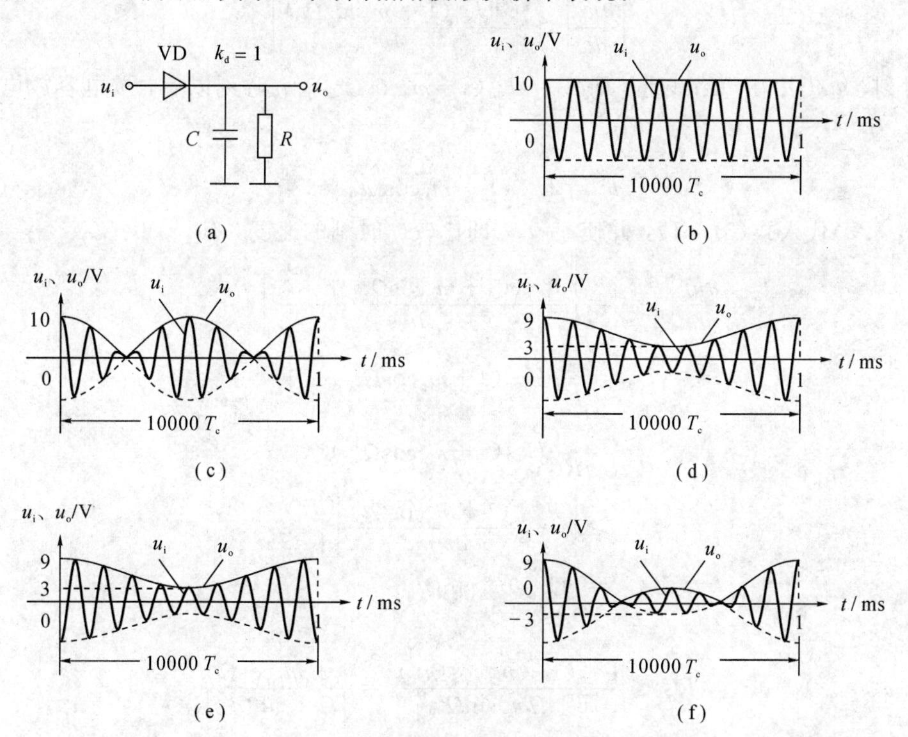

图 3.3.2　二极管峰值包络检波器和各种情况下 u_i、u_o的波形

(a) 电路；(b) 波形一；(c) 波形二；(d) 波形三；(e) 波形四；(f) 波形五

如果元件参数选择不合适，二极管峰值包络检波的输出电压与普通调幅信号的上包络线会有明显差异，产生失真，失真包括惰性失真和负峰切割失真。

惰性失真如图 3.3.3 所示。如果峰值包络检波所用的电阻 R 和电容 C 的取值较大，则在时间段 $t_1 \sim t_2$ 内，C 放电的速度低于普通调幅信号 u_{AM} 上包络线的下降速度，二极管 VD 一直截止，输出电压 u_o 大于 u_{AM}，并按电容放电的指数规律下降，直到当 $u_o < u_{AM}$ 时，VD 重新导通，恢复包络检波功能，这种失真称为惰性失真。

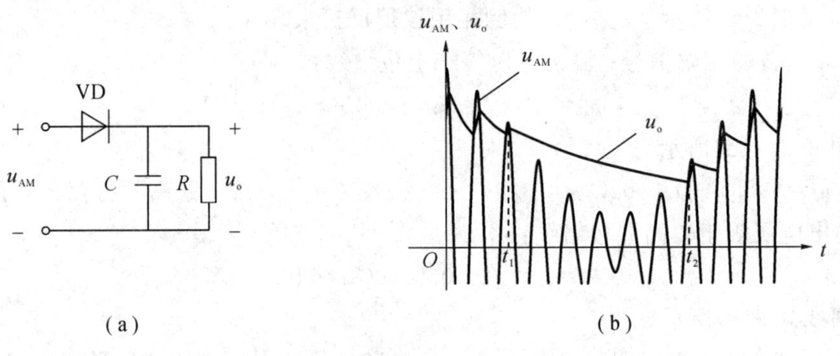

图 3.3.3 惰性失真

(a) 电路；(b) 波形

为了避免惰性失真，当电容放电时，u_o 的下降速度要始终大于 u_{AM} 的上包络线 $U_{sm}(1+m_a\cos\Omega t)$ 的下降速度，即

$$\left|\frac{\partial u_o}{\partial t}\right| \geqslant \left|\frac{\partial U_{sm}(1+m_a\cos\Omega t)}{\partial t}\right| \tag{3.3.1}$$

设 t_0 时刻，u_o 仍然在包络线上，即 $u_o = U_{sm}(1+m_a\cos\Omega t_0)$。$t_0$ 时刻以后，按电容放电规律变化的 u_o 为

$$u_o = U_{sm}(1+m_a\cos\Omega t_0)\mathrm{e}^{-\frac{t-t_0}{RC}} \tag{3.3.2}$$

将式(3.3.2)代入式(3.3.1)，并使 $t=t_0$，即比较 t_0 时刻的速度，有

$$\begin{aligned}\left|\frac{\partial u_o}{\partial t}\right|\Bigg|_{t=t_0} &= \left|\frac{\partial U_{sm}(1+m_a\cos\Omega t_0)\mathrm{e}^{-\frac{t-t_0}{RC}}}{\partial t}\right|\Bigg|_{t=t_0} \\ &= \frac{1}{RC}U_{sm}(1+m_a\cos\Omega t_0)\mathrm{e}^{-\frac{t-t_0}{RC}}\Bigg|_{t=t_0} \\ &= \frac{1}{RC}U_{sm}(1+m_a\cos\Omega t_0) \\ &\geqslant \left|\frac{\partial U_{sm}(1+m_a\cos\Omega t)}{\partial t}\right|\Bigg|_{t=t_0} \\ &= \left|U_{sm}\Omega m_a\sin\Omega t_0\right|\end{aligned}$$

即

$$RC \leqslant \frac{U_{sm}(1+m_a\cos\Omega t_0)}{\left|U_{sm}\Omega m_a\sin\Omega t_0\right|} = \frac{1+m_a\cos\Omega t_0}{\left|\Omega m_a\sin\Omega t_0\right|} \tag{3.3.3}$$

式(3.3.3)应对任何 t_0 都成立，即

$$RC \leqslant \min\frac{1+m_a\cos\Omega t_0}{\left|\Omega m_a\sin\Omega t_0\right|} = \frac{1}{\Omega m_a}\min\frac{1+m_a\cos\Omega t_0}{\left|\sin\Omega t_0\right|} \tag{3.3.4}$$

现在求 $\dfrac{1+m_a\cos\Omega t_0}{|\sin\Omega t_0|}$ 的最小值。将该分式取平方，有

$$\left(\frac{1+m_a\cos\Omega t_0}{|\sin\Omega t_0|}\right)^2=\frac{1+2m_a\cos\Omega t_0+m_a^2\cos^2\Omega t_0}{\sin^2\Omega t_0}$$

$$=\frac{(\sin^2\Omega t_0+\cos^2\Omega t_0)+2m_a\cos\Omega t_0+m_a^2\cos^2\Omega t_0+(m_a^2-m_a^2)}{\sin^2\Omega t_0}$$

$$=\frac{\sin^2\Omega t_0+(\cos^2\Omega t_0+2m_a\cos\Omega t_0+m_a^2)-m_a^2(1-\cos^2\Omega t_0)}{\sin^2\Omega t_0}$$

$$=\frac{\sin^2\Omega t_0+(\cos\Omega t_0+m_a)^2-m_a^2\sin^2\Omega t_0}{\sin^2\Omega t_0}$$

$$=1+\frac{(\cos\Omega t_0+m_a)^2}{\sin^2\Omega t_0}-m_a^2\geqslant 1-m_a^2$$

所以，式(3.3.4)可以写为

$$RC\leqslant\frac{\sqrt{1-m_a^2}}{\Omega m_a}$$

可以看出，减小时间常数 RC 能够降低发生惰性失真的可能性。

当电容充电时，时间常数近似为 $r_D C$，r_D 为二极管 VD 的交流电阻，取值较小，保证了 u_o 的上升速度高于 $U_{sm}(1+m_a\cos\Omega t)$ 的上升速度。所以，在包络线的上升段不会发生惰性失真。

如图 3.3.4(a)所示，在对普通调幅信号 $u_{AM}=U_{sm}(1+m_a\cos\Omega t)\cos\omega_c t$ 检波时，设检波

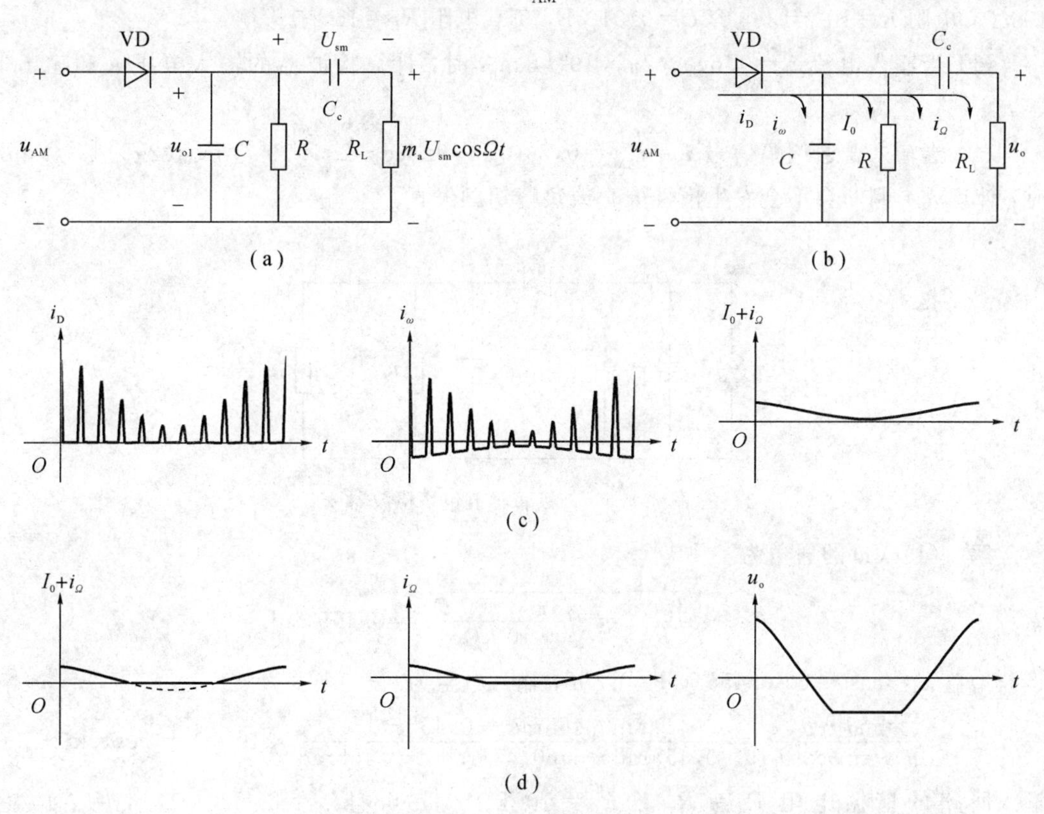

图 3.3.4　负峰切割失真

(a) 电路和电压分布；(b) 电流分布；(c) 无失真的波形；(d) 负峰切割失真的波形

增益 $k_d=1$，则二极管峰值包络检波的输出电压 $u_{o1}=U_{sm}(1+m_a\cos\Omega t)$，$u_{o1}$包括直流分量 U_{sm}和低频交流分量 $m_aU_{sm}\cos\Omega t$，后者代表调制信号。引入交流耦合电容 C_c后，U_{sm}加在 C_c上，负载电阻 R_L获得低频交流电压 $m_aU_{sm}\cos\Omega t$。

经过 C_c的隔直流和交流短路，U_{sm}产生的直流电流 I_0只流过电阻 R，$m_aU_{sm}\cos\Omega t$ 产生的低频交流电流 $i_\Omega=I_{\Omega m}\cos\Omega t$ 流过 R 和 R_L。二极管 VD 在导通和截止之间转换工作状态，其中的电流 i_D是峰值起伏的余弦脉冲，I_0和 i_Ω分别为 i_D的直流分量和低频交流分量，I_0+i_Ω体现了 i_D的峰值起伏，$i_\omega=i_D-(I_0+i_\Omega)$为高频波纹电流，主要流过电容 C，如图 3.3.4(b)、(c)所示。I_0+i_Ω不能过横轴，否则，在其小于零的时间段内，会因为 VD 截止使 I_0+i_Ω变为零，如图 3.3.4(d)所示。此时，因为 i_Ω波形底部削平，输出电压 $u_o=i_\Omega(R/\!/R_L)$的底部也被削平，这种失真称为负峰切割失真。

为了避免负峰切割失真，必须保证 $I_0=\dfrac{U_{sm}}{R}\geqslant I_{\Omega m}=\dfrac{m_aU_{sm}}{R/\!/R_L}$，即

$$\frac{R_L}{R+R_L}\geqslant m_a$$

由此可以看出，增大 R_L、减小 R 或 m_a都能降低发生负峰切割失真的可能性。

例 3.3.2 二极管峰值包络检波器如图 3.3.5 所示。其中，输入回路的谐振频率 $f_0=10^6$ Hz，带宽 $BW_{BPF}\gg 2\times10^3$ Hz，空载谐振电阻 $R_{e0}=10$ kΩ，二极管 VD 的交流电阻 $r_D=100$ Ω，电阻 $R=10$ kΩ，电容 $C=0.01$ μF，负载电阻 $R_L=15$ kΩ。

(1) 当输入电流 $i_i=0.5\cos(2\pi\times10^6t)$ mA 时，计算检波器的输入电压 u_i和输出电压 u_o。

(2) 当输入普通调幅信号 $i_i=i_{AM}=0.5\times[1+0.5\cos(2\pi\times10^3t)]\cos(2\pi\times10^6t)$ mA 时，计算 u_o，判断会不会发生惰性失真或负峰切割失真。

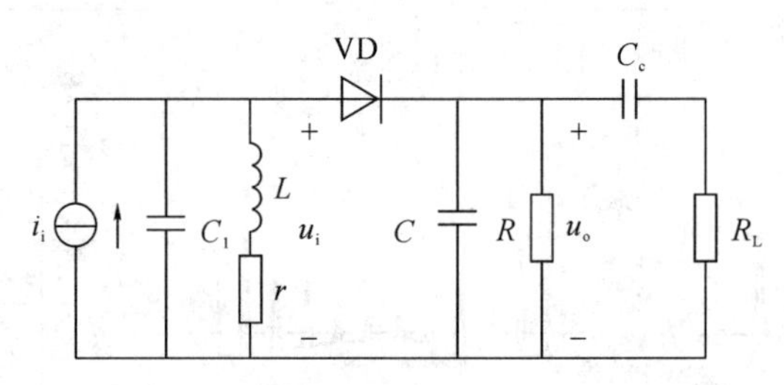

图 3.3.5 二极管峰值包络检波器

解 (1) VD 的通角为

$$\theta\approx\sqrt[3]{\frac{3\pi r_D}{R}}=\sqrt[3]{\frac{3\pi\times100\ \Omega}{10\ \text{k}\Omega}}=0.455\ \text{rad}$$

检波增益 $k_d\approx\cos\theta=\cos0.455\ \text{rad}=0.898$，输入电阻为

$$R_i\approx\frac{\tan\theta-\theta}{\theta-\sin\theta\cos\theta}R=\frac{\tan0.455\text{rad}-0.455\text{rad}}{0.455\text{rad}-\sin0.455\text{rad}\cos0.455\text{rad}}\times10\ \text{k}\Omega=5.68\ \text{k}\Omega$$

输入回路的谐振电阻 $R_e=R_{e0}/\!/R_i=10\ \text{k}\Omega/\!/5.68\ \text{k}\Omega=3.62\ \text{k}\Omega$，$u_i=i_iR_e=0.5\cos(2\pi\times10^6t)\ \text{mA}\times3.62\ \text{k}\Omega=1.81\cos(2\pi\times10^6t)$ V，u_i的振幅 $U_{sm}=1.81$ V，$u_o=k_dU_{sm}=0.898\times1.81\ \text{V}=1.63$ V。

(2) $u_{i}=u_{AM}=i_{AM}R_{e}=0.5\times[1+0.5\cos(2\pi\times10^{3}t)]\cos(2\pi\times10^{6}t)\ \text{mA}\times3.62\ \text{k}\Omega$
$=1.81\times[1+0.5\cos(2\pi\times10^{3}t)]\cos(2\pi\times10^{6}t)\ \text{V}$

上包络线

$$U_{sm}(1+m_{a}\cos\Omega t)=1.81\times[1+0.5\cos(2\pi\times10^{3}t)]\ \text{V}$$

$$\begin{aligned}u_{o}&=k_{d}U_{sm}(1+m_{a}\cos\Omega t)\\&=0.898\times1.81\times[1+0.5\cos(2\pi\times10^{3}t)]\\&=1.63\times[1+0.5\cos(2\pi\times10^{3}t)]\ \text{V}\end{aligned}$$

调制信号的频率 $\Omega=2\pi\times10^{3}$ rad/s，调幅度 $m_{a}=0.5$。因为

$$RC=10\ \text{k}\Omega\times0.01\ \mu\text{F}=100\ \mu\text{s}\leqslant\frac{\sqrt{1-m_{a}^{2}}}{\Omega m_{a}}$$

$$=\frac{\sqrt{1-0.5^{2}}}{2\pi\times10^{3}\ \text{rad/s}\times0.5}=276\ \mu\text{s}$$

$$\frac{R_{L}}{R+R_{L}}=\frac{15\ \text{k}\Omega}{10\ \text{k}\Omega+15\ \text{k}\Omega}=0.6\geqslant m_{a}=0.5$$

所以不会发生惰性失真或负峰切割失真。

因为二极管的非线性伏安特性，普通调幅信号的时变振幅 $u_{sm}=U_{sm}(1+m_{a}\cos\Omega t)$ 增大时，二极管的交流电阻 r_{D} 减小，二极管两端的电压 u_{D} 相对减小，输出电压 u_{o} 则相对增加，所以 $u_{o}\approx k_{d}u_{sm}$ 中的检波增益会随着 u_{sm} 的增大而增大，不再是常数，u_{o} 和 u_{sm} 之间也不是严格的线性关系，u_{o} 中出现新的频率分量，造成非线性失真。当 u_{sm} 较小时，二极管伏安特性的非线性更加明显，这一失真更为严重。只有提高检波器的输入电阻 R_{i}，使 u_{sm} 较大，工作点位于二极管伏安特性曲线上较高的线性范围，非线性失真才不明显。一般，应该保证 u_{sm} 的最小值比二极管的导通电压 $U_{D(on)}$ 大 500 mV，即

$$U_{sm}(1-m_{a})-U_{D(on)}>500\ \text{mV}$$

2. 并联型二极管包络检波

因为普通调幅信号、二极管和输出电压三者串联，所以二极管峰值包络检波又称为串联型二极管包络检波。前级中频放大器与检波器级联时可以采用阻容耦合方式，这时，可以利用交流耦合电容构成检波器，如图 3.3.6(a)所示。在这种设计中，普通调幅信号、二极管和输出电压三者为并联关系，所以称为并联型二极管包络检波。

普通调幅信号 u_{AM} 大于电容 C_{1} 上的电压 u_{C1} 时，二极管 VD 导通，u_{AM} 对 C_{1} 充电，u_{C1} 上升；当 $u_{AM}<u_{C1}$ 时，VD 截止，C_{1} 通过电阻 R_{1} 放电，u_{C1} 下降，直到 u_{AM} 再次大于 u_{C1}，又开始下一轮的充电。只要选择 R_{1} 远大于 VD 的交流电阻 r_{D}，则 C_{1} 充电快而放电慢，这样，u_{C1} 的波形也是在 u_{AM} 的上包络线上叠加了高频波纹，如图 3.3.6(b)所示。VD 两端的电压 $u_{D}=u_{AM}-u_{C1}$，经过电阻 R_{2} 和电容 C_{2} 构成的低通滤波器滤除高频分量，再经过交流耦合电容 C_{c} 去掉直流分量，输出电压 u_{o} 的波形与 u_{AM} 的下包络线按同样规律变化，经过反相，就可以输出调制信号。

并联型二极管包络检波的输入电阻 R_{i} 可以根据能量守恒计算。当普通调幅信号为等幅信号 $u_{AM}=U_{sm}\cos\omega_{c}t$ 时，输入检波器的功率为 $0.5U_{sm}^{2}/R_{i}$。电容 C_{1} 上的电压 $u_{C1}\approx U_{sm}$，忽略 VD 的导通电压 $U_{D(on)}$ 和交流电阻 r_{D}，VD 两端的电压 $u_{D}=u_{AM}-u_{C1}=U_{sm}\cos\omega_{c}t-U_{sm}$，包括振幅为 U_{sm} 的高频交流电压和直流电压 $-U_{sm}$。检波器输出端的直流电阻为 R_{1}，直流功耗为 U_{sm}^{2}/R_{1}，高频交流电阻为 $R_{1}/\!/R_{2}$，高频交流功耗为 $0.5U_{sm}^{2}/(R_{1}/\!/R_{2})$。因此，有

$$\frac{1}{2}\frac{U_{\mathrm{sm}}^2}{R_{\mathrm{i}}}=\frac{U_{\mathrm{sm}}^2}{R_1}+\frac{1}{2}\frac{U_{\mathrm{sm}}^2}{R_1 /\!/ R_2}$$

所以

$$R_{\mathrm{i}}=\frac{R_1(R_1 /\!/ R_2)}{R_1+2(R_1 /\!/ R_2)}$$

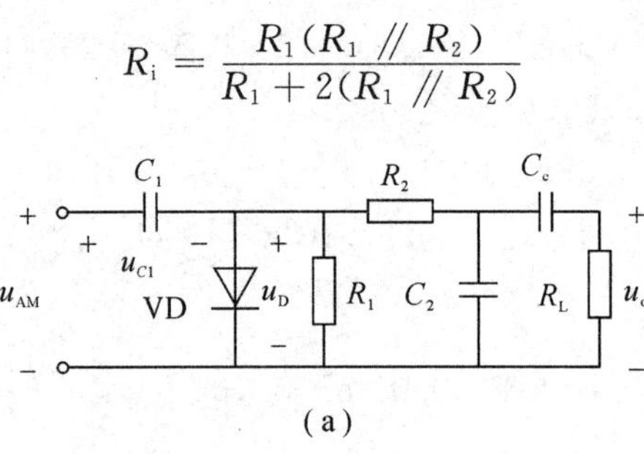

(a)

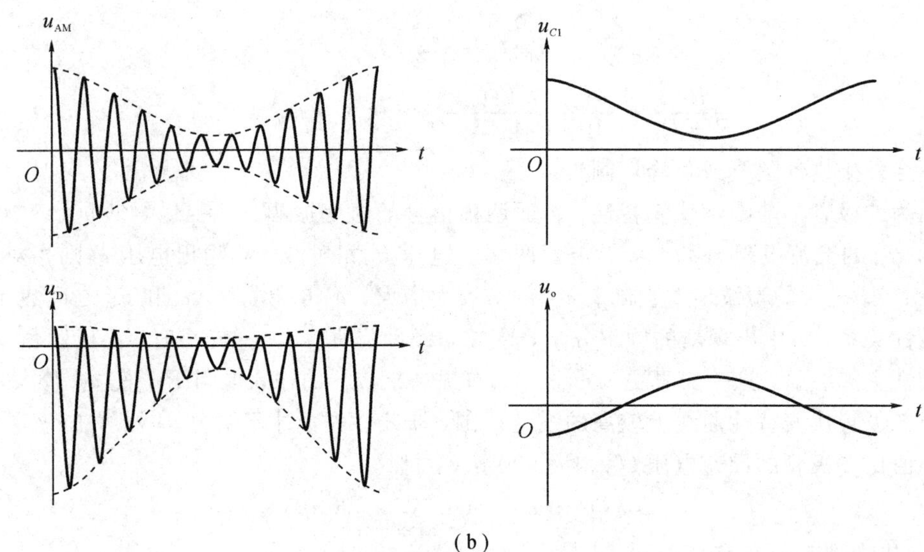

(b)

图 3.3.6 并联型二极管包络检波

(a) 原理电路；(b) 信号波形

例 3.3.3 并联型二极管包络检波器如图 3.3.7 所示，输入回路的谐振频率 $f_0=10^7$ Hz，带宽 $\mathrm{BW_{BPF}}\gg 2\times10^4$ Hz，空载谐振电阻 $R_{e0}=5$ kΩ，二极管 VD 的交流电阻 $r_D\approx0$，电阻 $R_1=10$ kΩ，$R_2=10$ kΩ，输入电流 $i_i=i_{AM}=3\times[1+0.6\sin(2\pi\times10^4 t)]\cos(2\pi\times10^7 t)$ mA。计算输出电压 u_o。

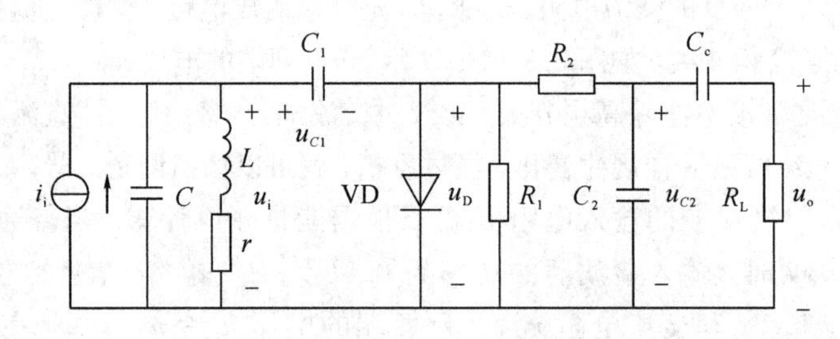

图 3.3.7 并联型二极管包络检波器

解 检波器的输入电阻为

$$R_i = \frac{R_1(R_1 // R_2)}{R_1 + 2(R_1 // R_2)} = \frac{10\ \text{k}\Omega \times (10\ \text{k}\Omega // 10\ \text{k}\Omega)}{10\ \text{k}\Omega + 2 \times (10\ \text{k}\Omega // 10\ \text{k}\Omega)} = 2.5\ \text{k}\Omega$$

输入回路的谐振电阻 $R_e = R_{e0} // R_i = 5\ \text{k}\Omega // 2.5\ \text{k}\Omega = 1.67\ \text{k}\Omega$。输入电压为

$$\begin{aligned} u_i = u_{AM} = i_{AM} R_e &= 3 \times [1 + 0.6\sin(2\pi \times 10^4 t)]\cos(2\pi \times 10^7 t)\ \text{mA} \times 1.67\ \text{k}\Omega \\ &= 5.01 \times [1 + 0.6\sin(2\pi \times 10^4 t)]\cos(2\pi \times 10^7 t)\ \text{V} \end{aligned}$$

上包络线 $U_{sm}(1+m_a\cos\Omega t) = 5.01 \times [1+0.6\sin(2\pi \times 10^4 t)]$ V。电容 C_1 上的电压为

$$u_{C1} \approx U_{sm}(1 + m_a\cos\Omega t) = 5.01 \times [1 + 0.6\sin(2\pi \times 10^4 t)]\ \text{V}$$

二极管两端的电压为

$$\begin{aligned} u_D = u_i - u_{C1} \approx\ & 5.01 \times [1 + 0.6\sin(2\pi \times 10^4 t)]\cos(2\pi \times 10^7 t) \\ & - 5.01 \times [1 + 0.6\sin(2\pi \times 10^4 t)]\ \text{V} \end{aligned} \tag{3.3.5}$$

式(3.3.5)中，第一项为普通调幅信号，第二项为下包络线电压。经过电阻 R_2 和电容 C_2 的低通滤波，C_2 上的电压 u_{C2} 近似为 u_D 的第二项，即

$$u_{C2} \approx -5.01 \times [1 + 0.6\sin(2\pi \times 10^4 t)]\ \text{V}$$

再经过电容 C_c 隔直流，输出电压为

$$u_o \approx -5.01 \times 0.6\sin(2\pi \times 10^4 t) = -3.01\sin(2\pi \times 10^4 t)\ \text{V}$$

3. 晶体管峰值包络检波

为了提高中频放大器的增益，并提高其谐振回路的品质因数，获得较好的选频滤波性能，检波器的输入电阻 R_i 需要尽量增大，但是，二极管峰值包络检波为了避免产生惰性失真和负峰切割失真，R_i 的范围受到限制，取值不能太大。

用晶体管的发射结代替二极管，也能够实现峰值包络检波，如图 3.3.8 所示。发射极电流 i_E 取代了二极管电流，检波器的输入电流，即基极电流 $i_B = i_E/(1+\beta)$，β 为晶体管的共发射极电流放大倍数。晶体管峰值包络检波的输入电阻因输入电流的减小而增大，为二极管峰值包络检波输入电阻的 $(1+\beta)$ 倍。通过晶体管的放大，输出电压 u_o 的振幅也明显大于普通调幅信号 u_{AM} 的振幅。

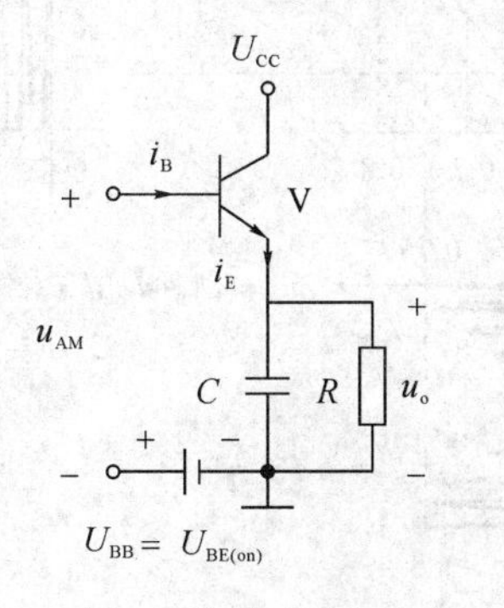

图 3.3.8　晶体管峰值包络检波

例 3.3.4　晶体管峰值包络检波器和晶体管的转移特性如图 3.3.9 所示，电压源电压 $U_{BB} = 0.6$ V，振幅调制信号 $u_{AM} = 100 \times [1+0.5\cos(2\pi \times 10^3 t)]\cos(2\pi \times 10^7 t)$ mV，晶体管的交流跨导 $g_m = 100$ mS，电阻 $R = 1\ \text{k}\Omega$。

(1) 利用单向开关函数计算输出电压 u_o。

(2) 利用余弦脉冲分解系数计算 u_o。

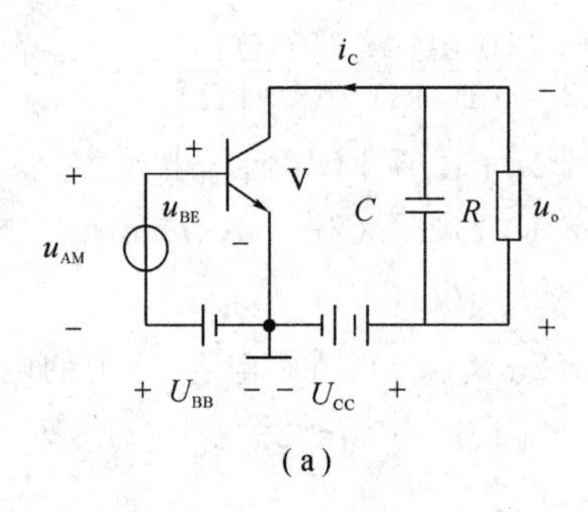

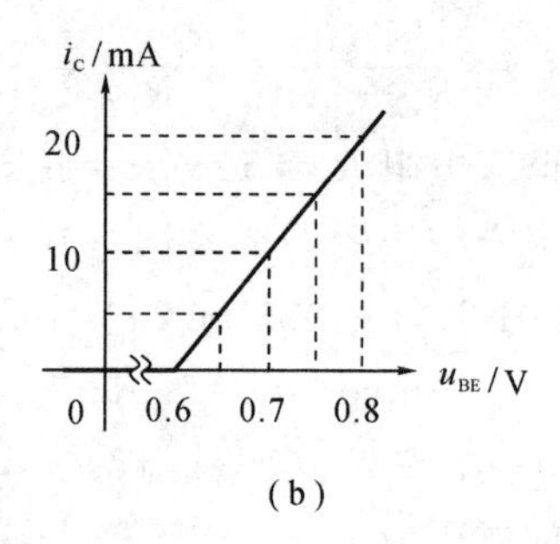

图 3.3.9 晶体管峰值包络检波

(a) 电路；(b) 晶体管的转移特性

解 电压源 U_{CC} 保证集电结始终反偏，晶体管的导通电压 $U_{BE(on)}=0.6$ V，$U_{BB}=U_{BE(on)}$，所以当 $u_{AM}>0$ 时，晶体管导通；当 $u_{AM}<0$ 时，晶体管截止。集电极电流 i_C 为余弦脉冲，通角 $\theta=\pi/2$。u_{AM} 的上包络线为

$$U_{sm}(1+m_a\cos\Omega t)=100\times[1+0.5\cos(2\pi\times10^3 t)]\ \text{mV}$$

i_C 的峰值

$$\begin{aligned}i_{Cmax}&=g_m U_{sm}(1+m_a\cos\Omega t)=100\ \text{mS}\times100\times[1+0.5\cos(2\pi\times10^3 t)]\ \text{mV}\\&=10\times[1+0.5\cos(2\pi\times10^3 t)]\ \text{mA}\end{aligned}$$

i_C 的波形如图 3.3.10 所示。调制信号的频率 $\Omega=2\pi\times10^3$ rad/s，周期 $T_\Omega=\dfrac{2\pi}{\Omega}=\dfrac{2\pi}{2\pi\times10^3\ \text{rad/s}}=1$ ms，载频 $\omega_c=2\pi\times10^7$ rad/s，周期 $T_c=\dfrac{2\pi}{\omega_c}=\dfrac{2\pi}{2\pi\times10^7\ \text{rad/s}}=0.1\ \mu\text{s}$，1 ms 的时长为一个 T_Ω，即 10000 个 T_c。

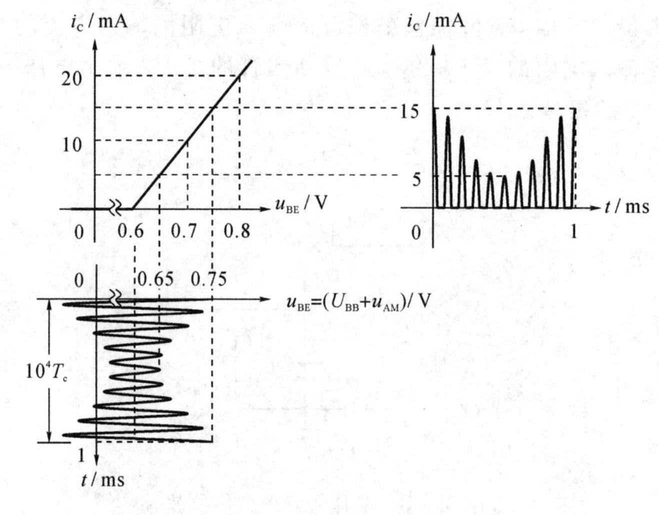

图 3.3.10 i_C 的波形

(1) 利用单向开关函数，有

$$\begin{aligned}i_C&=i_{Cmax}\cos\omega_c t k_1(\omega_c t)=i_{Cmax}\cos\omega_c t\left(\frac{1}{2}+\frac{2}{\pi}\cos\omega_c t-\frac{2}{3\pi}\cos3\omega_c t+\cdots\right)\\&=\frac{1}{\pi}i_{Cmax}+\frac{1}{2}i_{Cmax}\cos\omega_c t+\frac{2}{3\pi}i_{Cmax}\cos2\omega_c t-\frac{1}{3\pi}i_{Cmax}\cos4\omega_c t+\cdots\end{aligned}$$

参考 i_{Cmax} 的表达式，i_C 的第一项包括直流分量和低频分量，流过电阻 R 产生 u_o。i_C 其余各项的频率分量分布在 ω_c 及其整数倍频率附近，主要流过电容 C，产生高频波纹电压，可以忽略。所以有

$$u_o = \frac{1}{\pi} i_{Cmax} R = \frac{1}{\pi} \times 10 \times [1 + 0.5\cos(2\pi \times 10^3 t)]\ \text{mA} \times 1\ \text{k}\Omega$$
$$= 3.18 \times [1 + 0.5\cos(2\pi \times 10^3 t)]\ \text{V}$$

(2) 利用余弦脉冲分解系数，i_C 的直流分量和低频分量为

$$i_{C0} = i_{Cmax}\alpha_0(\theta) = 10 \times [1 + 0.5\cos(2\pi \times 10^3 t)] \times \alpha_0(\pi/2)$$
$$= 3.18 \times [1 + 0.5\cos(2\pi \times 10^3 t)]\ \text{mA}$$

i_{C0} 流过 R 产生 u_o。i_C 的其他频率分量分布在 ω_c 及其整数倍频率附近，流过 C 产生高频波纹电压，可以忽略。所以有

$$u_o = i_{C0} R = 3.18 \times [1 + 0.5\cos(2\pi \times 10^3 t)]\ \text{mA} \times 1\ \text{k}\Omega$$
$$= 3.18 \times [1 + 0.5\cos(2\pi \times 10^3 t)]\ \text{V}$$

3.3.2　同步检波

解调双边带调幅信号和单边带调幅信号需要用同步检波，同步检波分为乘积型同步检波和叠加型同步检波。

1. 乘积型同步检波

乘积型同步检波的电路框图如图 3.3.11 所示。本振信号 $u_l = U_{lm}\cos\omega_c t$ 与载波同步，即同频同相。

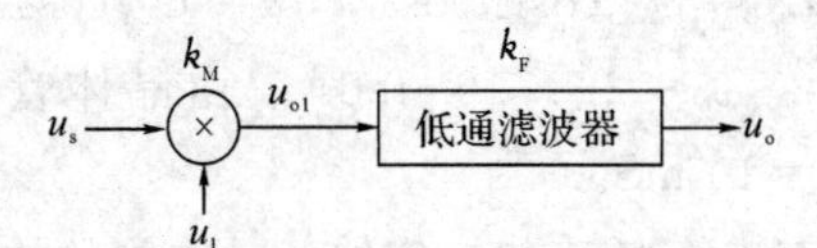

图 3.3.11　乘积型同步检波

当已调波 u_s 是双边带调幅信号 $u_{DSB} = U_{sm}\cos\Omega t\cos\omega_c t$ 时，乘法器的输出电压为

$$u_{o1} = k_M u_{DSB} u_l = k_M U_{sm}\cos\Omega t\cos\omega_c t U_{lm}\cos\omega_c t = k_M U_{sm} U_{lm}\cos\Omega t\cos^2\omega_c t$$
$$= \frac{1}{2} k_M U_{sm} U_{lm}\cos\Omega t + \frac{1}{2} k_M U_{sm} U_{lm}\cos\Omega t\cos 2\omega_c t$$

u_{o1} 经过增益为 k_F 的低通滤波，输出电压恢复出调制信号为

$$u_o = \frac{1}{2} k_F k_M U_{sm} U_{lm}\cos\Omega t$$

当 u_s 是单边带调幅信号时，以上边带调幅信号 $u_{SSB} = U_{sm}\cos(\omega_c + \Omega)t$ 为例，乘法器的输出电压为

$$u_{o1} = k_M u_{SSB} u_l = k_M U_{sm}\cos(\omega_c + \Omega)t U_{lm}\cos\omega_c t = k_M U_{sm} U_{lm}\cos(\omega_c + \Omega)t\cos\omega_c t$$
$$= \frac{1}{2} k_M U_{sm} U_{lm}\cos\Omega t + \frac{1}{2} k_M U_{sm} U_{lm}\cos(2\omega_c + \Omega)t$$

u_{o1} 经过增益为 k_F 的低通滤波，输出电压恢复出调制信号为

$$u_o = \frac{1}{2} k_F k_M U_{sm} U_{lm}\cos\Omega t$$

乘积型同步检波中的乘法器可以使用晶体管放大器、场效应管放大器、差动放大器和二极管电路等非线性电路实现，原理与振幅调制中的乘法器原理相同，相乘的信号从调制信号和载波变为已调波和本振信号。采用线性时变电路设计的乘法器用于乘积型同步检波时，一般要求已调波为小信号，本振信号为大信号。

例 3.3.5 乘积型同步检波器和晶体管的转移特性如图 3.3.12 所示，电压源电压 $U_{BB}=0.7$ V，双边带调幅信号 $u_{DSB}=0.1\cos(2\pi\times10^3t)\cos(2\pi\times10^6t)$ V，本振信号 $u_l=\cos(2\pi\times10^6t)$ V，负载电阻 $R_L=2$ kΩ，电阻 $R=20$ kΩ，电容 $C=690$ pF。计算输出电压 u_o。

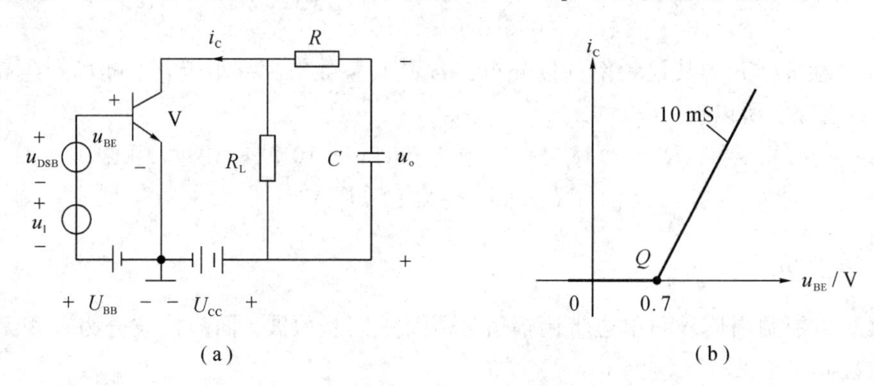

图 3.3.12 晶体管放大器乘积型同步检波

(a) 电路；(b) 晶体管的转移特性

解 该电路采用晶体管放大器线性时变电路构成的乘法器和 RC 低通滤波器。双边带调幅信号和本振信号分别为 $u_{DSB}=U_{sm}\cos\Omega t\cos\omega_c t$，$u_l=U_{lm}\cos\omega_c t$，振幅 $U_{sm}=0.1$ V，$U_{lm}=1$ V，频率 $\Omega=2\pi\times10^3$ rad/s，$\omega_c=2\pi\times10^6$ rad/s。由晶体管的转移特性可得导通电压 $U_{BE(on)}=0.7$ V，交流跨导 $g_m=10$ mS。

因为 $U_{BB}=U_{BE(on)}$，所以直流静态工作点 Q 位于晶体管的放大区和截止区之间，交流电压 $u_{be}=u_{DSB}+u_l$ 决定晶体管工作在放大区还是截止区。因为 $U_{lm}\gg U_{sm}$，所以晶体管的工作状态近似取决于 u_l 的正负。当 $u_l>0$ 时，晶体管工作在放大区，集电极电流 $i_C=g_m(u_{DSB}+u_l)$；当 $u_l<0$ 时，晶体管工作在截止区，$i_C=0$。利用单向开关函数，有

$$
\begin{aligned}
i_C &= g_m(u_{DSB}+u_l)k_1(\omega_c t)\\
&= g_m k_1(\omega_c t)u_l + g_m k_1(\omega_c t)u_{DSB}\\
&= g_m\left(\frac{1}{2}+\frac{2}{\pi}\cos\omega_c t-\frac{2}{3\pi}\cos3\omega_c t+\cdots\right)U_{lm}\cos\omega_c t+\\
&\quad g_m\left(\frac{1}{2}+\frac{2}{\pi}\cos\omega_c t-\frac{2}{3\pi}\cos3\omega_c t+\cdots\right)U_{sm}\cos\Omega t\cos\omega_c t\\
&= \frac{1}{\pi}g_m U_{lm}+\frac{1}{\pi}g_m U_{sm}\cos\Omega t+\\
&\quad \frac{1}{2}g_m U_{lm}\cos\omega_c t+\frac{1}{2}g_m U_{sm}\cos\Omega t\cos\omega_c t+\\
&\quad \frac{2}{3\pi}g_m U_{lm}\cos2\omega_c t+\frac{2}{3\pi}g_m U_{sm}\cos\Omega t\cos2\omega_c t-\\
&\quad \frac{1}{3\pi}g_m U_{lm}\cos4\omega_c t-\frac{1}{3\pi}g_m U_{sm}\cos\Omega t\cos4\omega_c t+\cdots
\end{aligned}
$$

根据 R_L、R 和 C 的取值，对 i_C 的直流分量和低频分量，RC 支路开路或近似开路。直流分量和低频分量流过 R_L 产生电压，又经过 R 和 C 的分压，电压几乎全部在 C 上，成为输出电压，即

$$
\begin{aligned}
u_o &= \left(\frac{1}{\pi}g_m U_{lm}+\frac{1}{\pi}g_m U_{sm}\cos\Omega t\right)R_L \\
&= \left[\frac{1}{\pi}\times 10\ \text{mS}\times 1\ \text{V}+\frac{1}{\pi}\times 10\ \text{mS}\times 0.1\ \text{V}\times\cos(2\pi\times 10^3 t)\right]\times 2\ \text{k}\Omega \\
&= 6.37+0.637\cos(2\pi\times 10^3 t)\ \text{V}
\end{aligned}
$$

i_C 的高频分量流过 R_L、R 和 C 的串并联支路产生电压，又经过 R 和 C 的分压，C 上的高频电压近似为零，对 u_o 几乎没有影响。

例 3.3.6　乘积型同步检波器如图 3.3.13(a)所示，单边带调幅信号 $u_{SSB}=U_{sm}\cos(\omega_c+\Omega)t$，本振信号 $u_l=U_{lm}\cos\omega_c t$，$U_{lm}\gg U_{sm}$，低通滤波器的通带增益为 k_F，输入电阻已折算入负载电阻 R_L。求输出电压 u_o。

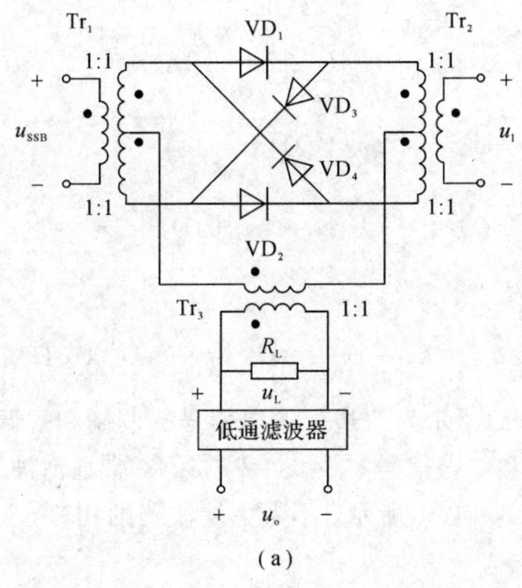

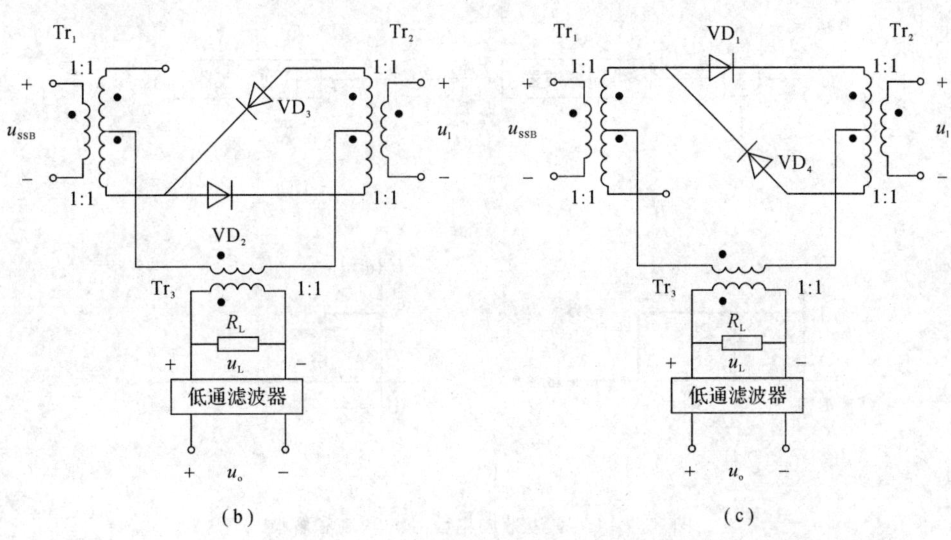

图 3.3.13　单边带调幅信号的乘积型同步检波

(a) 原电路；(b) $u_l>0$ 时的等效电路；(c) $u_l<0$ 时的等效电路

解 该电路采用了二极管环形调制器中的乘法器，修改了部分输入端和输出端。

当 $u_1>0$ 时，二极管 VD_3 和 VD_2 导通，VD_1 和 VD_4 截止，等效电路如图 3.3.13(b)所示。VD_3 和 VD_2 对变压器 Tr_2 副边上的 $2u_1$ 构成回路，$2u_1$ 加在 VD_3 和 VD_2 上。变压器 Tr_1 副边下半段的 u_{SSB} 产生已调波电流 i_{SSB}，i_{SSB} 从副边的抽头出发，流过变压器 Tr_3 的原边，分为两股电流，各为 $i_{SSB}/2$，分别流过 Tr_2 副边的上、下半段，又分别经过 VD_3 和 VD_2，合并为 i_{SSB}，回到 Tr_1 副边的下端。R_L 反射到 Tr_3 的原边上，对 i_{SSB} 呈现的电阻为 R_L，Tr_2 副边的上、下半段的 $i_{SSB}/2$ 方向相反，副边对其短路。在 i_{SSB} 的回路上，VD_3 和 VD_2 并联，又与 R_L 串联，对 u_{SSB} 分压。二极管的交流电阻很小，u_{SSB} 几乎全部加在 Tr_3 原边的 R_L 上，因此，负载电压 $u_L=u_{SSB}$。当 $u_1<0$ 时，二极管 VD_2 和 VD_3 截止，VD_4 和 VD_1 导通，等效电路如图 3.3.13(c)所示。VD_4 和 VD_1 对 Tr_2 副边上的 $2u_1$ 构成回路，$2u_1$ 加在 VD_4 和 VD_1 上。Tr_1 副边上半段的 u_{SSB} 作用到 Tr_3 的原边，$u_L=-u_{SSB}$。引入双向开关函数，在任意时刻，有

$$\begin{aligned}u_L&=k_2(\omega_c t)u_{SSB}\\&=\left(\frac{4}{\pi}\cos\omega_c t-\frac{4}{3\pi}\cos3\omega_c t+\cdots\right)U_{sm}\cos(\omega_c+\Omega)t\\&=\frac{2}{\pi}U_{sm}\cos\Omega t+\frac{2}{\pi}U_{sm}\cos(2\omega_c+\Omega)t-\\&\quad\frac{2}{3\pi}U_{sm}\cos(2\omega_c-\Omega)t-\frac{2}{3\pi}U_{sm}\cos(4\omega_c+\Omega)t+\cdots\end{aligned}$$

经过低通滤波，输出电压为

$$u_o=k_F\frac{2}{\pi}U_{sm}\cos\Omega t=\frac{2}{\pi}k_F U_{sm}\cos\Omega t$$

例 3.3.7 图 3.3.14(a)所示为双边带调幅信号的调制和解调的电路框图。其中，调制信号 $u_\Omega=U_{\Omega m}\cos\Omega t$，载波和本振信号 $u_c=u_1=k_1(\omega_c t)$，带通滤波器和低通滤波器的幅频特性 $H_1(\omega)$ 和 $H_2(\omega)$ 如图 3.3.14(b)所示。不考虑滤波器的相移，写出各级输出电压 $u_{o1}\sim u_{o3}$ 和 u_o 的表达式并画出波形。

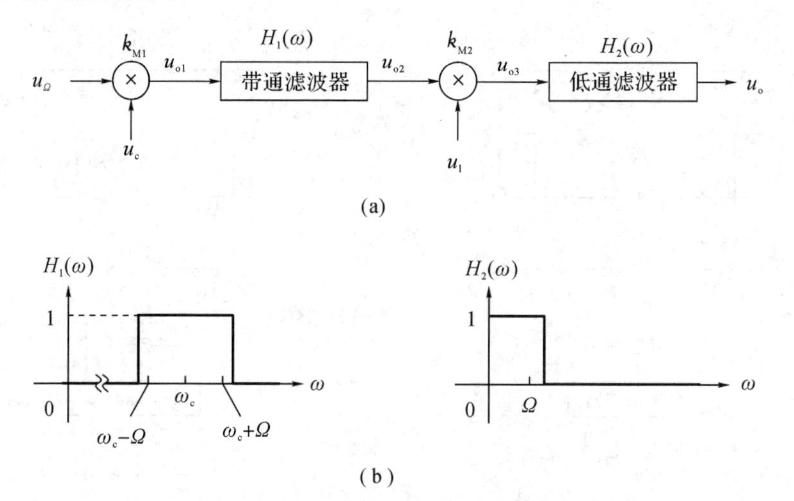

图 3.3.14 双边带调幅信号的调制和解调
(a)电路框图；(b) 滤波器的幅频特性

解 在调制部分，乘法器输出的 u_{o1} 的表达式为 $u_{o1}=k_{M1}u_\Omega u_c$，则有

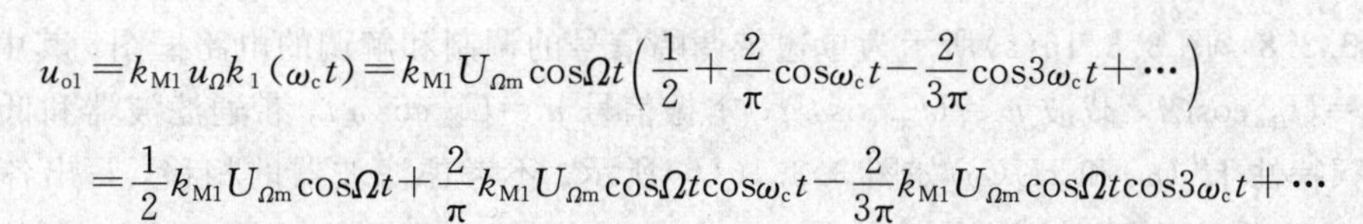

$$u_{o1}=k_{M1}u_{\Omega}k_1(\omega_c t)=k_{M1}U_{\Omega m}\cos\Omega t\left(\frac{1}{2}+\frac{2}{\pi}\cos\omega_c t-\frac{2}{3\pi}\cos3\omega_c t+\cdots\right)$$

$$=\frac{1}{2}k_{M1}U_{\Omega m}\cos\Omega t+\frac{2}{\pi}k_{M1}U_{\Omega m}\cos\Omega t\cos\omega_c t-\frac{2}{3\pi}k_{M1}U_{\Omega m}\cos\Omega t\cos3\omega_c t+\cdots$$

带通滤波器输出的 u_{o2} 的表达式为

$$u_{o2}=\frac{2}{\pi}k_{M1}U_{\Omega m}\cos\Omega t\cos\omega_c t$$

在解调部分，乘法器输出的 u_{o3} 的表达式为 $u_{o3}=k_{M2}u_{o2}u_1$，则有

$$u_{o3}=k_{M2}u_{o2}k_1(\omega_c t)=k_{M2}\times\frac{2}{\pi}k_{M1}U_{\Omega m}\cos\Omega t\cos\omega_c t\left(\frac{1}{2}+\frac{2}{\pi}\cos\omega_c t-\frac{2}{3\pi}\cos3\omega_c t+\cdots\right)$$

$$=\frac{2}{\pi^2}k_{M2}k_{M1}U_{\Omega m}\cos\Omega t+\frac{1}{\pi}k_{M2}k_{M1}U_{\Omega m}\cos\Omega t\cos\omega_c t+\frac{4}{3\pi^2}k_{M2}k_{M1}U_{\Omega m}\cos\Omega t\cos2\omega_c t$$

$$-\frac{2}{3\pi^2}k_{M2}k_{M1}U_{\Omega m}\cos\Omega t\cos4\omega_c t+\cdots$$

低通滤波器输出的 u_o 的表达式为

$$u_o=\frac{2}{\pi^2}k_{M2}k_{M1}U_{\Omega m}\cos\Omega t$$

以 u_Ω 和 $u_c=u_1$ 的波形为参考，$u_{o1}\sim u_{o3}$ 和 u_o 的波形如图 3.3.15 所示。

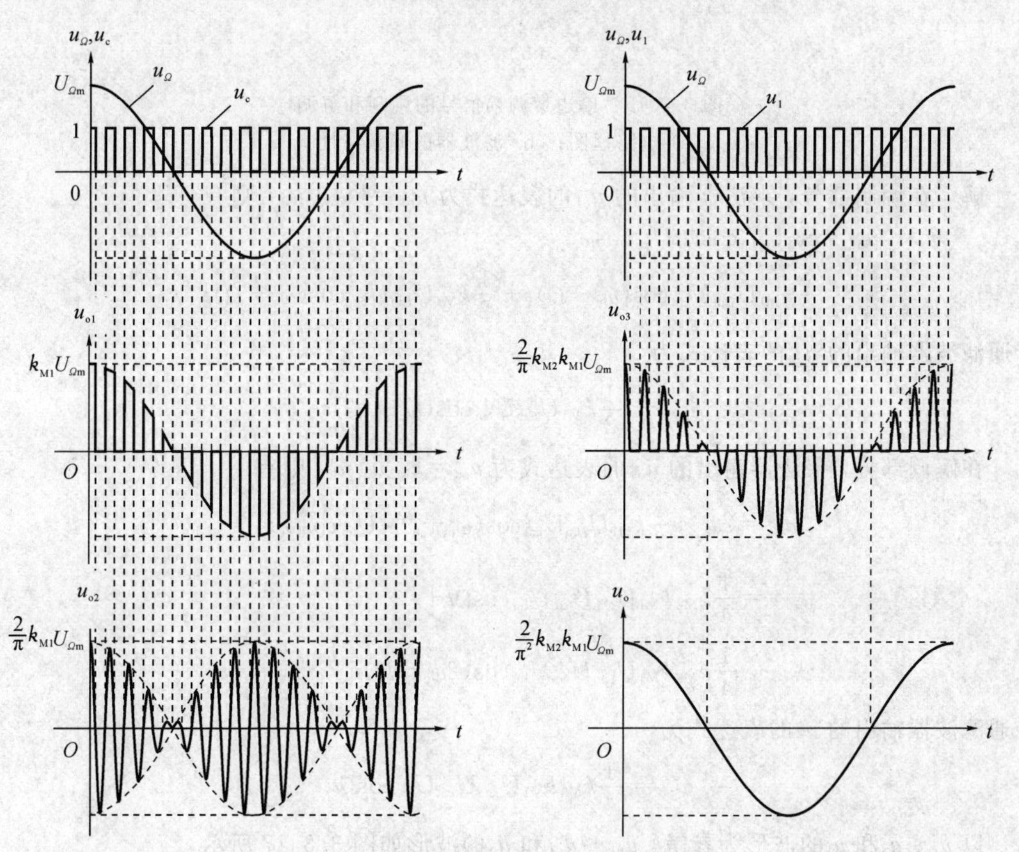

图 3.3.15　$u_{o1}\sim u_{o3}$ 和 u_o 的波形

例 3.3.8 图 3.3.16(a)所示为单边带调幅信号的调制和解调的电路框图。其中，调制信号 $u_\Omega=U_{\Omega m}\cos\Omega t$，载波 $u_c=U_{cm}\cos\omega_c t$，本振信号 $u_l=U_{lm}\cos\omega_c t$，带通滤波器和低通滤波器的幅频特性 $H_1(\omega)$和 $H_2(\omega)$如图 3.3.16(b)所示。不考虑滤波器的相移，写出各级输出电压 $u_{o1}\sim u_{o3}$ 和 u_o的表达式并画出波形。

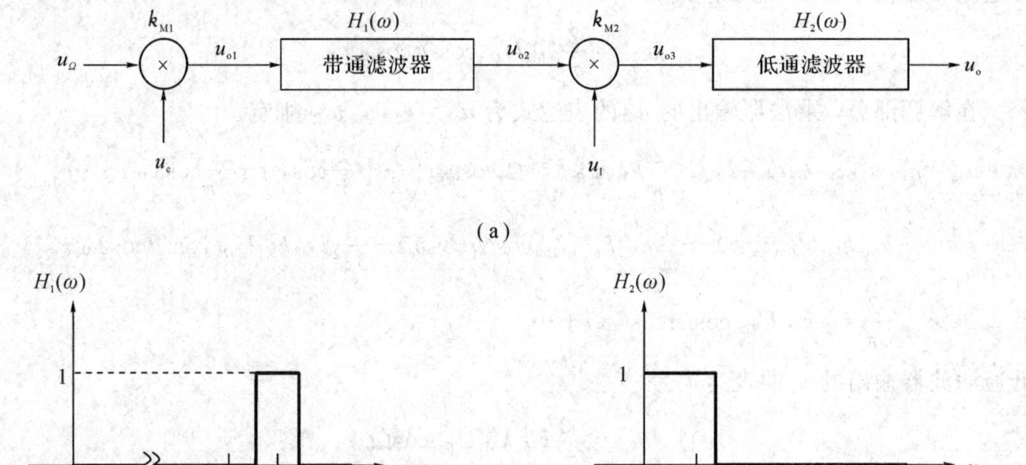

图 3.3.16 单边带调幅信号的调制和解调

(a) 电路框图；(b) 滤波器的幅频特性

解 在调制部分，乘法器输出的 u_{o1} 的表达式为 $u_{o1}=k_{M1}u_\Omega u_c$，则有

$$
\begin{aligned}
u_{o1}&=k_{M1}U_{\Omega m}\cos\Omega t U_{cm}\cos\omega_c t\\
&=\frac{1}{2}k_{M1}U_{\Omega m}U_{cm}\cos(\omega_c+\Omega)t+\frac{1}{2}k_{M1}U_{\Omega m}U_{cm}\cos(\omega_c-\Omega)t
\end{aligned}
$$

带通滤波器输出的 u_{o2} 的表达式为

$$u_{o2}=\frac{1}{2}k_{M1}U_{\Omega m}U_{cm}\cos(\omega_c+\Omega)t$$

在解调部分，乘法器输出的 u_{o3} 的表达式为 $u_{o3}=k_{M2}u_{o2}u_l$，则有

$$
\begin{aligned}
u_{o3}&=k_{M2}\times\frac{1}{2}k_{M1}U_{\Omega m}U_{cm}\cos(\omega_c+\Omega)tU_{lm}\cos\omega_c t\\
&=\frac{1}{4}k_{M2}k_{M1}U_{\Omega m}U_{cm}U_{lm}\cos\Omega t+\\
&\quad\frac{1}{4}k_{M2}k_{M1}U_{\Omega m}U_{cm}U_{lm}\cos(2\omega_c+\Omega)t
\end{aligned}
$$

低通滤波器输出的 u_o的表达式为

$$u_o=\frac{1}{4}k_{M2}k_{M1}U_{\Omega m}U_{cm}U_{lm}\cos\Omega t$$

以 u_Ω、u_c和 u_l的波形为参考，$u_{o1}\sim u_{o3}$ 和 u_o的波形如图 3.3.17 所示。

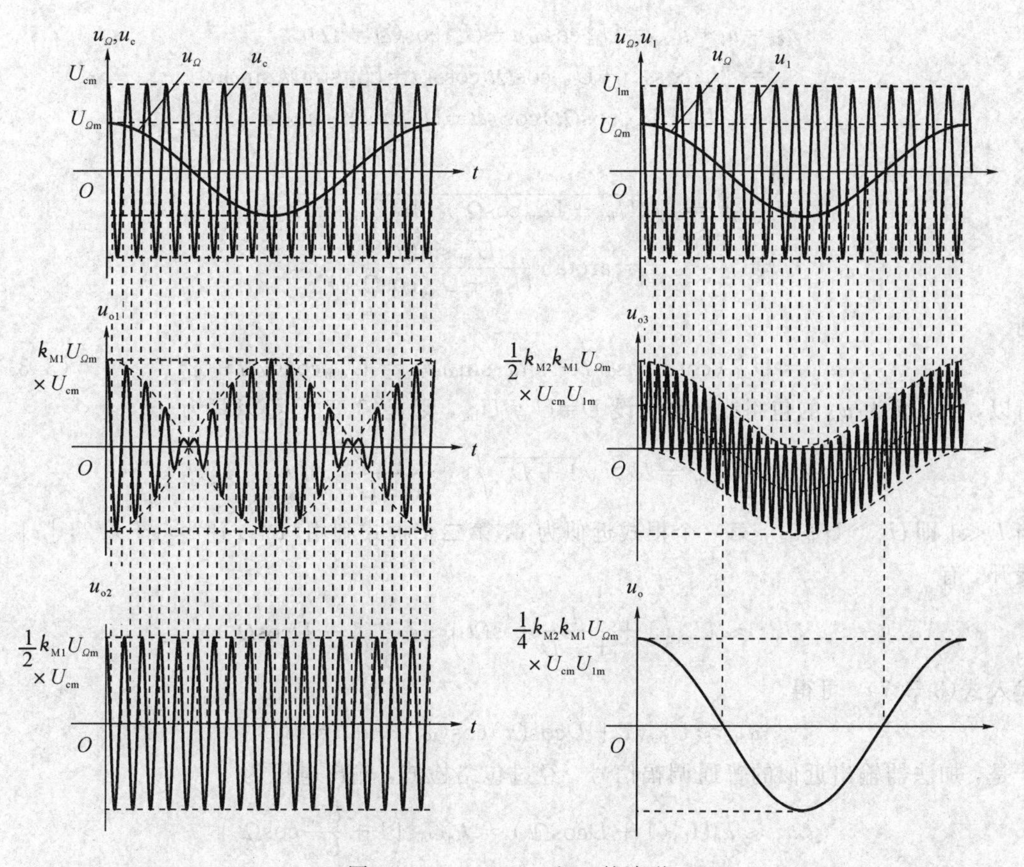

图 3.3.17　$u_{o1} \sim u_{o3}$ 和 u_o 的波形

2. 叠加型同步检波

如图 3.3.18 所示，叠加型同步检波首先通过加法器，将已调波 u_s 和本振信号 $u_l = U_{lm}\cos\omega_c t$ 叠加成普通调幅信号 u_{AM}，再对其包络检波。

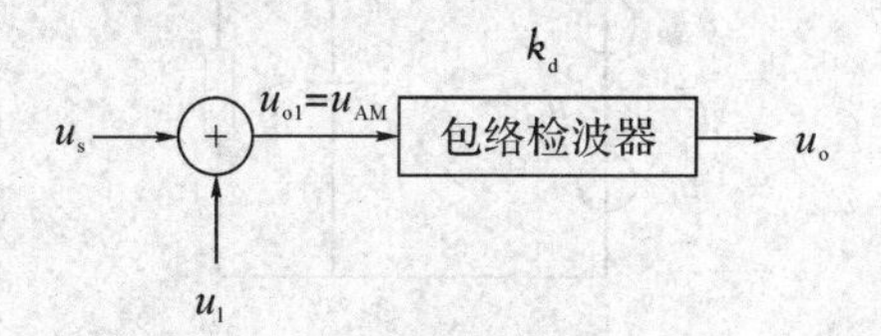

图 3.3.18　叠加型同步检波

当 u_s 是双边带调幅信号 $u_{DSB} = U_{sm}\cos\Omega t\cos\omega_c t$ 时，加法器的输出电压为

$$u_{o1} = u_l + u_{DSB} = U_{lm}\cos\omega_c t + U_{sm}\cos\Omega t\cos\omega_c t$$

$$= U_{lm}\left(1 + \frac{U_{sm}}{U_{lm}}\cos\Omega t\right)\cos\omega_c t = u_{AM}$$

为了实现对 u_{AM} 的包络检波，要求 $U_{lm} \geqslant U_{sm}$。包络检波的输出电压 $u_o = k_d U_{lm}[1 + (U_{sm}/U_{lm})\cos\Omega t]$，$k_d$ 为检波增益。

当 u_s 是单边带调幅信号 u_{SSB} 时，u_{SSB} 和 u_l 叠加得不到完整的普通调幅信号，只有在满足一定条件时，可以输出近似的普通调幅信号。以上边带调幅信号 $u_{SSB} = U_{sm}\cos(\omega_c + \Omega)t$ 为例，加法器的输出电压为

$$\begin{aligned}u_{o1}&=u_l+u_{SSB}=U_{lm}\cos\omega_c t+U_{sm}\cos(\omega_c+\Omega)t\\&=U_{lm}\cos\omega_c t+U_{sm}\cos\Omega t\cos\omega_c t-U_{sm}\sin\Omega t\sin\omega_c t\\&=(U_{lm}+U_{sm}\cos\Omega t)\cos\omega_c t-U_{sm}\sin\Omega t\sin\omega_c t\end{aligned}$$

设

$$U_{o1m}=\sqrt{(U_{lm}+U_{sm}\cos\Omega t)^2+(U_{sm}\sin\Omega t)^2} \tag{3.3.6}$$

$$\varphi=\arctan\frac{U_{sm}\sin\Omega t}{U_{lm}+U_{sm}\cos\Omega t}$$

则

$$u_{o1}=U_{o1m}(\cos\varphi\cos\omega_c t-\sin\varphi\sin\omega_c t)=U_{o1m}\cos(\omega_c t+\varphi) \tag{3.3.7}$$

所以，U_{o1m}即为u_{o1}的包络线电压。设$D=U_{sm}/U_{lm}$，则式(3.3.6)可以写为

$$U_{o1m}=U_{lm}\sqrt{1+D^2}\sqrt{1+\frac{2D}{1+D^2}\cos\Omega t}$$

当$D\ll 1$即$U_{lm}\gg U_{sm}$时，第一个根式近似为1，第二个根式利用$(1+x)^{1/2}\approx 1+x/2$，$|x|\ll 1$展开，有

$$U_{o1m}\approx U_{lm}\left(1+\frac{D}{1+D^2}\cos\Omega t\right)\approx U_{lm}(1+D\cos\Omega t)$$

代入式(3.3.7)，可得

$$u_{o1}\approx U_{lm}(1+D\cos\Omega t)\cos(\omega_c t+\varphi)=u_{AM}$$

于是，加法器输出近似的普通调幅信号，经过包络检波，输出电压为

$$u_o\approx k_d U_{lm}(1+D\cos\Omega t)=k_d U_{lm}\left(1+\frac{U_{sm}}{U_{lm}}\cos\Omega t\right)$$

例 3.3.9 叠加型同步检波器如图 3.3.19 所示，下边带调幅信号$u_{SSB}=U_{sm}\cos(\omega_c-\Omega)t$，本振信号$u_l=U_{lm}\cos\omega_c t$，$U_{lm}\gg U_{sm}$。计算输出电压$u_o$。

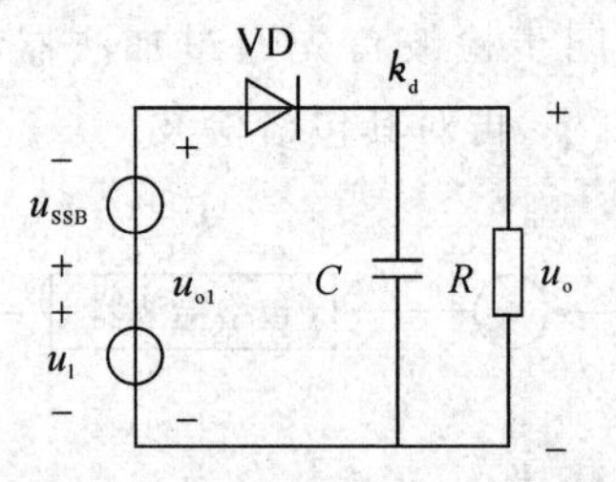

图 3.3.19 叠加型同步检波器

解 u_{SSB}和u_l叠加得到的输出电压为

$$\begin{aligned}u_{o1}&=u_l-u_{SSB}=U_{lm}\cos\omega_c t-U_{sm}\cos(\omega_c-\Omega)t\\&=U_{lm}\cos\omega_c t-U_{sm}\cos\Omega t\cos\omega_c t-U_{sm}\sin\Omega t\sin\omega_c t\\&=(U_{lm}-U_{sm}\cos\Omega t)\cos\omega_c t-U_{sm}\sin\Omega t\sin\omega_c t\end{aligned}$$

设包络线电压为

$$\begin{aligned}U_{o1m}&=\sqrt{(U_{lm}-U_{sm}\cos\Omega t)^2+(U_{sm}\sin\Omega t)^2}\\&=U_{lm}\sqrt{1+D^2}\sqrt{1-\frac{2D}{1+D^2}\cos\Omega t}\\&\approx U_{lm}(1-D\cos\Omega t)\end{aligned}$$

其中，$D=U_{sm}/U_{lm}\ll 1$。设

$$\varphi=\arctan\frac{U_{sm}\sin\Omega t}{U_{lm}-U_{sm}\cos\Omega t}$$

则

$$\begin{aligned}u_{o1}&=U_{olm}(\cos\varphi\cos\omega_c t-\sin\varphi\sin\omega_c t)\\&=U_{lm}(1-D\cos\Omega t)\cos(\omega_c t+\varphi)\\&=u_{AM}\end{aligned}$$

经过包络检波，输出电压为

$$u_o\approx k_d U_{lm}(1-D\cos\Omega t)=k_d U_{lm}\left(1-\frac{U_{sm}}{U_{lm}}\cos\Omega t\right)$$

例 3.3.10　图 3.3.20 所示为两个二极管检波器，其中，u_s为调幅信号，u_l为本振信号。

(1) 分析电路能否实现同步检波。

(2) 当 $u_l=0$ 时，分析电路能否实现包络检波。

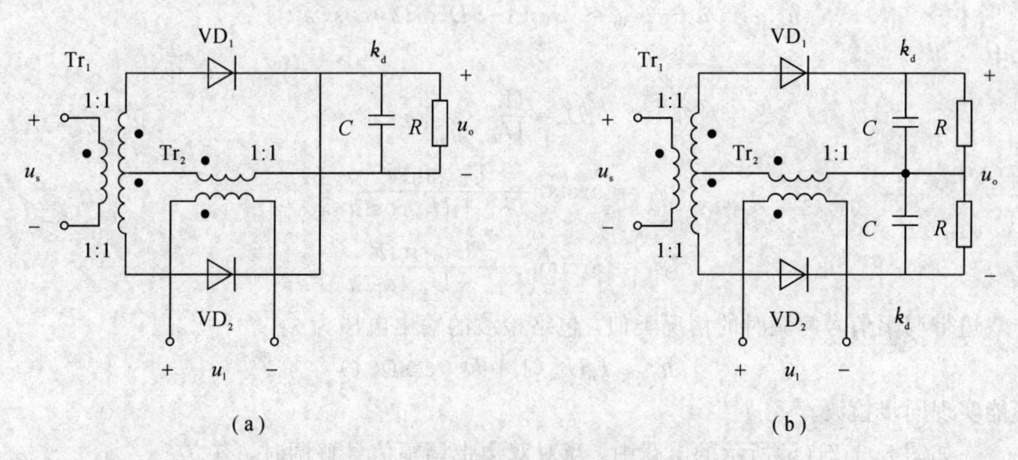

图 3.3.20　两个二极管检波器

(a) 电路一；(b) 电路二

解　去除变压器 Tr_1和 Tr_2后的等效电路如图 3.3.21 所示。

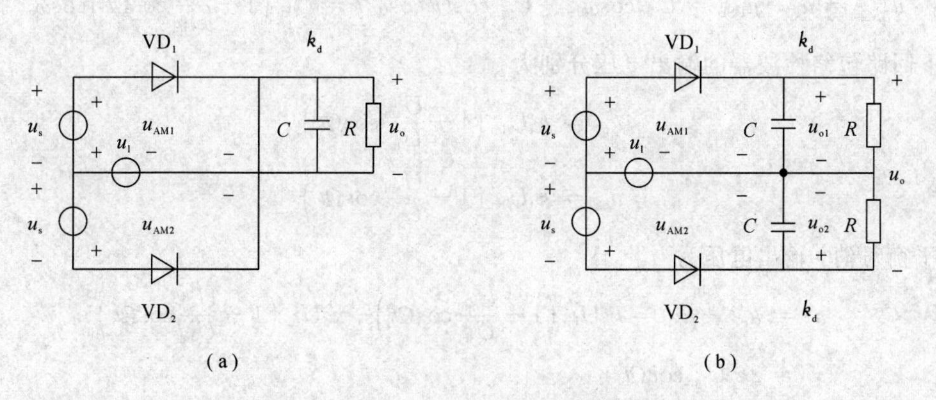

图 3.3.21　两个二极管检波器的等效电路

(a) 电路一；(b) 电路二

(1) 设本振信号 $u_l=U_{lm}\cos\omega_c t$。在如图 3.3.21(a)所示的电路中，当对双边带调幅信号

解调时，设 $u_s=u_{DSB}=U_{sm}\cos\Omega t\cos\omega_c t$，有

$$u_{AM1}=u_l+u_{DSB}=U_{lm}\cos\omega_c t+U_{sm}\cos\Omega t\cos\omega_c t=U_{lm}\left(1+\frac{U_{sm}}{U_{lm}}\cos\Omega t\right)\cos\omega_c t$$

$$u_{AM2}=u_l-u_{DSB}=U_{lm}\cos\omega_c t-U_{sm}\cos\Omega t\cos\omega_c t=U_{lm}\left(1-\frac{U_{sm}}{U_{lm}}\cos\Omega t\right)\cos\omega_c t$$

二极管 VD_1 和 VD_2 右端连接，构成高电平选择电路，比较 u_{AM1} 和 u_{AM2}。u_{AM1} 和 u_{AM2} 中较大的电压被包络检波，较小的电压对应的二极管截止，不参与包络检波。包络检波前后的波形如图 3.3.22(a)所示，输出电压为

$$u_o=k_d U_{lm}\left(1+\frac{U_{sm}}{U_{lm}}\mid\cos\Omega t\mid\right)$$

不能实现同步检波。对单边带调幅信号解调时，以上边带调幅信号为例，设 $u_s=u_{SSB}=U_{sm}\cos(\omega_c+\Omega)t$，$U_{lm}\gg U_{sm}$，有

$$u_{AM1}=u_l+u_{SSB}\approx U_{lm}(1+D\cos\Omega t)\cos(\omega_c t+\varphi_1)$$
$$u_{AM2}=u_l-u_{SSB}\approx U_{lm}(1-D\cos\Omega t)\cos(\omega_c t+\varphi_2)$$

其中

$$D=\frac{U_{sm}}{U_{lm}}\ll 1$$

$$\varphi_1=\arctan\frac{U_{sm}\sin\Omega t}{U_{lm}+U_{sm}\cos\Omega t}$$

$$\varphi_2=\arctan\frac{-U_{sm}\sin\Omega t}{U_{lm}-U_{sm}\cos\Omega t}$$

与双边带调幅信号解调时的情况类似，包络检波的输出电压为

$$u_o\approx k_d U_{lm}(1+D\mid\cos\Omega t\mid)$$

不能实现同步检波。

在如图 3.3.21(b)所示的电路中，当对双边带调幅信号解调时，有

$$u_{AM1}=u_l+u_{DSB}=U_{lm}\cos\omega_c t+U_{sm}\cos\Omega t\cos\omega_c t=U_{lm}\left(1+\frac{U_{sm}}{U_{lm}}\cos\Omega t\right)\cos\omega_c t$$

$$u_{AM2}=u_l-u_{DSB}=U_{lm}\cos\omega_c t-U_{sm}\cos\Omega t\cos\omega_c t=U_{lm}\left(1-\frac{U_{sm}}{U_{lm}}\cos\Omega t\right)\cos\omega_c t$$

上、下回路包络检波器的输出电压分别为

$$u_{o1}=k_d U_{lm}\left(1+\frac{U_{sm}}{U_{lm}}\cos\Omega t\right)$$

$$u_{o2}=k_d U_{lm}\left(1-\frac{U_{sm}}{U_{lm}}\cos\Omega t\right)$$

经过平衡对消，输出电压为

$$\begin{aligned}u_o&=u_{o1}-u_{o2}=k_d U_{lm}\left(1+\frac{U_{sm}}{U_{lm}}\cos\Omega t\right)-k_d U_{lm}\left(1-\frac{U_{sm}}{U_{lm}}\cos\Omega t\right)\\&=2k_d U_{sm}\cos\Omega t\end{aligned}$$

能够实现同步检波。当对单边带调幅信号解调时，有

$$u_{AM1}=u_l+u_{SSB}\approx U_{lm}(1+D\cos\Omega t)\cos(\omega_c t+\varphi_1)$$
$$u_{AM2}=u_l-u_{SSB}\approx U_{lm}(1-D\cos\Omega t)\cos(\omega_c t+\varphi_2)$$

$$u_{o1} \approx k_d U_{lm}(1 + D\cos\Omega t)$$

$$u_{o2} \approx k_d U_{lm}(1 - D\cos\Omega t)$$

$$u_o = u_{o1} - u_{o2} \approx k_d U_{lm}(1 + D\cos\Omega t) - k_d U_{lm}(1 - D\cos\Omega t) = 2k_d U_{lm} D\cos\Omega t$$
$$= 2k_d U_{sm}\cos\Omega t$$

能够实现同步检波。

(2) 当 $u_l = 0$ 时，没有本振信号，电路只可能解调普通调幅信号，设 $u_s = u_{AM} = U_{sm}(1 + m_a\cos\Omega t)\cos\omega_c t$。在图 3.3.21(a)中，有

$$u_{AM1} = u_{AM} = U_{sm}(1 + m_a\cos\Omega t)\cos\omega_c t$$

$$u_{AM2} = -u_{AM} = -U_{sm}(1 + m_a\cos\Omega t)\cos\omega_c t$$

包络检波前后的波形如图 3.3.22(b)所示，输出电压为

$$u_o = k_d U_{sm}(1 + m_a\cos\Omega t)$$

能够实现包络检波。

在图 3.3.21(b)中，有

$$u_{AM1} = u_{AM} = U_{sm}(1 + m_a\cos\Omega t)\cos\omega_c t$$

$$u_{AM2} = -u_{AM} = -U_{sm}(1 + m_a\cos\Omega t)\cos\omega_c t$$

$$u_{o1} = k_d U_{sm}(1 + m_a\cos\Omega t)$$

$$u_{o2} = k_d U_{sm}(1 + m_a\cos\Omega t)$$

$$u_o = u_{o1} - u_{o2} = 0$$

不能实现包络检波。

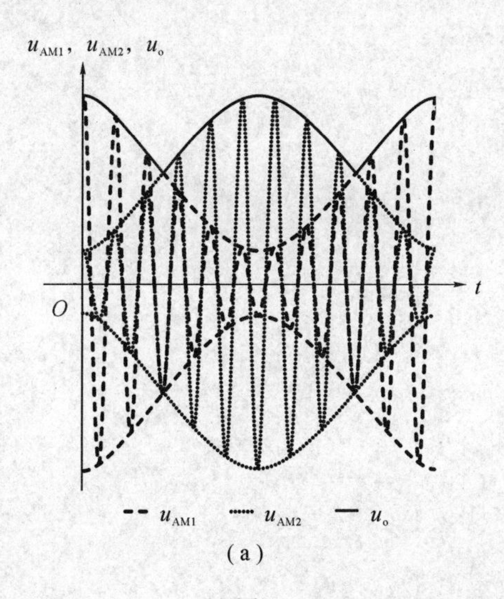

(a)

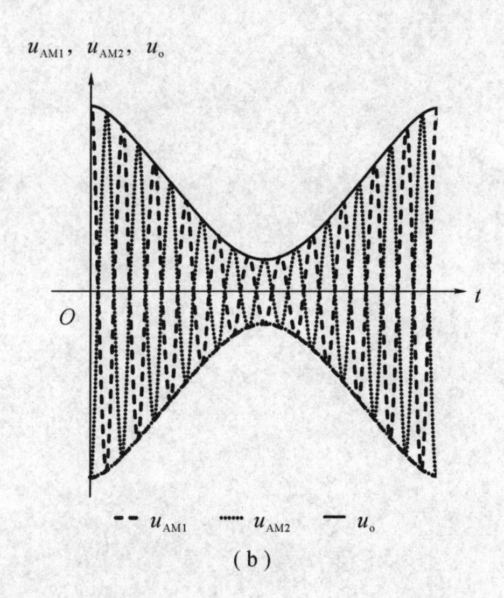

(b)

图 3.3.22　$u_l = U_{lm}\cos\omega_c t$ 和 $u_l = 0$ 时包络检波前后的波形

(a) $u_l = U_{lm}\cos\omega_c t$ 时；(b) $u_l = 0$ 时

思考题和习题解答索引

本章选用配套教材《射频电路基础(第二版)》第五章振幅调制与解调的全部思考题和习题，编为例题给出详细解答，可以在表 P3.1 中依据教材中思考题和习题的编号查找对应的

本书中例题的编号。个别例题对思考题和习题做了修改，参考时请注意区别。

表 P3.1　教材中思考题和习题与本书中例题的编号对照

思考题和习题编号	例题编号	思考题和习题编号	例题编号
5-1	3.1.1	5-11	3.2.11
5-2	3.1.3	5-12	3.2.12
5-3	3.1.4	5-13	3.2.13
5-4	3.1.5	5-14	3.2.14
5-5	3.1.6	5-15	3.3.1
5-6	3.1.7	5-16	3.3.2
5-7	3.2.1	5-17	3.3.3
5-8	3.2.2	5-18	3.3.10
5-9	3.2.4	5-19	3.3.7
5-10	3.2.9	5-20	3.3.8

第四章 混 频

教学内容

混频原理、时变静态电流、时变电导、混频跨导、混频电路、混频干扰。

基本要求

(1) 了解混频信号、混频的功能及其与振幅调制与解调的联系和区别。

(2) 掌握混频原理、混频前后已调波频率和本振信号频率的关系。

(3) 掌握时变静态电流、时变电导和混频跨导的分析计算。

(4) 掌握线性时变电路混频的分析计算。

(5) 了解接收机混频电路的干扰。

重点、难点

重点：混频前后的输入和输出已调波的频率和本振信号频率的关系、线性时变电路混频的分析计算。

难点：基于泰勒级数和傅里叶级数分解的线性时变电路混频的工作原理，本振信号控制器件通角时混频电路的时变静态电流、时变电导和混频跨导的分析计算。

在不改变调制信号信息的前提下，改变已调波的载波频率，这个过程称为混频。如果混频提高了载波频率，就称为上混频，降低载波频率的混频称为下混频。

无线电通信发射机可以首先产生中频已调波，再经由上混频提高载波频率，得到高频已调波，经过功率放大后馈入天线并发射出去。接收机一端可以首先通过天线和调谐回路得到高频已调波，对其下混频，降低载波频率，得到中频已调波，经过中频放大后检波。在信号的无线传输过程中，也经常需要在中继时进行混频，改变已调波的载波频率，以适应不同信道的传输要求。

4.1 混频信号

混频前的输入已调波，不论是高频已调波还是中频已调波，可以统一记为 u_s。混频后的输出已调波统一记为 u_i，其载波频率记为 ω_i。u_i 又称为中频信号，ω_i 又称为中频频率，此处的“中频”意为“中间过渡”，输出的高频已调波或中频已调波又分别称为高中频信号或低中频信号。

因为混频不改变调制信号信息，所以在时域上看，如果输入已调波是普通调幅信号

$u_{AM}=U_{sm}(1+m_a\cos\Omega t)\cos\omega_c t$，则输出已调波 $u_i=U_{im}(1+m_a\cos\Omega t)\cos\omega_i t$，$u_i$的包络线与$u_{AM}$的包络线形状一致，只是在包络线约束下的振荡频率即载波频率从 ω_c变为 ω_i，如图4.1.1所示。在频域上，混频和振幅调制与解调一样，实现线性频谱搬移，混频前后已调波的频谱结构没有变化，各个频率分量的振幅比和频率间隔不变，只是改变了中心的载波频率。

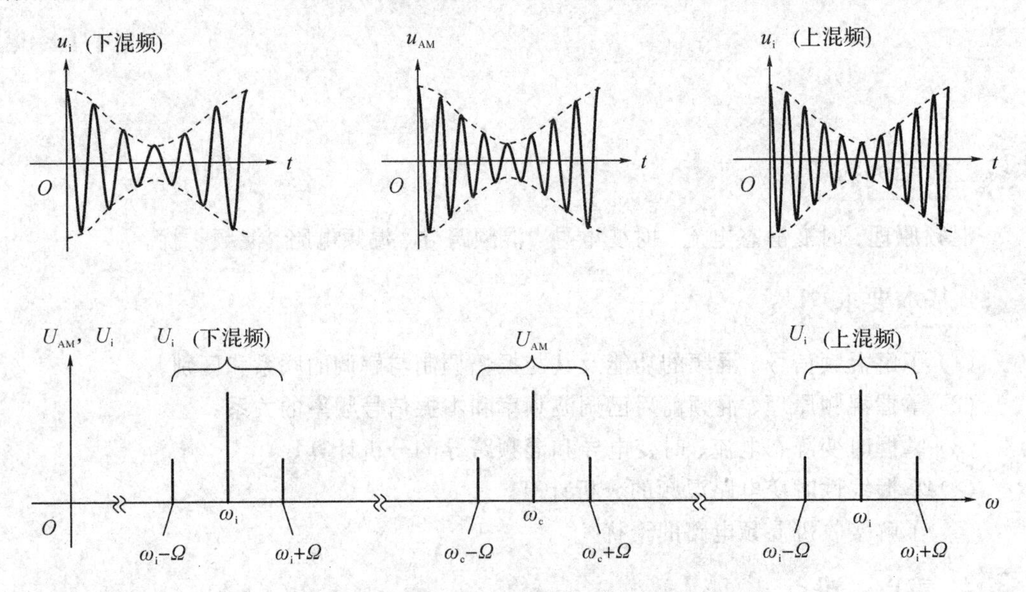

图 4.1.1 混频在时域和频域对普通调幅信号的变换

4.2 混频原理

混频需要用到一个本振信号 u_l，与同步检波所用的本振信号不同，混频所用的 u_l的频率 ω_l一般不等于已调波的载波频率。用增益为 k_M的乘法器将输入已调波 u_s与 u_l相乘，经过线性频谱搬移，信号的中频频率 ω_i为 ω_l与 u_s的载波频率 ω_c的和 $\omega_l+\omega_c$或差 $\omega_l-\omega_c$。乘法器输出的 $k_M u_s u_l$经过中心频率 $\omega_0=\omega_l+\omega_c$或 $\omega_0=\omega_l-\omega_c$的带通滤波器，输出中频信号 u_i。根据乘法器电路的输出频谱，选用 ω_0为 ω_l和 ω_c的其他线性组合的带通滤波器，可以得到其他中频频率的 u_i，如 $\omega_i=3\omega_l\pm\omega_c$等。

同振幅调制一样，混频用的乘法器可以采用非线性电路或线性时变电路的原理来实现。在接收机中，低噪声放大器送出的高频已调波是小信号，而本振信号相对是大信号，所以混频用的乘法器主要采用线性时变电路的原理。输入已调波 u_s与本振信号 u_l叠加，经过 U_{bias}的直流偏置，输入线性时变电路，得到输出电流为

$$i_o=f(U_{bias}+u_l+u_s)$$

其中，非线性函数 f 代表电路对信号的非线性变换。对 u_s而言，$U_{bias}+u_l$是时变静态工作点 Q 对应的时变静态电压，在其附近将 i_o展开成有关 u_s的泰勒级数，并作线性近似，可得

$$i_o\approx f(U_{bias}+u_l)+f'(U_{bias}+u_l)u_s=I_0(t)+g(t)u_s$$

其中，$I_0(t)$称为时变静态电流，$g(t)$称为时变电导，它们分别是 u_s为零，输入电压仅有 U_{bias}和 u_l时混频的输出电流和交流跨导。$I_0(t)$与混频输出无关，$g(t)u_s$中有用的频率分量构成中频电流 i_i，i_i经过带通滤波器(如 LC 并联谐振回路)变为输出已调波，即中频信号 u_i。

i_i的振幅 i_{im}与 u_s的振幅 u_{sm}之比称为混频跨导，记为 g_c。如果 u_{sm}随时间变化，则 i_{im}也随时间同样变化，二者相比时约去与时间有关的部分，得到的 g_c与时间无关。

例 4.2.1 混频器件的转移特性如图 4.2.1 所示，输入已调波 $u_s=U_{sm}\cos\omega_c t$，本振信号 $u_l=U_{lm}\cos\omega_l t$，$U_{lm}\gg U_{sm}$，器件的输入电压 $u=u_l+u_s$。求混频器对中频频率分别为 $\omega_i=\omega_l-\omega_c$和 $\omega_i=3\omega_l-\omega_c$的输出已调波的混频跨导 $g_{\omega_l-\omega_c}$和 $g_{3\omega_l-\omega_c}$。

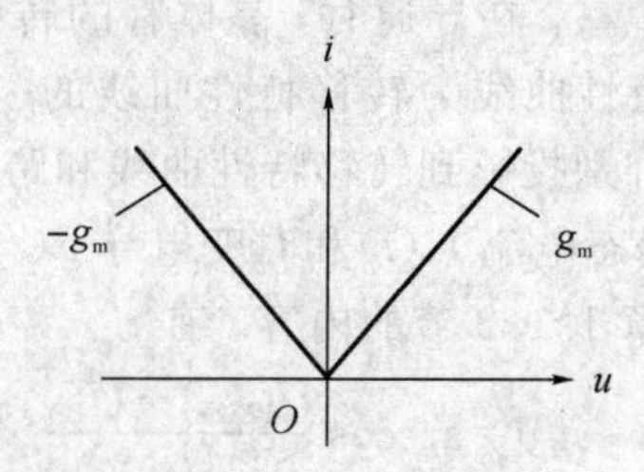

图 4.2.1 混频器件的转移特性

解 因为 $U_{lm}\gg U_{sm}$，所以工作点的位置近似取决于 u_l的正负。当 $u_l>0$ 时，工作点在第一象限，输出电流 $i=g_m(u_l+u_s)$；当 $u_l<0$ 时，工作点在第二象限，$i=-g_m(u_l+u_s)$。引入双向开关函数，即

$$k_2(\omega_l t)=\begin{cases}1 & (u_l>0)\\ -1 & (u_l<0)\end{cases}=\frac{4}{\pi}\cos\omega_l t-\frac{4}{3\pi}\cos 3\omega_l t+\cdots$$

有

$$\begin{aligned} i &= g_m k_2(\omega_l t)(u_l+u_s)\\ &= g_m k_2(\omega_l t)u_l+g_m k_2(\omega_l t)u_s \end{aligned} \tag{4.2.1}$$

其中，时变静态电流 $I_0(t)=g_m k_2(\omega_l t)u_l$，时变电导 $g(t)=g_m k_2(\omega_l t)$。将 $k_2(\omega_l t)$的展开式代入式(4.2.1)，可得

$$\begin{aligned} i &= I_0(t)+g_m\left(\frac{4}{\pi}\cos\omega_l t-\frac{4}{3\pi}\cos 3\omega_l t+\cdots\right)U_{sm}\cos\omega_c t\\ &= I_0(t)+\frac{2}{\pi}g_m U_{sm}\cos(\omega_l+\omega_c)t+\frac{2}{\pi}g_m U_{sm}\cos(\omega_l-\omega_c)t\\ &\quad -\frac{2}{3\pi}g_m U_{sm}\cos(3\omega_l+\omega_c)t-\frac{2}{3\pi}g_m U_{sm}\cos(3\omega_l-\omega_c)t+\cdots \end{aligned}$$

当 $\omega_i=\omega_l-\omega_c$时，中频电流为

$$i_i=\frac{2}{\pi}g_m U_{sm}\cos(\omega_l-\omega_c)t=\frac{2}{\pi}g_m U_{sm}\cos\omega_i t$$

混频跨导为

$$g_{\omega_l-\omega_c}=\frac{i_{im}}{u_{sm}}=\frac{\frac{2}{\pi}g_m U_{sm}}{U_{sm}}=\frac{2}{\pi}g_m$$

当 $\omega_i=3\omega_l-\omega_c$时，有

$$i_i=-\frac{2}{3\pi}g_m U_{sm}\cos(3\omega_l-\omega_c)t=-\frac{2}{3\pi}g_m U_{sm}\cos\omega_i t$$

$$g_{3\omega_l-\omega_c}=\frac{i_{im}}{u_{sm}}=\frac{-\frac{2}{3\pi}g_m U_{sm}}{U_{sm}}=-\frac{2}{3\pi}g_m$$

对晶体管放大器和场效应管放大器，可以分别利用器件的转移特性和跨导特性，用本振信号 u_1 通过几何投影得到时变静态电流和时变电导，合成输出电流，既而计算混频跨导，继续得到中频信号。

以晶体管放大器混频为例，电路和晶体管的转移特性如图 4.2.2(a)所示。输入已调波 $u_s=u_{sm}\cos\omega_c t$，本振信号 $u_1=U_{lm}\cos\omega_1 t$，$U_{lm}\gg U_{sm}=\max(u_{sm})$，基极回路的直流偏置电压为 U_{BB}，晶体管的导通电压为 $U_{BE(on)}$。在导通时，晶体管的转移特性曲线近似为直线，斜率为交流跨导 g_m，晶体管的跨导特性曲线为转移特性曲线的一阶导数曲线。如图 4.2.2(b)所示，u_1 经过 U_{BB} 的直流偏置，分别投影到转移特性曲线和跨导特性曲线上，工作点的纵坐标随时间的变化分别给出时变静态电流 $I_0(t)$ 和时变电导 $g(t)$。$I_0(t)$ 为余弦脉冲，$g(t)$ 为矩形脉冲，通角都为 θ。参考第 1 章 1.1.2 节的内容，有

$$\theta=\arccos\frac{U_{BE(on)}-U_{BB}}{U_{lm}}$$

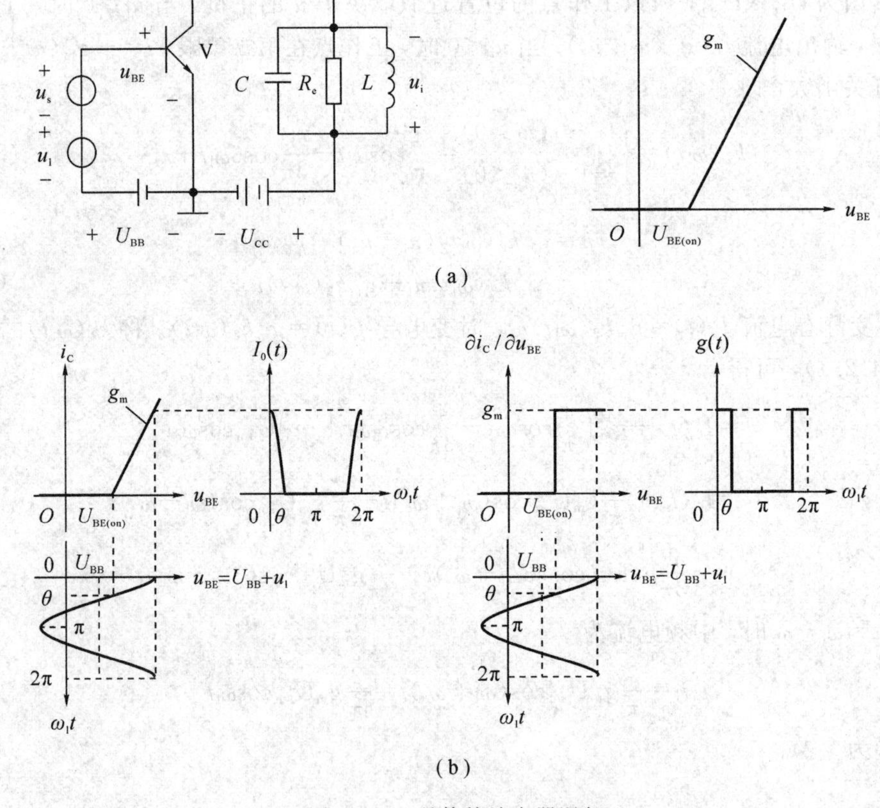

图 4.2.2　晶体管放大器混频

(a)电路和晶体管的转移特性；(b) 几何投影得到 $I_0(t)$ 和 $g(t)$ 的波形

$g(t)$ 展开为傅里叶级数为

$$g(t)=g_0+g_1\cos\omega_1 t+g_2\cos 2\omega_1 t+\cdots$$

其中，各个频率分量的振幅分别为

$$g_0=\frac{1}{2\pi}\int_{-\theta}^{\theta}g_m\,\mathrm{d}\omega_1 t=\frac{g_m\theta}{\pi}$$

$$g_n=\frac{1}{\pi}\int_{-\theta}^{\theta}g_{\mathrm{m}}\cos n\,\omega_1 t\mathrm{d}\omega_1 t=\frac{2g_{\mathrm{m}}\sin n\,\theta}{n\pi}\quad(n=1,2,3,\cdots)$$

因为 $U_{\mathrm{lm}}\gg U_{\mathrm{sm}}$，所以电路为线性时变电路，输出电流即集电极电流 i_{C} 由 $I_0(t)$、$g(t)$ 和 u_{s} 构成，有

$$i_{\mathrm{C}}=I_0(t)+g(t)u_{\mathrm{s}}=I_0(t)+g_0u_{\mathrm{s}}+g_1\cos\omega_1 t\times u_{\mathrm{s}}+g_2\cos 2\omega_1 t\times u_{\mathrm{s}}+\cdots\qquad(4.2.2)$$

当中频频率 $\omega_{\mathrm{i}}=\omega_{\mathrm{l}}\pm\omega_{\mathrm{c}}$时，式(4.2.2)中 $g_1\cos\omega_1 t\times u_{\mathrm{s}}=g_1\cos\omega_1 t\times u_{\mathrm{sm}}\cos\omega_{\mathrm{c}}t$ 产生的中频电流为

$$i_{\mathrm{i}}=\frac{1}{2}g_1u_{\mathrm{sm}}\cos(\omega_{\mathrm{l}}\pm\omega_{\mathrm{c}})t=i_{\mathrm{im}}\cos\omega_{\mathrm{i}}t$$

混频跨导为

$$g_{\mathrm{c}}=\frac{i_{\mathrm{im}}}{u_{\mathrm{sm}}}=\frac{g_1}{2}=\frac{g_{\mathrm{m}}\sin\theta}{\pi}\qquad(4.2.3)$$

当中频频率 $\omega_{\mathrm{i}}=n\omega_{\mathrm{l}}\pm\omega_{\mathrm{c}}(n=2,3,4,\cdots)$时，式(4.2.2)中 $g_n\cos n\omega_{\mathrm{l}}t\times u_{\mathrm{s}}=g_n\cos n\omega_{\mathrm{l}}t\times u_{\mathrm{sm}}\cos\omega_{\mathrm{c}}t$ 产生的中频电流为

$$i_{\mathrm{i}}=\frac{1}{2}g_nu_{\mathrm{sm}}\cos(n\omega_{\mathrm{l}}\pm\omega_{\mathrm{c}})t=i_{\mathrm{im}}\cos\omega_{\mathrm{i}}t$$

混频跨导为

$$g_{\mathrm{c}}=\frac{i_{\mathrm{im}}}{u_{\mathrm{sm}}}=\frac{g_n}{2}=\frac{g_{\mathrm{m}}\sin n\theta}{n\pi}$$

作为放大器的负载，LC 并联谐振回路完成选频滤波，谐振频率 $\omega_0=\omega_{\mathrm{i}}$，谐振电阻为 R_{e}，设带宽 $\mathrm{BW_{BPF}}\gg 2\Omega$，则中频信号 $u_{\mathrm{i}}=R_{\mathrm{e}}i_{\mathrm{i}}=R_{\mathrm{e}}i_{\mathrm{im}}\cos\omega_{\mathrm{i}}t=u_{\mathrm{im}}\cos\omega_{\mathrm{i}}t$。

例 4.2.2 混频器件的转移特性如图 4.2.3(a)所示，输入已调波 $u_{\mathrm{s}}=U_{\mathrm{sm}}(1+m_{\mathrm{a}}\cos\Omega t)\cos\omega_{\mathrm{c}}t$，本振信号$u_{\mathrm{l}}=U_{\mathrm{lm}}\cos\omega_{\mathrm{l}}t$，$U_{\mathrm{lm}}\gg U_{\mathrm{sm}}$，器件的输入电压 $u=U_{\mathrm{bias}}+u_{\mathrm{l}}+u_{\mathrm{s}}$，$U_{\mathrm{bias}}$为器件的直流偏置电压，输出已调波的中频频率为 $\omega_{\mathrm{l}}-\omega_{\mathrm{c}}$。分析混频跨导 g_{c}和 U_{bias}的关系，并画出关系曲线。

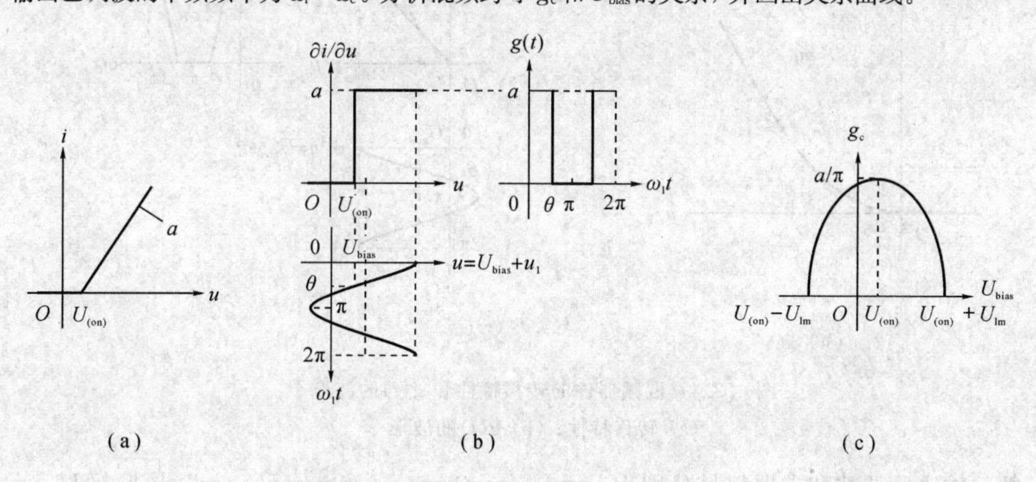

图 4.2.3 混频器件的转移特性、$g(t)$的波形、g_{c}和 U_{bias}的关系曲线

(a) 转移特性；(b) $g(t)$的波形；(c) g_{c} 和 U_{bias}的关系曲线

解 器件的导通电压为$U_{(\mathrm{on})}$，交流跨导为 a，跨导特性如图 4.2.3(b)所示。u_{l}经过 U_{bias} 的直流偏置，投影到跨导特性曲线上，得到的时变电导 $g(t)$为矩形脉冲，通角为

$$\theta=\arccos\frac{U_{(\mathrm{on})}-U_{\mathrm{bias}}}{U_{\mathrm{lm}}}\qquad(4.2.4)$$

$g(t)$展开的傅里叶级数为

$$g(t)=g_0+g_1\cos\omega_l t+g_2\cos 2\omega_l t+\cdots$$

其中，与混频输出有关的频率分量的振幅为

$$g_1=\frac{1}{\pi}\int_{-\theta}^{\theta}a\cos\omega_l t\,\mathrm{d}\omega_l t=\frac{2a\sin\theta}{\pi}$$

u_s的时变振幅 $u_{sm}=U_{sm}(1+m_a\cos\Omega t)$，$g_1\cos\omega_l t\times u_s=g_1\cos\omega_l t\times u_{sm}\cos\omega_c t$ 产生的中频电流为

$$i_i=\frac{1}{2}g_1 u_{sm}\cos(\omega_l-\omega_c)t=i_{im}\cos\omega_i t$$

混频跨导为

$$g_c=\frac{i_{im}}{u_{sm}}=\frac{g_1}{2}=\frac{a\sin\theta}{\pi}=\frac{a\sqrt{1-\cos^2\theta}}{\pi} \tag{4.2.5}$$

将式(4.2.4)代入式(4.2.5)，可得

$$g_c=\frac{a}{\pi}\sqrt{1-\left(\frac{U_{(on)}-U_{bias}}{U_{lm}}\right)^2}$$

g_c和U_{bias}的关系曲线如图 4.2.3(c)所示。

例 4.2.3 混频器件的转移特性如图 4.2.4(a)所示，$a=0.1\ \text{A/V}^{-2}$，输入已调波 $u_s=0.2\cos(2\pi\times1.25\times10^3 t)\cos(2\pi\times465\times10^3 t)$ V，本振信号 $u_l=2\cos(2\pi\times1950\times10^3 t)$ V，器件的输入电压 $u=U_{bias}+u_l+u_s$，直流偏置电压 $U_{bias}=1$ V，输出已调波的中频频率为 1485 kHz。计算混频跨导 g_c。

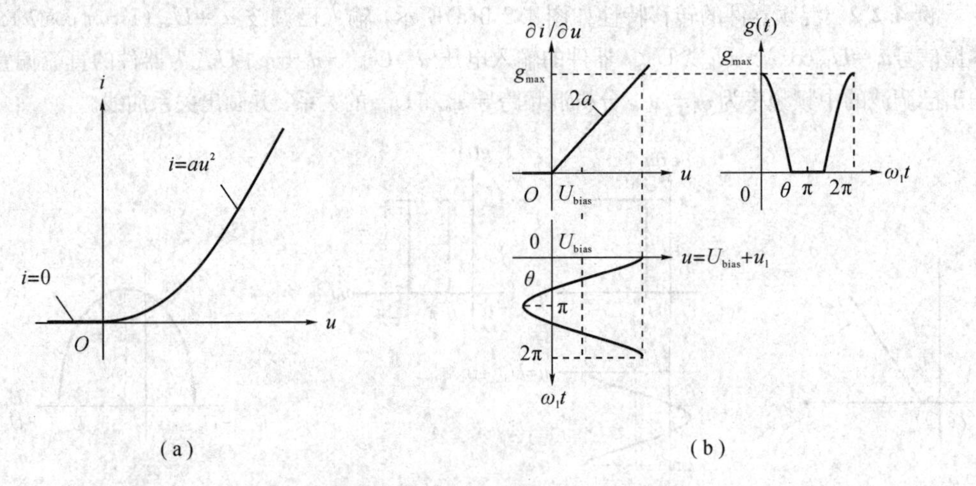

图 4.2.4 混频器件的转移特性和 $g(t)$的波形

(a) 转移特性；(b) $g(t)$的波形

解 输入已调波和本振信号分别为 $u_s=U_{sm}\cos\Omega t\cos\omega_c t$ 和 $u_l=U_{lm}\cos\omega_l t$，振幅 $U_{sm}=0.2$ V，$U_{lm}=2$ V，频率 $\Omega=2\pi\times1.25\times10^3$ rad/s，$\omega_c=2\pi\times465\times10^3$ rad/s，$\omega_l=2\pi\times1950\times10^3$ rad/s。由器件的转移特性可得导通电压 $U_{(on)}=0$，跨导特性如图 4.2.4(b)所示。器件导通时跨导特性曲线的斜率为 $2a=0.2\ \text{A/V}^{-2}$。

u_l经过U_{bias}的直流偏置，投影到跨导特性曲线上，得到的时变电导 $g(t)$为余弦脉冲，峰值 $g_{max}=2a\times(U_{bias}+U_{lm})=0.2\ \text{A/V}^{-2}\times(1\ \text{V}+2\ \text{V})=0.6$ S，通角为

$$\theta=\arccos\frac{U_{(\text{on})}-U_{\text{bias}}}{U_{\text{lm}}}=\arccos\frac{0-1\ \text{V}}{2\ \text{V}}=\frac{2\pi}{3}$$

中频频率 $\omega_{\text{i}}=\omega_{\text{l}}-\omega_{\text{c}}$，利用余弦脉冲展开系数，$g(t)$中与混频输出有关的频率分量的振幅为

$$g_1=g_{\max}\alpha_1(\theta)=0.6\ \text{S}\times\alpha_1\left(\frac{2\pi}{3}\right)=0.322\ \text{S}$$

u_{s}的时变振幅 $u_{\text{sm}}=U_{\text{sm}}\cos\Omega t$，$g_1\cos\omega_{\text{l}}t\times u_{\text{s}}=g_1\cos\omega_{\text{l}}t\times u_{\text{sm}}\cos\omega_{\text{c}}t$ 产生的中频电流为

$$i_{\text{i}}=\frac{1}{2}g_1u_{\text{sm}}\cos(\omega_{\text{l}}-\omega_{\text{c}})t=i_{\text{im}}\cos\omega_{\text{i}}t$$

混频跨导为

$$g_{\text{c}}=\frac{i_{\text{im}}}{u_{\text{sm}}}=\frac{g_1}{2}=\frac{0.322\ \text{S}}{2}=0.161\ \text{S}$$

4.3　混频电路

振幅调制中使用的各种乘法器都可以用作混频，包括基于晶体管放大器和场效应管放大器的线性时变电路、基于差动放大器的线性时变电路，以及基于二极管的线性时变电路。

4.3.1　基于晶体管放大器的线性时变电路混频

式(4.2.3)和例4.2.2表明，对线性器件而言，如果中频频率 $\omega_{\text{i}}=\omega_{\text{l}}\pm\omega_{\text{c}}$，则通角 $\theta=\frac{\pi}{2}$，即当直流偏置电压等于器件的导通电压时，混频跨导 g_{c}取值最大，器件输出的中频电流振幅最大。为了提高混频增益，晶体管放大器混频时可以设置直流偏置电压 U_{BB}等于导通电压 $U_{\text{BE(on)}}$，以使 $\theta=\frac{\pi}{2}$。

例 4.3.1　晶体管放大器混频电路和晶体管的转移特性如图 4.3.1 所示，高频已调波 $u_{\text{s}}=0.1\cos(2\pi\times10^3t)\cos(3\pi\times10^6t)$ V，本振信号 $u_{\text{l}}=2\cos(\pi\times10^6t)$ V，晶体管的交流跨导 $g_{\text{m}}=2$ mS，直流偏置电压 U_{BB}等于晶体管的导通电压 $U_{\text{BE(on)}}$，LC 并联谐振回路的谐振频率 $f_0=1$ MHz，谐振电阻 $R_{\text{e}}=10$ kΩ。

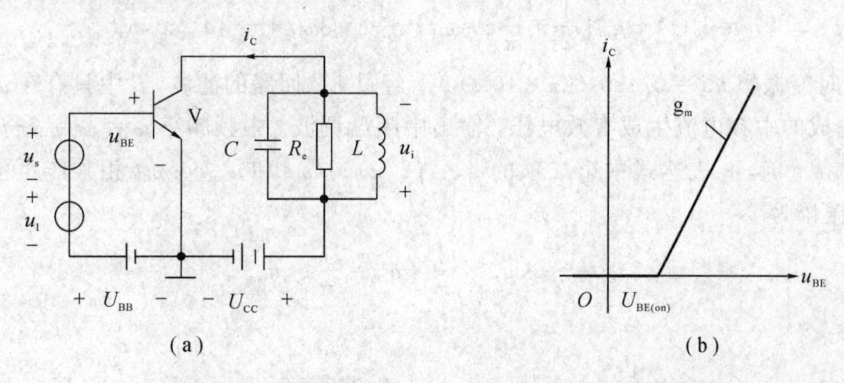

图 4.3.1　晶体管放大器混频电路和晶体管的转移特性

(a) 混频电路；(b) 转移特性

(1) 计算时变静态电流 $I_0(t)$ 和时变电导 $g(t)$，并画出波形。

(2) 计算混频跨导 g_c。

(3) 对 LC 回路的带宽 BW_{BPF} 有何要求？计算相应的中频已调波 u_i。

解 高频已调波和本振信号分别为 $u_s = U_{sm}\cos\Omega t\cos\omega_c t$ 和 $u_l = U_{lm}\cos\omega_l t$，振幅 $U_{sm} = 0.1\ \text{V}$，$U_{lm} = 2\ \text{V}$，频率 $\Omega = 2\pi\times10^3\ \text{rad/s}$，$\omega_c = 3\pi\times10^6\ \text{rad/s}$，$\omega_l = \pi\times10^6\ \text{rad/s}$。

(1) 因为 $U_{BB} = U_{BE(on)}$，$U_{lm} \gg U_{sm}$，所以晶体管的工作状态近似取决于 u_l 的正负。引入单向开关函数，即

$$k_1(\omega_l t) = \begin{cases} 1 & (u_l > 0) \\ 0 & (u_l < 0) \end{cases} = \frac{1}{2} + \frac{2}{\pi}\cos\omega_l t - \frac{2}{3\pi}\cos3\omega_l t + \cdots$$

集电极电流为

$$\begin{aligned} i_C &= g_m(u_{BE} - U_{BE(on)})k_1(\omega_l t) = g_m(U_{BB} + u_l + u_s - U_{BE(on)})k_1(\omega_l t) \\ &= g_m(u_l + u_s)k_1(\omega_l t) = g_m u_l k_1(\omega_l t) + g_m k_1(\omega_l t)u_s \\ &= I_0(t) + g(t)u_s \end{aligned} \tag{4.3.1}$$

其中，时变静态电流和时变电导分别为

$$I_0(t) = g_m u_l k_1(\omega_l t) = 2\ \text{mS}\times2\cos(\pi\times10^6 t)\ \text{V}\times k_1(\pi\times10^6 t) = 4\cos(\pi\times10^6 t)k_1(\pi\times10^6 t)\ \text{mA}$$

$$g(t) = g_m k_1(\omega_l t) = 2\ \text{mS}\times k_1(\pi\times10^6 t) = 2k_1(\pi\times10^6 t)\ \text{mS}$$

$I_0(t)$ 和 $g(t)$ 的波形如图 4.3.2 所示。

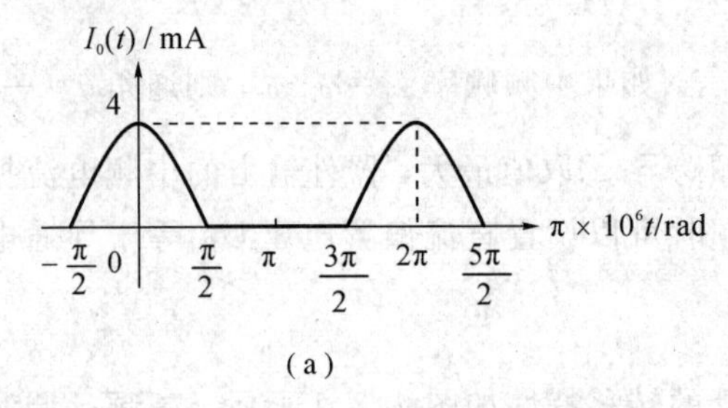

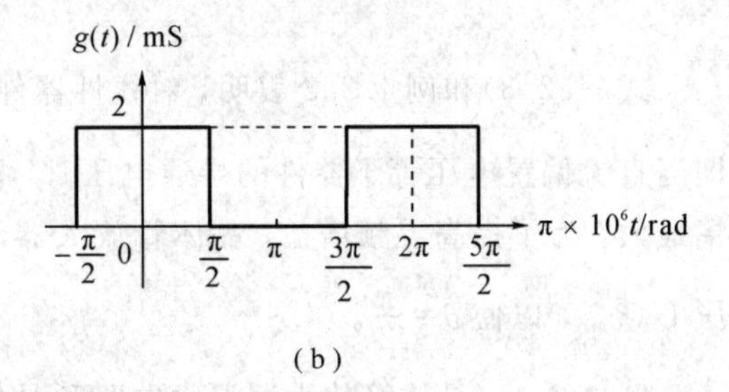

图 4.3.2 $I_0(t)$ 和 $g(t)$ 的波形

(a) $I_0(t)$ 的波形；(b) $g(t)$ 的波形

(2) 将 $k_1(\omega_l t)$ 的展开式代入式(4.3.1)，可得

$$i_C = I_0(t) + g_m\left(\frac{1}{2} + \frac{2}{\pi}\cos\omega_l t - \frac{2}{3\pi}\cos3\omega_l t + \cdots\right)u_{sm}\cos\omega_c t$$

其中，u_s 的时变振幅 $u_{sm} = 0.1\cos(2\pi\times10^3 t)\ \text{V}$。经过 LC 回路的滤波，i_C 中只有在 ω_0 附近的频率分量构成的中频电流生成有效电压，输出中频已调波。中频频率 $\omega_i = \omega_0 = 2\pi f_0 = 2\pi\times10^6\ \text{rad/s} = \omega_c - \omega_l$，$i_C$ 表达式中第二项的 g_m、$(2/\pi)\cos\omega_l t$ 和 $u_{sm}\cos\omega_c t$ 相乘产生中频电流 i_i，其时变振幅为

$$i_{im} = \frac{1}{2}\times g_m\times\frac{2}{\pi}\times u_{sm} = \frac{1}{\pi}g_m u_{sm}$$

混频跨导为

$$g_c = \frac{i_{im}}{u_{sm}} = \frac{1}{\pi}g_m = 0.637\ \text{mS}$$

(3) 设 LC 回路的带宽 $BW_{BPF} \gg 2\Omega$，则中频已调波为

$$
\begin{aligned}
u_{\mathrm{i}} &= R_{\mathrm{e}} i_{\mathrm{im}} \cos\omega_{\mathrm{i}} t = R_{\mathrm{e}} \times \frac{1}{\pi} g_{\mathrm{m}} u_{\mathrm{sm}} \cos\omega_{\mathrm{i}} t \\
&= 10\ \mathrm{k\Omega} \times \frac{1}{\pi} \times 2\ \mathrm{mS} \times 0.1\cos(2\pi\times10^3 t)\cos(2\pi\times10^6 t)\ \mathrm{V} \\
&= 0.637\cos(2\pi\times10^3 t)\cos(2\pi\times10^6 t)\ \mathrm{V}
\end{aligned}
$$

例 4.3.2　晶体管放大器混频电路和晶体管的转移特性如图 4.3.3 所示，中频已调波 $u_{\mathrm{s}}=U_{\mathrm{sm}}(1+m_{\mathrm{a}}\cos\Omega t)\cos\omega_{\mathrm{c}} t$，本振信号 $u_{\mathrm{l}}=U_{\mathrm{lm}}\cos\omega_{\mathrm{l}} t$，$U_{\mathrm{lm}}\gg U_{\mathrm{sm}}$，晶体管的导通电压为 $U_{\mathrm{BE(on)}}$，交流跨导为 g_{m}，发射极回路的直流偏置电压 $U_{\mathrm{EE}}=U_{\mathrm{BE(on)}}$，$LC$ 并联谐振回路的谐振频率 $\omega_0=\omega_{\mathrm{l}}+\omega_{\mathrm{c}}$，带宽 $\mathrm{BW_{BPF}}=2\Omega$，谐振电阻为 R_{e}。推导高频已调波 u_{i} 的表达式。

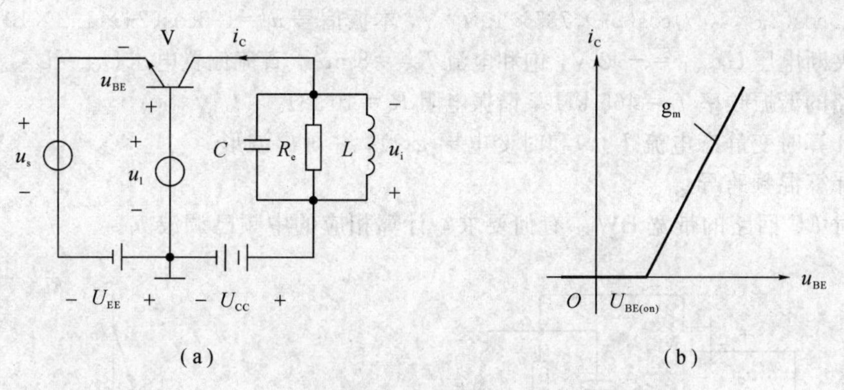

图 4.3.3　晶体管放大器混频电路和晶体管的转移特性

(a) 混频电路；(b) 转移特性

解　电路采用共基极放大器，适用的信号频率较高。u_{s} 和 u_{l} 分别接入发射极和基极，避免 u_{s} 对 u_{l} 的频率牵引。

因为 $U_{\mathrm{EE}}=U_{\mathrm{BE(on)}}$，$U_{\mathrm{lm}}\gg U_{\mathrm{sm}}$，所以晶体管的工作状态近似取决于 u_{l} 的正负。引入单向开关函数，集电极电流为

$$
\begin{aligned}
i_{\mathrm{C}} &= g_{\mathrm{m}}(u_{\mathrm{BE}}-U_{\mathrm{BE(on)}})k_1(\omega_{\mathrm{l}} t) = g_{\mathrm{m}}(U_{\mathrm{EE}}+u_{\mathrm{l}}-u_{\mathrm{s}}-U_{\mathrm{BE(on)}})k_1(\omega_{\mathrm{l}} t) \\
&= g_{\mathrm{m}}(u_{\mathrm{l}}-u_{\mathrm{s}})k_1(\omega_{\mathrm{l}} t) = g_{\mathrm{m}} u_{\mathrm{l}} k_1(\omega_{\mathrm{l}} t) - g_{\mathrm{m}} k_1(\omega_{\mathrm{l}} t) u_{\mathrm{s}} \\
&= I_0(t) + g(t) u_{\mathrm{s}}
\end{aligned}
\tag{4.3.2}
$$

其中，时变静态电流 $I_0(t)=g_{\mathrm{m}} u_{\mathrm{l}} k_1(\omega_{\mathrm{l}} t)$，时变电导 $g(t)=-g_{\mathrm{m}} k_1(\omega_{\mathrm{l}} t)$。将 $k_1(\omega_{\mathrm{l}} t)$ 的展开式代入式(4.3.2)，可得

$$
\begin{aligned}
i_{\mathrm{C}} &= I_0(t) - g_{\mathrm{m}}\left(\frac{1}{2}+\frac{2}{\pi}\cos\omega_{\mathrm{l}} t-\frac{2}{3\pi}\cos 3\omega_{\mathrm{l}} t+\cdots\right) u_{\mathrm{sm}}\cos\omega_{\mathrm{c}} t \\
&= I_0(t) - \frac{1}{2} g_{\mathrm{m}} u_{\mathrm{sm}}\cos\omega_{\mathrm{c}} t - \frac{1}{\pi} g_{\mathrm{m}} u_{\mathrm{sm}}\cos(\omega_{\mathrm{l}}+\omega_{\mathrm{c}})t - \frac{1}{\pi} g_{\mathrm{m}} u_{\mathrm{sm}}\cos(\omega_{\mathrm{l}}-\omega_{\mathrm{c}})t + \\
&\quad \frac{1}{3\pi} g_{\mathrm{m}} u_{\mathrm{sm}}\cos(3\omega_{\mathrm{l}}+\omega_{\mathrm{c}})t + \frac{1}{3\pi} g_{\mathrm{m}} u_{\mathrm{sm}}\cos(3\omega_{\mathrm{l}}-\omega_{\mathrm{c}})t - \cdots
\end{aligned}
$$

其中，u_{s} 的时变振幅 $u_{\mathrm{sm}}=U_{\mathrm{sm}}(1+m_{\mathrm{a}}\cos\Omega t)$。经过 LC 回路的滤波，i_{C} 中只有在 ω_0 附近的频率分量构成的中频电流生成有效电压，输出高频已调波。中频频率 $\omega_{\mathrm{i}}=\omega_0=\omega_{\mathrm{l}}+\omega_{\mathrm{c}}$，$i_{\mathrm{C}}$ 表达式中的第三项为中频电流，即

$$
i_{\mathrm{i}} = -\frac{1}{\pi} g_{\mathrm{m}} u_{\mathrm{sm}}\cos(\omega_{\mathrm{l}}+\omega_{\mathrm{c}})t = -\frac{1}{\pi} g_{\mathrm{m}} U_{\mathrm{sm}}(1+m_{\mathrm{a}}\cos\Omega t)\cos(\omega_{\mathrm{l}}+\omega_{\mathrm{c}})t
$$

考虑 LC 回路对 i_i 的载频分量、上边频分量和下边频分量表现的电阻和相移，高频已调波为

$$u_i=-\frac{1}{\pi}R_e g_m U_{sm}\left[1+0.707\ m_a\cos\left(\Omega t-\frac{\pi}{4}\right)\right]\cos(\omega_l+\omega_c)t$$

4.3.2 基于场效应管放大器的线性时变电路混频

作为平方率器件，场效应管在恒流区的转移特性为非线性，无论通角 θ 是 $\frac{\pi}{2}$，还是其他值，场效应管放大器都可以实现混频。

例 4.3.3 场效应管放大器混频电路和场效应管的转移特性如图 4.3.4 所示，高频已调波 $u_s=0.15\cos(2\pi\times10^3 t)\cos(2\pi\times735\times10^3 t)$ V，本振信号 $u_l=1.5\cos(2\pi\times1.2\times10^6 t)$ V，场效应管的夹断电压 $U_{GS(off)}=-2$ V，饱和电流 $I_{DSS}=8$ mA，直流偏置电压 $U_{GG}=U_{GS(off)}$，LC 并联谐振回路的谐振频率 $f_0=465$ kHz，谐振电阻 $R_e=10$ kΩ。

(1) 计算时变静态电流 $I_0(t)$ 和时变电导 $g(t)$，并画出波形。

(2) 计算混频跨导 g_c。

(3) 对 LC 回路的带宽 BW_{BPF} 有何要求？计算相应的中频已调波 u_i。

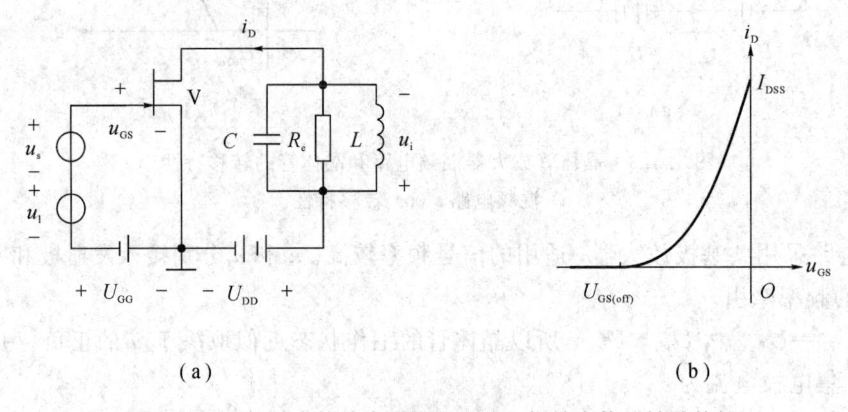

图 4.3.4 场效应管放大器混频电路和场效应管的转移特性

(a) 混频电路；(b) 转移特性

解 高频已调波和本振信号分别为 $u_s=U_{sm}\cos\Omega t\cos\omega_c t$ 和 $u_l=U_{lm}\cos\omega_l t$，振幅 $U_{sm}=0.15$ V，$U_{lm}=1.5$ V，频率 $\Omega=2\pi\times10^3$ rad/s，$\omega_c=2\pi\times735\times10^3$ rad/s，$\omega_l=2\pi\times1.2\times10^6$ rad/s。

(1) 因为 $U_{GG}=U_{GS(off)}$，$U_{lm}\gg U_{sm}$，所以场效应管的工作状态近似取决于 u_l 的正负。引入单向开关函数，漏极电流为

$$\begin{aligned}i_D&=I_{DSS}\left(1-\frac{u_{GS}}{U_{GS(off)}}\right)^2 k_1(\omega_l t)\\&=I_{DSS}\left(1-\frac{U_{GG}+u_l+u_s}{U_{GS(off)}}\right)^2 k_1(\omega_l t)=I_{DSS}\left(-\frac{u_l+u_s}{U_{GS(off)}}\right)^2 k_1(\omega_l t)\\&=\frac{I_{DSS}}{U_{GS(off)}^2}u_l^2 k_1(\omega_l t)+\frac{I_{DSS}}{U_{GS(off)}^2}u_s^2 k_1(\omega_l t)+2\frac{I_{DSS}}{U_{GS(off)}^2}u_l u_s k_1(\omega_l t)\end{aligned}$$

因为 $U_{lm}\gg U_{sm}$，所以 i_D 表达式的第二项可以忽略，则

$$i_D\approx\frac{I_{DSS}}{U_{GS(off)}^2}u_l^2 k_1(\omega_l t)+2\frac{I_{DSS}}{U_{GS(off)}^2}u_l k_1(\omega_l t)u_s=I_0(t)+g(t)u_s \tag{4.3.3}$$

其中，时变静态电流和时变电导分别为

$$I_0(t)=\frac{I_{DSS}}{U_{GS(off)}^2}u_l^2k_1(\omega_l t)=2\times\frac{8\ \text{mA}}{(-2\ \text{V})^2}\times[1.5\cos(2\pi\times1.2\times10^6t)\ \text{V}]^2\times k_1(2\pi\times1.2\times10^6t)$$

$$=[4.5+4.5\cos(2\pi\times2.4\times10^6t)]k_1(2\pi\times1.2\times10^6t)\ \text{mA}$$

$$g(t)=2\frac{I_{DSS}}{U_{GS(off)}^2}u_lk_1(\omega_l t)=2\times\frac{8\ \text{mA}}{(-2\ \text{V})^2}\times1.5\cos(2\pi\times1.2\times10^6t)\ \text{V}\times k_1(2\pi\times1.2\times10^6t)$$

$$=6\cos(2\pi\times1.2\times10^6t)k_1(2\pi\times1.2\times10^6t)\ \text{mS}$$

$I_0(t)$和 $g(t)$的波形如图 4.3.5 所示。

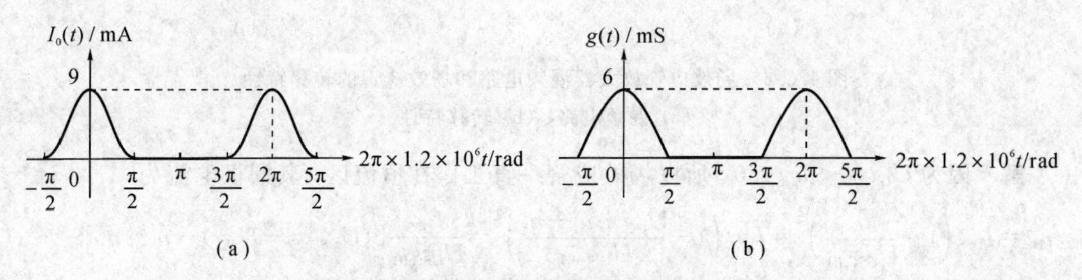

图 4.3.5　$I_0(t)$和 $g(t)$的波形

(a) $I_0(t)$的波形；(b) $g(t)$的波形

(2) 将 $k_1(\omega_l t)$的展开式代入式(4.3.3)，可得

$$i_D=I_0(t)+2\frac{I_{DSS}}{U_{GS(off)}^2}U_{lm}\cos\omega_l t\left(\frac{1}{2}+\frac{2}{\pi}\cos\omega_l t-\frac{2}{3\pi}\cos3\omega_l t+\cdots\right)u_{sm}\cos\omega_c t$$

其中，u_s的时变振幅 $u_{sm}=0.15\cos(2\pi\times10^3t)$ V。经过 LC 回路的滤波，i_D中只有在 ω_0附近的频率分量构成的中频电流生成有效电压，输出中频已调波。中频频率 $\omega_i=\omega_0=2\pi f_0=2\pi\times465\times10^3$ rad/s$=\omega_l-\omega_c$，i_D表达式中第二项的 $2(I_{DSS}/U_{GS(off)}^2)U_{lm}\cos\omega_l t$、1/2 和 $u_{sm}\cos\omega_c t$ 相乘产生中频电流 i_i，其时变振幅为

$$i_{im}=\frac{1}{2}\times2\frac{I_{DSS}}{U_{GS(off)}^2}\times U_{lm}\times\frac{1}{2}\times u_{sm}=\frac{1}{2}\frac{I_{DSS}}{U_{GS(off)}^2}U_{lm}u_{sm}$$

混频跨导为

$$g_c=\frac{i_{im}}{u_{sm}}=\frac{1}{2}\frac{I_{DSS}}{U_{GS(off)}^2}U_{lm}=\frac{1}{2}\times\frac{8\ \text{mA}}{(-2)^2}\times1.5\ \text{V}=1.5\ \text{mS}$$

(3) 设 LC 回路的带宽 $BW_{BPF}\gg2\Omega$，则中频已调波为

$$u_i=R_e i_{im}\cos\omega_i t=R_e\times\frac{1}{2}\frac{I_{DSS}}{U_{GS(off)}^2}U_{lm}u_{sm}\cos\omega_i t$$

$$=10\ \text{k}\Omega\times\frac{1}{2}\times\frac{8\ \text{mA}}{(-2\ \text{V})^2}\times1.5\ \text{V}\times0.15\cos(2\pi\times10^3t)\ \text{V}\times\cos(2\pi\times465\times10^3t)$$

$$=2.25\cos(2\pi\times10^3t)\cos(2\pi\times465\times10^3t)\quad\text{V}$$

例 4.3.4　场效应管放大器混频电路和场效应管的转移特性如图 4.3.6 所示，中频已调波 $u_s=U_{sm}(1+m_a\cos\Omega t)\cos\omega_c t$，本振信号 $u_l=U_{lm}\cos\omega_l t$，$U_{lm}\gg U_{sm}$，场效应管的夹断电压为 $U_{GS(off)}$，饱和电流为 I_{DSS}，栅极回路的直流偏置电压为 U_{GG}，栅源极电压 $u_{GS}=U_{GG}+u_l+u_s$，$U_{GS(off)}<u_{GS}<0$，LC 并联谐振回路的谐振频率 $\omega_0=\omega_l+\omega_c$，带宽 $BW_{BPF}=2\Omega$，谐振电阻为 R_e。推导高频已调波 u_i的表达式。

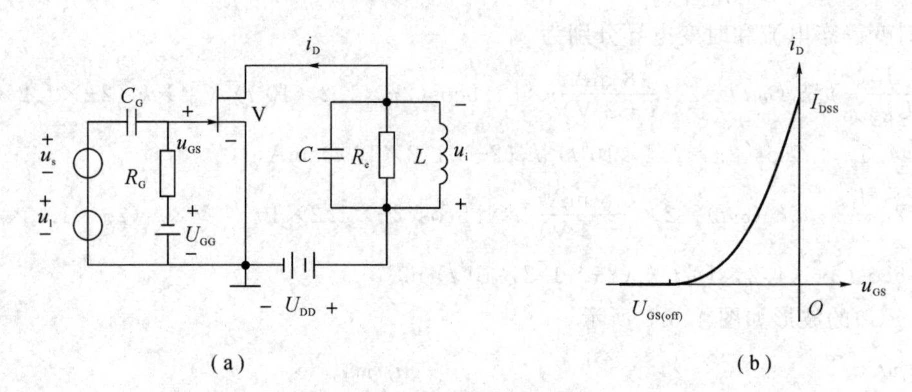

图 4.3.6 场效应管放大器混频电路和场效应管的转移特性
(a) 混频电路；(b) 转移特性

解 因为$U_{GS(off)}<u_{GS}<0$，所以场效应管一直工作在恒流区，其漏极电流为

$$i_D=I_{DSS}\left(1-\frac{u_{GS}}{U_{GS(off)}}\right)^2=I_{DSS}\left(1-\frac{U_{GG}+u_l+u_s}{U_{GS(off)}}\right)^2=\frac{I_{DSS}}{U_{GS(off)}^2}[(U_{GS(off)}-U_{GG})-u_l-u_s]^2$$

$$=\frac{I_{DSS}}{U_{GS(off)}^2}(U_{GS(off)}-U_{GG})^2+\frac{I_{DSS}}{U_{GS(off)}^2}u_l^2+\frac{I_{DSS}}{U_{GS(off)}^2}u_s^2-$$

$$2\frac{I_{DSS}}{U_{GS(off)}^2}(U_{GS(off)}-U_{GG})u_l-2\frac{I_{DSS}}{U_{GS(off)}^2}(U_{GS(off)}-U_{GG})u_s+2\frac{I_{DSS}}{U_{GS(off)}^2}u_lu_s$$

$$\approx\frac{I_{DSS}}{U_{GS(off)}^2}(U_{GS(off)}-U_{GG})^2+\frac{I_{DSS}}{U_{GS(off)}^2}u_l^2-2\frac{I_{DSS}}{U_{GS(off)}^2}(U_{GS(off)}-U_{GG})u_l+2\frac{I_{DSS}}{U_{GS(off)}^2}u_lu_s$$

$$=I_0(t)+g(t)u_s$$

其中，时变静态电流为

$$I_0(t)=\frac{I_{DSS}}{U_{GS(off)}^2}(U_{GS(off)}-U_{GG})^2+\frac{I_{DSS}}{U_{GS(off)}^2}u_l^2-2\frac{I_{DSS}}{U_{GS(off)}^2}(U_{GS(off)}-U_{GG})u_l$$

时变电导为

$$g(t)=2\frac{I_{DSS}}{U_{GS(off)}^2}u_l$$

i_D继续写为

$$i_D=I_0(t)+2\frac{I_{DSS}}{U_{GS(off)}^2}U_{lm}\cos\omega_lt\,u_{sm}\cos\omega_ct$$

$$=I_0(t)+\frac{I_{DSS}}{U_{GS(off)}^2}U_{lm}u_{sm}\cos(\omega_l+\omega_c)t+\frac{I_{DSS}}{U_{GS(off)}^2}U_{lm}u_{sm}\cos(\omega_l-\omega_c)t$$

其中，u_s的时变振幅$u_{sm}=U_{sm}(1+m_a\cos\Omega t)$。经过$LC$回路的滤波，$i_C$中只有在$\omega_0$附近的频率分量构成的中频电流生成有效电压，输出高频已调波。中频频率$\omega_i=\omega_0=\omega_l+\omega_c$，$i_D$表达式中第二项为中频电流，即

$$i_i=\frac{I_{DSS}}{U_{GS(off)}^2}U_{lm}u_{sm}\cos(\omega_l+\omega_c)t=\frac{I_{DSS}}{U_{GS(off)}^2}U_{lm}U_{sm}(1+m_a\cos\Omega t)\cos(\omega_l+\omega_c)t$$

考虑LC回路对i_i的载频分量、上边频分量和下边频分量表现的电阻和相移，高频已调波为

$$u_i=\frac{I_{DSS}}{U_{GS(off)}^2}R_eU_{lm}U_{sm}\left[1+0.707m_a\cos\left(\Omega t-\frac{\pi}{4}\right)\right]\cos(\omega_l+\omega_c)t$$

4.3.3　基于差动放大器的线性时变电路混频

在输入已调波和本振信号分别作为差模输入电压和电流源的控制电压时，差动放大器也可以实现混频。如同振幅调制一样，此时的线性时变电路不需要输入已调波是小信号、本振信号是大信号的条件。差动放大器也可以如晶体管放大器和场效应管放大器一样，叠加输入已调波和本振信号成为差模输入电压，经过非线性放大实现混频，此时的线性时变电路就要求输入已调波是小信号、本振信号是大信号。

例 4.3.5　差动放大器混频电路如图 4.3.7(a)所示，高频已调波 $u_s=2[1+0.5\sin(2\pi\times10^3t)]\cos(5\pi\times10^6t)$ V，本振信号 $u_l=2\cos(6\pi\times10^6t)$ V，晶体管的导通电压 $U_{BE(on)}\approx0$，LC 并联谐振回路的谐振频率 $\omega_0=\pi\times10^6$ rad/s，带宽 $BW_{BPF}=4\pi\times10^3$ rad/s，谐振电阻 $R_e=10$ kΩ，其他参数如图 4.3.7(a)所示。

(1) 计算时变静态电流 $I_0(t)$ 和时变电导 $g(t)$，并画出波形。

(2) 计算混频跨导 g_c。

(3) 计算中频已调波 u_i。

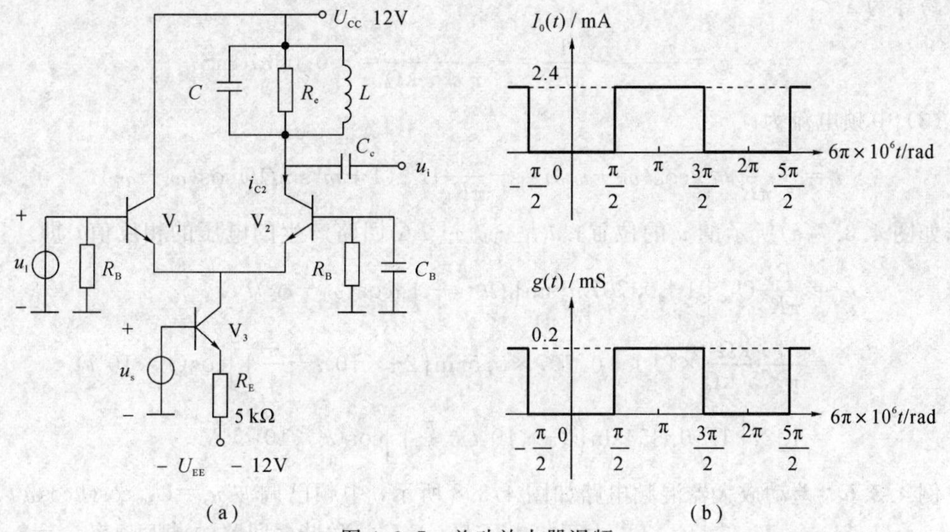

图 4.3.7　差动放大器混频

(a) 电路；(b) $I_0(t)$ 和 $g(t)$ 的波形

解　高频已调波和本振信号分别为 $u_s=U_{sm}(1+m_a\sin\Omega t)\cos\omega_c t$ 和 $u_l=U_{lm}\cos\omega_l t$，振幅 $U_{sm}=2$ V，$U_{lm}=2$ V，调幅度 $m_a=0.5$，频率 $\Omega=2\pi\times10^3$ rad/s，$\omega_c=5\pi\times10^6$ rad/s，$\omega_l=6\pi\times10^6$ rad/s。

(1) 参考振幅调制中单端输出的差动放大器线性时变电路，晶体管 V_2 的集电极电流为

$$i_{C2}=\frac{u_s-U_{BE(on)}-(-U_{EE})}{2R_E}\left(1-\text{th}\frac{u_l}{2U_T}\right)=\left(\frac{U_{EE}}{2R_E}+\frac{u_s}{2R_E}\right)\left(1-\text{th}\frac{u_l}{2U_T}\right)$$

其中，热电压 $U_T=26$ mV。因为 $U_{lm}>4U_T$，差动放大器工作在开关状态，双曲正切函数近似为双向开关函数，有

$$\begin{aligned}i_{C2}&\approx\left(\frac{U_{EE}}{2R_E}+\frac{u_s}{2R_E}\right)[1-k_2(\omega_l t)]=\frac{U_{EE}}{2R_E}[1-k_2(\omega_l t)]+\frac{1}{2R_E}[1-k_2(\omega_l t)]u_s\\&=I_0(t)+g(t)u_s\end{aligned}\tag{4.3.4}$$

其中，时变静态电流和时变电导分别为

$$I_0(t)=\frac{U_{EE}}{2R_E}[1-k_2(\omega_l t)]=\frac{12\ \text{V}}{2\times5\ \text{k}\Omega}\times[1-k_2(6\pi\times10^6 t)]=1.2\times[1-k_2(6\pi\times10^6 t)]\ \text{mA}$$

$$g(t)=\frac{1}{2R_E}[1-k_2(\omega_l t)]=\frac{1}{2\times5\ \text{k}\Omega}\times[1-k_2(6\pi\times10^6 t)]=0.1\times[1-k_2(6\pi\times10^6 t)]\ \text{mS}$$

$I_0(t)$和$g(t)$的波形如图 4.3.7(b)所示。

(2) 将$k_2(\omega_l t)$的展开式代入式(4.3.4)，可得

$$i_{C2}\approx I_0(t)+\frac{1}{2R_E}\left(1-\frac{4}{\pi}\cos\omega_l t+\frac{4}{3\pi}\cos3\omega_l t-\cdots\right)u_{sm}\cos\omega_c t$$

其中，u_s的时变振幅$u_{sm}=U_{sm}(1+m_a\sin\Omega t)=2[1+0.5\sin(2\pi\times10^3 t)]$ V。经过LC回路的滤波，i_C中只有在ω_0附近的频率分量构成的中频电流生成有效电压，输出中频已调波。中频频率$\omega_i=\omega_0=\pi\times10^6$ rad/s$=\omega_l-\omega_c$，i_C表达式中第二项的$1/(2R_E)$、$-(4/\pi)\cos\omega_l t$和$u_{sm}\cos\omega_c t$相乘产生中频电流i_i，其时变振幅为

$$i_{im}=\frac{1}{2}\times\frac{1}{2R_E}\times\left(-\frac{4}{\pi}\right)u_{sm}=-\frac{1}{\pi R_E}u_{sm}$$

混频跨导为

$$g_c=\frac{i_{im}}{u_{sm}}=-\frac{1}{\pi R_E}=-\frac{1}{\pi\times5\ \text{k}\Omega}=-0.0637\ \text{mS}$$

(3) 中频电流为

$$i_i=-\frac{1}{\pi R_E}u_{sm}\cos(\omega_l-\omega_c)t=-\frac{1}{\pi R_E}U_{sm}(1+m_a\sin\Omega t)\cos(\omega_l-\omega_c)t$$

根据如图 4.3.7(a)所示的u_i的位置，u_i是i_i流过LC回路产生的电压的相反值，即

$$\begin{aligned}u_i&=\frac{R_e}{\pi R_E}U_{sm}\left[1+0.707m_a\sin\left(\Omega t-\frac{\pi}{4}\right)\right]\cos(\omega_l-\omega_c)t\\&=\frac{10\ \text{k}\Omega}{\pi\times5\ \text{k}\Omega}\times2\left[1+0.707\times0.5\sin\left(2\pi\times10^3 t-\frac{\pi}{4}\right)\right]\cos(\pi\times10^6 t)\\&=1.27\left[1+0.354\sin\left(2\pi\times10^3 t-\frac{\pi}{4}\right)\right]\cos(\pi\times10^6 t)\ \text{V}\end{aligned}$$

例 4.3.6 差动放大器混频电路如图 4.3.8 所示，中频已调波$u_s=U_{sm}\cos\Omega t\cos\omega_c t$，本振信号$u_l=U_{lm}\cos\omega_l t$，$U_{lm}\gg U_{sm}$，$U_{lm}$大于热电压$U_T$，$LC$并联谐振回路的谐振频率$\omega_0=2\omega_l+\omega_c$，带宽$\text{BW}_{\text{BPF}}=2\Omega$，谐振电阻为$R_e$，其他参数如图 4.3.8 所示。推导高频已调波$u_i$的表达式。

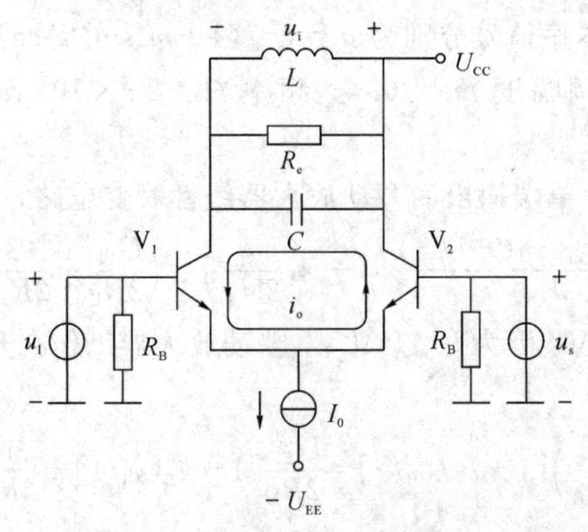

图 4.3.8 差动放大器混频电路

解　在该电路中，u_l和u_s叠加成为差模输入电压，参考振幅调制中双端输出的差动放大器线性时变电路，输出电流为

$$i_o=\frac{I_0}{2}\text{th}\,\frac{u_l-u_s}{2U_T}$$

因为$U_{lm}>U_T$，差动放大器工作在非线性区或开关状态，利用双曲正切函数的泰勒级数展开式，即$\text{th}x=x-x^3/3+\cdots$，$i_o$继续写为

$$\begin{aligned}i_o&=\frac{I_0}{2}\left[\frac{u_l-u_s}{2U_T}-\frac{1}{3}\left(\frac{u_l-u_s}{2U_T}\right)^3+\cdots\right]\\&=\frac{I_0}{2}\left[\frac{u_l-u_s}{2U_T}-\frac{1}{24U_T^3}(u_l^3-3u_l^2u_s+3u_lu_s^2-u_s^3)+\cdots\right]\\&\approx\frac{I_0}{2}\left[\frac{u_l}{2U_T}-\frac{1}{24U_T^3}(u_l^3-3u_l^2u_s)\right]\\&=\frac{I_0}{2}\left(\frac{u_l}{2U_T}-\frac{u_l^3}{24U_T^3}\right)+\frac{I_0}{2}\frac{u_l^2}{8U_T^3}u_s\\&=I_0(t)+g(t)u_s\end{aligned}$$

其中，时变静态电流和时变电导分别为

$$I_0(t)=\frac{I_0}{2}\left(\frac{u_l}{2U_T}-\frac{u_l^3}{24U_T^3}\right)$$

$$g(t)=\frac{I_0}{2}\frac{u_l^2}{8U_T^3}$$

i_o继续写为

$$\begin{aligned}i_o&=I_0(t)+\frac{I_0}{2}\frac{(U_{lm}\cos\omega_lt)^2}{8U_T^3}u_{sm}\cos\omega_ct\\&=I_0(t)+\frac{I_0}{32U_T^3}U_{lm}^2u_{sm}\cos\omega_ct+\frac{I_0}{64U_T^3}U_{lm}^2u_{sm}\cos(2\omega_l+\omega_c)t+\\&\quad\frac{I_0}{64U_T^3}U_{lm}^2u_{sm}\cos(2\omega_l-\omega_c)t\end{aligned}$$

其中，u_s的时变振幅$u_{sm}=U_{sm}\cos\Omega t$。经过$LC$回路的滤波，$i_C$中只有在$\omega_0$附近的频率分量构成的中频电流生成有效电压，输出高频已调波。中频频率$\omega_i=\omega_0=2\omega_l+\omega_c$，$i_o$表达式中的第三项为中频电流，即

$$i_i=\frac{I_0}{64U_T^3}U_{lm}^2u_{sm}\cos(2\omega_l+\omega_c)t=\frac{I_0}{64U_T^3}U_{lm}^2U_{sm}\cos\Omega t\cos(2\omega_l+\omega_c)t$$

考虑LC回路对i_i的上边频分量和下边频分量表现的电阻和相移，高频已调波为

$$u_i=0.707\times\frac{I_0}{64U_T^3}R_eU_{lm}^2U_{sm}\cos\left(\Omega t-\frac{\pi}{4}\right)\cos(2\omega_l+\omega_c)t$$

4.3.4　基于二极管的线性时变电路混频

晶体管放大器混频、场效应管放大器混频、差动放大器混频都是有源混频，可以获得混频增益，输出已调波的功率一般大于输入已调波的功率。二极管混频属于无源混频，存在混频损耗。如同振幅调制一样，二极管混频便于引入平衡对消技术，减少无用频率分量。

例 4.3.7　二极管混频电路如图 4.3.9 所示，输入的高频已调波$u_s=u_{sm}\cos\omega_ct$，VD_1和

VD_2的导通电压$U_{D(on)}\approx0$，交流电阻r_D远小于负载电阻R_L，由本振信号$u_l=U_{lm}\cos\omega_l t$控制其导通或截止，带通滤波器的中心频率，即中频频率$\omega_0=\omega_i=\omega_l-\omega_c$，增益$k_F=1$。推导中频已调波$u_i$的表达式。

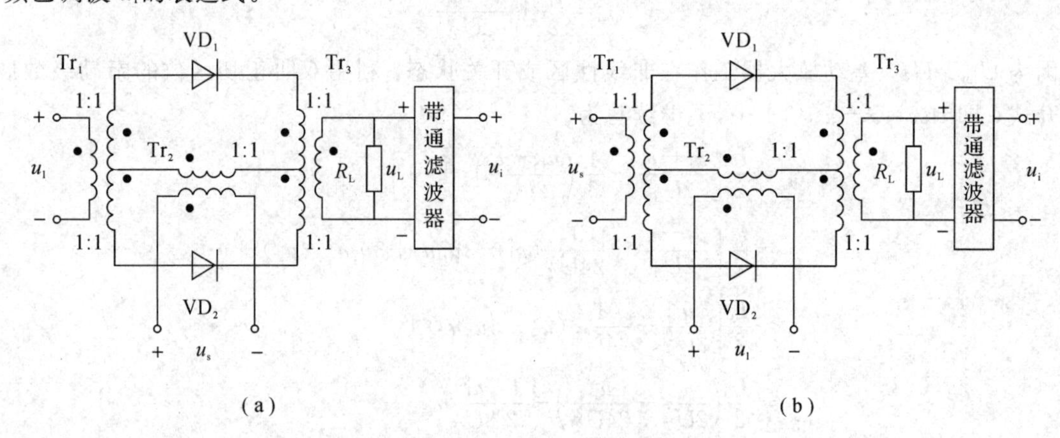

图 4.3.9 两个二极管混频电路
(a) 电路一；(b) 电路二

解 在图 4.3.9(a)所示电路中，当$u_l>0$时，VD_1导通，VD_2截止，负载电压$u_L=u_l+u_s$；$u_l<0$时VD_1截止，VD_2导通，$u_L=u_l-u_s$。引入双向开关函数，在任意时刻，有

$$\begin{aligned}u_L&=u_l+k_2(\omega_l t)u_s\\&=U_{lm}\cos\omega_l t+\left(\frac{4}{\pi}\cos\omega_l t-\frac{4}{3\pi}\cos3\omega_l t+\cdots\right)u_{sm}\cos\omega_c t\\&=U_{lm}\cos\omega_l t+\frac{2}{\pi}u_{sm}\cos(\omega_l+\omega_c)t+\frac{2}{\pi}u_{sm}\cos(\omega_l-\omega_c)t-\\&\quad\frac{2}{3\pi}u_{sm}\cos(3\omega_l+\omega_c)t-\frac{2}{3\pi}u_{sm}\cos(3\omega_l-\omega_c)t+\cdots\end{aligned}$$

经过带通滤波，u_L表达式中的第三项产生中频已调波，即

$$u_i=k_F\times\frac{2}{\pi}u_{sm}\cos(\omega_l-\omega_c)t=\frac{2}{\pi}u_{sm}\cos(\omega_l-\omega_c)t$$

在图 4.3.9(b)所示电路中，当$u_l>0$时，VD_1和VD_2都导通，变压器Tr_1的副边和Tr_3的原边对u_l短路，u_l加在VD_1和VD_2上，变压器Tr_1副边上的$2u_s$加在Tr_3的原边上，$u_L=u_s$；$u_l<0$时VD_1和VD_2都截止，$u_L=0$。引入单向开关函数，在任意时刻，有

$$\begin{aligned}u_L&=k_1(\omega_l t)u_s\\&=\left(\frac{1}{2}+\frac{2}{\pi}\cos\omega_l t-\frac{2}{3\pi}\cos3\omega_l t+\cdots\right)u_{sm}\cos\omega_c t\\&=\frac{1}{2}u_{sm}\cos\omega_c t+\frac{1}{\pi}u_{sm}\cos(\omega_l+\omega_c)t+\frac{1}{\pi}u_{sm}\cos(\omega_l-\omega_c)t-\\&\quad\frac{1}{3\pi}u_{sm}\cos(3\omega_l+\omega_c)t-\frac{1}{3\pi}u_{sm}\cos(3\omega_l-\omega_c)t+\cdots\end{aligned}$$

经过带通滤波，u_L表达式中的第三项产生中频已调波，即

$$u_i=k_F\times\frac{1}{\pi}u_{sm}\cos(\omega_l-\omega_c)t=\frac{1}{\pi}u_{sm}\cos(\omega_l-\omega_c)t$$

例 4.3.8 二极管混频器如图 4.3.10(a)所示，输入的高频已调波$u_s=U_{sm}\cos(\omega_c+\Omega)t$，

VD_1和VD_2的导通电压$U_{D(on)}\approx 0$，由本振信号$u_l=U_{lm}\cos\omega_l t$控制其导通或截止，负载电阻R_L、电阻R和二极管的交流电阻r_D的关系为$R_L\gg R\gg r_D$，带通滤波器的中心频率即中频频率$\omega_0=\omega_i=\omega_l-\omega_c$，增益$k_F=1$。推导中频已调波$u_i$的表达式。

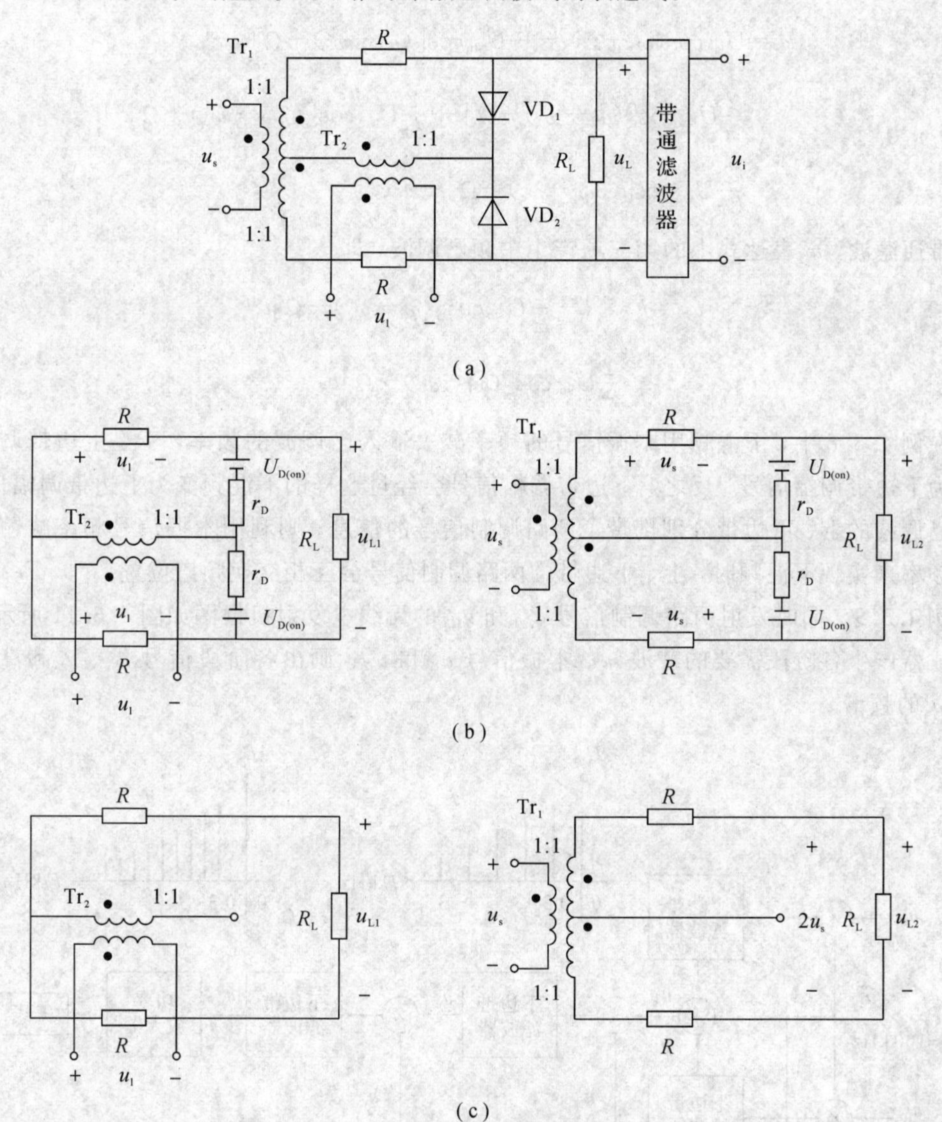

图 4.3.10　二极管混频电路及其分解

(a) 二极管混频电路；(b) $u_l>0$ 时的叠加定理分解电路；(c) $u_l<0$ 时的叠加定理分解电路

解　当$u_l>0$时，VD_1和VD_2都导通。在二极管状态确定时，可以使用叠加定理，把带通滤波器之前的电路分解为只包含u_l或u_s的两个电路，如图 4.3.10(b)所示。经过R_L、R和r_D构成的电阻网络的分压，u_l和$2u_s$几乎全部加在两个R上，u_l和$2u_s$分别产生的负载电压为$u_{L1}\approx 0$，$u_{L2}\approx 0$，负载电压$u_L=u_{L1}+u_{L2}\approx 0$。当$u_l<0$时，$VD_1$和$VD_2$都截止，使用叠加定理分解后的两个电路如图 4.3.10(c)所示。因为不存在回路，所以u_l在R_L和R构成的电阻网络中不产生电压分布，$u_{L1}=0$，经过电阻网络的分压，$2u_s$几乎全部加在R_L上，$u_{L2}\approx 2u_s$，$u_L=u_{L1}+u_{L2}\approx 2u_s$。引入单向开关函数，在任意时刻，有

$$
\begin{aligned}
u_{\mathrm{L}} &\approx 2[1-k_1(\omega_1 t)]u_{\mathrm{s}} \\
&= 2\left(\frac{1}{2}-\frac{2}{\pi}\cos\omega_1 t+\frac{2}{3\pi}\cos 3\omega_1 t-\cdots\right)U_{\mathrm{sm}}\cos(\omega_{\mathrm{c}}+\Omega)t \\
&= U_{\mathrm{sm}}\cos(\omega_{\mathrm{c}}+\Omega)t-\frac{2}{\pi}U_{\mathrm{sm}}\cos[(\omega_1+\omega_{\mathrm{c}})+\Omega]t- \\
&\quad \frac{2}{\pi}U_{\mathrm{sm}}\cos[(\omega_1-\omega_{\mathrm{c}})-\Omega]t+\frac{2}{3\pi}U_{\mathrm{sm}}\cos[(3\omega_1+\omega_{\mathrm{c}})+\Omega]t+ \\
&\quad \frac{2}{3\pi}U_{\mathrm{sm}}\cos[(3\omega_1-\omega_{\mathrm{c}})-\Omega]t-\cdots
\end{aligned}
$$

经过带通滤波，u_{L}表达式中的第三项产生中频已调波，即

$$
\begin{aligned}
u_{\mathrm{i}} &= k_{\mathrm{F}}\times\left\{-\frac{2}{\pi}U_{\mathrm{sm}}\cos[(\omega_1-\omega_{\mathrm{c}})-\Omega]t\right\} \\
&= -\frac{2}{\pi}U_{\mathrm{sm}}\cos[(\omega_1-\omega_{\mathrm{c}})-\Omega]t
\end{aligned}
$$

在例 4.3.8 中，下混频用本振信号的频率减去输入已调波的频率，于是上边带调幅信号变为下边带调幅信号；反之，下边带调幅信号会经过这样的下混频变为上边带调幅信号。如果已调波的上、下边带分别携带了两路调制信号的信息，则利用本振信号频率减输入已调波频率来实现下混频时，上、下边带的两路调制信号会互相交换频谱位置。

例 4.3.9 同时发射两路调制信号$u_{\Omega 1}$和$u_{\Omega 2}$的无线电发射机框图如图 4.3.11 所示，频率合成器产生各阶段需要的载波u_{c}、本振信号u_{11}和u_{12}。画出各阶段信号u_{A}、u_{B}和高频已调波u_{s}的频谱。

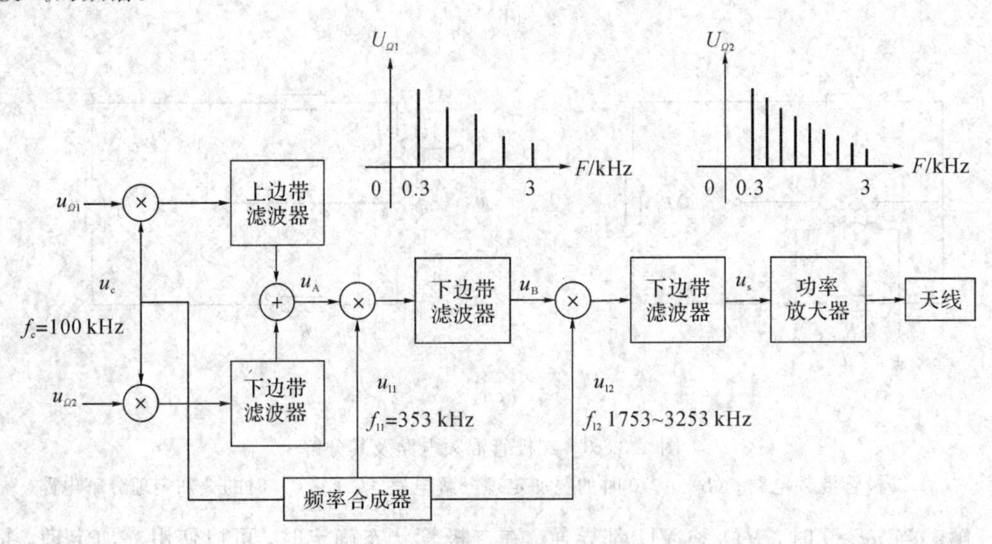

图 4.3.11 双路调制的无线电发射机

解 首先，发射机生成振幅调制信号。$u_{\Omega 1}$与u_{c}相乘，经过上边带滤波，得到上边带调幅信号，$u_{\Omega 2}$与u_{c}相乘，经过下边带滤波，得到下边带调幅信号，二者叠加得到u_{A}。u_{A}的上、下边带分别是$u_{\Omega 1}$和$u_{\Omega 2}$的频谱，载波频率$f_{\mathrm{cA}}=f_{\mathrm{c}}=100\ \mathrm{kHz}$。

其次，发射机通过第一次混频提高已调波的频率。u_{A}与u_{11}相乘，乘法器输出两路已调波，载波频率分别为$f_{11}+f_{\mathrm{cA}}=353\ \mathrm{kHz}+100\ \mathrm{kHz}=453\ \mathrm{kHz}$和$f_{11}-f_{\mathrm{cA}}=353\ \mathrm{kHz}-$

100 kHz＝253 kHz。经过下边带滤波，u_B为载波频率较低的已调波。u_B的上、下边带分别是$u_{\Omega 2}$和$u_{\Omega 1}$的频谱，载波频率 f_{cB}＝253 kHz。

接下来，发射机通过第二次混频继续提高已调波的频率。u_B与u_{l2}相乘，乘法器输出两路已调波，载波频率分别为 $f_{l2}+f_{cB}$和 $f_{l2}-f_{cB}$。经过下边带滤波，u_s为载波频率较低的已调波。u_s的上、下边带分别是$u_{\Omega 1}$和$u_{\Omega 2}$的频谱，载波频率 f_{cs}的范围为 1500～3000 kHz。

u_A、u_B和u_s的频谱如图 4.3.12 所示。通过两次混频，发射机将已调波的载波频率从 100 kHz 提高到 1500 ～ 3000 kHz。虽然两次混频都是本振信号的频率减去输入已调波的频率，但是因为本振信号的频率较高，输出已调波的频率仍然增加，两次频率相减都实现了上混频。

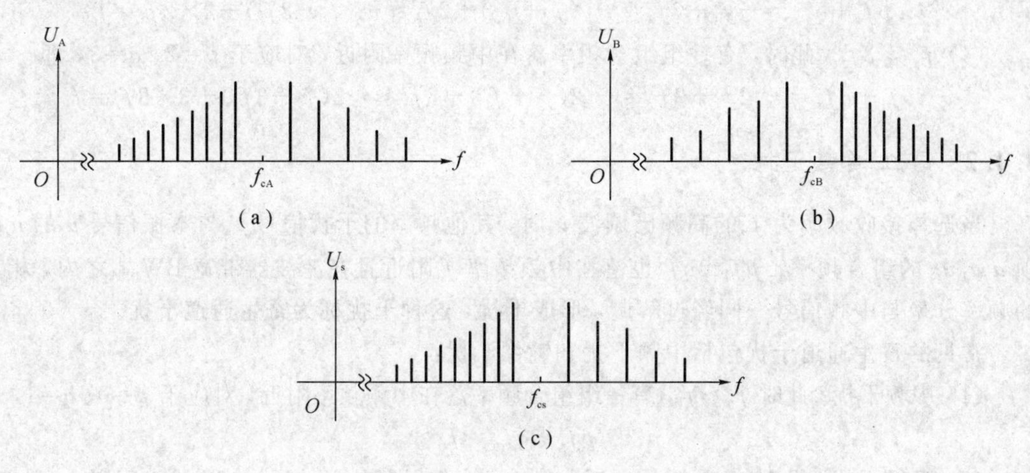

图 4.3.12　u_A、u_B和u_s的频谱

(a) u_A的频谱；(b) u_B的频谱；(c) u_s的频谱

4.4　接收机混频电路的干扰

接收机混频电路存在四种干扰，即高频已调波与本振信号的组合频率干扰、干扰信号与本振信号的寄生通道干扰、干扰信号和高频已调波的交叉调制干扰，以及干扰信号之间的互调干扰。

4.4.1　组合频率干扰

混频电路的输出电流由高频已调波 u_s和本振信号 u_l的 n 阶项 $a_n u_l^p u_s^q$ 构成，其中，p，q＝0，1，2，…，并且 $p+q=n$。当 $p=q=1$ 时，对应的二阶项频率包括中频频率 $f_i=f_l-f_s$，将产生中频已调波。其他频率分量的频率可以表示为组合频率$\pm pf_l \pm qf_s$，当组合频率落在 f_i附近且在滤波器带宽 BW_{BPF}之内，相应的频率分量就叠加在中频信号上，一同经过解调，形成干扰，这种干扰称为组合频率干扰。

常见的组合频率干扰包括以下四种情况：

(1) $f_s \approx f_i$。此时，有三组组合频率落在中频频率附近，它们分别对应于 $p=0$、$q=1$，$p=1$、$q=3$，以及 $p=2$、$q=3$。当 $p=0$、$q=1$ 时，有

$$\pm pf_l + qf_s = f_s \approx f_i$$

当 $p=1$、$q=3$ 时，有

$$-pf_l+qf_s=-f_l+3f_s=-(f_i+f_s)+3f_s\approx-(f_i+f_i)+3f_i=f_i$$

当 $p=2$、$q=3$ 时，有

$$pf_l-qf_s=2f_l-3f_s=2(f_i+f_s)-3f_s\approx 2(f_i+f_i)-3f_i=f_i$$

(2) $f_s\approx\frac{2}{3}f_i$。此时，有一组组合频率落在中频频率附近，对应于 $p=1$、$q=4$，即

$$-pf_l+qf_s=-f_l+4f_s=-(f_i+f_s)+4f_s\approx-\left[f_i+\frac{2}{3}f_i\right]+4\times\frac{2}{3}f_i=f_i$$

(3) $f_s\approx 2f_i$。此时，有一组组合频率落在中频频率附近，对应于 $p=1$、$q=2$，即

$$-pf_l+qf_s=-f_l+2f_s=-(f_i+f_s)+2f_s\approx-(f_i+2f_i)+2\times 2f_i=f_i$$

(4) $f_s\approx 3f_i$。此时，有一组组合频率落在中频频率附近，对应于 $p=2$、$q=3$，即

$$-pf_l+qf_s=-2f_l+3f_s=-2(f_i+f_s)+3f_s\approx-2(f_i+3f_i)+3\times 3f_i=f_i$$

4.4.2 寄生通道干扰

当选择接收频率为 f_s的高频已调波 u_s时，其他频率的干扰信号 u_n与本振信号 u_l的 n 阶项 $a_nu_l^pu_n^q$ 的组合频率$\pm pf_l\pm qf_n$也落在中频频率 f_i附近且在滤波器带宽 BW_{BPF}之内，相应的频率分量与中频信号一同经过解调，形成干扰，这种干扰称为寄生通道干扰。

常见的寄生通道干扰包括中频干扰和镜像干扰：

(1) 中频干扰。此时 $f_n\approx f_i$，有一组组合频率落在中频频率附近，对应于 $p=0$、$q=1$，即

$$\pm pf_l+qf_n=f_n\approx f_i$$

(2) 镜像干扰。此时 $f_n\approx f_l+f_i$，而 $f_s=f_l-f_i$，即以 f_l为中心，以 f_i为间隔，f_n与 f_s镜像对称，有一组组合频率落在中频频率附近，对应于 $p=1$、$q=1$，即

$$-pf_l+qf_n=-f_l+f_n\approx f_i$$

4.4.3 交叉调制干扰

设混频器的本振信号 $u_l=U_{lm}\cos\omega_l t$，混频前的高频已调波 $u_s=u_{sm}\cos\omega_c t$，同时混频器的输入端还存在干扰信号 $u_n=u_{nm}\cos\omega_n t$，则输出电流的 4 阶项展开式中有

$$\begin{aligned}12a_4u_n^2u_lu_s&=12a_4u_{nm}^2\cos^2\omega_n tU_{lm}\cos\omega_l tu_{sm}\cos\omega_c t\\&=3a_4u_{nm}^2(1+\cos2\omega_n t)U_{lm}u_{sm}[\cos(\omega_l+\omega_c)t+\cos(\omega_l-\omega_c)t]\\&=3a_4u_{nm}^2U_{lm}u_{sm}\cos(\omega_l-\omega_c)t+\cdots\end{aligned}$$

其中，展开结果中第一项为混频获得的中频电流的一部分，但是该部分中频电流的时变振幅不仅与已调波的时变振幅 u_{sm}有关，还正比于干扰信号的时变振幅 u_{nm}的平方。经过检波，在接收到有用信号的同时，也会同时收到干扰信号，这种干扰称为交叉调制干扰。交叉调制干扰对干扰信号的频率没有要求，只要较强的干扰信号到达输出电流有 4 阶项的混频器，就会产生干扰。

4.4.4 互调干扰

混频器的输入端存在多个不同频率的干扰信号时，其互调组合频率可能落在高频已调波频率附近，相应的频率分量与高频已调波一起经过混频，造成干扰，这种干扰称为互调

干扰。互调干扰要求同时存在两个以上的干扰信号，而且干扰信号的频率需要满足一定的关系。

例 4.4.1 接收机的中频频率 $f_i=500$ kHz，采用下混频 $f_i=f_l-f_s$ 对 1.5 MHz 的已调波接收时受到干扰，此时没有其他频率的干扰信号，分析干扰产生的原因。

解 因为没有干扰信号，所以这种干扰是组合频率干扰。显然 $f_s\approx 3f_i$，对应于 $p=2$、$q=3$ 的组合频率为

$$\begin{aligned}-2f_l+3f_s&=-2(f_i+f_s)+3f_s\\&=-2\times(500\ \text{kHz}+1.5\ \text{MHz})+3\times1.5\ \text{MHz}\\&=500\ \text{kHz}=f_i\end{aligned}$$

该组合频率与中频频率相等。所以高频已调波 u_s 和本振信号 u_l 的 5 阶项 $a_5u_l^2u_s^3$ 产生的组合频率分量叠加在中频信号上，一同经过解调，形成干扰。

例 4.4.2 接收机的中频频率 $f_i=465$ kHz，采用下混频 $f_i=f_l-f_s$，判断以下情况的干扰类型：

(1) 当对频率 $f_s=630$ kHz 的已调波接收时，收到频率为 $f_n=1560$ kHz 的干扰信号。

(2) 当对频率 $f_s=1250$ kHz 的已调波接收时，收到频率为 $f_n=625$ kHz 的干扰信号。

(3) 当对频率 $f_s=930$ kHz 的已调波接收时，同时收到频率为 $f_{n1}=700$ kHz 和 $f_{n2}=815$ kHz 的两个干扰信号，一个干扰信号消失则另一个也消失。

解 (1) 因为是选择接收特定频率的已调波时受到的干扰，所以这种干扰是寄生通道干扰。因为 $f_n\neq f_i$，所以这种干扰不是中频干扰。$f_l=f_i+f_s=465\ \text{kHz}+630\ \text{kHz}=1095\ \text{kHz}$，$f_n=1560\ \text{kHz}=1095\ \text{kHz}+465\ \text{kHz}=f_l+f_i$，所以这种干扰为镜像干扰。

(2) 因为是选择接收特定频率的已调波时受到的干扰，所以这种干扰是寄生通道干扰。因为 $f_n\neq f_i$，所以这种干扰不是中频干扰。$f_l=f_i+f_s=465\ \text{kHz}+1250\ \text{kHz}=1715\ \text{kHz}$，$f_n\neq f_l+f_i$，所以这种干扰也不是镜像干扰。因为 $f_l-2f_n=1715\ \text{kHz}-2\times625\ \text{kHz}=465\ \text{kHz}=f_i$，所以这种寄生通道干扰源于干扰信号与本振信号的 3 阶项 $a_3u_l^pu_n^q$ 产生的对应于 $p=1$、$q=2$ 的组合频率。

(3) 因为同时存在两个干扰信号才能形成干扰，所以这种干扰是互调干扰。干扰的成因为 $-f_{n1}+2f_{n2}=-700\ \text{kHz}+2\times815\ \text{kHz}=930\ \text{kHz}=f_s$。

例 4.4.3 接收机的中频频率 $f_i=1.3$ MHz，采用下混频 $f_i=f_l-f_s$，已调波频率 f_s 的范围为 2 ～ 30 MHz。现有一频率 $f_n=5.6$ MHz 的干扰信号窜入，举例说明接收机会在哪些频率上收到该干扰信号？

解 由题意得这是寄生通道干扰问题。形成寄生通道干扰的条件为 $\pm pf_l\pm qf_n\approx f_i$，将 $f_l=f_i+f_s$ 代入，并考虑到 $f_s>0$，可得

$$f_s\approx\frac{q}{p}f_n-\frac{p\pm1}{p}f_i \tag{4.4.1}$$

其中，$p=1,2,3,\cdots$，$q=0,1,2,\cdots$。任意组合 p 和 q，根据式(4.4.1)计算出 2 ～ 30 MHz范围内 f_s 的各个取值，则在这些频率上都会收到干扰信号，但是只有当 $p+q\leqslant5$ 时，干扰才比较明显。

例如，当 $p=1$，$q=1$、2、3、4 时，计算出在 $f_s=3$ MHz、5.6 MHz、8.6 MHz、11.2 MHz、14.2 MHz、16.8 MHz、19.8 MHz、22.4 MHz 会收到干扰信号。又如，当

$p=2$，$q=1$、2、3 时，计算出在 $f_s=2.15$ MHz、3.65 MHz、4.95 MHz、6.45 MHz、7.75 MHz 会收到干扰信号。再如，当 $p=3$，$q=2$ 时，计算出在 $f_s=2$ MHz、2.87 MHz 会收到干扰信号。

思考题和习题解答索引

本章选用配套教材《射频电路基础(第二版)》第六章混频的全部思考题和习题，编为例题给出详细解答，可以在表 P4.1 中依据教材中思考题和习题的编号查找对应的本书中例题的编号。个别例题对思考题和习题做了修改，参考时请注意区别。

表 P4.1　教材中思考题和习题与本书中例题的编号对照

思考题和习题编号	例题编号	思考题和习题编号	例题编号
6-1	4.2.1	6-6	4.3.7
6-2	4.2.2	6-7	4.3.9
6-3	4.3.1	6-8	4.4.1
6-4	4.3.3	6-9	4.4.2
6-5	4.3.5	6-10	4.4.3

第五章　角度调制与解调

教学内容

角度调制信号、角度调制原理、变容二极管直接调频电路、变容二极管间接调频电路、线性频偏扩展、斜率鉴频、乘积型相位鉴频、叠加型相位鉴频。

基本要求

(1) 了解角度调制与解调的非线性频谱搬移作用。

(2) 掌握调频信号和调相信号的时域和频域的描述和参数。

(3) 熟悉三种频率调制原理和三种相位调制原理。

(4) 掌握变容二极管直接调频电路的分析计算。

(5) 掌握变容二极管间接调频电路的分析计算。

(6) 掌握线性频偏扩展方法。

(7) 熟悉斜率鉴频的原理和分析计算。

(8) 掌握乘积型相位鉴频和叠加型相位鉴频的原理和分析计算。

(9) 熟悉线性幅频特性网络和线性相频特性网络的电路实现。

重点、难点

重点：调频信号和调相信号的产生原理、表达式、波形、频谱、带宽和功率，变容二极管直接调频、间接调频电路的分析计算，基于倍频和混频的线性频偏扩展方法，斜率鉴频的原理和分析计算，乘积型相位鉴频和叠加型相位鉴频的原理和分析计算。

难点：调频信号和调相信号的最大频偏和带宽随调制信号参数的变化，变容二极管直接调频、间接调频电路的分析计算，基于同步检波的乘积型相位鉴频和叠加型相位鉴频的原理和分析计算。

用调制信号改变载波的总相角从而生成已调波的过程称为角度调制，其逆过程，即根据已调波总相角的变化恢复调制信号的过程称为角度解调。由于总相角包括频率和相位两个主要参数，角度调制可以分别使已调波的频率或相位按调制信号规律变化，这样，角度调制又分为频率调制和相位调制，简称为调频和调相，分别记为FM和PM。角度解调相应分为频率解调和相位解调，简称为鉴频和鉴相。

类似于振幅调制与解调和混频，角度调制与解调也在频域上搬移信号的频谱。振幅调制与解调和混频做线性频谱搬移，过程中不改变各个频率分量的振幅比和频率间隔。角度调制与解调做非线性频谱搬移，角度调制把调制信号的每个频率分量变成载频附近的许多频率分量，已调波的带宽可以明显大于调制信号的带宽，角度解调则从频谱结构复杂的已调波中恢复调制信号原来的频谱。

5.1 调频信号和调相信号

调频信号和调相信号的时域参数相互对照，是构成表达式和波形的基础。时域参数也用于描述调频信号和调相信号的频谱和功率分布。

5.1.1 参数和表达式

取载波 $u_c=U_{cm}\cos\omega_c t$，调制信号 $u_\Omega=U_{\Omega m}\cos\Omega t$，则单频的 u_Ω 作用于 u_c 生成的调频信号和调相信号的参数如表 5.1.1 所示。调频要求频率变化量 $\Delta\omega(t)$ 正比于 u_Ω，比例系数为调频比例常数 k_f。调相要求相位变化量 $\Delta\varphi(t)$ 正比于 u_Ω，比例系数为调相比例常数 k_p。k_f 和 k_p 仅与电路结构和元器件参数有关，不随信号变化，其他参数均由上述正比关系导出。

表 5.1.1 调频信号和调相信号的参数

参数	调频信号	调相信号
频率变化量	$\Delta\omega(t)=k_f u_\Omega=k_f U_{\Omega m}\cos\Omega t=\Delta\omega_m\cos\Omega t$	$\Delta\omega(t)=-m_p\Omega\sin\Omega t=-\Delta\omega_m\sin\Omega t$
调频/调相比例常数	$k_f[\text{rad}/(\text{s}\cdot\text{V})]$	$k_p(\text{rad}/\text{V})$
最大频偏	$\Delta\omega_m=k_f U_{\Omega m}$	$\Delta\omega_m=m_p\Omega$
频率	$\omega(t)=\omega_c+\Delta\omega(t)=\omega_c+k_f u_\Omega$	$\omega(t)=\dfrac{d\varphi(t)}{dt}=\omega_c-m_p\Omega\sin\Omega t$ $=\omega_c-\Delta\omega_m\sin\Omega t=\omega_c+\Delta\omega(t)$
相位(总相角)	$\varphi(t)=\int^t\omega(t)dt=\int^t\omega_c+\Delta\omega(t)dt$ $=\omega_c t+\dfrac{\Delta\omega_m}{\Omega}\sin\Omega t+\varphi_0$ $=\omega_c t+m_f\sin\Omega t+\varphi_0$	$\varphi(t)=\omega_c t+\varphi_0+\Delta\varphi(t)$ $=\omega_c t+k_p u_\Omega+\varphi_0$ $=\omega_c t+m_p\cos\Omega t+\varphi_0$
调频/调相指数(最大相偏)	$m_f=\dfrac{\Delta\omega_m}{\Omega}=k_f\dfrac{U_{\Omega m}}{\Omega}$ (rad)	$m_p=k_p U_{\Omega m}=\dfrac{\Delta\omega_m}{\Omega}$ (rad)
相位变化量	$\Delta\varphi(t)=m_f\sin\Omega t$	$\Delta\varphi(t)=k_p u_\Omega$

调频信号和调相信号的振幅与 u_Ω 无关，记为 U_{sm}。调频信号和调相信号的表达式分别为

$$u_{FM}=U_{sm}\cos(\omega_c t+m_f\sin\Omega t+\varphi_0),\quad u_{PM}=U_{sm}\cos(\omega_c t+m_p\cos\Omega t+\varphi_0)$$

如果 u_Ω 为正弦函数 $u_\Omega=U_{\Omega m}\sin\Omega t$，则 u_{FM} 和 u_{PM} 的表达式分别为

$$u_{FM}=U_{sm}\cos(\omega_c t-m_f\cos\Omega t+\varphi_0),\quad u_{PM}=U_{sm}\cos(\omega_c t+m_p\sin\Omega t+\varphi_0)$$

如果 u_Ω 是包含多个频率分量的复杂调制信号，即 $u_\Omega = U_{\Omega m} f(t)$，$U_{\Omega m}$ 为最大振幅，$|f(t)| \leqslant 1$ 为波形函数，则 u_{FM} 和 u_{PM} 的表达式分别为

$$u_{FM} = U_{sm}\cos\left[\omega_c t + \Delta\omega_m \int^t f(t)\mathrm{d}t + \varphi_0\right], \quad u_{PM} = U_{sm}\cos[\omega_c t + m_p f(t) + \varphi_0]$$

5.1.2　频谱和功率

调频信号和调相信号具有相似的频谱结构。为了简化频域分析，设调频信号的初始相位 $\varphi_0 = 0$，则 $u_{FM} = U_{sm}\cos(\omega_c t + m_f \sin\Omega t)$。

1. 窄带调频信号

当调频指数 $m_f \leqslant \frac{\pi}{6}$ 时，$\cos(m_f \sin\Omega t) \approx 1$，$\sin(m_f \sin\Omega t) \approx m_f \sin\Omega t$，有

$$\begin{aligned} u_{FM} &= U_{sm}\cos(\omega_c t + m_f \sin\Omega t) \\ &= U_{sm}\cos\omega_c t\cos(m_f \sin\Omega t) - U_{sm}\sin\omega_c t\sin(m_f \sin\Omega t) \\ &\approx U_{sm}\cos\omega_c t - U_{sm} m_f \sin\Omega t\sin\omega_c t \\ &= U_{sm}\cos\omega_c t + \frac{1}{2}m_f U_{sm}\cos(\omega_c + \Omega)t - \frac{1}{2}m_f U_{sm}\cos(\omega_c - \Omega)t \end{aligned}$$

此时的 u_{FM} 包含三个频率分量，频谱如图 5.1.1(a)所示，带宽 $BW_{FM} = 2\Omega$，称为窄带调频信号。u_{FM} 的功率是其各个频率分量携带的功率的叠加，设负载是 1 Ω 的单位电阻，则窄带 u_{FM} 的功率为

$$\begin{aligned} P_{FM} &= \frac{1}{2}U_{sm}^2 + \frac{1}{2}\left(\frac{1}{2}m_f U_{sm}\right)^2 + \frac{1}{2}\left(\frac{1}{2}m_f U_{sm}\right)^2 \\ &= \frac{1}{2}U_{sm}^2\left(1 + \frac{1}{2}m_f^2\right) \approx \frac{1}{2}U_{sm}^2 \end{aligned}$$

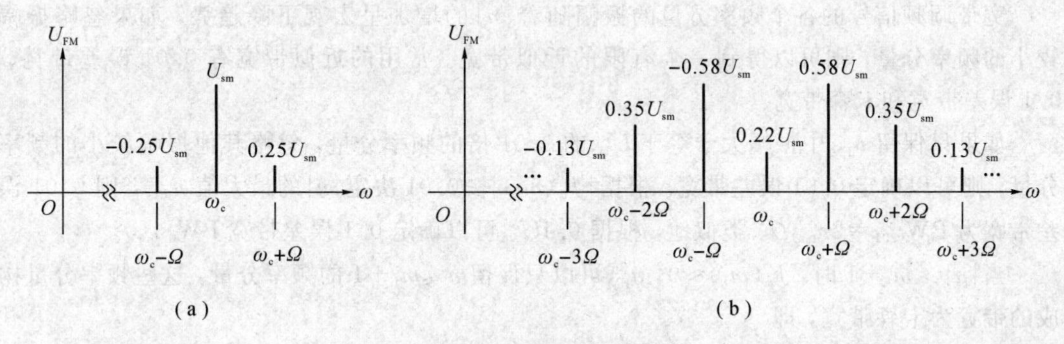

图 5.1.1　调频信号的频谱

(a) 窄带调频信号($m_f = 0.5$)；(b) 宽带调频信号($m_f = 2$)

2. 宽带调频信号

当调频指数 $m_f > \frac{\pi}{6}$ 时，调频信号 u_{FM} 的频谱明显展宽，如图 5.1.1(b)所示。$u_{FM} = U_{sm}\cos(\omega_c t + m_f \sin\Omega t)$ 可以展开为

$$u_{FM} = U_{sm}\sum_{n=-\infty}^{\infty} J_n(m_f)\cos(\omega_c + n\Omega)t$$

其中

$$J_n(m_f)=\frac{1}{2\pi}\int_{-\pi}^{\pi} e^{jm_f\sin\Omega t}e^{-jn\Omega t}d\Omega t$$

被称为宗数为 m_f 的 n 阶第一类贝赛尔函数，由 m_f 和 n 共同决定其取值，如图 5.1.2 所示。

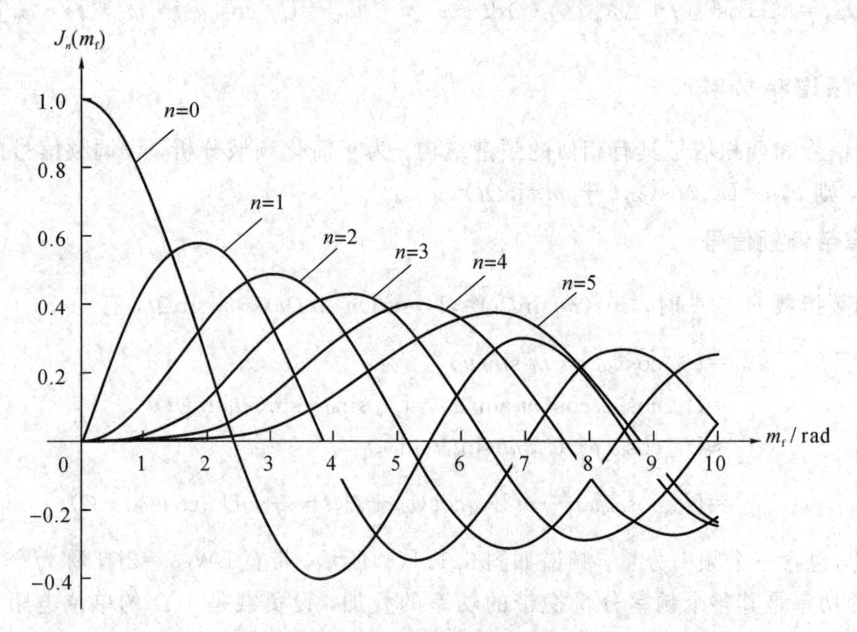

图 5.1.2　第一类贝赛尔函数

随着 m_f 的增加，$J_n(m_f)$ 近似地周期振荡，峰值不断下降，并且有

$$\sum_{n=-\infty}^{\infty} J_n^2(m_f)=1$$

宽带调频信号的各个频率分量的振幅随着 $|n|$ 的增加呈宏观下降趋势，如果忽略振幅较小的频率分量，则可以得到一个有限的近似带宽。常用的近似带宽有 0.01 误差带宽、0.1 误差带宽和卡森带宽。

如果只保留 u_{FM} 中振幅大于等于 U_{sm} 的 0.01 倍的频率分量，忽略其他振幅较小的频率分量，则可以确定 0.01 误差带宽。根据 $|J_n(m_f)|\geqslant 0.01$ 决定 $|n|$ 的最大值 n_{max}，则 0.01 误差带宽为 $BW_{0.01}=2n_{max}\Omega$。类似地，根据 $0.1U_{sm}$ 可以确定 0.1 误差带宽 $BW_{0.1}$。

当 $|n|>m_f+1$ 时，$J_n(m_f)\approx 0$，u_{FM} 可以只保留 $n\leqslant m_f+1$ 的频率分量，这些频率分量构成的带宽为卡森带宽，即

$$BW_{CR}=2(m_f+1)\Omega$$

BW_{CR} 基本上介于 $BW_{0.01}$ 和 $BW_{0.1}$ 之间，当 $m_f\geqslant 1$ 时，BW_{CR} 和 $BW_{0.1}$ 近似相等。当 $m_f\ll 1$ 时，$BW_{CR}\approx 2\Omega$；当 $m_f\gg 1$ 时，$BW_{CR}\approx 2m_f\Omega=2\Delta\omega_m$。

在单位负载电阻上，宽带 u_{FM} 的功率为

$$P_{FM}=\frac{1}{2}U_{sm}^2\sum_{n=-\infty}^{\infty} J_n^2(m_f)=\frac{1}{2}U_{sm}^2$$

无论是窄带 u_{FM}，还是宽带 u_{FM}，u_{FM} 的功率与载波 u_c 的功率相等。u_c 的功率只在载频分量上，而 u_{FM} 把功率分到了各个频率分量上。

调相信号的频谱、带宽和功率分布与调频信号相似。把调频信号有关公式中的调频指

数 m_f 换成调相指数 m_p，就得到了调相信号的有关公式。例如，调相信号的卡森带宽为 $BW_{CR}=2(m_p+1)\Omega$。

例 5.1.1　调制信号 u_Ω 的波形分别如图 5.1.3(a)、(b)所示，载波 $u_c=U_{cm}\cos\omega_c t$。

(1) 画出 u_Ω 生成的调频信号 u_{FM} 和调相信号 u_{PM} 的波形。

(2) 画出 u_{FM} 的频率变化量 $\Delta\omega(t)$ 和相位变化量 $\Delta\varphi(t)$ 的波形。

(3) 画出 u_{PM} 的 $\Delta\omega(t)$ 和 $\Delta\varphi(t)$ 的波形。

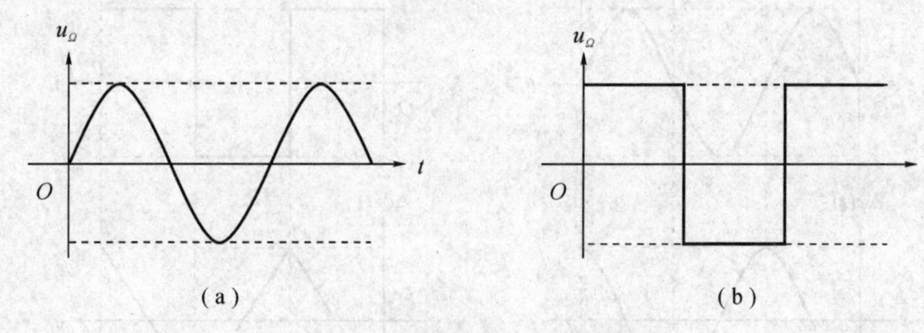

图 5.1.3　调制信号 u_Ω 的两种波形

(a) 波形一；(b) 波形二

解　(1) 两个 u_Ω 生成的 u_{FM} 和 u_{PM} 的波形如图 5.1.4 所示。该波形直观表现了频率的变化。当方波 u_Ω 的取值跳变时，u_{PM} 的相位也跳变，图中用倒相表现。

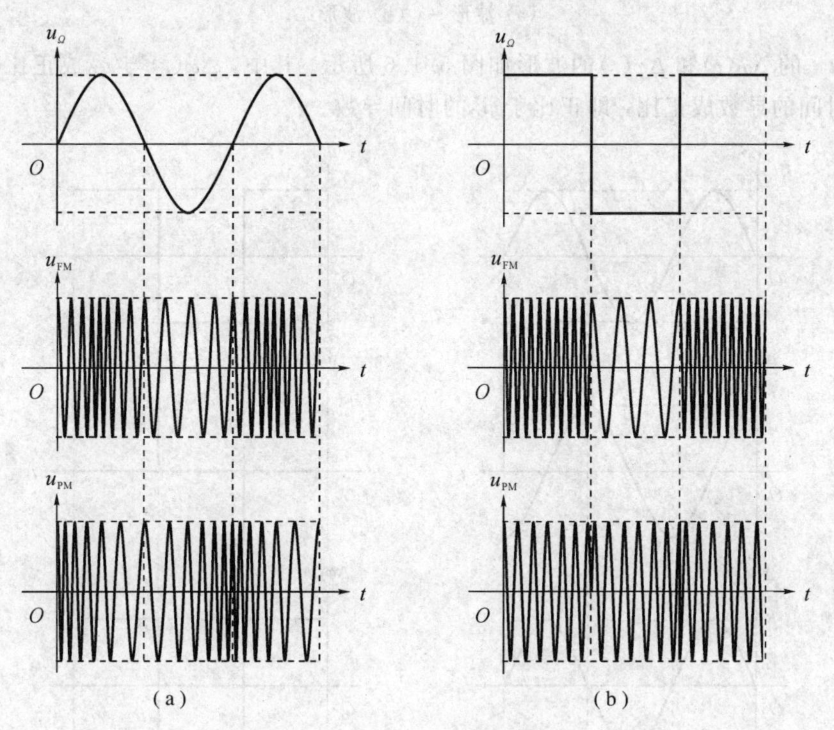

图 5.1.4　u_{FM} 和 u_{PM} 的波形

(a) 波形一；(b) 波形二

(2) u_{FM} 的 $\Delta\omega(t)$ 和 $\Delta\varphi(t)$ 的波形如图 5.1.5 所示。其中，$\Delta\omega(t)$ 与 u_Ω 成正比，$\Delta\varphi(t)$ 与 $\Delta\omega(t)$ 对时间的积分成正比，即正比于 u_Ω 的时间积分。

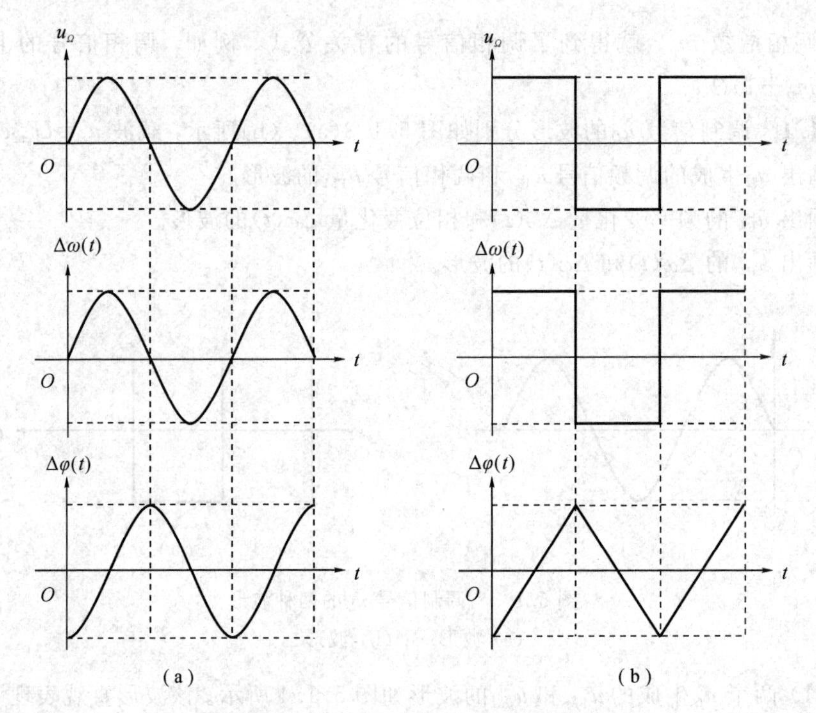

图 5.1.5 u_{FM}的 $\Delta\omega(t)$和 $\Delta\varphi(t)$的波形

(a) 波形一；(b) 波形二

(3) u_{PM}的 $\Delta\omega(t)$和 $\Delta\varphi(t)$的波形如图 5.1.6 所示。其中，$\Delta\varphi(t)$与 u_Ω成正比，$\Delta\omega(t)$与 $\Delta\varphi(t)$对时间的导数成正比，即正比于 u_Ω的时间导数。

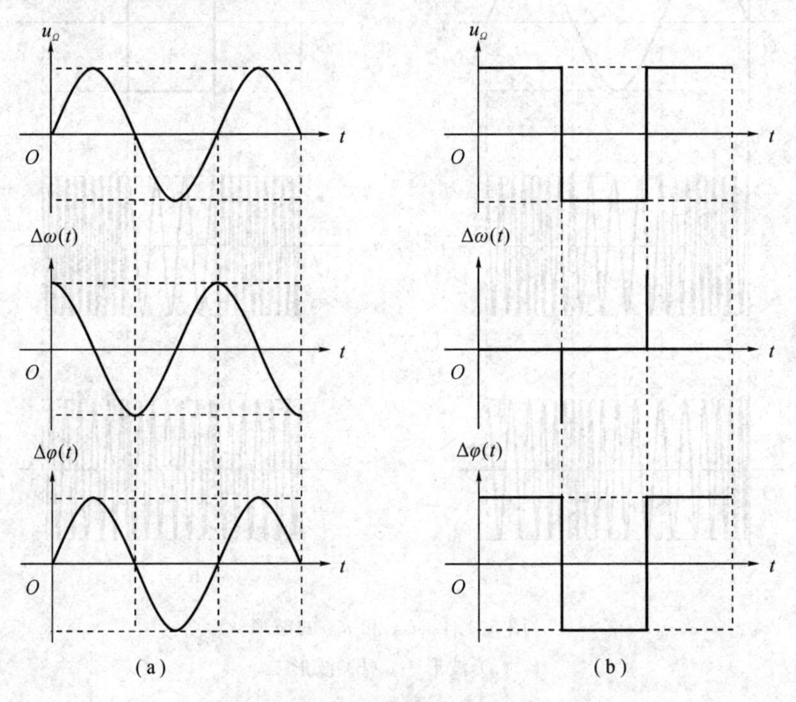

图 5.1.6 u_{PM}的 $\Delta\omega(t)$和 $\Delta\varphi(t)$的波形

(a) 波形一；(b) 波形二

例 5.1.2　调制信号 $u_{\Omega}=2\cos(2\pi\times10^3 t)$ V，载波 $u_c=5\cos(2\pi\times10^6 t)$ V。

（1）在调频时，调频比例常数 $k_f=2\pi\times10^4$ rad/(s·V)，设调频信号 u_{FM} 的振幅为 U_{sm}，写出 u_{FM} 的表达式。

（2）在调相时，调相比例常数 $k_p=2$ rad/V，设调相信号 u_{PM} 的振幅为 U_{sm}，写出 u_{PM} 的表达式。

解　（1）u_{FM} 的频率变化量为

$$\Delta\omega(t)=k_f u_{\Omega}=2\pi\times10^4\ \text{rad/(s·V)}\times2\cos(2\pi\times10^3 t)\ \text{V}=4\pi\times10^4\cos(2\pi\times10^3 t)\ \text{rad/s}$$

载波频率 $\omega_c=2\pi\times10^6$ rad/s，u_{FM} 的频率为

$$\omega(t)=\omega_c+\Delta\omega(t)=2\pi\times10^6+4\pi\times10^4\cos(2\pi\times10^3 t)\ \text{rad/s}$$

相位为

$$\begin{aligned}\varphi(t)&=\int^t\omega(t)\,dt=\int^t[2\pi\times10^6+4\pi\times10^4\cos(2\pi\times10^3 t)]\,dt\\&=2\pi\times10^6 t+20\sin(2\pi\times10^3 t)+\varphi_0\ \text{rad}\end{aligned}$$

u_{FM} 的表达式为

$$u_{FM}=U_{sm}\cos\varphi(t)=U_{sm}\cos[2\pi\times10^6 t+20\sin(2\pi\times10^3 t)+\varphi_0]$$

（2）u_{PM} 的相位变化量为

$$\Delta\varphi(t)=k_p u_{\Omega}=2\ \text{rad/V}\times2\cos(2\pi\times10^3 t)\ \text{V}=4\cos(2\pi\times10^3 t)\ \text{rad}$$

相位为

$$\varphi(t)=\omega_c t+\varphi_0+\Delta\varphi(t)=2\pi\times10^6 t+4\cos(2\pi\times10^3 t)+\varphi_0\ \text{rad}$$

u_{PM} 的表达式为

$$u_{PM}=U_{sm}\cos\varphi(t)=U_{sm}\cos[2\pi\times10^6 t+4\cos(2\pi\times10^3 t)+\varphi_0]$$

例 5.1.3　调制信号 $u_{\Omega}=2\sin(2\pi\times10^3 t)$ V，载波 $u_c=10\cos(2\pi\times10^8 t)$ V，要求调角信号的最大频偏 $\Delta f_m=20$ kHz，振幅 $U_{sm}=5$ V。分别写出符合要求的调频信号 u_{FM} 和调相信号 u_{PM} 的表达式。

解　载波频率 $\omega_c=2\pi\times10^8$ rad/s，调制信号频率 $\Omega=2\pi\times10^3$ rad/s 。调频/调相指数为

$$m_f=m_p=\frac{\Delta\omega_m}{\Omega}=\frac{2\pi\Delta f_m}{\Omega}=\frac{2\pi\times20\ \text{kHz}}{2\pi\times10^3\ \text{rad/s}}=20\ \text{rad}$$

调频信号的表达式为

$$u_{FM}=U_{sm}\cos(\omega_c t-m_f\cos\Omega t+\varphi_0)=5\cos[2\pi\times10^8 t-20\cos(2\pi\times10^3 t)+\varphi_0]\ \text{V}$$

调相信号的表达式为

$$u_{PM}=U_{sm}\cos(\omega_c t+m_p\sin\Omega t+\varphi_0)=5\cos[2\pi\times10^8 t+20\sin(2\pi\times10^3 t)+\varphi_0]\ \text{V}$$

例 5.1.4　调制信号 $u_{\Omega}=U_{\Omega m}\cos2\pi Ft$，计算以下各种情况中，$u_{\Omega}$ 生成的调频信号 u_{FM} 和调相信号 u_{PM} 的最大频偏 Δf_m 和卡森带宽 BW_{CR}。

（1）$F=1$ kHz，调频指数 $m_f=12$ rad，调相指数 $m_p=12$ rad。

（2）$F=1$ kHz，$U_{\Omega m}$ 增加一倍。

（3）$F=2$ kHz，$U_{\Omega m}$ 增加一倍。

解　（1）调制信号频率为

$$\Omega=2\pi F=2\pi\times1\ \text{kHz}=2\pi\times10^3\ \text{rad/s}$$

u_{FM} 的最大频偏为

$$\Delta\omega_m = m_f\Omega = 12\ \text{rad}\times 2\pi\times 10^3\ \text{rad/s} = 24\pi\times 10^3\ \text{rad/s}$$

卡森带宽为

$$BW_{CR} = 2(m_f+1)\Omega = 2\times(12\ \text{rad}+1)\times 2\pi\times 10^3\ \text{rad/s} = 52\pi\times 10^3\ \text{rad/s}$$

u_{PM}的最大频偏为

$$\Delta\omega_m = m_p\Omega = 12\ \text{rad}\times 2\pi\times 10^3\ \text{rad/s} = 24\pi\times 10^3\ \text{rad/s}$$

卡森带宽为

$$BW_{CR} = 2(m_p+1)\Omega = 2\times(12\ \text{rad}+1)\times 2\pi\times 10^3\ \text{rad/s} = 52\pi\times 10^3\ \text{rad/s}$$

(2) $\Omega = 2\pi\times 10^3$ rad/s，根据 $m_f = k_f U_{\Omega m}/\Omega$ 和 $m_p = k_p U_{\Omega m}$，可知 m_f和 m_p都增加一倍，$m_f = 24$ rad，$m_p = 24$ rad。

u_{FM}的最大频偏和卡森带宽分别为

$$\Delta\omega_m = m_f\Omega = 24\ \text{rad}\times 2\pi\times 10^3\ \text{rad/s} = 48\pi\times 10^3\ \text{rad/s}$$

$$BW_{CR} = 2(m_f+1)\Omega = 2\times(24\ \text{rad}+1)\times 2\pi\times 10^3\ \text{rad/s} = 100\pi\times 10^3\ \text{rad/s}$$

u_{PM}的最大频偏和卡森带宽分别为

$$\Delta\omega_m = m_p\Omega = 24\ \text{rad}\times 2\pi\times 10^3\ \text{rad/s} = 48\pi\times 10^3\ \text{rad/s}$$

$$BW_{CR} = 2(m_p+1)\Omega = 2\times(24\ \text{rad}+1)\times 2\pi\times 10^3\ \text{rad/s} = 100\pi\times 10^3\ \text{rad/s}$$

(3) $\Omega = 2\pi F = 2\pi\times 2\ \text{kHz} = 4\pi\times 10^3$ rad/s，根据 $m_f = k_f U_{\Omega m}/\Omega$ 和 $m_p = k_p U_{\Omega m}$，可知 m_f不变，m_p增加一倍，$m_f = 12$ rad，$m_p = 24$ rad。

u_{FM}的最大频偏和卡森带宽分别为

$$\Delta\omega_m = m_f\Omega = 12\ \text{rad}\times 4\pi\times 10^3\ \text{rad/s} = 48\pi\times 10^3\ \text{rad/s}$$

$$BW_{CR} = 2(m_f+1)\Omega = 2\times(12\ \text{rad}+1)\times 4\pi\times 10^3\ \text{rad/s} = 104\pi\times 10^3\ \text{rad/s}$$

u_{PM}的最大频偏和卡森带宽分别为

$$\Delta\omega_m = m_p\Omega = 24\ \text{rad}\times 4\pi\times 10^3\ \text{rad/s} = 96\pi\times 10^3\ \text{rad/s}$$

$$BW_{CR} = 2(m_p+1)\Omega = 2\times(24\ \text{rad}+1)\times 4\pi\times 10^3\ \text{rad/s} = 200\pi\times 10^3\ \text{rad/s}$$

5.2 角度调制原理和电路

调频分为直接调频和间接调频。直接调频用同一级电路完成载波产生和调频，其原理简单，调频信号的频偏较大，但是频率稳定度较低。间接调频将载波产生和调频分在两级电路中分别完成，提高了调频信号的频率稳定度。间接调频的电路框图如图 5.2.1 所示，电路首先对调制信号 u_Ω积分，其次用积分后的结果对载波 u_c调相。已调波的相位变化量正比于 u_Ω的积分，频率变化量正比于 u_Ω，从而成为调频信号 u_{FM}。

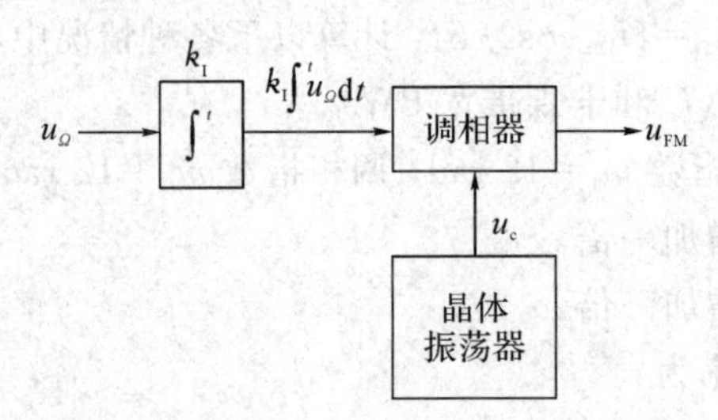

图 5.2.1　间接调频

5.2.1　直接调频

直接调频从原理上可以分为模拟调频积分方程法和似稳态调频法，似稳态调频法可以用全部接入式变容二极管直接调频电路和部分接入式变容二极管直接调频电路实现。

1. 模拟调频积分方程法

模拟调频积分方程法基于调频信号满足的积分方程，用模拟运算单元实现其中的每一步运算，根据等式建立闭合环路，构成电路，产生调频信号。根据调频信号的表达式，可以推导出调频积分方程为

$$u_{\mathrm{FM}}=-\int^{t}\omega(t)\left[\int^{t}\omega(t)u_{\mathrm{FM}}\mathrm{d}t\right]\mathrm{d}t \tag{5.2.1}$$

在实现调频积分方程时，电路需要两个乘法器、两个积分器和一个反相器，共5个模拟运算单元，构成的闭合环路如图5.2.2所示。其中的 k_{M} 和 k_{I} 分别代表乘法器和积分器的增益，频率 $\omega(t)$ 用控制电压 u_{ω} 取代。u_{ω} 与调制信号成线性关系，即

$$u_{\omega}=U_{0}+ku_{\Omega}$$

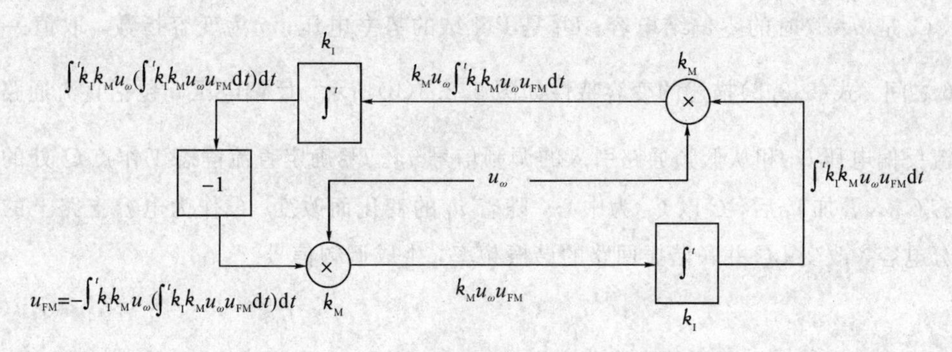

图5.2.2　模拟调频积分方程法的电路框图

该电路输出的调频信号为

$$u_{\mathrm{FM}}=-\int^{t}k_{\mathrm{I}}k_{\mathrm{M}}u_{\omega}\left(\int^{t}k_{\mathrm{I}}k_{\mathrm{M}}u_{\omega}u_{\mathrm{FM}}\mathrm{d}t\right)\mathrm{d}t$$

与式(5.2.1)比较可知，u_{FM} 的 $\omega(t)$ 受到 u_{ω} 的控制，有

$$\omega(t)=k_{\mathrm{I}}k_{\mathrm{M}}u_{\omega}=k_{\mathrm{I}}k_{\mathrm{M}}(U_{0}+ku_{\Omega})=k_{\mathrm{I}}k_{\mathrm{M}}U_{0}+k_{\mathrm{I}}k_{\mathrm{M}}ku_{\Omega}=\omega_{\mathrm{c}}+k_{\mathrm{f}}u_{\Omega}$$

由此决定了 u_{FM} 的载频 ω_{c} 和调频比例常数 k_{f}。

2. 似稳态调频法

当调制信号的频率 Ω、调频信号的载频 ω_{c} 和最大频偏 $\Delta\omega_{\mathrm{m}}$ 满足似稳态条件 $\Omega\ll\omega_{\mathrm{c}}$ 和 $\Delta\omega_{\mathrm{m}}\ll\omega_{\mathrm{c}}$ 时，相对于载频，调频信号的频率变化非常缓慢，变化范围也很小，调频信号成为似稳态的正弦信号，可以用正弦波振荡器产生。

似稳态调频法的数学模型是调频微分方程。根据调频信号的表达式，可以推导出调频微分方程为

$$u_{\mathrm{FM}}-\frac{\omega'(t)u'_{\mathrm{FM}}}{\omega^{3}(t)}+\frac{u''_{\mathrm{FM}}}{\omega^{2}(t)}=0$$

在似稳态条件下，上式的第二项在绝对值上远远小于第一项和第三项，并且取值接近零，所以把第二项增加一倍或忽略掉，方程对应的电路功能不发生实质变化，由此衍生出两个似稳态调频微分方程，即

$$u_{\mathrm{FM}}-2\frac{\omega'(t)u'_{\mathrm{FM}}}{\omega^3(t)}+\frac{u''_{\mathrm{FM}}}{\omega^2(t)}=0$$

$$u_{\mathrm{FM}}+\frac{u''_{\mathrm{FM}}}{\omega^2(t)}=0$$

这两个方程都可以用较简单的 LC 正弦波振荡器实现，调制信号控制 LC 并联谐振回路中电抗元件的取值，改变振荡频率，振荡器就生成调频信号。

似稳态调频法常用的可控电抗元件是变容二极管，电路符号如图 5.2.3(a)所示。变容二极管工作在反偏状态，结电容主要是 PN 结的势垒电容 C_{j}。C_{j}与反偏电压 u 的关系为

$$C_{\mathrm{j}}=\frac{C_{\mathrm{j0}}}{\left(1+\dfrac{u}{U_{\mathrm{B}}}\right)^n} \tag{5.2.2}$$

其中，C_{j0}是 $u=0$ 时的零偏结电容；U_{B}是 PN 结的势垒电压；n 为变容指数，取值一般在 $\frac{1}{3}\sim6$ 之间。式(5.2.2)描述的变容特性如图 5.2.3(b)所示。反偏电压 u 包括直流通路提供的直流反偏电压 U_Q和从低频通路引入的调制信号 u_Ω。U_Q确定直流静态工作点 Q 处的静态结电容 $C_{\mathrm{j}Q}$，叠加 u_Ω后，C_{j}以 $C_{\mathrm{j}Q}$为中心，随着 u_Ω的变化而改变。C_{j}作为电容支路上的全部或部分电容，改变 LC 并联谐振回路的谐振频率，生成调频信号。

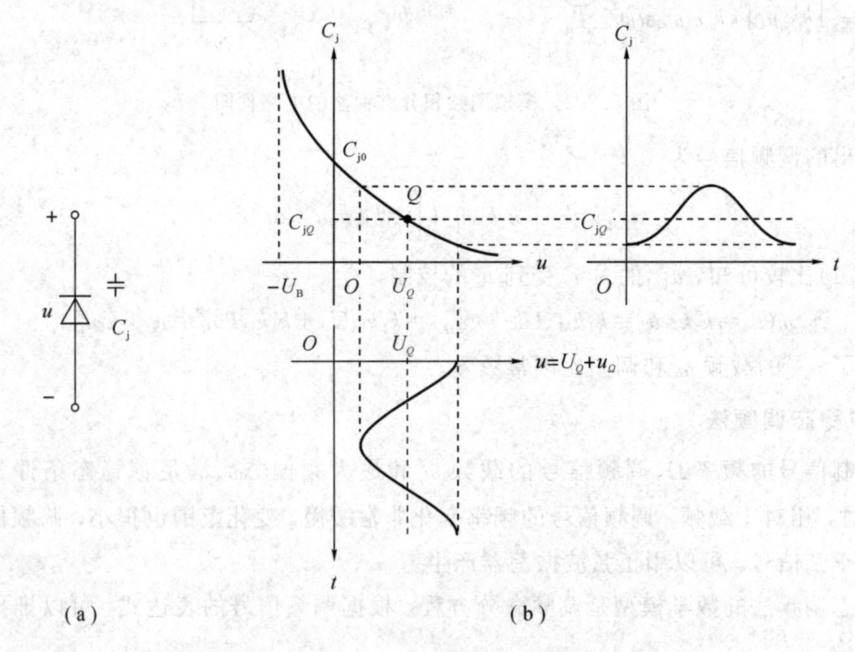

图 5.2.3　变容二极管

(a) 电路符号；(b) 变容特性

3. 全部接入式变容二极管直接调频

在 LC 正弦波振荡器的基础上，在 LC 并联谐振回路的电容支路中接入变容二极管，并通过直流通路和低频通路给变容二极管加上直流反偏电压并引入调制信号，就设计出了变容二极管直接调频电路。如果变容二极管两端与电感支路并联，则其电容接入系数等于 1，这样的设计称为全部接入式变容二极管直接调频电路。如果电路中变容二极管的反偏电压 $u=U_Q+u_\Omega$，则振荡频率为

$$\omega(t)=\frac{1}{\sqrt{LC_j}}=\frac{1}{\sqrt{LC_{jQ}}}\left(1+\frac{u_\Omega}{U_B+U_Q}\right)^{\frac{n}{2}}=\frac{1}{\sqrt{LC_{jQ}}}\left(1+\frac{U_{\Omega m}\cos\Omega t}{U_B+U_Q}\right)^{\frac{n}{2}}$$

$$=\frac{1}{\sqrt{LC_{jQ}}}(1+m\cos\Omega t)^{\frac{n}{2}}$$

其中，静态结电容为

$$C_{jQ}=\frac{C_{j0}}{\left(1+\dfrac{U_Q}{U_B}\right)^n}$$

而 $m=\dfrac{U_{\Omega m}}{U_B+U_Q}$，称为结电容调制度。当变容指数 $n=2$ 时或 $n\neq2$ 且 $m\ll1$ 时，可以证明 $\omega(t)$ 与 u_Ω 成线性关系，电路产生调频信号。

例 5.2.1 变容二极管调频电路如图 5.2.4(a)所示，变容二极管的结电容为

$$C_j=\frac{100}{(1+u)^2}\ \text{pF}$$

u(V)为反偏电压，调制信号 $u_\Omega=10\sin(2\pi\times10^3t)$ mV。

(1) 画出该电路的交流通路。

(2) 计算频率 $\omega(t)$ 和最大频偏 $\Delta\omega_m$。

(3) 设调频信号 u_{FM} 的振幅为 U_{sm}，写出 u_{FM} 的表达式。

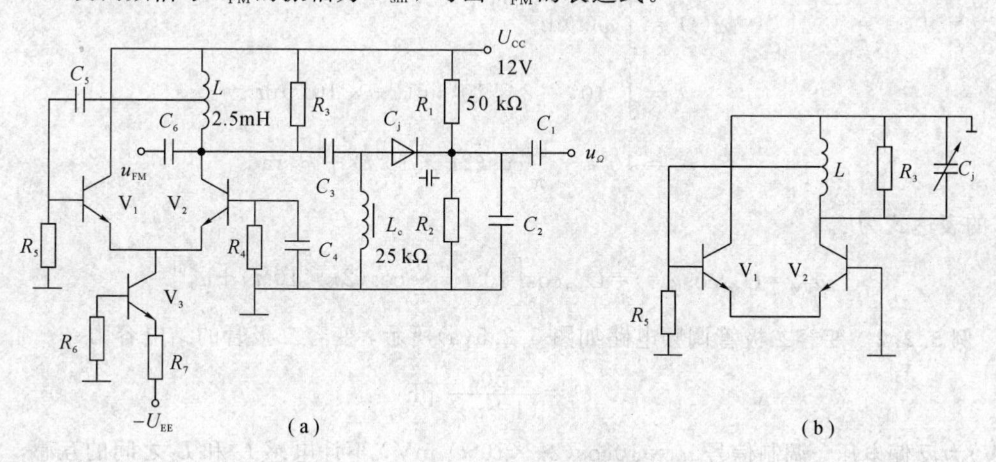

图 5.2.4 变容二极管调频

(a) 原电路；(b) 交流通路

解 (1) 交流信号有低频的 u_Ω 和高频的 u_{FM}，交流通路指产生 u_{FM} 的正弦波振荡器的高

频交流通路，如图 5.2.4(b)所示。该电路是在差分对振荡器的基础上实现的全部接入式变容二极管直接调频电路。图 5.2.4(a)中虽然没有标出各个电容的取值，但是可以根据电容的位置判断其功能。电阻 R_1 和 R_2 对电压源电压 U_{CC} 分压，获得变容二极管 C_j 的直流反偏电压 U_Q。低频的调制信号 u_Ω 通过交流耦合电容 C_1 加载到 C_j 上。高频扼流圈 L_c 对 u_Ω 短路，将 C_j 的非加载端的直流和低频电位置零。电容 C_2 取值适中，对 u_Ω 开路而对 u_{FM} 短路，电容 C_3 隔离其左边的集电极电位和右边的零电位，C_3 对 u_{FM} 短路。C_j 的右端和电感 L 的上端通过 C_2 交流连通，它们各自的另一端通过 C_3 交流连通。经过电容 C_6 隔离集电极直流电位后，u_{FM} 是 LC 并联谐振回路两端的电压。C_4 和 C_5 都是交流耦合电容，对 u_{FM} 短路。

(2) C_j 的直流反偏电压为

$$U_Q=\frac{R_2}{R_1+R_2}U_{CC}=\frac{25\ \text{k}\Omega}{50\ \text{k}\Omega+25\ \text{k}\Omega}\times 12\ \text{V}=4\ \text{V}$$

根据 C_j 的表达式可知，零偏结电容 $C_{j0}=100$ pF，势垒电压 $U_B=1$ V，变容指数 $n=2$。静态结电容为

$$C_{jQ}=\frac{C_{j0}}{\left(1+\dfrac{U_Q}{U_B}\right)^n}=\frac{100\ \text{pF}}{\left(1+\dfrac{4\ \text{V}}{1\ \text{V}}\right)^2}=4\ \text{pF}$$

u_{FM} 的频率为

$$\begin{aligned}\omega(t)&=\frac{1}{\sqrt{LC_j}}=\frac{1}{\sqrt{LC_{jQ}}}\left(1+\frac{u_\Omega}{U_B+U_Q}\right)^{\frac{n}{2}}\\&=\frac{1}{\sqrt{2.5\ \text{mH}\times 4\ \text{pF}}}\left[1+\frac{10\sin(2\pi\times 10^3 t)\ \text{mV}}{1\ \text{V}+4\ \text{V}}\right]^{\frac{2}{2}}\\&=10^7+2\times 10^4\sin(2\pi\times 10^3 t)\ \text{rad/s}\end{aligned}$$

最大频偏为

$$\Delta\omega_m=2\times 10^4\ \text{rad/s}$$

(3) 相位为

$$\begin{aligned}\varphi(t)&=\int^t\omega(t)\text{d}t\\&=\int^t 10^7+2\times 10^4\sin(2\pi\times 10^3 t)\text{d}t\\&=10^7 t-\frac{10}{\pi}\cos(2\pi\times 10^3 t)+\varphi_0\ \text{rad}\end{aligned}$$

u_{FM} 的表达式为

$$u_{FM}=U_{sm}\cos\varphi(t)=U_{sm}\cos\left[10^7 t-\frac{10}{\pi}\cos(2\pi\times 10^3 t)+\varphi_0\right]$$

例 5.2.2 变容二极管调频电路如图 5.2.5(a)所示，变容二极管的结电容为

$$C_j=\frac{50}{(1+u)^2}\ \text{pF}$$

u(V)为反偏电压，调制信号 $u_\Omega=10\cos(2\pi\times 10^4 t)$ mV，不计电感 L_1 和 L_2 之间的互感。

(1) 画出该电路的交流通路。

(2) 计算频率 $\omega(t)$ 和最大频偏 $\Delta\omega_m$。

(3) 设调频信号 u_{FM} 的振幅为 U_{sm}，写出 u_{FM} 的表达式。

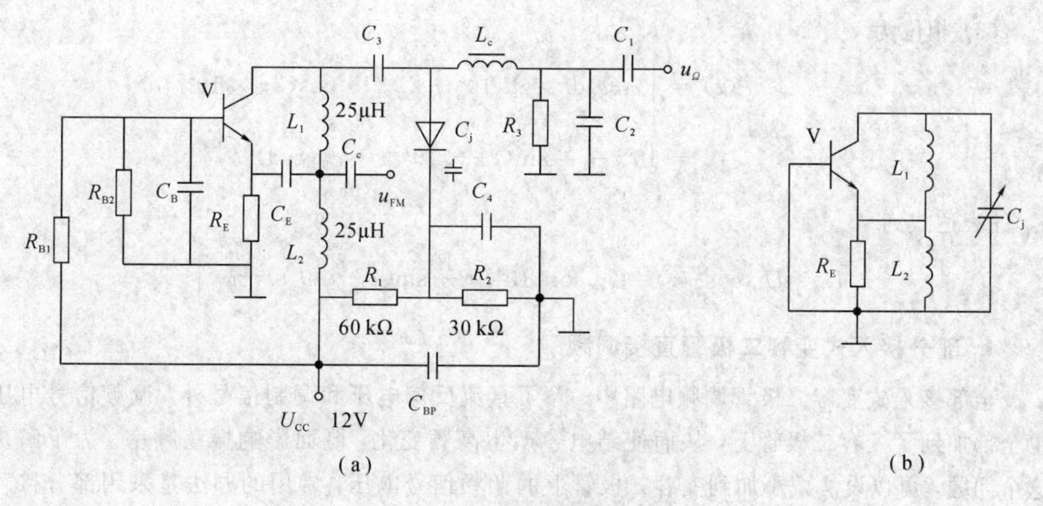

图 5.2.5　变容二极管调频

(a) 原电路；(b) 交流通路

解　(1) 交流通路如图 5.2.5(b)所示。该电路是在共基极组态电感三端式振荡器的基础上实现的全部接入式变容二极管直接调频电路。电阻 R_1 和 R_2 对电压源电压 U_{CC} 分压，获得变容二极管 C_j 的直流反偏电压 U_Q。C_j 的加载端在直流通路中通过高频扼流圈 L_c 和电阻 R_3 接地，因为 C_j 反偏，R_3 上没有直流电流和直流压降，所以 C_j 的加载端直流电位为零。调制信号 u_Ω 通过交流耦合电容 C_1 和 L_c 加载到 C_j 上。R_1 和 R_2 远小于 C_j 的低频阻抗，使 C_j 的非加载端的低频电位为零。C_j 的上端和电感 L_1 的上端通过电容 C_3 交流连通，C_j 的下端和电感 L_2 的下端通过电容 C_4 和旁路电容 C_{BP} 交流连通。

(2) C_j 的直流反偏电压为

$$U_Q=\frac{R_2}{R_1+R_2}U_{CC}=\frac{30\ \text{k}\Omega}{60\ \text{k}\Omega+30\ \text{k}\Omega}\times 12\ \text{V}=4\ \text{V}$$

根据 C_j 的表达式可知，零偏结电容 $C_{j0}=50$ pF，势垒电压 $U_B=1$ V，变容指数 $n=2$。静态结电容为

$$C_{jQ}=\frac{C_{j0}}{\left(1+\frac{U_Q}{U_B}\right)^n}=\frac{50\ \text{pF}}{\left(1+\frac{4\ \text{V}}{1\ \text{V}}\right)^2}=2\ \text{pF}$$

L_1 和 L_2 串联，电感支路的总电感 $L_\Sigma=L_1+L_2$，u_{FM} 的频率为

$$\begin{aligned}\omega(t)&=\frac{1}{\sqrt{L_\Sigma C_j}}=\frac{1}{\sqrt{(L_1+L_2)C_j}}=\frac{1}{\sqrt{(L_1+L_2)C_{jQ}}}\left(1-\frac{u_\Omega}{U_B+U_Q}\right)^{\frac{n}{2}}\\&=\frac{1}{\sqrt{(25\ \mu\text{H}+25\ \mu\text{H})\times 2\ \text{pF}}}\left[1-\frac{10\cos(2\pi\times 10^4 t)\ \text{mV}}{1\ \text{V}+4\ \text{V}}\right]^{\frac{2}{2}}\\&=10^8-2\times 10^5\cos(2\pi\times 10^4 t)\ \text{rad/s}\end{aligned}$$

最大频偏为

$$\Delta\omega_m=2\times 10^5\ \text{rad/s}$$

(3) 相位为

$$\varphi(t)=\int^{t}\omega(t)\mathrm{d}t=\int^{t}10^{8}-2\times10^{5}\cos(2\pi\times10^{4}t)\mathrm{d}t$$

$$=10^{8}t-\frac{10}{\pi}\sin(2\pi\times10^{4}t)+\varphi_{0}\,(\mathrm{rad})$$

u_{FM}的表达式为

$$u_{\mathrm{FM}}=U_{\mathrm{sm}}\cos\varphi(t)=U_{\mathrm{sm}}\cos\left[10^{8}t-\frac{10}{\pi}\sin(2\pi\times10^{4}t)+\varphi_{0}\right]$$

4. 部分接入式变容二极管直接调频

全部接入式变容二极管调频电路中，除了直流反偏电压和调制信号外，调频信号电压也全部加到了变容二极管上，从而使结电容产生高频变化，既而影响振荡频率。为了解决这个问题，可以设法减小加到变容二极管上的调频信号电压，常用的办法是采用部分接入式变容二极管调频。

部分接入式变容二极管调频可以在 LC 并联谐振回路中用两个变容二极管反向对接，并可以继续并联其他电容以修改电容支路的总电容，也可以用一个变容二极管与其他电容串联后构成电容支路。在部分接入式设计中，变容二极管的电容接入系数小于1，其上的调频信号电压减小，在反向对接时，结电容的高频变化可以大部分对消，从而提高了调频质量。

例 5.2.3 变容二极管调频电路如图 5.2.6(a)所示，两个变容二极管的结电容为

$$C_{\mathrm{j}}=\frac{100}{(1+u)^{2}}\ \mathrm{pF}$$

u(V)为反偏电压，调制信号 $u_{\Omega}=20\cos(2\pi\times10^{4}t)$ mV。

(1) 画出该电路的交流通路。

(2) 计算频率 $\omega(t)$和最大频偏 $\Delta\omega_{\mathrm{m}}$。

(3) 设调频信号 u_{FM}的振幅为 U_{sm}，写出 u_{FM}的表达式。

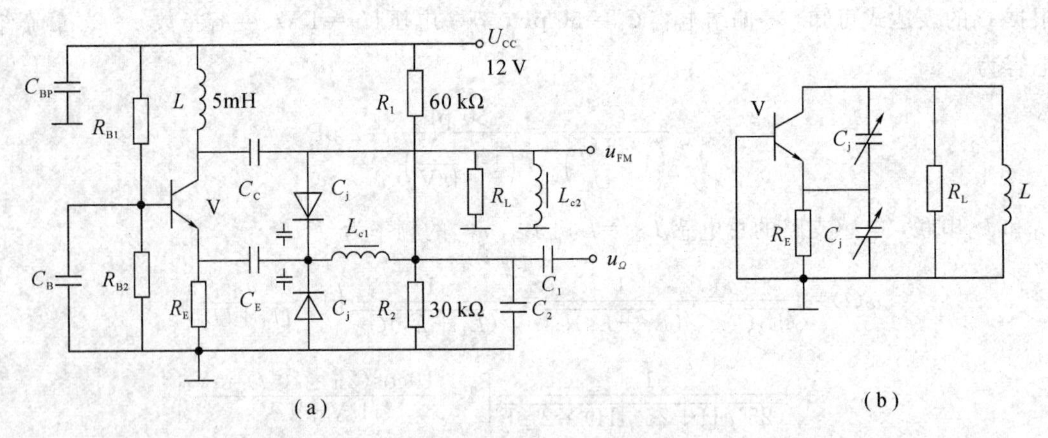

图 5.2.6 变容二极管调频

(a) 原电路；(b) 交流通路

解 (1) 交流通路如图 5.2.6(b)所示。该电路是在共基极组态电容三端式振荡器的基

础上实现的部分接入式变容二极管直接调频电路。电阻 R_1 和 R_2 对电压源电压 U_{CC} 分压，获得变容二极管 C_j 的直流反偏电压 U_Q。调制信号 u_Ω 通过交流耦合电容 C_1 和高频扼流圈 L_{c1} 加载到 C_j 上。高频扼流圈 L_{c2} 将上方 C_j 的非加载端的直流和低频电位置零。两个 C_j 串联构成电容支路，电容支路的上端和电感 L 的下端通过电容 C_C 交流连通，接地端和旁路电容 C_{BP} 使电容支路的下端和 L 的上端交流连通。

(2) C_j 的直流反偏电压为

$$U_Q=\frac{R_2}{R_1+R_2}U_{CC}=\frac{30\ \text{k}\Omega}{60\ \text{k}\Omega+30\ \text{k}\Omega}\times 12\ \text{V}=4\ \text{V}$$

根据 C_j 的表达式可知，零偏结电容 $C_{j0}=100$ pF，势垒电压 $U_B=1$ V，变容指数 $n=2$。静态结电容为

$$C_{jQ}=\frac{C_{j0}}{\left(1+\dfrac{U_Q}{U_B}\right)^n}=\frac{100\ \text{pF}}{\left(1+\dfrac{4\ \text{V}}{1\ \text{V}}\right)^2}=4\ \text{pF}$$

两个 C_j 串联，电容支路的总电容 $C_\Sigma=C_j/2$，u_{FM} 的频率为

$$\begin{aligned}\omega(t)&=\frac{1}{\sqrt{LC_\Sigma}}=\frac{1}{\sqrt{L\dfrac{C_j}{2}}}=\frac{1}{\sqrt{L\dfrac{C_{jQ}}{2}}}\left(1+\frac{u_\Omega}{U_B+U_Q}\right)^{\frac{n}{2}}\\&=\frac{1}{\sqrt{5\ \text{mH}\times\dfrac{4\ \text{pF}}{2}}}\left[1+\frac{20\cos(2\pi\times 10^4 t)\ \text{mV}}{1\ \text{V}+4\ \text{V}}\right]^{\frac{2}{2}}\\&=10^7+4\times 10^4\cos(2\pi\times 10^4 t)\ \text{rad/s}\end{aligned}$$

最大频偏为

$$\Delta\omega_m=4\times 10^4\ \text{rad/s}$$

(3)相位为

$$\begin{aligned}\varphi(t)&=\int^t\omega(t)\,\text{d}t\\&=\int^t 10^7+4\times 10^4\cos(2\pi\times 10^4 t)\,\text{d}t\\&=10^7 t+\frac{2}{\pi}\sin(2\pi\times 10^4 t)+\varphi_0\ \text{rad}\end{aligned}$$

u_{FM} 的表达式为

$$u_{FM}=U_{sm}\cos\varphi(t)=U_{sm}\cos\left[10^7 t+\frac{2}{\pi}\sin(2\pi\times 10^4 t)+\varphi_0\right]$$

例 5.2.4　变容二极管调频电路如图 5.2.7(a)所示，变容二极管的结电容为

$$C_j=\frac{96}{(1+u)^2}\ \text{pF}$$

u(V)为反偏电压，调制信号 $u_\Omega=20\cos(2\pi\times 10^4 t)$ mV。

(1) 画出该电路的交流通路。

(2) 计算频率 $\omega(t)$ 和最大频偏 $\Delta\omega_m$。

(3) 设调频信号 u_{FM} 的振幅为 U_{sm}，写出 u_{FM} 的表达式。

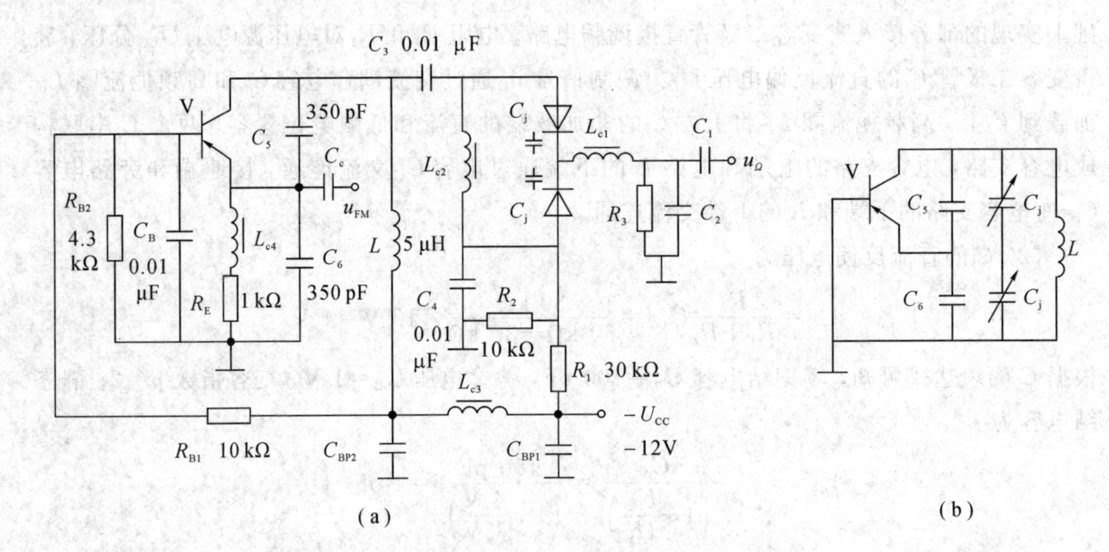

图 5.2.7 变容二极管调频

(a) 原电路；(b) 交流通路

解 (1) 交流通路如图 5.2.7(b)所示。该电路是在共基极组态电容三端式振荡器的基础上实现的部分接入式变容二极管直接调频电路。电压源电压$-U_{CC}$经过电阻R_1和R_2分压，加到两个变容二极管C_j的非加载端，获得直流反偏电压U_Q。高频扼流圈L_{c1}和电阻R_3将两个C_j加载端的直流电位置零。调制信号$u_Ω$通过交流耦合电容C_1和L_{c1}加载到C_j上。电容C_4对$u_Ω$开路，R_1和R_2远小于C_j的低频阻抗，使两个C_j的非加载端的低频电位置零。两个C_j串联，通过电容C_3和C_4的交流连通，C_j串联支路与电容C_5和C_6的串联支路并联构成电容支路，电容支路的两端和电感L的两端分别交流连通。

(2) C_j的直流反偏电压为

$$U_Q=0-\frac{R_2}{R_1+R_2}(-U_{CC})=-\frac{10\ \text{k}\Omega}{30\ \text{k}\Omega+10\ \text{k}\Omega}\times(-12\ \text{V})=3\ \text{V}$$

根据C_j的表达式可知，零偏结电容$C_{j0}=96$ pF，势垒电压$U_B=1$ V，变容指数$n=2$。静态结电容为

$$C_{jQ}=\frac{C_{j0}}{\left(1+\dfrac{U_Q}{U_B}\right)^n}=\frac{96\ \text{pF}}{\left(1+\dfrac{3\ \text{V}}{1\ \text{V}}\right)^2}=6\ \text{pF}$$

电容支路的总电容为

$$C_\Sigma=\frac{C_5C_6}{C_5+C_6}+\frac{C_jC_j}{C_j+C_j}=\frac{C_5C_6}{C_5+C_6}+\frac{C_j}{2}$$

当$u=U_Q$即$C_j=C_{jQ}$时，振荡频率为载频，有

$$\omega_c=\frac{1}{\sqrt{L\,C_\Sigma\big|_{C_j=C_{jQ}}}}=\frac{1}{\sqrt{L\left(\dfrac{C_5C_6}{C_5+C_6}+\dfrac{C_{jQ}}{2}\right)}}$$

$$=\frac{1}{\sqrt{5\ \mu\text{H}\times\left(\dfrac{350\ \text{pF}\times350\ \text{pF}}{350\ \text{pF}+350\ \text{pF}}+\dfrac{6\ \text{pF}}{2}\right)}}=33.5201\ \text{Mrad/s}$$

u_Ω的振幅 $U_{\Omega m}=20$ mV，当 $u=U_Q+U_{\Omega m}$和 $u=U_Q-U_{\Omega m}$时，C_j的最小值和最大值分别为

$$C_{jmin}=\frac{C_{j0}}{\left(1+\frac{U_Q+U_{\Omega m}}{U_B}\right)^n}=\frac{96\ \text{pF}}{\left(1+\frac{3\ \text{V}+20\ \text{mV}}{1\ \text{V}}\right)^2}=5.94\ \text{pF}$$

$$C_{jmax}=\frac{C_{j0}}{\left(1+\frac{U_Q-U_{\Omega m}}{U_B}\right)^n}=\frac{96\ \text{pF}}{\left(1+\frac{3\ \text{V}-20\ \text{mV}}{1\ \text{V}}\right)^2}=6.06\ \text{pF}$$

振荡频率的最大值和最小值分别为

$$\omega_{max}=\frac{1}{\sqrt{L\,C_\Sigma\big|_{C_j=C_{jmin}}}}=\frac{1}{\sqrt{L\left(\frac{C_5C_6}{C_5+C_6}+\frac{C_{jmin}}{2}\right)}}$$

$$=\frac{1}{\sqrt{5\ \text{mH}\times\left(\frac{350\ \text{pF}\times350\ \text{pF}}{350\ \text{pF}+350\ \text{pF}}+\frac{5.94\ \text{pF}}{2}\right)}}=33.5229\ \text{Mrad/s}$$

$$\omega_{min}=\frac{1}{\sqrt{L\,C_\Sigma\big|_{C_j=C_{jmax}}}}=\frac{1}{\sqrt{L\left(\frac{C_5C_6}{C_5+C_6}+\frac{C_{jmax}}{2}\right)}}$$

$$=\frac{1}{\sqrt{5\ \text{mH}\times\left(\frac{350\ \text{pF}\times350\ \text{pF}}{350\ \text{pF}+350\ \text{pF}}+\frac{6.06\ \text{pF}}{2}\right)}}=33.5173\ \text{Mrad/s}$$

u_{FM}的最大频偏为

$$\Delta\omega_m\approx\frac{(\omega_{max}-\omega_c)+(\omega_c-\omega_{min})}{2}$$

$$=\frac{(33.5229\ \text{Mrad/s}-33.5201\ \text{Mrad/s})+(33.5201\ \text{Mrad/s}-33.5173\ \text{Mrad/s})}{2}$$

$$=2.80\ \text{krad/s}$$

u_Ω的频率 $\Omega=2\pi\times10^4$ rad/s，u_{FM}的频率为

$$\omega(t)=\omega_c+\Delta\omega_m\cos\Omega t=33.5201\times10^6+2.80\times10^3\cos(2\pi\times10^4t)\ \text{rad/s}$$

（3）相位为

$$\varphi(t)=\int^t\omega(t)\,dt$$

$$=\int^t 33.5201\times10^6+2.80\times10^3\cos(2\pi\times10^4t)\,dt$$

$$=33.5201\times10^6t+0.0446\sin(2\pi\times10^4t)+\varphi_0\ \text{rad}$$

u_{FM}的表达式为

$$u_{FM}=U_{sm}\cos\varphi(t)=U_{sm}\cos[33.5201\times10^6t+0.0446\sin(2\pi\times10^4t)+\varphi_0]$$

例 5.2.5　变容二极管调频电路如图 5.2.8(a)所示，变容二极管的结电容为

$$C_j=\frac{80}{(1+u)^2}\ \text{pF}$$

u(V)为反偏电压，调制信号 $u_\Omega=50\cos(2\pi\times10^3t)$ mV。

（1）画出该电路的交流通路。

（2）计算频率 $\omega(t)$和最大频偏 $\Delta\omega_m$。

(3) 设调频信号 u_{FM} 的振幅为 U_{sm}，写出 u_{FM} 的表达式。

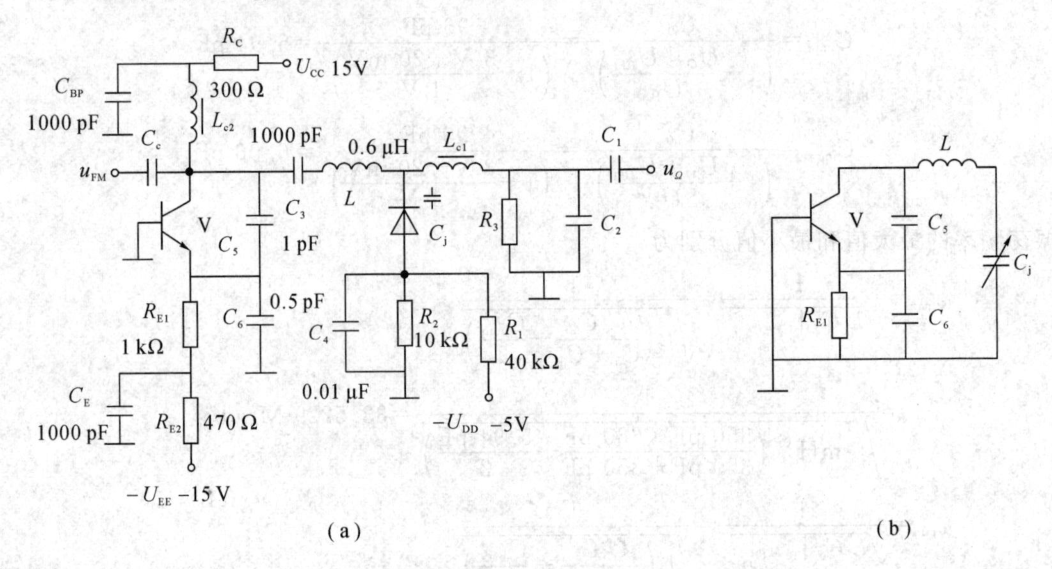

图 5.2.8 变容二极管调频

(a) 原电路；(b) 交流通路

解 (1) 交流通路如图 5.2.8(b)所示。该电路是在共基极组态电容三端式振荡器的基础上实现的部分接入式变容二极管直接调频电路。电压源电压 $-U_{DD}$ 经过电阻 R_1 和 R_2 分压，加到变容二极管 C_j 的非加载端，获得直流反偏电压 U_Q。高频扼流圈 L_{c1} 和电阻 R_3 将 C_j 加载端的直流电位置零。调制信号 u_Ω 通过交流耦合电容 C_1 和 L_{c1} 加载到 C_j 上。电容 C_3 对 u_Ω 开路，R_1 和 R_2 远小于 C_j 的低频阻抗，使 C_j 的非加载端的低频电位置零。C_j 与电容 C_5 和 C_6 串联构成电容支路，电容支路的两端和电感 L 的两端分别交流连通。

(2) C_j 的直流反偏电压为

$$U_Q=0-\frac{R_2}{R_1+R_2}(-U_{DD})=-\frac{10\ \text{k}\Omega}{40\ \text{k}\Omega+10\ \text{k}\Omega}\times(-5\ \text{V})=1\ \text{V}$$

根据 C_j 的表达式可知，零偏结电容 $C_{j0}=80$ pF，势垒电压 $U_B=1$ V，变容指数 $n=2$。静态结电容为

$$C_{jQ}=\frac{C_{j0}}{\left(1+\dfrac{U_Q}{U_B}\right)^n}=\frac{80\ \text{pF}}{\left(1+\dfrac{1\ \text{V}}{1\ \text{V}}\right)^2}=20\ \text{pF}$$

电容支路的总电容为

$$C_\Sigma=\left(\frac{1}{C_5}+\frac{1}{C_6}+\frac{1}{C_j}\right)^{-1}$$

当 $u=U_Q$ 即 $C_j=C_{jQ}$ 时，振荡频率为载频，有

$$\omega_c=\frac{1}{\sqrt{L\,C_\Sigma\big|_{C_j=C_{jQ}}}}=\frac{1}{\sqrt{L\left(\dfrac{1}{C_5}+\dfrac{1}{C_6}+\dfrac{1}{C_{jQ}}\right)^{-1}}}$$

$$=\frac{1}{\sqrt{0.6\ \mu\text{H}\times\left(\dfrac{1}{1\ \text{pF}}+\dfrac{1}{0.5\ \text{pF}}+\dfrac{1}{20\ \text{pF}}\right)^{-1}}}=2.254\ 62\ \text{Grad/s}$$

u_Ω 的振幅 $U_{\Omega m}=50$ mV，当 $u=U_Q+U_{\Omega m}$ 和 $u=U_Q-U_{\Omega m}$ 时，C_j 的最小值和最大值分别为

$$C_{\mathrm{jmin}}=\frac{C_{\mathrm{j0}}}{\left(1+\dfrac{U_{\mathrm{Q}}+U_{\Omega\mathrm{m}}}{U_{\mathrm{B}}}\right)^{n}}=\frac{80\ \mathrm{pF}}{\left(1+\dfrac{1\ \mathrm{V}+50\ \mathrm{mV}}{1\ \mathrm{V}}\right)^{2}}=19.0\ \mathrm{pF}$$

$$C_{\mathrm{jmax}}=\frac{C_{\mathrm{j0}}}{\left(1+\dfrac{U_{\mathrm{Q}}-U_{\Omega\mathrm{m}}}{U_{\mathrm{B}}}\right)^{n}}=\frac{80\ \mathrm{pF}}{\left(1+\dfrac{1\ \mathrm{V}-50\ \mathrm{mV}}{1\ \mathrm{V}}\right)^{2}}=21.0\ \mathrm{pF}$$

振荡频率的最大值和最小值分别为

$$\omega_{\max}=\frac{1}{\sqrt{L\,C_{\Sigma}\big|_{C_{\mathrm{j}}=C_{\mathrm{jmin}}}}}=\frac{1}{\sqrt{L\left(\dfrac{1}{C_5}+\dfrac{1}{C_6}+\dfrac{1}{C_{\mathrm{jmin}}}\right)^{-1}}}$$

$$=\frac{1}{\sqrt{0.6\ \mu\mathrm{H}\times\left(\dfrac{1}{1\ \mathrm{pF}}+\dfrac{1}{0.5\ \mathrm{pF}}+\dfrac{1}{19.0\ \mathrm{pF}}\right)^{-1}}}=2.255\ 60\ \mathrm{Grad/s}$$

$$\omega_{\min}=\frac{1}{\sqrt{L\,C_{\Sigma}\big|_{C_{\mathrm{j}}=C_{\mathrm{jmax}}}}}=\frac{1}{\sqrt{L\left(\dfrac{1}{C_5}+\dfrac{1}{C_6}+\dfrac{1}{C_{\mathrm{jmax}}}\right)^{-1}}}$$

$$=\frac{1}{\sqrt{0.6\ \mu\mathrm{H}\times\left(\dfrac{1}{1\ \mathrm{pF}}+\dfrac{1}{0.5\ \mathrm{pF}}+\dfrac{1}{21.0\ \mathrm{pF}}\right)^{-1}}}=2.253\ 74\ \mathrm{Grad/s}$$

u_{FM}的最大频偏为

$$\Delta\omega_{\mathrm{m}}\approx\frac{(\omega_{\max}-\omega_{\mathrm{c}})+(\omega_{\mathrm{c}}-\omega_{\min})}{2}$$

$$=\frac{(2.255\ 60\ \mathrm{Grad/s}-2.254\ 62\ \mathrm{Grad/s})+(2.254\ 62\ \mathrm{Grad/s}-2.253\ 74\ \mathrm{Grad/s})}{2}$$

$$=930\ \mathrm{krad/s}$$

u_{Ω}的频率$\Omega=2\pi\times10^{3}$ rad/s，u_{FM}的频率为

$$\omega(t)=\omega_{\mathrm{c}}+\Delta\omega_{\mathrm{m}}\cos\Omega t=2.254\ 62\times10^{9}+930\times10^{3}\cos(2\pi\times10^{3}t)\ \mathrm{rad/s}$$

（3）相位为

$$\varphi(t)=\int^{t}\omega(t)\mathrm{d}t$$

$$=\int^{t}2.254\ 62\times10^{9}+930\times10^{3}\cos(2\pi\times10^{3}t)\mathrm{d}t$$

$$=2.254\ 62\times10^{9}t+148\sin(2\pi\times10^{3}t)+\varphi_0\ \mathrm{rad}$$

u_{FM}的表达式为

$$u_{\mathrm{FM}}=U_{\mathrm{sm}}\cos\varphi(t)=U_{\mathrm{sm}}\cos[2.254\ 62\times10^{9}t+148\sin(2\pi\times10^{3}t)+\varphi_0]$$

5.2.2 间接调频

间接调频通过调相实现调频，调相从原理上可以分为矢量合成法、时延法和相移法，相移法可以用变容二极管构成的 LC 并联谐振回路实现。

1. 矢量合成法

矢量合成法调相的电路框图如图 5.2.9 所示。石英晶体振荡器产生载波电压$U_{\mathrm{sm}}\cos\omega_{\mathrm{c}}t$，$U_{\mathrm{sm}}\cos\omega_{\mathrm{c}}t$分为两路：一路$U_{\mathrm{sm}}\cos\omega_{\mathrm{c}}t$不做处理；另一路$U_{\mathrm{sm}}\cos\omega_{\mathrm{c}}t$经过$\frac{\pi}{2}$的相移，与调制信号

$u_\Omega = U_{\Omega m}\cos\Omega t$ 相乘，产生第二路信号 $k_p u_\Omega U_{sm}\cos\left(\omega_c t+\dfrac{\pi}{2}\right)$，调相比例常数 k_p 即为乘法器的增益。最后，两路信号相加生成调相信号 u_{PM}。

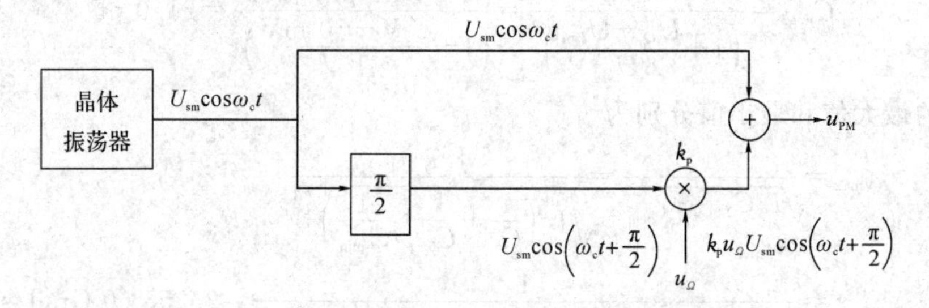

图 5.2.9　矢量合成法调相的电路框图

图 5.2.10 中用两个矢量分别表示以上两路信号，第一路信号 $U_{sm}\cos\omega_c t$ 的矢量长度为 U_{sm}，矢量方向即相位为 $\omega_c t$，第二路信号 $k_p u_\Omega U_{sm}\cos\left(\omega_c t+\dfrac{\pi}{2}\right)$的矢量长度为 $k_p u_\Omega U_{sm}$，矢量方向即相位为 $\omega_c t+\dfrac{\pi}{2}$。合成矢量的长度，即已调波 u_s 的振幅为

$$u_{sm}=\sqrt{U_{sm}^2+(k_p u_\Omega U_{sm})^2}=U_{sm}\sqrt{1+(k_p u_\Omega)^2}$$

合成矢量的方向，即 u_s 的相位为

$$\varphi_s(t)=\omega_c t+\arctan\frac{k_p u_\Omega U_{sm}}{U_{sm}}=\omega_c t+\arctan k_p u_\Omega$$

u_s 可以写为

$$u_s=u_{sm}\cos\varphi_s(t)=U_{sm}\sqrt{1+(k_p u_\Omega)^2}\cos(\omega_c t+\arctan k_p u_\Omega)$$

当 $|k_p u_\Omega|\leqslant\dfrac{\pi}{6}$ 时，$\sqrt{1+(k_p u_\Omega)^2}\approx 1$，$\arctan k_p u_\Omega\approx k_p u_\Omega$，此时，有

$$u_s\approx U_{sm}\cos(\omega_c t+k_p u_\Omega)=u_{PM}$$

$|k_p u_\Omega|\leqslant\dfrac{\pi}{6}$ 即调相指数 $m_p=k_p U_{\Omega m}\leqslant\dfrac{\pi}{6}$，该条件说明矢量合成法适用于产生窄带调相信号。

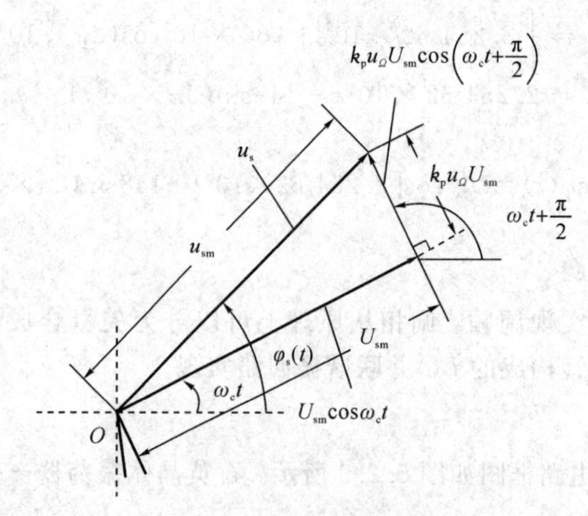

图 5.2.10　矢量合成法调相的矢量图

2. 时延法

时延法调相的电路框图如图 5.2.11 所示。时延网络的时延与调制信号成正比，即 $\tau=ku_\Omega=kU_{\Omega m}\cos\Omega t$。石英晶体振荡器产生的载波 $u_c=U_{sm}\cos\omega_c t$ 经过时延网络，产生的已调波为

$$\begin{aligned}u_s&=U_{sm}\cos[\omega_c(t-\tau)]\\&=U_{sm}\cos(\omega_c t-\omega_c\tau)\\&=U_{sm}\cos(\omega_c t-\omega_c k u_\Omega)\\&=U_{sm}\cos(\omega_c t+k_p u_\Omega)=u_{PM}\end{aligned}$$

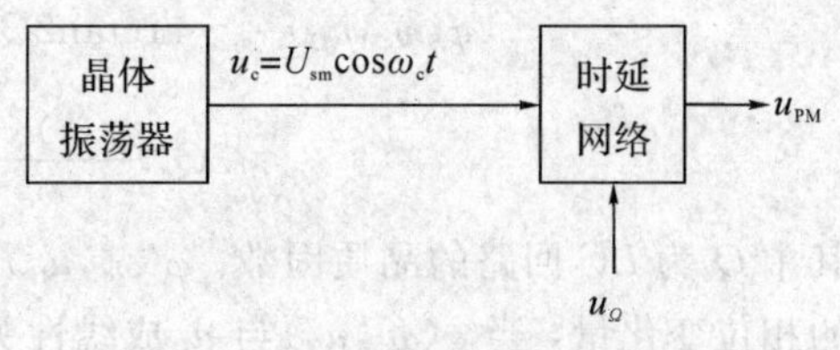

图 5.2.11　时延法调相的电路框图

于是时延网络输出调相信号 u_{PM}。

时延法可以生成宽带调相信号，时延大小仅受限于信号相位超前和滞后的允许范围。对调相信号解调时，一般要求调相指数 $m_p=k_pU_{\Omega m}\leqslant\dfrac{\pi}{2}$，对应的最大时延不应超过 1/4 载波周期。

3. 相移法

相移法调相的电路框图如图 5.2.12 所示。相移网络的阻抗为 $Ze^{j\varphi}$，模 Z 和相角 φ 既与频率 ω 有关，也同时受调制信号 $u_\Omega=U_{\Omega m}\cos\Omega t$ 的控制，即 $Z=Z(\omega,u_\Omega)$，$\varphi=\varphi(\omega,u_\Omega)$。石英晶体振荡器产生的载波电流 $i_c=I_{cm}\cos\omega_c t$ 流过相移网络时，产生的已调波为

$$u_s=I_{cm}Z(\omega_c,u_\Omega)\cos[\omega_c t+\varphi(\omega_c,u_\Omega)]$$

如果 $Z(\omega_c,u_\Omega)$ 随 u_Ω 的变化不明显，$\varphi(\omega_c,u_\Omega)$ 与 u_Ω 近似成线性关系，即 $Z(\omega_c,u_\Omega)\approx Z(\omega_c)$，$\varphi(\omega_c,u_\Omega)\approx k_pu_\Omega+\varphi_0$，则有

$$\begin{aligned}u_s&\approx I_{cm}Z(\omega_c)\cos(\omega_c t+k_pu_\Omega+\varphi_0)\\&=U_{sm}\cos(\omega_c t+k_pu_\Omega+\varphi_0)=u_{PM}\end{aligned}$$

于是相移网络输出调相信号 u_{PM}。

为了保证 $Z(\omega_c,u_\Omega)$ 随 u_Ω 的变化不明显，$\varphi(\omega_c,u_\Omega)$ 与 u_Ω 近似成线性关系，一般要求调相指数 $m_p=k_pU_{\Omega m}\leqslant\dfrac{\pi}{6}$，所以相移法生成窄带调相信号。相移法常用的相移网络是 LC 并联谐振回路，其中的电容支路为加载 u_Ω 的变容二极管 C_j，如图 5.2.13 所示。

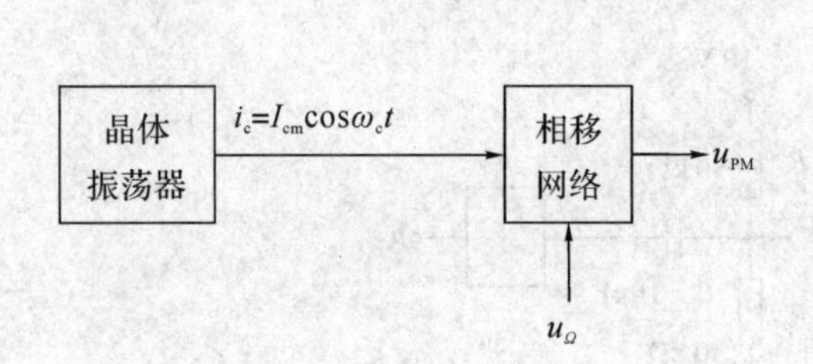

图 5.2.12　相移法调相的电路框图

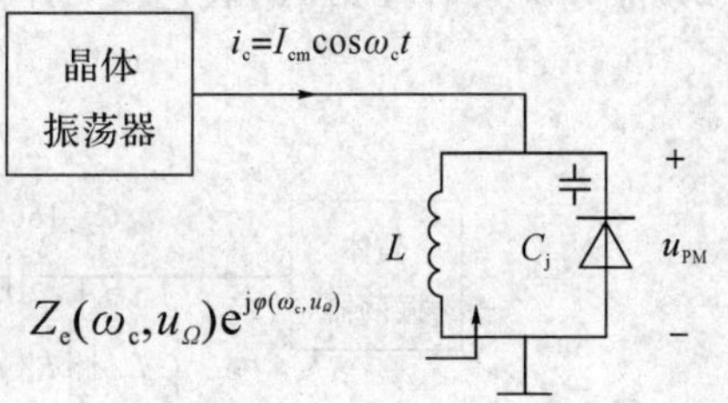

图 5.2.13　相移网络的变容二极管 LC 并联谐振回路

LC 回路的谐振频率 $\omega_0(t)=1/\sqrt{LC_j}$ 受 u_Ω 的控制，设计保证 $u_\Omega=0$ 时 $\omega_0(t)=\omega_c$，即 $\omega_c=1/\sqrt{LC_{jQ}}$。以 u_Ω 为参考，LC 回路的阻抗 $Z_e(\omega,u_\Omega)e^{j\varphi(\omega,u_\Omega)}$ 的幅频特性和相频特性分别如图 5.2.14(a)、(b)所示。

在图 5.2.14 中，随着 u_Ω 的变化，幅频特性曲线和相频特性曲线左右移动。当 $\omega_0(t)$

的变化范围远小于 ω_c 时，幅频特性曲线在 ω_c 处的取值近似为谐振电阻，即 $Z_e(\omega_c, u_\Omega) \approx Z_e(\omega_c) = R_e$，于是 u_{PM} 的振幅为 $U_{sm} = I_{cm}R_e$。相频特性曲线在 ω_c 处的取值为

$$\varphi(\omega_c, u_\Omega) = -\arctan 2Q_e \frac{\omega_c - \omega_0(t)}{\omega_0(t)} \approx -2Q_e \frac{\omega_c - \omega_0(t)}{\omega_0(t)}$$

$$\approx 2Q_e \frac{\omega_0(t) - \omega_c}{\omega_c} = 2Q_e \left[\frac{\omega_0(t)}{\omega_c} - 1\right]$$

其中 Q_e 为 LC 回路的品质因数。$\varphi(\omega_c, u_\Omega)$ 是 LC 回路两端的电压在载波相位 $\omega_c t$ 基础上叠加的相位变化量，当 $\varphi(\omega_c, u_\Omega)$ 与 u_Ω 成线性关系时，该电压即为调相信号 u_{PM}。

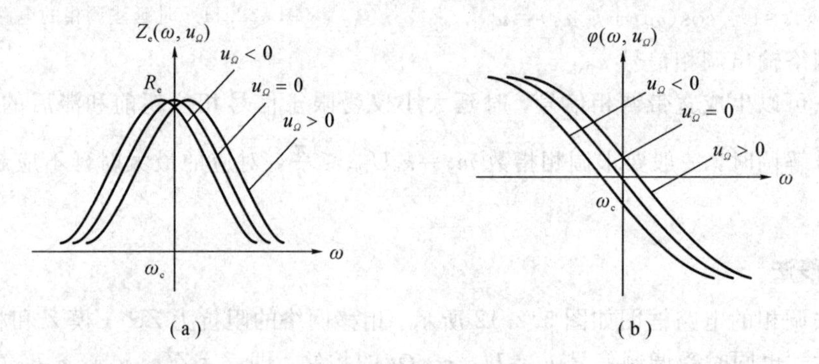

图 5.2.14　变容二极管 LC 并联谐振回路的频率特性

(a) 幅频特性；(b) 相频特性

4. 变容二极管间接调频

在变容二极管调相的基础上，事先对调制信号积分，再加载到变容二极管上，就可以实现变容二极管间接调频。

例 5.2.6　变容二极管间接调频电路如图 5.2.15 所示，变容二极管的结电容为

$$C_j = \frac{72}{(1+u)^2}\ \text{pF}$$

u(V)为反偏电压，载波电流 $i_c = 2\cos(100\times10^6 t)$ μA，调制信号 u_Ω 经过积分器，输出电压 $u'_\Omega = 6\sin(2\pi\times10^4 t)$ mV。

(1) 计算电感 L 的取值。

(2) 推导调频信号 u_{FM} 的表达式，计算振荡频率 $\omega(t)$ 和最大频偏 $\Delta\omega_m$。

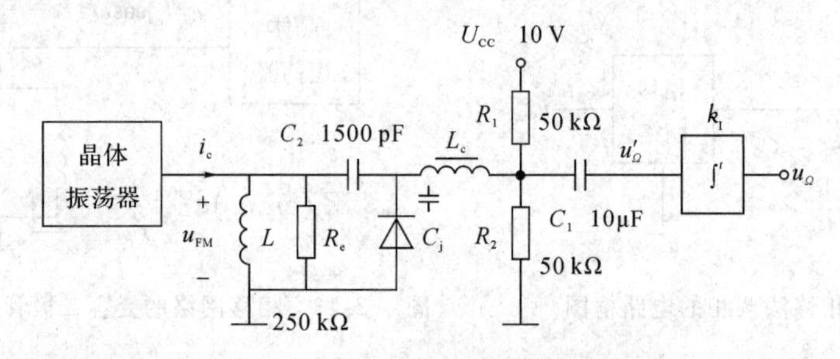

图 5.2.15　变容二极管间接调频电路

解　电阻 R_1 和 R_2 对电压源电压 U_{CC} 分压，获得变容二极管 C_j 的直流反偏电压 U_Q，低频的 u'_Ω 通过交流耦合电容 C_1 和高频扼流圈 L_c 加载到 C_j 上。电容 C_2 取值适中，对 u'_Ω 开路而对 u_{FM} 短路，C_j 和电感 L 通过 C_2 和接地端交流连通。L_c 阻挡 u_{FM} 向右流入 u'_Ω 或 U_{CC} 的电路。

(1) C_j的直流反偏电压为

$$U_Q=\frac{R_2}{R_1+R_2}U_{CC}=\frac{50\ \text{k}\Omega}{50\ \text{k}\Omega+50\ \text{k}\Omega}\times 10\ \text{V}=5\ \text{V}$$

根据C_j的表达式可知，零偏结电容$C_{j0}=72$ pF，势垒电压$U_B=1$ V，变容指数$n=2$。静态结电容为

$$C_{jQ}=\frac{C_{j0}}{\left(1+\frac{U_Q}{U_B}\right)^n}=\frac{72\ \text{pF}}{\left(1+\frac{5\ \text{V}}{1\ \text{V}}\right)^2}=2\ \text{pF}$$

根据i_c的表达式，载频为

$$\omega_c=\frac{1}{\sqrt{LC_{jQ}}}=\frac{1}{\sqrt{L\times 2\ \text{pF}}}=100\times 10^6\ \text{rad/s}$$

解得电感为

$$L=50\ \mu\text{H}$$

(2) LC并联谐振回路的谐振频率为

$$\begin{aligned}\omega_0(t)&=\frac{1}{\sqrt{LC_{jQ}}}\left(1+\frac{u'_\Omega}{U_B+U_Q}\right)^{\frac{n}{2}}=\omega_c\left(1+\frac{u'_\Omega}{U_B+U_Q}\right)^{\frac{n}{2}}\\&=100\times 10^6\ \text{rad/s}\times\left[1+\frac{6\sin(2\pi\times 10^4 t)\ \text{mV}}{1\ \text{V}+5\ \text{V}}\right]^{\frac{2}{2}}\\&=100\times 10^6\times[1+10^{-3}\sin(2\pi\times 10^4 t)]\ \text{rad/s}\end{aligned}$$

LC回路的品质因数为

$$Q_e=\frac{R_e}{\omega_0(t)L}\approx\frac{R_e}{\omega_c L}=\frac{250\ \text{k}\Omega}{100\times 10^6\ \text{rad/s}\times 50\ \mu\text{H}}=50$$

LC回路的相移为

$$\begin{aligned}\Delta\varphi(t)&\approx 2Q_e\left[\frac{\omega_0(t)}{\omega_c}-1\right]\\&=2\times 50\times\left\{\frac{100\times 10^6\times[1+10^{-3}\sin(2\pi\times 10^4 t)]\ \text{rad/s}}{100\times 10^6\ \text{rad/s}}-1\right\}\\&=0.1\sin(2\pi\times 10^4 t)\ \text{rad}\end{aligned}$$

u_{FM}的相位为

$$\varphi(t)=\omega_c t+\Delta\varphi(t)=100\times 10^6 t+0.1\sin(2\pi\times 10^4 t)\ \text{rad}$$

i_c的振幅$I_{cm}=2\ \mu$A，u_{FM}的振幅为

$$U_{sm}=I_{cm}R_e=2\ \mu\text{A}\times 250\ \text{k}\Omega=0.5\ \text{V}$$

u_{FM}的表达式为

$$u_{FM}=U_{sm}\cos\varphi(t)=0.5\cos[100\times 10^6 t+0.1\sin(2\pi\times 10^4 t)]\ \text{V}$$

振荡频率为

$$\begin{aligned}\omega(t)&=\frac{\text{d}\varphi(t)}{\text{d}t}=\frac{\text{d}}{\text{d}t}[100\times 10^6 t+0.1\sin(2\pi\times 10^4 t)]\\&=100\times 10^6+6.28\times 10^3\cos(2\pi\times 10^4 t)\ \text{rad/s}\end{aligned}$$

最大频偏为

$$\Delta\omega_m=6.28\times 10^3\ \text{rad/s}$$

例 5.2.7 变容二极管间接调频电路如图 5.2.16 所示，变容二极管的结电容为

$$C_{\mathrm{j}}=\frac{25}{(1+u)^2}\ \mathrm{pF}$$

u(V)为反偏电压，载波电流 $i_{\mathrm{c}}=3\cos(100\times10^6 t)$ μA，调制信号 u_Ω 经过积分器，输出电压 $u'_\Omega=6\sin(2\pi\times10^3 t)$ mV。

(1) 计算电感 L 的取值。

(2) 推导调频信号 u_{FM} 的表达式，计算振荡频率 $\omega(t)$ 和最大频偏 $\Delta\omega_{\mathrm{m}}$。

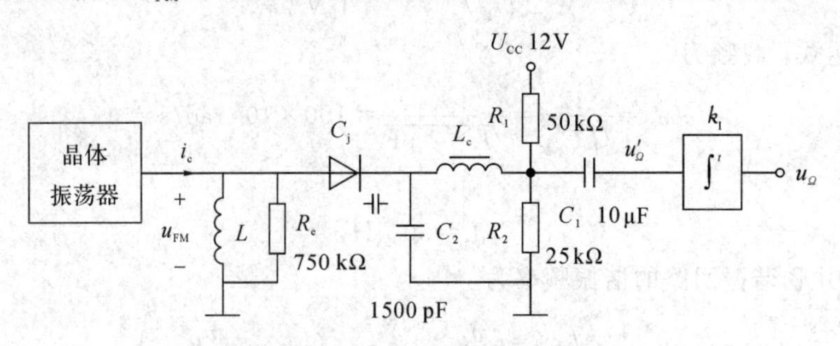

图 5.2.16 变容二极管间接调频电路

解 电阻 R_1 和 R_2 对电压源电压 U_{CC} 分压，获得变容二极管 C_{j} 的直流反偏电压 U_{Q}，低频的 u'_Ω 通过交流耦合电容 C_1 和高频扼流圈 L_{c} 加载到 C_{j} 上，电感 L 将 C_{j} 的非加载端的直流和低频电位置零。电容 C_2 取值适中，对 u'_Ω 开路而对 u_{FM} 短路，C_{j} 的左端和电感 L 的上端连通，C_{j} 的右端通过 C_2 和接地端与 L 的下端交流连通。

(1) C_{j} 的直流反偏电压为

$$U_{\mathrm{Q}}=\frac{R_2}{R_1+R_2}U_{\mathrm{CC}}=\frac{25\ \mathrm{k\Omega}}{50\ \mathrm{k\Omega}+25\ \mathrm{k\Omega}}\times12\ \mathrm{V}=4\ \mathrm{V}$$

根据 C_{j} 的表达式可知，零偏结电容 $C_{\mathrm{j0}}=25$ pF，势垒电压 $U_{\mathrm{B}}=1$ V，变容指数 $n=2$。静态结电容为

$$C_{\mathrm{jQ}}=\frac{C_{\mathrm{j0}}}{\left(1+\dfrac{U_{\mathrm{Q}}}{U_{\mathrm{B}}}\right)^n}=\frac{25\ \mathrm{pF}}{\left(1+\dfrac{4\ \mathrm{V}}{1\ \mathrm{V}}\right)^2}=1\ \mathrm{pF}$$

根据 i_{c} 的表达式，载频为

$$\omega_{\mathrm{c}}=\frac{1}{\sqrt{LC_{\mathrm{jQ}}}}=\frac{1}{\sqrt{L\times1\ \mathrm{pF}}}=100\times10^6\ \mathrm{rad/s}$$

解得电感为

$$L=100\ \mu\mathrm{H}$$

(2) LC 并联谐振回路的谐振频率为

$$\omega_0(t)=\frac{1}{\sqrt{LC_{\mathrm{jQ}}}}\left(1+\frac{u'_\Omega}{U_{\mathrm{B}}+U_{\mathrm{Q}}}\right)^{\frac{n}{2}}=\omega_{\mathrm{c}}\left(1+\frac{u'_\Omega}{U_{\mathrm{B}}+U_{\mathrm{Q}}}\right)^{\frac{n}{2}}$$

$$=100\times10^6\ \mathrm{rad/s}\times\left[1+\frac{6\sin(2\pi\times10^3 t)\ \mathrm{mV}}{1\ \mathrm{V}+4\ \mathrm{V}}\right]^{\frac{2}{2}}$$

$$=100\times10^6\times[1+1.2\times10^{-3}\sin(2\pi\times10^3 t)]\ \mathrm{rad/s}$$

LC 回路的品质因数为

$$Q_e=\frac{R_e}{\omega_0(t)L}\approx\frac{R_e}{\omega_c L}=\frac{750\ \text{k}\Omega}{100\times10^6\ \text{rad/s}\times100\ \mu\text{H}}=75$$

LC 回路的相移为

$$\begin{aligned}\Delta\varphi(t)&\approx2Q_e\left[\frac{\omega_0(t)}{\omega_c}-1\right]\\&=2\times75\times\left\{\frac{100\times10^6\times[1+1.2\times10^{-3}\sin(2\pi\times10^3t)]\ \text{rad/s}}{100\times10^6\ \text{rad/s}}-1\right\}\\&=0.18\sin(2\pi\times10^3t)\ \text{rad}\end{aligned}$$

u_{FM}的相位为

$$\varphi(t)=\omega_c t+\Delta\varphi(t)=100\times10^6t+0.18\sin(2\pi\times10^3t)\ \text{rad}$$

i_c的振幅 $I_{cm}=3\ \mu\text{A}$，u_{FM}的振幅为

$$U_{sm}=I_{cm}R_e=3\ \mu\text{A}\times750\ \text{k}\Omega=2.25\ \text{V}$$

u_{FM}的表达式为

$$u_{FM}=U_{sm}\cos\varphi(t)=2.25\cos[100\times10^6t+0.18\sin(2\pi\times10^3t)]\ \text{V}$$

振荡频率为

$$\begin{aligned}\omega(t)&=\frac{\text{d}\varphi(t)}{\text{d}t}=\frac{\text{d}}{\text{d}t}[100\times10^6t+0.18\sin(2\pi\times10^3t)]\\&=100\times10^6+1.13\times10^3\cos(2\pi\times10^3t)\ \text{rad/s}\end{aligned}$$

最大频偏为

$$\Delta\omega_m=1.13\times10^3\ \text{rad/s}$$

例 5.2.8　变容二极管间接调频电路如图 5.2.17 所示，两个变容二极管的结电容为

$$C_j=\frac{36}{(1+u)^2}\ \text{pF}$$

u(V)为反偏电压，载波电流 $i_c=10\sin(100\times10^6t)\ \mu\text{A}$，调制信号 u_Ω经过积分器，输出电压 $u'_\Omega=9\cos(3\pi\times10^3t)\ \text{mV}$。

(1) 计算电感 L 的取值。

(2) 推导调频信号 u_{FM}的表达式，计算振荡频率 $\omega(t)$和最大频偏 $\Delta\omega_m$。

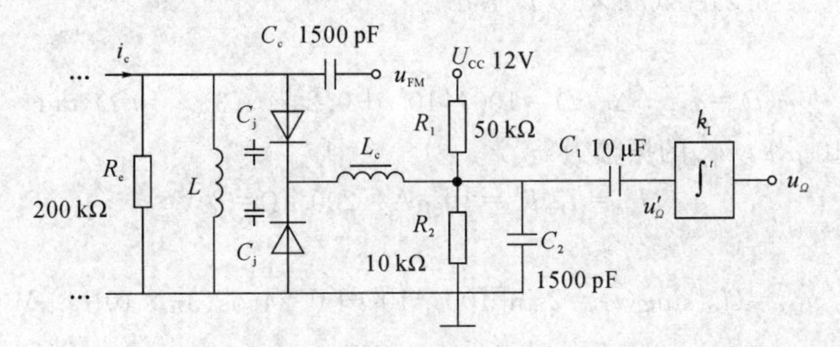

图 5.2.17　变容二极管间接调频电路

解　电阻 R_1和 R_2对电压源电压 U_{CC}分压，获得变容二极管 C_j的直流反偏电压 U_Q，低频的 u'_Ω 通过交流耦合电容 C_1和高频扼流圈 L_c加载到 C_j上，电感 L 将上方 C_j的非加载端的直流和低频电位置零。

(1) C_j的直流反偏电压为

$$U_Q=\frac{R_2}{R_1+R_2}U_{CC}=\frac{10\ \text{k}\Omega}{50\ \text{k}\Omega+10\ \text{k}\Omega}\times 12\ \text{V}=2\ \text{V}$$

根据 C_j 的表达式可知，零偏结电容 $C_{j0}=36$ pF，势垒电压 $U_B=1$ V，变容指数 $n=2$。静态结电容为

$$C_{jQ}=\frac{C_{j0}}{\left(1+\dfrac{U_Q}{U_B}\right)^n}=\frac{36\ \text{pF}}{\left(1+\dfrac{2\ \text{V}}{1\ \text{V}}\right)^2}=4\ \text{pF}$$

根据 i_c 的表达式，载频为

$$\omega_c=\frac{1}{\sqrt{L\dfrac{C_{jQ}}{2}}}=\frac{1}{\sqrt{L\times\dfrac{4\ \text{pF}}{2}}}=100\times 10^6\ \text{rad/s}$$

解得电感为

$$L=50\ \mu\text{H}$$

(2) LC 并联谐振回路的谐振频率为

$$\begin{aligned}\omega_0(t)&=\frac{1}{\sqrt{L\dfrac{C_{jQ}}{2}}}\left(1+\frac{u'_\Omega}{U_B+U_Q}\right)^{\frac{n}{2}}=\omega_c\left(1+\frac{u'_\Omega}{U_B+U_Q}\right)^{\frac{n}{2}}\\&=100\times 10^6\ \text{rad/s}\times\left[1+\frac{9\cos(3\pi\times 10^3 t)\ \text{mV}}{1\ \text{V}+2\ \text{V}}\right]^{\frac{2}{2}}\\&=100\times 10^6\times[1+3\times 10^{-3}\cos(3\pi\times 10^3 t)]\ \text{rad/s}\end{aligned}$$

LC 回路的品质因数为

$$Q_e=\frac{R_e}{\omega_0(t)L}\approx\frac{R_e}{\omega_c L}=\frac{200\ \text{k}\Omega}{100\times 10^6\ \text{rad/s}\times 50\ \mu\text{H}}=40$$

LC 回路的相移为

$$\begin{aligned}\Delta\varphi(t)&\approx 2Q_e\left[\frac{\omega_0(t)}{\omega_c}-1\right]\\&=2\times 40\times\left\{\frac{100\times 10^6\times[1+3\times 10^{-3}\cos(3\pi\times 10^3 t)]\ \text{rad/s}}{100\times 10^6\ \text{rad/s}}-1\right\}\\&=0.24\cos(3\pi\times 10^3 t)\ \text{rad}\end{aligned}$$

u_{FM} 的相位为

$$\varphi(t)=\omega_c t+\Delta\varphi(t)=100\times 10^6 t+0.24\cos(3\pi\times 10^3 t)\ \text{rad}$$

i_c 的振幅 $I_{cm}=10\ \mu$A，u_{FM} 的振幅为

$$U_{sm}=I_{cm}R_e=10\ \mu\text{A}\times 200\ \text{k}\Omega=2\ \text{V}$$

u_{FM} 的表达式为

$$u_{FM}=U_{sm}\sin\varphi(t)=2\sin[100\times 10^6 t+0.24\cos(3\pi\times 10^3 t)]\ \text{V}$$

振荡频率为

$$\begin{aligned}\omega(t)&=\frac{d\varphi(t)}{dt}=\frac{d}{dt}[100\times 10^6 t+0.24\cos(3\pi\times 10^3 t)]\\&=100\times 10^6-2.26\times 10^3\sin(3\pi\times 10^3 t)\ \text{rad/s}\end{aligned}$$

最大频偏为

$$\Delta\omega_m=2.26\times 10^3\ \text{rad/s}$$

5.3　线性频偏扩展

调频信号 u_{FM} 的线性频偏用相对最大频偏即最大频偏 Δf_m 与载频 f_c 之比 $\Delta f_m/f_c$ 描述。直接调频和间接调频获得的 u_{FM} 的线性频偏一般比较小，经常需要后级电路做线性频偏扩展。线性频偏扩展通过倍频和混频提高相对最大频偏，倍频将 f_c 和 Δf_m 改变同样的倍数，混频只改变 f_c，不改变 Δf_m。

如果维持 f_c 不变，将 Δf_m 提高到 N 倍，则相对最大频偏变为原来的 N 倍，即从 $\Delta f_m/f_c$ 变为 $N\Delta f_m/f_c$。在图 5.3.1(a)中，电路通过先倍频、后混频来实现线性频偏扩展。调频信号 u_{FM0} 的载频和最大频偏分别为 f_c 和 Δf_m，相对最大频偏 $\Delta f_m/f_c$ 较小。经过 N 倍频，调频信号 u_{FM1} 的载频和最大频偏分别变为 Nf_c 和 $N\Delta f_m$。混频时，频率为 $f_l=(N\pm1)f_c$ 的本振信号与 u_{FM1} 频率相减，u_{FM2} 的载频变为 f_c，最大频偏仍为 $N\Delta f_m$，相对最大频偏变为 $N\Delta f_m/f_c$。图 5.3.1(b)中，电路通过先混频、后倍频来实现线性频偏扩展。调频信号 u_{FM0} 的载频和最大频偏分别为 f_c 和 Δf_m，相对最大频偏 $\Delta f_m/f_c$ 较小。混频时，频率为 $f_l=(1\pm1/N)f_c$ 的本振信号与 u_{FM0} 频率相减，u_{FM1} 的载频变为 f_c/N，最大频偏仍为 Δf_m。经过 N 倍频，调频信号 u_{FM2} 的载频和最大频偏分别变为 f_c 和 $N\Delta f_m$，相对最大频偏变为 $N\Delta f_m/f_c$。

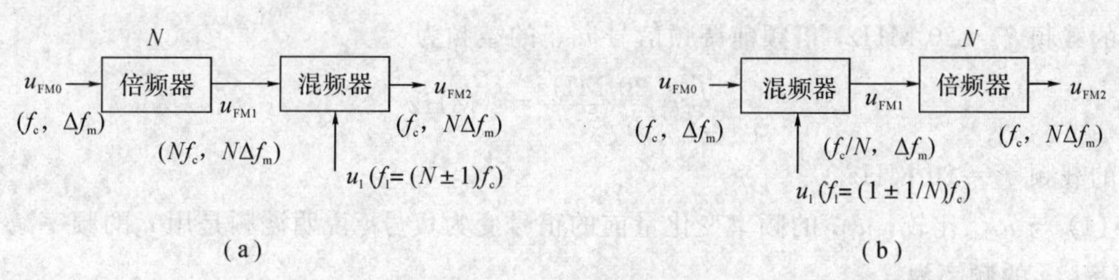

图 5.3.1　线性频偏扩展

(a) 先倍频后混频扩展相对最大频偏；(b) 先混频后倍频扩展相对最大频偏

例 5.3.1　调频信号为

$$u_{FM0}=U_{sm}\cos\left[2\pi\times16\times10^6t+2\pi\times1.7\times10^3\int^t f(t)\,dt\right]$$

经过如图 5.3.1(a)所示的电路做线性频偏扩展后，调频信号的表达式为：

(1) $u_{FM2}=U_{sm}\cos\left[2\pi\times16\times10^6t-2\pi\times6.8\times10^3\int^t f(t)\,dt\right]$；

(2) $u_{FM2}=U_{sm}\cos\left[2\pi\times16\times10^6t+2\pi\times6.8\times10^3\int^t f(t)\,dt\right]$。

在以上两种情况下，分别计算倍频数 N 和本振信号 u_l 的频率 f_l。

解　u_{FM0} 的最大频偏 $\Delta f_m=1.7$ kHz，u_{FM2} 的最大频偏 $N\Delta f_m=6.8$ kHz，倍频数为

$$N=\frac{N\Delta f_m}{\Delta f_m}=\frac{6.8\ \text{kHz}}{1.7\ \text{kHz}}=4$$

u_{FM0} 的载频 $f_c=16$ MHz，倍频后调频信号 u_{FM1} 的载频为

$$Nf_c=4\times16\ \text{MHz}=64\ \text{MHz}$$

u_{FM2} 的载频 $f_c=16$ MHz。

(1) 与 u_{FM0} 比较，u_{FM2} 的频率变化量前的正号变为负号，说明混频是用 u_l 的频率减 u_{FM1} 的频率，u_l 的频率为

$$f_l=(N+1)f_c=Nf_c+f_c=64\ \text{MHz}+16\ \text{MHz}=80\ \text{MHz}$$

(2) 与 u_{FM0} 比较，u_{FM2} 的频率变化量前的正号不变，说明混频是用 u_{FM1} 的频率减 u_l 的频率，u_l 的频率为

$$f_l=(N-1)f_c=Nf_c-f_c=64\ \text{MHz}-16\ \text{MHz}=48\ \text{MHz}$$

例 5.3.2 调频信号为

$$u_{FM0}=U_{sm}\cos\left[2\pi\times 20\times 10^6 t+2\pi\times 14\times 10^3\int^t f(t)\mathrm{d}t\right]$$

经过如图 5.3.1(b)所示的电路做线性频偏扩展后，调频信号的表达式为：

(1) $u_{FM2}=U_{sm}\cos\left[2\pi\times 20\times 10^6 t-2\pi\times 70\times 10^3\int^t f(t)\mathrm{d}t\right]$；

(2) $u_{FM2}=U_{sm}\cos\left[2\pi\times 20\times 10^6 t+2\pi\times 70\times 10^3\int^t f(t)\mathrm{d}t\right]$。

在以上两种情况下，分别计算倍频数 N 和本振信号 u_l 的频率 f_l。

解 u_{FM0} 的最大频偏 $\Delta f_m=14$ kHz，u_{FM2} 的最大频偏 $N\Delta f_m=70$ kHz，倍频数为

$$N=\frac{N\Delta f_m}{\Delta f_m}=\frac{70\ \text{kHz}}{14\ \text{kHz}}=5$$

u_{FM2} 的载频 $f_c=20$ MHz，倍频前调频信号 u_{FM1} 的载频为

$$\frac{f_c}{N}=\frac{20\ \text{MHz}}{5}=4\ \text{MHz}$$

u_{FM0} 的载频 $f_c=20$ MHz。

(1) 与 u_{FM0} 比较，u_{FM2} 的频率变化量前的正号变为负号，说明混频是用 u_l 的频率减 u_{FM0} 的频率，u_l 的频率为

$$f_l=\left(1+\frac{1}{N}\right)f_c=f_c+\frac{f_c}{N}=20\ \text{MHz}+4\ \text{MHz}=24\ \text{MHz}$$

(2) 与 u_{FM0} 比较，u_{FM2} 的频率变化量前的正号不变，说明混频是用 u_{FM0} 的频率减 u_l 的频率，u_l 的频率为

$$f_l=\left(1-\frac{1}{N}\right)f_c=f_c-\frac{f_c}{N}=20\ \text{MHz}-4\ \text{MHz}=16\ \text{MHz}$$

单级倍频电路的倍频数有限，如晶体管倍频电路的倍频数为 3～5。更高的倍频数需要多级倍频电路级联，总倍频数为各级倍频电路的倍频数相乘。同时，为了保证频率稳定度，本振信号的频率不能太高，与倍频后的载频相减，混频输出的载频往往低于所需取值。这时，可以用较低频率的本振信号混频产生较低的载频，并实现要求的相对最大频偏，再通过倍频，把载频提高到需要的数值，相对最大频偏不再改变。这样，就构成了倍频—混频—再倍频的三级频偏扩展电路。

例 5.3.3 频偏扩展电路框图如图 5.3.2 所示，输入调频信号 u_{FM0} 的载频 $f_{c0}=10$ MHz，最大频偏 $\Delta f_m=15$ kHz，调制信号频率 $F=1$ kHz。

(1) 计算输出调频信号 u_{FM} 的载频 f_c 和最大频偏 $N\Delta f_m$。

(2) 确定放大器 1 和放大器 2 的中心频率 f_{01}、f_{02} 和带宽 BW_{BPF1}、BW_{BPF2}。

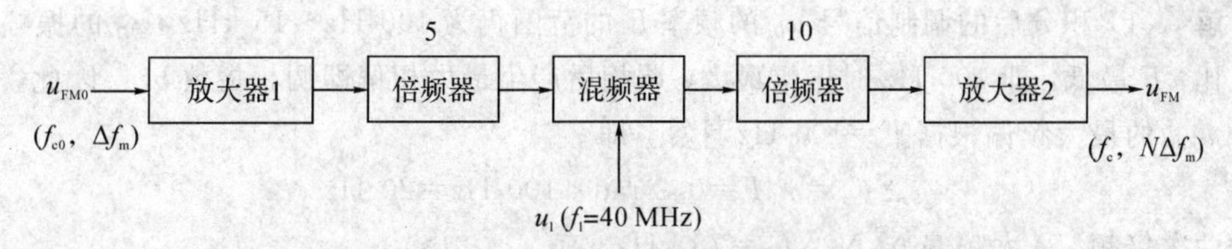

图 5.3.2　倍频—混频—再倍频三级频偏扩展电路

解　(1) 5 倍频后，调频信号的载频和最大频偏为

$$5f_{c0}=5\times 10\ \text{MHz}=50\ \text{MHz}$$

$$5\Delta f_m=5\times 15\ \text{kHz}=75\ \text{kHz}$$

混频后，调频信号的载频为

$$|f_l-5f_{c0}|=|40\ \text{MHz}-50\ \text{MHz}|=10\ \text{MHz}$$

最大频偏为 $5\Delta f_m=75$ kHz。10 倍频后，u_{FM}的载频和最大频偏分别为

$$f_c=10\times|f_l-5f_{c0}|=10\times 10\ \text{MHz}=100\ \text{MHz}$$

$$N\Delta f_m=10\times 5\Delta f_m=10\times 75\ \text{kHz}=750\ \text{kHz}$$

(2) 放大器 1 的中心频率为

$$f_{01}=f_{c0}=10\ \text{MHz}$$

u_{FM0}的调频指数为

$$m_{f0}=\frac{\Delta f_m}{F}=\frac{15\ \text{kHz}}{1\ \text{kHz}}=15\ \text{rad}$$

放大器 1 的带宽可以取 u_{FM0}的卡森带宽，即

$$BW_{BPF1}=BW_{CR0}=2(m_{f0}+1)F=2\times(15\ \text{rad}+1)\times 1\ \text{kHz}=32\ \text{kHz}$$

放大器 2 的中心频率为

$$f_{02}=f_c=100\ \text{MHz}$$

u_{FM}的调频指数为

$$m_f=\frac{N\Delta f_m}{F}=\frac{750\ \text{kHz}}{1\ \text{kHz}}=750\ \text{rad}$$

放大器 2 的带宽可以取 u_{FM}的卡森带宽，即

$$BW_{BPF2}=BW_{CR}=2(m_f+1)F=2\times(750\ \text{rad}+1)\times 1\ \text{kHz}=1502\ \text{kHz}$$

例 5.3.4　某调频发射机电路框图如图 5.3.3 所示。调制信号 u_Ω的频率 F 的范围为 100 Hz～15 kHz，载波 u_c的频率 $f_{c0}=0.1$ MHz，调相指数 $m_p=0.2$ rad，本振信号 u_l的频率 $f_l=9.5$ MHz，混频器的输出频率 $f_2(t)=f_l-f_1(t)$。要求调频信号 u_{FM}的载频 $f_c=$ 100 MHz，最大频偏 $N_1N_2\Delta f_m=75$ kHz。

(1) 计算倍频数 N_1和 N_2。

(2) 写出各阶段的信号频率 $f_0(t)$、$f_1(t)$和 $f_2(t)$的表达式。

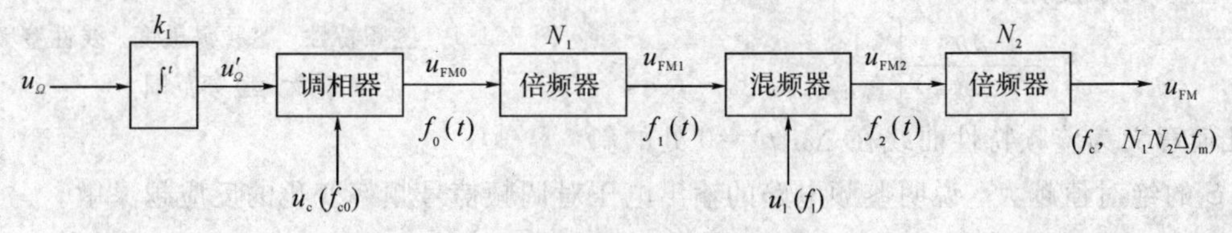

图 5.3.3　调频发射机

解 (1) 积分后的调制信号 u'_Ω 的频率 F 的范围仍为 100 Hz～15 kHz，u'_Ω 的振幅与 F 成反比，F 最低，即 100 Hz 时振幅最大，调相后产生最大相偏即调相指数 m_p。因此，调频信号 u_{FM0} 的最大频偏根据 $F=100$ Hz 计算，即

$$\Delta f_m = m_p F = 0.2\ \text{rad} \times 100\ \text{Hz} = 20\ \text{Hz}$$

经过两次倍频，最大频偏 $N_1 N_2 \Delta f_m = 75$ kHz，有

$$N_1 N_2 = \frac{N_1 N_2 \Delta f_m}{\Delta f_m} = \frac{75\ \text{kHz}}{20\ \text{Hz}} = 3750 \tag{5.3.1}$$

混频前后载频的变化为 $f_c = N_2(f_1 - N_1 f_{c0})$，即

$$100\ \text{MHz} = N_2 \times (9.5\ \text{MHz} - N_1 \times 0.1\ \text{MHz}) \tag{5.3.2}$$

式(5.3.1)与式(5.3.2)联立，解得 $N_1=75$，$N_2=50$。

(2) 设 u_Ω 的波形函数为 $f(t)$，u_{FM0} 的频率为

$$f_0(t) = f_{c0} + \Delta f_m f(t) = 0.1\ \text{MHz} + 20 f(t)\ \text{Hz}$$

经过 $N_1=75$ 倍频后，u_{FM1} 的频率为

$$\begin{aligned} f_1(t) &= N_1 f_0(t) = 75 \times [0.1\ \text{MHz} + 20 f(t)\ \text{Hz}] \\ &= 7.5\ \text{MHz} + 1.5 f(t)\ \text{kHz} \end{aligned}$$

混频后，u_{FM2} 的频率为

$$\begin{aligned} f_2(t) &= f_l - f_1(t) = 9.5\ \text{MHz} - [7.5\ \text{MHz} + 1.5 f(t)\ \text{kHz}] \\ &= 2\ \text{MHz} - 1.5 f(t)\ \text{kHz} \end{aligned}$$

5.4 角度解调原理和电路

对调频信号解调简称为鉴频，对调相信号解调简称为鉴相，它们分别把角度调制信号的频率变化量和相位变化量转变为输出电压，从而恢复调制信号。

鉴频从原理上主要分为斜率鉴频和相位鉴频，两种鉴频把调频信号分别变换为调幅信号和调相信号，再分别通过包络检波和鉴相完成解调。

衡量鉴频性能的指标包括鉴频特性、鉴频灵敏度、线性鉴频范围和最大鉴频范围，如图 5.4.1 所示。

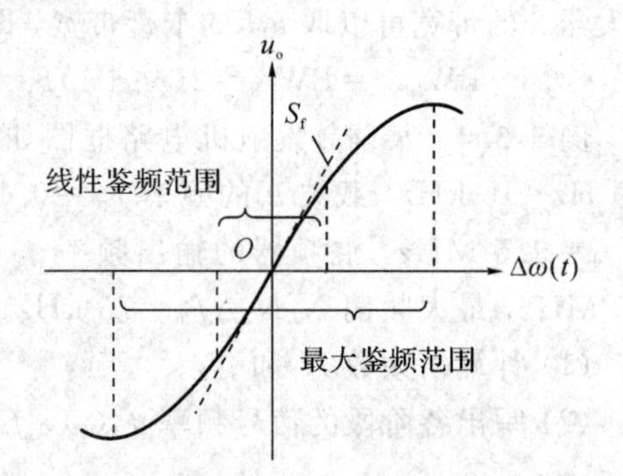

图 5.4.1 鉴频特性、鉴频灵敏度、线性鉴频范围和最大鉴频范围

鉴频特性指鉴频电路的输出电压 u_o 与调频信号的频率变化量 $\Delta\omega(t)$ 之间的关系，一般情况下，鉴频特性曲线在 $\Delta\omega(t)=0$ 附近线性较好，而远离 $\Delta\omega(t)=0$ 处则明显弯曲。

鉴频灵敏度定义为

$$S_f = \left.\frac{\partial u_o}{\partial \Delta\omega(t)}\right|_{\Delta\omega(t)=0}$$

其几何意义为鉴频特性曲线在 $\Delta\omega(t)=0$ 处的斜率。S_f 的绝对值越大，说明鉴频电路的输出电压对调频信号频率变化的反应越灵敏。

线性鉴频范围指在 $\Delta\omega(t)=0$ 附近，鉴频特性曲线近似为直线的区域对应的 $\Delta\omega(t)$ 的取

值区间。线性鉴频范围内，u_o与$\Delta\omega(t)$近似成线性关系，u_o与原来的调制信号相比基本没有失真。

在线性鉴频范围之外，u_o与$\Delta\omega(t)$脱离线性关系，但是在$\Delta\omega(t)$的一定范围内，二者仍是一一对应的函数关系，可以根据u_o确定唯一的$\Delta\omega(t)$，这个$\Delta\omega(t)$的单调区间称为最大鉴频范围。最大鉴频范围内，直接把u_o作为恢复出的调制信号则存在明显的失真，可以用与鉴频特性对应的反函数电路修正u_o来减小失真。

例 5.4.1　调频信号$u_{FM}=5\cos[2\pi\times10^6 t+12\cos(2\pi\times10^3 t)]$ V，鉴频灵敏度$S_f=-5$ mV/kHz，线性鉴频范围为[−25 kHz，25 kHz]。计算鉴频器的输出电压u_o。

解　u_{FM}的相位变化量$\Delta\varphi(t)=12\cos(2\pi\times10^3 t)$ rad，频率变化量为

$$\Delta\omega(t)=\frac{\mathrm{d}\Delta\varphi(t)}{\mathrm{d}t}=\frac{\mathrm{d}}{\mathrm{d}t}[12\cos(2\pi\times10^3 t)\ \mathrm{rad}]$$
$$=-24\pi\times10^3\sin(2\pi\times10^3 t)\ \mathrm{rad/s}$$
$$\Delta f(t)=\frac{\Delta\omega(t)}{2\pi}=\frac{-24\pi\times10^3\sin(2\pi\times10^3 t)\ \mathrm{rad/s}}{2\pi}$$
$$=-12\times10^3\sin(2\pi\times10^3 t)\ \mathrm{Hz}$$

$\Delta f(t)\in[-25\ \mathrm{kHz},\ 25\ \mathrm{kHz}]$，输出电压为

$$u_o=S_f\Delta f(t)=-5\ \mathrm{mV/kHz}\times[-12\times10^3\sin(2\pi\times10^3 t)\mathrm{Hz}]$$
$$=60\sin(2\pi\times10^3 t)\ \mathrm{mV}$$

5.4.1　斜率鉴频

在斜率鉴频中，调频信号输入线性幅频特性网络，网络的增益与调频信号的频率变化量成线性关系，于是网络输出调频/调幅信号，再将其作为调幅信号进行包络检波，就可以取出调制信号。

1. 工作原理

斜率鉴频的电路框图如图 5.4.2(a)所示。图 5.4.2(b)给出了线性幅频特性网络的传递函数$A(\omega)e^{j\varphi(\omega)}$的频率特性。一般要求幅频特性$A(\omega)$在调频信号频带内为线性，而对相频特性$\varphi(\omega)$不作要求。图中，调频信号频带内的$\varphi(\omega)$近似不变。

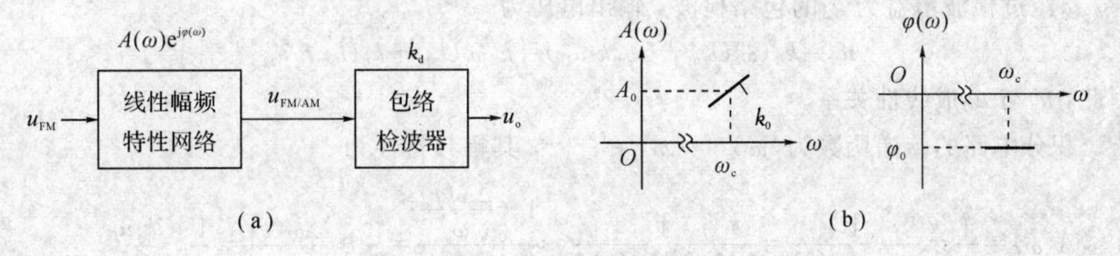

图 5.4.2　斜率鉴频

(a) 电路框图；(b) 线性幅频特性网络的频率特性

调频信号可以写为

$$u_{FM}=U_{sm}\cos\left(\omega_c t+\int^t\Delta\omega(t)\mathrm{d}t\right)=U_{sm}\cos\left(\omega_c t+\int^t k_f u_\Omega\mathrm{d}t\right)$$

线性幅频特性网络的幅频特性和相频特性分别为

$$A(\omega)=A_0+k_0[\omega(t)-\omega_c]=A_0+k_0\Delta\omega(t)=A_0+k_0k_fu_\Omega$$
$$\varphi(\omega)=\varphi_0$$

网络输出的信号为

$$\begin{aligned}u_{FM/AM}&=A(\omega)U_{sm}\cos\left[\omega_ct+\int^t k_fu_\Omega dt+\varphi(\omega)\right]\\&=(A_0+k_0k_fu_\Omega)U_{sm}\cos\left(\omega_ct+\int^t k_fu_\Omega dt+\varphi_0\right)\\&=(A_0U_{sm}+k_0U_{sm}k_fu_\Omega)\cos\left(\omega_ct+\int^t k_fu_\Omega dt+\varphi_0\right)\end{aligned}$$

$u_{FM/AM}$的相位保留了调频信号的相位变化量，则振幅与调制信号 u_Ω成线性关系，表现出普通调幅信号的特征，因而成为调频/调幅信号。包络检波对信号的载波相位的变化不敏感，可以只输出 $u_{FM/AM}$的调幅特征。设包络检波的检波增益为 k_d，则输出电压为

$$u_o=k_d(A_0U_{sm}+k_0U_{sm}k_fu_\Omega)=k_dA_0U_{sm}+k_dk_0U_{sm}k_fu_\Omega$$

因此，u_o与 u_Ω成线性关系，于是电路恢复了调制信号，实现了斜率鉴频。

2. 线性幅频特性网络

线性幅频特性网络可以通过微分电路、积分电路、LC 串联谐振回路和 LC 并联谐振回路实现。

微分电路的传递函数为 $j\omega=\omega e^{j(\pi/2)}$，其幅频特性 $A(\omega)=\omega=\omega_c+\Delta\omega(t)=\omega_c+k_fu_\Omega$，相频特性 $\varphi(\omega)=\frac{\pi}{2}$。输入微分电路的调频信号为

$$u_{FM}=U_{sm}\cos\left(\omega_ct+\int^t\Delta\omega(t)dt\right)=U_{sm}\cos\left(\omega_ct+\int^t k_fu_\Omega dt\right)$$

微分电路输出的信号为

$$\begin{aligned}u_{FM/AM}&=A(\omega)U_{sm}\cos\left[\omega_ct+\int^t k_fu_\Omega dt+\varphi(\omega)\right]\\&=(\omega_c+k_fu_\Omega)U_{sm}\cos\left(\omega_ct+\int^t k_fu_\Omega dt+\frac{\pi}{2}\right)\\&=(\omega_cU_{sm}+U_{sm}k_fu_\Omega)\cos\left(\omega_ct+\int^t k_fu_\Omega dt+\frac{\pi}{2}\right)\end{aligned}$$

$u_{FM/AM}$经过检波增益为 k_d的包络检波，输出电压为

$$u_o=k_d(\omega_cU_{sm}+U_{sm}k_fu_\Omega)=k_d\omega_cU_{sm}+k_dU_{sm}k_fu_\Omega$$

因此，u_o与 u_Ω成线性关系。

积分电路的传递函数为$(j\omega)^{-1}=\omega^{-1}e^{j(-\pi/2)}$，其幅频特性为

$$A(\omega)=\frac{1}{\omega}=\frac{1}{\omega_c+\Delta\omega(t)}=\frac{1}{\omega_c\left[1+\frac{\Delta\omega(t)}{\omega_c}\right]}\approx\frac{1-\frac{\Delta\omega(t)}{\omega_c}}{\omega_c}=\frac{1}{\omega_c}-\frac{\Delta\omega(t)}{\omega_c^2}=\frac{1}{\omega_c}-\frac{k_fu_\Omega}{\omega_c^2}$$

相频特性 $\varphi(\omega)=-\frac{\pi}{2}$。输入积分电路的调频信号为

$$u_{FM}=U_{sm}\cos\left(\omega_ct+\int^t\Delta\omega(t)dt\right)=U_{sm}\cos\left(\omega_ct+\int^t k_fu_\Omega dt\right)$$

积分电路输出的信号为

$$
\begin{aligned}
u_{\mathrm{FM/AM}} &= A(\omega)U_{\mathrm{sm}}\cos\left[\omega_{\mathrm{c}}t+\int^{t}k_{\mathrm{f}}u_{\Omega}\mathrm{d}t+\varphi(\omega)\right] \\
&\approx \left(\frac{1}{\omega_{\mathrm{c}}}-\frac{k_{\mathrm{f}}u_{\Omega}}{\omega_{\mathrm{c}}^{2}}\right)U_{\mathrm{sm}}\cos\left(\omega_{\mathrm{c}}t+\int^{t}k_{\mathrm{f}}u_{\Omega}\mathrm{d}t-\frac{\pi}{2}\right) \\
&= \left(\frac{U_{\mathrm{sm}}}{\omega_{\mathrm{c}}}-\frac{U_{\mathrm{sm}}k_{\mathrm{f}}u_{\Omega}}{\omega_{\mathrm{c}}^{2}}\right)\cos\left(\omega_{\mathrm{c}}t+\int^{t}k_{\mathrm{f}}u_{\Omega}\mathrm{d}t-\frac{\pi}{2}\right)
\end{aligned}
$$

$u_{\mathrm{FM/AM}}$经过检波增益为k_{d}的包络检波，输出电压为

$$
u_{\mathrm{o}}=k_{\mathrm{d}}\left(\frac{U_{\mathrm{sm}}}{\omega_{\mathrm{c}}}-\frac{U_{\mathrm{sm}}k_{\mathrm{f}}u_{\Omega}}{\omega_{\mathrm{c}}^{2}}\right)=k_{\mathrm{d}}\,\frac{U_{\mathrm{sm}}}{\omega_{\mathrm{c}}}-k_{\mathrm{d}}\,\frac{U_{\mathrm{sm}}k_{\mathrm{f}}u_{\Omega}}{\omega_{\mathrm{c}}^{2}}
$$

因此，u_{o}与u_{Ω}成线性关系。

如图 5.4.3 所示，微分电路和积分电路都可以利用电阻R和电容C所构成的分压网络实现。当调频信号u_{FM}的频率$\omega(t)$变化时，C的阻抗$\dot{Z}_C=[\mathrm{j}\omega(t)C]^{-1}$变化——当$\omega(t)$增大时，$|\dot{Z}_C|$减小；当$\omega(t)$减小时，$|\dot{Z}_C|$增大。于是$\omega(t)$调整了$R$、$C$的分压比，改变了分压输出的信号的振幅，从而得到调频/调幅信号$u_{\mathrm{FM/AM}}$。

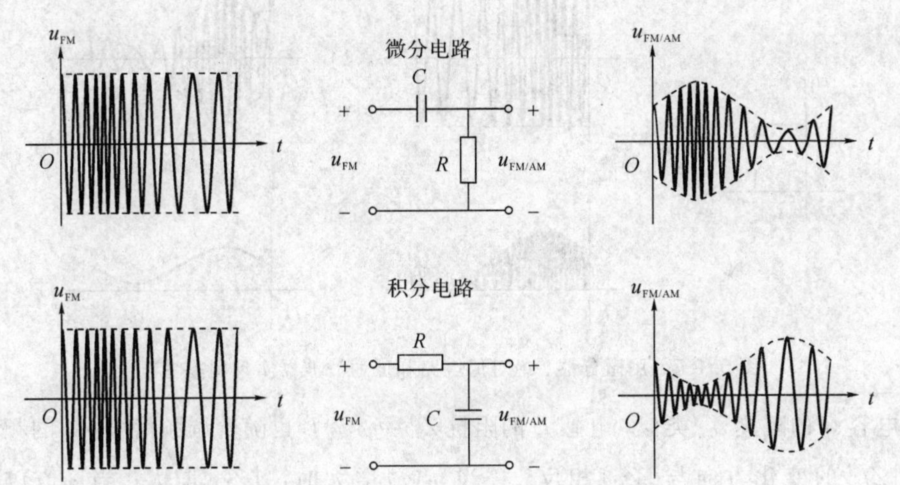

图 5.4.3　微分电路和积分电路作为线性幅频特性网络

例 5.4.2　判断图 5.4.4 中哪个电路可以实现对调频信号u_{FM}的鉴频。

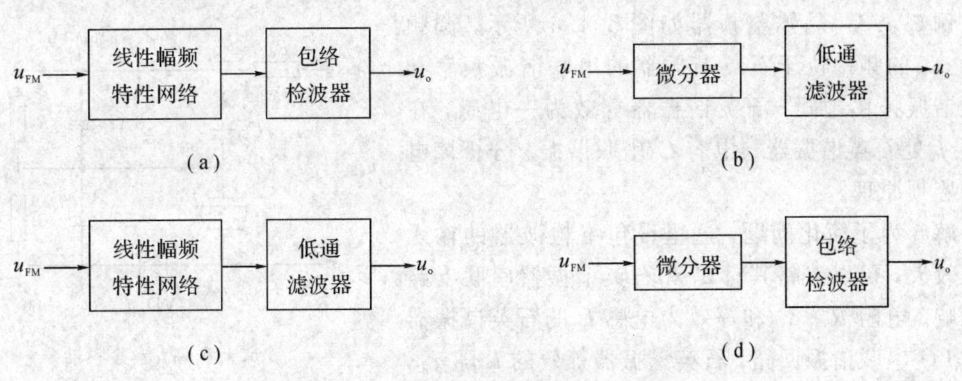

图 5.4.4　四种可能实现斜率鉴频的电路

(a) 电路一；(b) 电路二；(c) 电路三；(d) 电路四

解 图 5.4.4(a)所示电路是标准的斜率鉴频电路，可以对 u_{FM} 鉴频。图 5.4.4(d)所示电路用微分器作为线性幅频特性网络，也可以对 u_{FM} 鉴频。图 5.4.4(b)、(c)所示电路对调频/调幅信号 $u_{FM/AM}$ 做低通滤波，输出电压 $u_o=0$，不能对 u_{FM} 鉴频。

如果 $u_{FM/AM}$ 先取绝对值，再做低通滤波，并使滤波器的通频带覆盖调制信号 u_Ω 的频率 Ω，则滤波输出 $|u_{FM/AM}|$ 的时变平均值，该平均值的时变规律与 u_Ω 一致，从而可以实现对 u_{FM} 的鉴频。微分器用作线性幅频特性网络时，以上鉴频过程如图 5.4.5 所示。其中的绝对值电路可以用高频全波整流电路或双向开关函数乘法器。对 $u_{FM/AM}$ 半波整流和低通滤波，也可以实现对 u_{FM} 的鉴频。

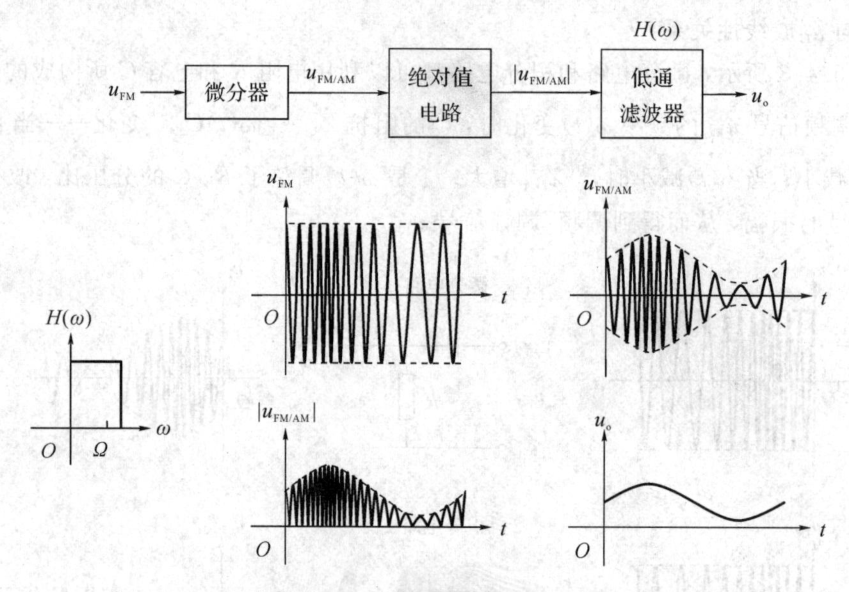

图 5.4.5　用微分器、绝对值电路和低通滤波器实现斜率鉴频

与电容 C 的阻抗 $\dot{Z}_C$ 类似，电感 L 的阻抗 $\dot{Z}_L=\mathrm{j}\omega(t)L$ 也随着调频信号 u_{FM} 的频率 $\omega(t)$ 变化，$|\dot{Z}_L|$ 的变化方向与 $|\dot{Z}_C|$ 相反——当 $\omega(t)$ 增大时，$|\dot{Z}_L|$ 增大；当 $\omega(t)$ 减小时，$|\dot{Z}_L|$ 减小。当 L 与 C 构成 LC 串联谐振回路且谐振在 u_{FM} 的载频 ω_c 时，利用 $|\dot{Z}_L|$ 和 $|\dot{Z}_C|$ 随 $\omega(t)$ 反向变化的特点，可以在鉴频时实现平衡对消。

例 5.4.3 晶体鉴频器如图 5.4.6 所示，调频信号 u_{FM} 的频率位于石英谐振器的串联谐振频率和并联谐振频率之间，石英谐振器等效为一电感，在载频 f_c 处石英谐振器与电容 C_0 串联谐振。分析该电路的鉴频原理。

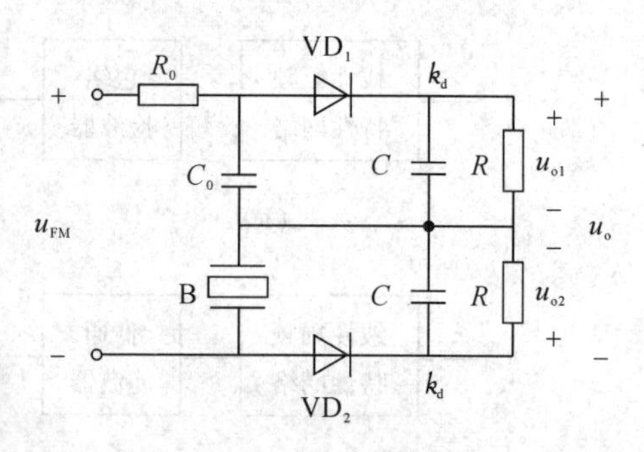

图 5.4.6　晶体鉴频器

解 为了简化问题，这里设包络检波器的输入电阻较大，可以忽略其对 C_0 和石英谐振器串联支路的影响。电阻 R_0、C_0 和等效为电感 L 的石英谐振器构成 LC 串联谐振回路，石英谐振器等效的 L 随 u_{FM} 的频率 $f(t)$ 变化，$f(t)$ 增大或减小时 L 也增大或减小。

当 $f(t)=f_c$ 时，LC 回路因为谐振而阻抗取最小值，即谐振电阻 R_0，此时回路电流的

振幅 I_{m}最大，C_0和 L 上的电压振幅 $U_{C\mathrm{m}}$和 $U_{L\mathrm{m}}$最大，又因为谐振时 C_0和 L 的阻抗相等，即 $|\dot{Z}_C|=|\dot{Z}_L|$，所以 $U_{C\mathrm{m}}=I_{\mathrm{m}}|\dot{Z}_C|=I_{\mathrm{m}}|\dot{Z}_L|=U_{L\mathrm{m}}$。当 $f(t)>f_{\mathrm{c}}$时，LC 回路因为失谐而阻抗变大，I_{m}减小，$U_{C\mathrm{m}}$和 $U_{L\mathrm{m}}$趋于减小，又因为当 $f(t)>f_{\mathrm{c}}$时，$|\dot{Z}_C|$减小而$|\dot{Z}_L|$增大，其中 $|\dot{Z}_L|$增大也包含 L 增大的因素，所以$|\dot{Z}_C|<|\dot{Z}_L|$，$U_{C\mathrm{m}}=I_{\mathrm{m}}|\dot{Z}_C|<I_{\mathrm{m}}|\dot{Z}_L|=U_{L\mathrm{m}}$，即 $U_{C\mathrm{m}}$比 $U_{L\mathrm{m}}$减小得更明显。当 $f(t)$略大于 f_{c}时，$|\dot{Z}_L|$增大比 I_{m}减小对 $U_{L\mathrm{m}}$的作用更明显，所以 $U_{L\mathrm{m}}$先略微上升，然后随着 $f(t)$的继续增大而减小。当 $f(t)<f_{\mathrm{c}}$时，LC 回路也失谐，I_{m}也小于谐振时的取值，$U_{C\mathrm{m}}$和 $U_{L\mathrm{m}}$趋于减小，又因为当 $f(t)<f_{\mathrm{c}}$时，$|\dot{Z}_C|$增大而$|\dot{Z}_L|$减小，其中$|\dot{Z}_L|$减小也包含 L 减小的因素，所以$|\dot{Z}_C|>|\dot{Z}_L|$，$U_{C\mathrm{m}}=I_{\mathrm{m}}|\dot{Z}_C|>I_{\mathrm{m}}|\dot{Z}_L|=U_{L\mathrm{m}}$，即 $U_{L\mathrm{m}}$比 $U_{C\mathrm{m}}$减小得更明显。当 $f(t)$略小于 f_{c}时，$|\dot{Z}_C|$增大比 I_{m}减小对 $U_{C\mathrm{m}}$的作用更明显，所以 $U_{C\mathrm{m}}$先略微上升，然后随着 $f(t)$的继续减小而减小。

图 5.4.7 描述了 $U_{C\mathrm{m}}$和 $U_{L\mathrm{m}}$随 $f(t)$的变化。上回路和下回路包络检波器的输入电压分别是振幅为 $U_{C\mathrm{m}}$和 $U_{L\mathrm{m}}$、频率为 $f(t)$、相位经过 C_0和 L 调整的高频振荡电压。经过包络检波，输出电压 $u_{\mathrm{o1}}=k_{\mathrm{d}}U_{C\mathrm{m}}$，$u_{\mathrm{o2}}=k_{\mathrm{d}}U_{L\mathrm{m}}$，$u_{\mathrm{o}}=u_{\mathrm{o1}}-u_{\mathrm{o2}}=k_{\mathrm{d}}U_{C\mathrm{m}}-k_{\mathrm{d}}U_{L\mathrm{m}}=k_{\mathrm{d}}(U_{C\mathrm{m}}-U_{L\mathrm{m}})$。$U_{C\mathrm{m}}-U_{L\mathrm{m}}$去除了直流输出电压，实现了平衡对消。$u_{\mathrm{o}}$的波形再经过反相，就与频率变化量 $\Delta f(t)$一致，即与调制信号一致变化，电路至此完成鉴频。

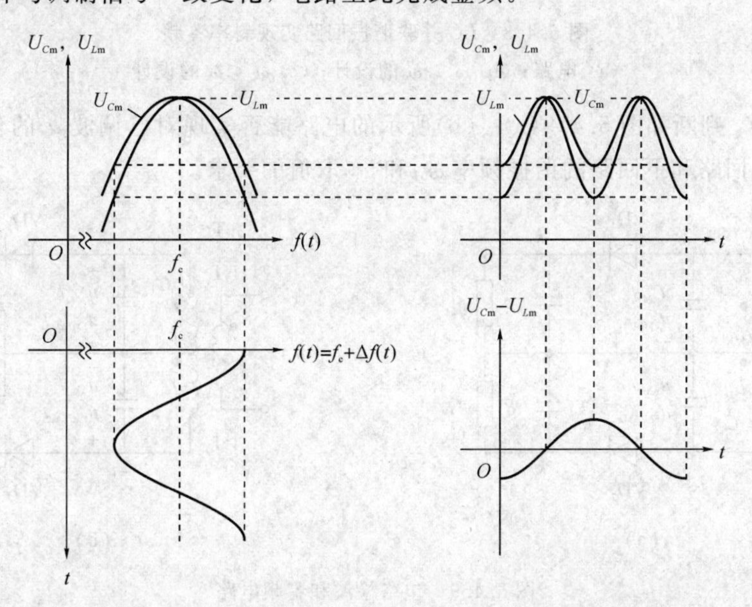

图 5.4.7　随 $f(t)$变化的 $U_{C\mathrm{m}}$和 $U_{L\mathrm{m}}$的包络检波和平衡对消

电路中的 R_0取较小的电阻，如 10 Ω，C_0等于石英谐振器的静态电容，这时 $U_{C\mathrm{m}}$和 $U_{L\mathrm{m}}$与 $f(t)$的关系曲线以 f_{c}为中心基本左右对称，有助于减小鉴频失真。

在失谐时，LC 并联谐振回路阻抗的幅频特性在较小的频带内与频率成线性关系，可以作为线性幅频特性网络实现斜率鉴频，如图 5.4.8(a)所示。设计 LC 回路，使其谐振频率 ω_0偏离调频信号 u_{FM}的载频 ω_{c}，并且阻抗的幅频特性 $Z(\omega)$在 u_{FM}的频带内线性较好，则可以在失谐回路两端获得调频/调幅信号 $u_{\mathrm{FM/AM}}$，之后对 $u_{\mathrm{FM/AM}}$包络检波，如图 5.4.8(b)、(c)所示。

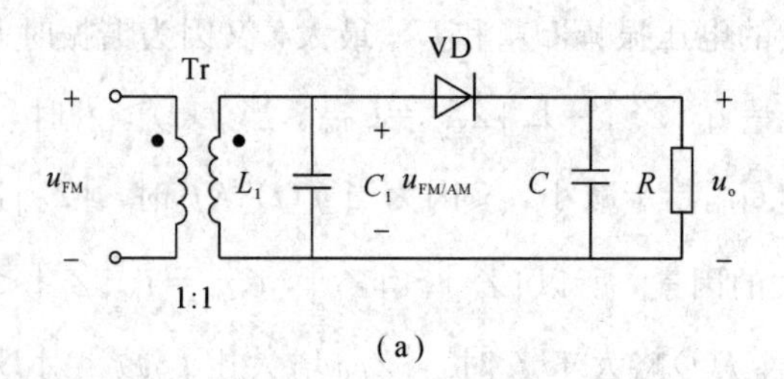

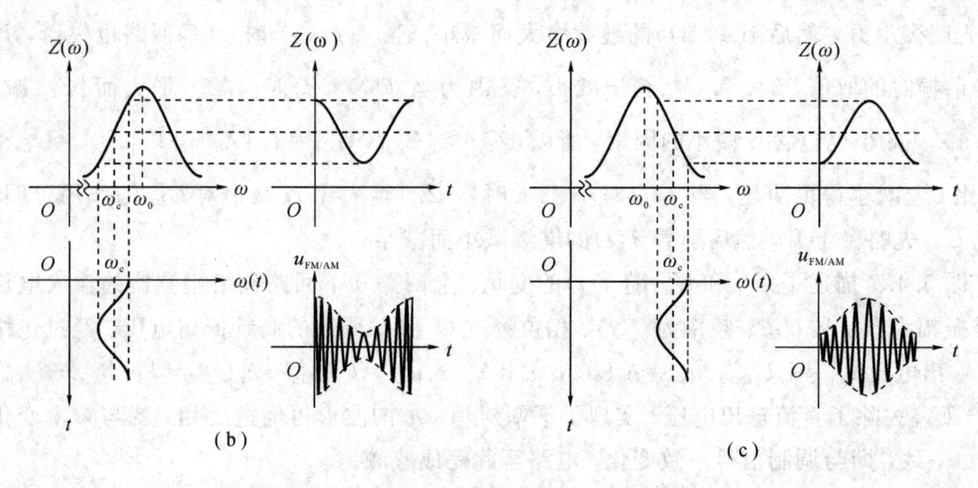

图 5.4.8　LC 并联谐振回路实现斜率鉴频

(a) 电路；(b) $\omega_0>\omega_c$ 的设计；(c) $\omega_0<\omega_c$ 的设计

例 5.4.4　判断如图 5.4.9(a)、(b)所示的电路能否实现对已调波 u_s 的包络检波和鉴频，说明对上回路和下回路的谐振频率 ω_{01} 和 ω_{02} 取值的要求。

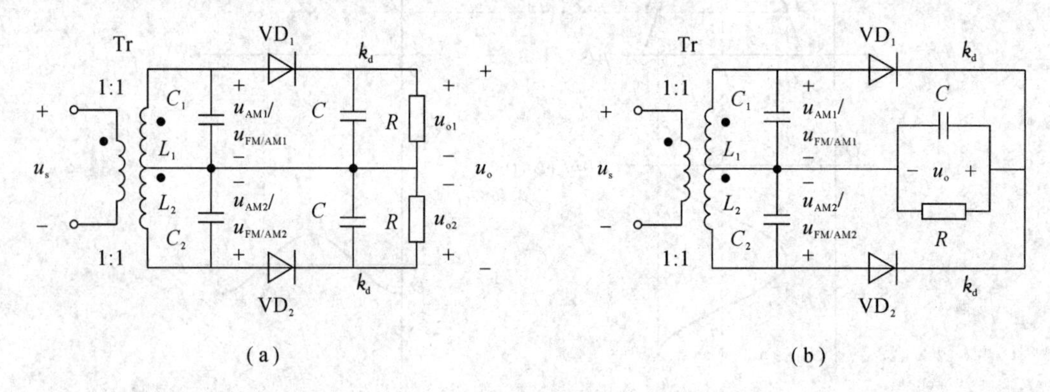

图 5.4.9　包络检波和鉴频电路

(a) 电路一；(b) 电路二

解　在包络检波时，u_s 为普通调幅信号 u_{AM}，设 $u_{AM}=U_{sm}(1+m_a\cos\Omega t)\cos\omega_c t$，要求 $\omega_{01}=\omega_{02}=\omega_c$。$L_1C_1$ 并联谐振回路和 L_2C_2 并联谐振回路上的电压分别为

$$u_{AM1}=u_{AM}=U_{sm}(1+m_a\cos\Omega t)\cos\omega_c t$$

$$u_{AM2}=-u_{AM}=-U_{sm}(1+m_a\cos\Omega t)\cos\omega_c t$$

图 5.4.9(a)所示电路经过包络检波，输出电压 $u_{o1}=k_dU_{sm}(1+m_a\cos\Omega t)$，$u_{o2}=k_dU_{sm}(1+m_a\cos\Omega t)$，$u_o=u_{o1}-u_{o2}=0$，不能实现包络检波。图 5.4.9(b)所示电路中，二极管 VD_1 和 VD_2 右端连

接，构成高电平选择电路，对 u_{AM1} 和 u_{AM2} 中较大的电压进行包络检波。参考例 3.3.10 的第(2)问对图 3.3.20(a)所示电路的分析，可知输出电压 $u_o=k_dU_{sm}(1+m_a\cos\Omega t)$，能够实现包络检波。

在鉴频时，u_s 为调频信号 u_{FM}，设

$$u_{FM}=U_{sm}\cos\left[\omega_c t+\int^t\Delta\omega(t)\mathrm{d}t\right]=U_{sm}\cos\left(\omega_c t+\int^t k_f u_\Omega\mathrm{d}t\right)$$

为了实现平衡对消，参考图 5.4.8，要求 $\omega_{01}-\omega_c=\omega_c-\omega_{02}$。失谐时，$L_1C_1$ 回路作为线性幅频特性网络，幅频特性 $A_1(\omega)=A_0+k_0\Delta\omega(t)=A_0+k_0k_fu_\Omega$，相频特性 $\varphi_1(\omega)=\varphi_{Z1}$，$L_2C_2$ 回路作为线性幅频特性网络，幅频特性 $A_2(\omega)=A_0-k_0\Delta\omega(t)=A_0-k_0k_fu_\Omega$，相频特性 $\varphi_2(\omega)=\varphi_{Z2}$。$L_1C_1$ 回路和 L_2C_2 回路上的电压分别为

$$\begin{aligned}u_{FM/AM1}&=A_1(\omega)U_{sm}\cos\left[\omega_c t+\int^t k_f u_\Omega\mathrm{d}t+\varphi_1(\omega)\right]\\&=(A_0+k_0k_fu_\Omega)U_{sm}\cos\left(\omega_c t+\int^t k_f u_\Omega\mathrm{d}t+\varphi_{Z1}\right)\\&=(A_0U_{sm}+k_0U_{sm}k_fu_\Omega)\cos\left(\omega_c t+\int^t k_f u_\Omega\mathrm{d}t+\varphi_{Z1}\right)\\u_{FM/AM2}&=A_2(\omega)U_{sm}\cos\left[\omega_c t+\int^t k_f u_\Omega\mathrm{d}t+\varphi_2(\omega)\right]\\&=(A_0-k_0k_fu_\Omega)U_{sm}\cos\left(\omega_c t+\int^t k_f u_\Omega\mathrm{d}t+\varphi_{Z2}\right)\\&=(A_0U_{sm}-k_0U_{sm}k_fu_\Omega)\cos\left(\omega_c t+\int^t k_f u_\Omega\mathrm{d}t+\varphi_{Z2}\right)\end{aligned}$$

图 5.4.9(a)所示电路经过包络检波，输出电压 $u_{o1}=k_d(A_0U_{sm}+k_0U_{sm}k_fu_\Omega)$，$u_{o2}=k_d(A_0U_{sm}-k_0U_{sm}k_fu_\Omega)$，$u_o=u_{o1}-u_{o2}=k_d(A_0U_{sm}+k_0U_{sm}k_fu_\Omega)-k_d(A_0U_{sm}-k_0U_{sm}k_fu_\Omega)=2k_dk_0U_{sm}k_fu_\Omega$，能够实现鉴频。图 5.4.9(b)所示电路对 $u_{FM/AM1}$ 和 $u_{FM/AM2}$ 中较大的电压进行包络检波。参考例 3.3.10的第(1)问对图 3.3.20(a)所示电路的分析，可知输出电压 $u_o=k_d(A_0U_{sm}+|k_0U_{sm}k_fu_\Omega|)$，不能实现鉴频。

5.4.2　相位鉴频

相位鉴频通过鉴相来实现鉴频。调频信号输入线性相频特性网络，网络的相移与调频信号的频率变化量成线性关系，于是网络输出调频/调相信号，再将其作为调相信号进行鉴相，就可以取出调制信号。

1. 工作原理

相位鉴频中的鉴相可以分为乘积型鉴相和叠加型鉴相，它们都需要与载波同频同相的本振信号，分别用于乘积型同步检波和叠加型同步检波。

乘积型鉴相的电路框图如图 5.4.10(a)所示。本振信号 $u_l=U_{lm}\cos\omega_c t$，调相信号可以写为

$$u_{PM}=U_{sm}\cos[\omega_c t+\Delta\varphi(t)]=U_{sm}\cos(\omega_c t+k_pu_\Omega)$$

经过$-\dfrac{\pi}{2}$的相移，u_{PM}变为

$$u'_{PM}=U_{sm}\cos\left(\omega_c t+k_pu_\Omega-\frac{\pi}{2}\right)=U_{sm}\sin(\omega_c t+k_pu_\Omega)$$

u'_{PM}输入乘积型同步检波器。其中，乘法器的输出电压为

$$\begin{aligned} u_{o1} &= k_M u'_{PM} u_l = k_M U_{sm} \sin(\omega_c t + k_p u_\Omega) U_{lm} \cos\omega_c t \\ &= \frac{1}{2} k_M U_{sm} U_{lm} \sin k_p u_\Omega + \frac{1}{2} k_M U_{sm} U_{lm} \sin(2\omega_c t + k_p u_\Omega) \end{aligned}$$

等式右边第一项是低频信号，第二项是高频信号。经过低通滤波，输出电压为

$$u_o = \frac{1}{2} k_F k_M U_{sm} U_{lm} \sin k_p u_\Omega \tag{5.4.1}$$

当$|k_p u_\Omega| \leqslant \frac{\pi}{6}$时，$\sin k_p u_\Omega \approx k_p u_\Omega$，有

$$u_o \approx \frac{1}{2} k_F k_M U_{sm} U_{lm} k_p u_\Omega \tag{5.4.2}$$

u_o正比于u_Ω，实现了鉴相。

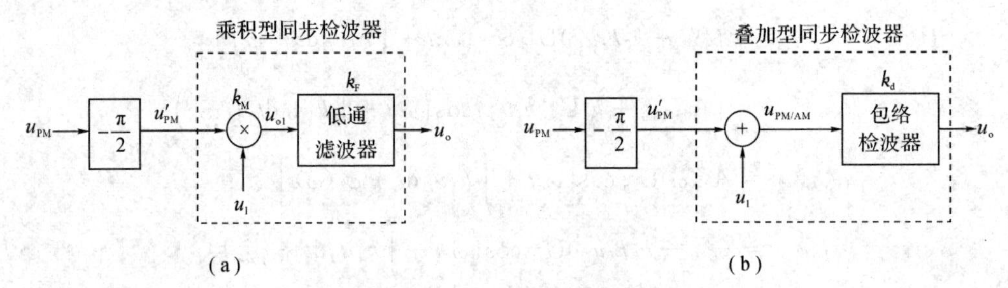

图 5.4.10　乘积型鉴相和叠加型鉴相

(a) 乘积型鉴相；(b) 叠加型鉴相

鉴相的性能指标包括鉴相特性、鉴相灵敏度S_p、线性鉴相范围和最大鉴相范围，它们类似于鉴频的性能指标，区别在于横坐标轴改为相位变化量$\Delta\varphi(t) = k_p u_\Omega$。

根据式(5.4.1)作出乘积型鉴相的鉴相特性，如图 5.4.11(a)所示。鉴相灵敏度为式(5.4.2)中$k_p u_\Omega$的系数，即$S_p = 0.5 k_F k_M U_{sm} U_{lm}$。线性鉴相范围为$\Delta\varphi(t) \in \left[-\frac{\pi}{6}, \frac{\pi}{6}\right]$，最大鉴相范围为$\Delta\varphi(t) \in \left[-\frac{\pi}{2}, \frac{\pi}{2}\right]$。

在如图 5.4.10(b)所示的叠加型鉴相的电路框图中，本振信号$u_l = U_{lm} \cos\omega_c t$，调相信号$u_{PM} = U_{sm} \cos[\omega_c t + \Delta\varphi(t)] = U_{sm} \cos(\omega_c t + k_p u_\Omega)$，要求$U_{lm} \gg U_{sm}$。$u_{PM}$经过$-\frac{\pi}{2}$的相移，得到$u'_{PM} = U_{sm} \cos\left(\omega_c t + k_p u_\Omega - \frac{\pi}{2}\right)$，再输入叠加型同步检波器。$u'_{PM}$与$u_l$叠加，得到调相/调幅信号$u_{PM/AM}$。参考第 3 章中应用于单边带调幅信号的叠加型同步检波的内容，叠加型鉴相的输出电压为

$$\begin{aligned} u_o &= k_d U_{lm} \sqrt{1+D^2} \sqrt{1 + \frac{2D}{1+D^2} \cos\left(k_p u_\Omega - \frac{\pi}{2}\right)} \\ &= k_d U_{lm} \sqrt{1+D^2} \sqrt{1 + \frac{2D}{1+D^2} \sin k_p u_\Omega} \end{aligned}$$

其中，$D = \frac{U_{sm}}{U_{lm}} \ll 1$，所以

$$u_o \approx k_d U_{lm}(1+D\sin k_p u_\Omega)=k_d U_{lm}+k_d U_{sm}\sin k_p u_\Omega \tag{5.4.3}$$

当$|k_p u_\Omega| \leqslant \frac{\pi}{6}$时，有

$$u_o \approx k_d U_{lm}+k_d U_{sm} k_p u_\Omega \tag{5.4.4}$$

u_o与u_Ω成线性关系，实现了鉴相。

根据式(5.4.3)作出叠加型鉴相的鉴相特性，如图5.4.11(b)所示。鉴相灵敏度为式(5.4.4)中$k_p u_\Omega$的系数，即$S_p=k_d U_{sm}$。线性鉴相范围为$\Delta\varphi(t)\in\left[-\frac{\pi}{6},\frac{\pi}{6}\right]$，最大鉴相范围为$\Delta\varphi(t)\in\left[-\frac{\pi}{2},\frac{\pi}{2}\right]$。

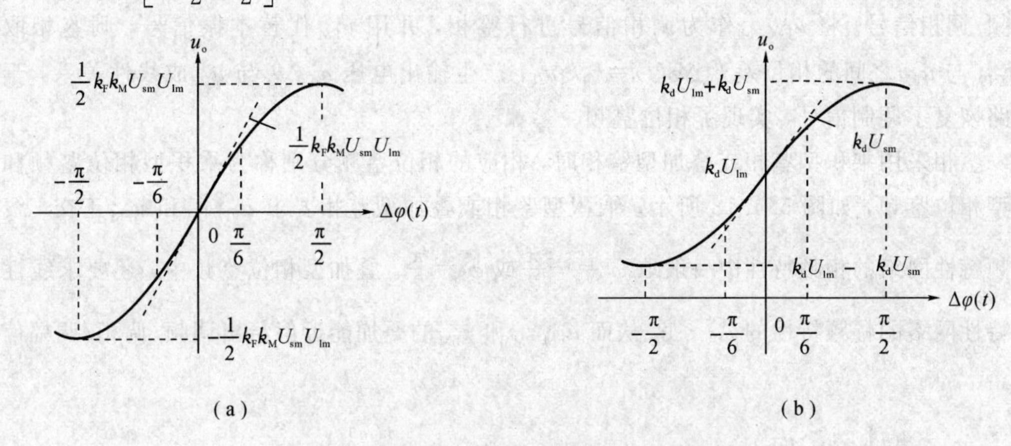

图5.4.11　乘积型鉴相和叠加型鉴相的鉴相特性

(a) 乘积型鉴相；(b) 叠加型鉴相

在乘积型鉴相和叠加型鉴相中，调相信号应该与本振信号正交，即二者之间存在$\frac{\pi}{2}$的固定相位差，从而输出电压为调制信号的正弦函数。否则，输出电压为调制信号的余弦函数，会导致一个输出电压对应一对取值相反的调制信号，而且当相位变化范围较小时，余弦函数给出的输出电压几乎不变，无法实现鉴相。

式(5.4.1)和式(5.4.3)说明，乘积型鉴相和叠加型鉴相都完成了两个信号的相位比较，根据调相信号u_{PM}与本振信号u_l的相位差$k_p u_\Omega$产生输出电压u_o。

通过鉴相实现鉴频的相位鉴频电路框图如图5.4.12(a)所示。图5.4.12(b)给出了线性相频特性网络的传递函数$A(\omega)e^{j\varphi(\omega)}$的频率特性。一般要求相频特性$\varphi(\omega)$在调频信号频带内为线性，而对幅频特性$A(\omega)$不做要求。图中，调频信号频带内的$A(\omega)$近似不变。

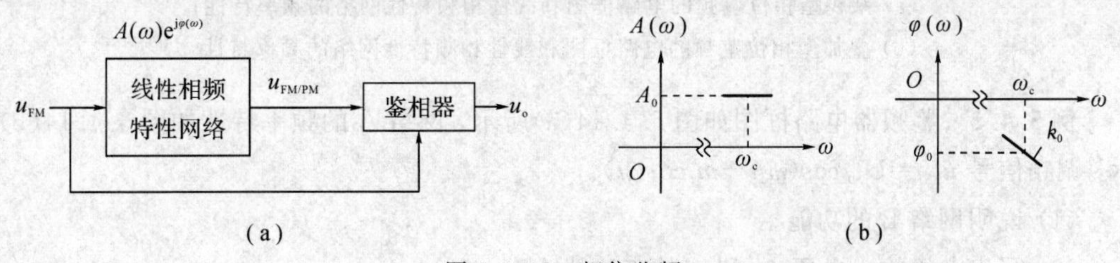

图5.4.12　相位鉴频

(a) 电路框图；(b) 线性相频特性网络的频率特性

调频信号可以写为

$$u_{\mathrm{FM}} = U_{\mathrm{sm}}\cos\left[\omega_{\mathrm{c}}t + \int^{t}\Delta\omega(t)\mathrm{d}t\right]$$

线性相频特性网络的相频特性为

$$\varphi(\omega) = k_0\Delta\omega(t) + \varphi_0$$

当满足似稳态条件时，网络输出的信号为

$$u_{\mathrm{FM/PM}} = A_0U_{\mathrm{sm}}\cos\left[\omega_{\mathrm{c}}t + \int^{t}\Delta\omega(t)\mathrm{d}t + k_0\Delta\omega(t) + \varphi_0\right]$$

$u_{\mathrm{FM/PM}}$的相位既保留了调频信号的相位变化量，又引入了调相信号的相位变化量，从而成为调频/调相信号。将$u_{\mathrm{FM/PM}}$作为调相信号进行鉴相，并用u_{FM}代替本振信号，则鉴相取出$u_{\mathrm{FM/PM}}$与u_{FM}之间的相位差$k_0\Delta\omega(t)=k_0k_{\mathrm{f}}u_{\Omega}$，产生输出电压$u_{\mathrm{o}}$。$u_{\mathrm{o}}$与$u_{\Omega}$成线性关系，于是电路恢复了调制信号，实现了相位鉴频。

鉴相采用乘积型鉴相或叠加型鉴相时，相应的相位鉴频分别称为乘积型相位鉴频和叠加型相位鉴频，如图 5.4.13 所示。乘积型鉴相或叠加型鉴相要求$u_{\mathrm{FM/PM}}$和u_{FM}正交，线性相频特性网络的相频特性中一般取$\varphi_0=-\frac{\pi}{2}$或$\varphi_0=\frac{\pi}{2}$。叠加型相位鉴频中，还要求线性相频特性网络的幅频特性的$A_0\ll 1$，从而$u_{\mathrm{FM/PM}}$和u_{FM}的叠加能近似给出调频/调相/调幅信号$u_{\mathrm{FM/PM/AM}}$。

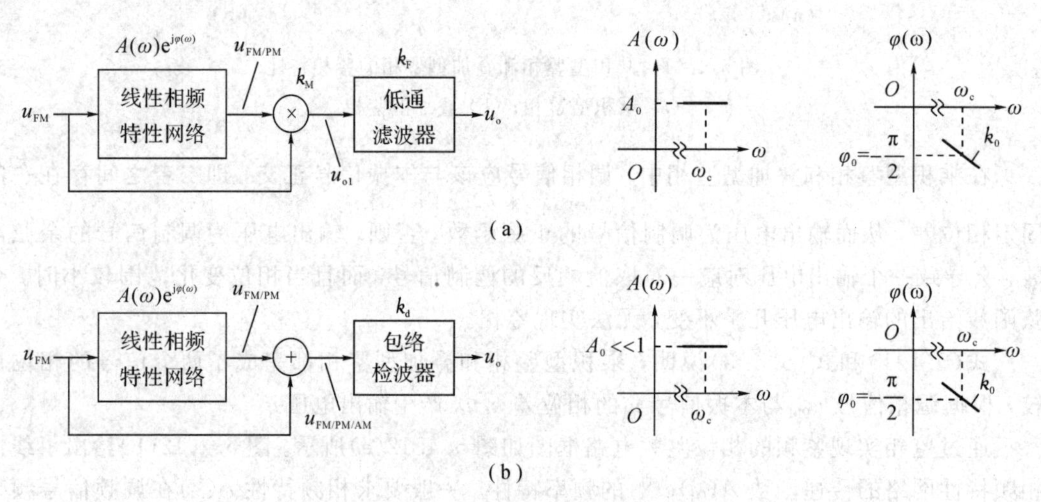

图 5.4.13　乘积型相位鉴频和叠加型相位鉴频

(a) 乘积型相位鉴频的电路框图和线性相频特性网络的频率特性；

(b) 叠加型相位鉴频的电路框图和线性相频特性网络的频率特性

例 5.4.5　鉴频器电路框图如图 5.4.14(a)所示，网络 A 的频率特性如图 5.4.14(b)所示，调频信号$u_{\mathrm{FM}}=U_{\mathrm{sm}}\cos(\omega_{\mathrm{c}}t-m_{\mathrm{f}}\cos\Omega t)$。

(1) 说明网络 B 的功能。

(2) 写出各级输出电压u_{o1}和u_{o}的表达式。

(3) 画出鉴频特性曲线，确定鉴频灵敏度S_{f}、线性鉴频范围和最大鉴频范围。

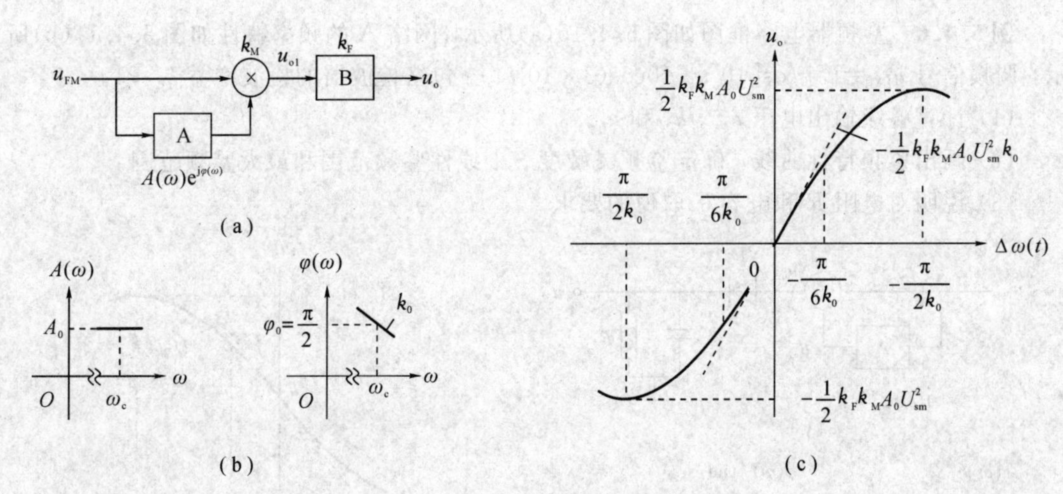

图 5.4.14　鉴频器

(a) 电路框图；(b) 网络 A 的频率特性；(c) 鉴频特性

解　(1) 该电路为乘积型相位鉴频电路，B 为低通滤波器。

(2) 线性相频特性网络输出的调频/调相信号为

$$u_{FM/PM}=A_0U_{sm}\cos\left[\omega_c t-m_f\cos\Omega t+k_0\Delta\omega(t)+\frac{\pi}{2}\right]$$
$$=-A_0U_{sm}\sin[\omega_c t-m_f\cos\Omega t+k_0\Delta\omega(t)]$$

乘法器的输出电压为

$$u_{o1}=k_M u_{FM/PM}u_{FM}$$
$$=k_M\{-A_0U_{sm}\sin[\omega_c t-m_f\cos\Omega t+k_0\Delta\omega(t)]\}U_{sm}\cos(\omega_c t-m_f\cos\Omega t)$$
$$=-\frac{1}{2}k_MA_0U_{sm}^2\sin[k_0\Delta\omega(t)]-$$
$$\frac{1}{2}k_MA_0U_{sm}^2\sin[2\omega_c t-2m_f\cos\Omega t+k_0\Delta\omega(t)]$$

经过低通滤波器，输出电压为

$$u_o=-\frac{1}{2}k_Fk_MA_0U_{sm}^2\sin[k_0\Delta\omega(t)]$$

当 $|k_0\Delta\omega(t)|\leqslant\pi/6$ 时，有

$$u_o\approx-\frac{1}{2}k_Fk_MA_0U_{sm}^2k_0\Delta\omega(t)$$

(3) 鉴频特性如图 5.4.14(c)所示。鉴频灵敏度为

$$S_f\approx-\frac{1}{2}k_Fk_MA_0U_{sm}^2k_0$$

从线性相频特性网络 A 的相频特性可知 $k_0<0$，线性鉴频范围为

$$\Delta\omega(t)\in\left[\frac{\pi}{6k_0},-\frac{\pi}{6k_0}\right]$$

最大鉴频范围为

$$\Delta\omega(t)\in\left[\frac{\pi}{2k_0},-\frac{\pi}{2k_0}\right]$$

例 5.4.6 鉴频器电路框图如图 5.4.15(a)所示，网络 A 的频率特性如图 5.4.15(b)所示，调频信号 $u_{FM}=U_{sm}\cos[10^7t+10\cos(3\times10^3t)]$，包络检波器的检波增益 $k_d\approx1$。

(1) 计算各级输出电压 u_{o1}、u_{o2} 和 u_o。

(2) 画出鉴频特性曲线，确定鉴频灵敏度 S_f、线性鉴频范围和最大鉴频范围。

(3) 说明对电阻 R 和电容 C 取值的要求。

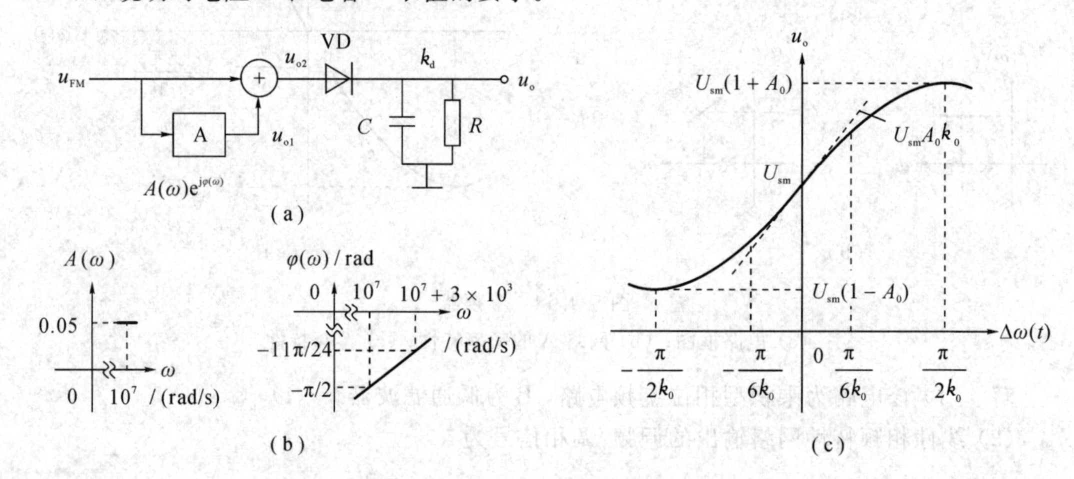

图 5.4.15 鉴频器

(a) 电路框图；(b) 网络 A 的频率特性；(c) 鉴频特性

解 (1) 该电路为叠加型相位鉴频电路。A 为线性相频特性网络，参数包括

$$A_0=0.05$$

$$k_0=\frac{-\dfrac{11}{24}\pi\ \text{rad}-\left(-\dfrac{\pi}{2}\ \text{rad}\right)}{10^7+3\times10^3\ \text{rad/s}-10^7\ \text{rad/s}}=\frac{\pi}{72}\ \text{ms}$$

u_{FM} 的相位变化量 $\Delta\varphi(t)=10\cos(3\times10^3t)$ rad，频率变化量为

$$\Delta\omega(t)=\frac{\mathrm{d}}{\mathrm{d}t}\Delta\varphi(t)=\frac{\mathrm{d}}{\mathrm{d}t}10\cos(3\times10^3t)=-3\times10^4\sin(3\times10^3t)\ \text{rad/s}$$

线性相频特性网络的输出电压为调频/调相信号，即

$$u_{o1}=u_{FM/PM}=A_0U_{sm}\cos\left[10^7t+10\cos(3\times10^3t)+k_0\Delta\omega(t)-\frac{\pi}{2}\right]$$

加法器的输出电压为调频/调相/调幅信号，即

$$\begin{aligned}u_{o2}&=u_{FM/PM/AM}\\&=U_{sm}\sqrt{1+D^2}\sqrt{1+\frac{2D}{1+D^2}\cos\left[k_0\Delta\omega(t)-\frac{\pi}{2}\right]}\cos[10^7t+10\cos(3\times10^3t)+\varphi]\\&=U_{sm}\sqrt{1+D^2}\sqrt{1+\frac{2D}{1+D^2}\sin[k_0\Delta\omega(t)]}\cos[10^7t+10\cos(3\times10^3t)+\varphi]\\&\approx U_{sm}\{1+D\sin[k_0\Delta\omega(t)]\}\cos[10^7t+10\cos(3\times10^3t)+\varphi]\end{aligned}$$

其中，$D=A_0U_{sm}/U_{sm}=A_0\ll1$。经过包络检波，输出电压为

$$u_o\approx k_dU_{sm}\{1+D\sin[k_0\Delta\omega(t)]\}\approx U_{sm}\{1+A_0\sin[k_0\Delta\omega(t)]\}$$

当 $|k_0\Delta\omega(t)|\leqslant\dfrac{\pi}{6}$ 时，有

$$u_o \approx U_{sm}[1+A_0 k_0 \Delta\omega(t)]$$

(2) 鉴频特性如图 5.4.15(c)所示。鉴频灵敏度为

$$S_f \approx U_{sm} A_0 k_0$$

从线性相频特性网络的相频特性可知 $k_0>0$，线性鉴频范围为

$$\Delta\omega(t) \in \left[-\frac{\pi}{6k_0}, \frac{\pi}{6k_0}\right]$$

最大鉴频范围为

$$\Delta\omega(t) \in \left[-\frac{\pi}{2k_0}, \frac{\pi}{2k_0}\right]$$

在本题中，$k_0=\frac{\pi}{72}$ ms，$\Delta\omega(t)=-3\times10^4\sin(3\times10^3 t)$ rad/s，可以判断 $\Delta\omega(t)$超出线性鉴频范围，但仍在最大鉴频范围之内。

(3) 从 u_{FM}的表达式得载频 $\omega_c=10^7$ rad/s，调制信号的频率 $\Omega=3\times10^3$ rad/s，从 u_{o2}的表达式得调幅度 $m_a=D=A_0=0.05$。包络检波的基本要求为

$$\omega_c^{-1}=0.1\mu s \ll RC \ll \Omega^{-1}=0.333 \text{ ms}$$

为了避免包络检波产生惰性失真，又要求

$$RC \leqslant \frac{\sqrt{1-m_a^2}}{\Omega m_a}=\frac{\sqrt{1-0.05^2}}{3\times10^3 \text{ rad/s}\times0.05}=6.66 \text{ ms}$$

因为叠加型相位鉴频要求 A_0即 m_a很小，所以加法器输出的 $u_{FM/PM/AM}$的振幅变化不大，包络检波在满足基本要求时，一般不会发生惰性失真。

2. 线性相频特性网络

相位鉴频中的线性相频特性网络经常使用电感耦合频相变换网络或电容耦合频相变换网络。

图 5.4.16 为一种电感耦合频相变换网络。其中，两个 LC 并联谐振回路的元件参数相同，包括电感 L、电容 C 和电感内阻 r，互感为 M，谐振频率 ω_0 等于调频信号 u_{FM}的载频 ω_c，u_{FM}的频率为 $\omega(t)$。根据互感原理，网络传递函数的幅频特性和相频特性分别为

$$A(\omega)=\frac{Q_e}{\sqrt{1+\xi^2}}\frac{M}{L}$$

$$\varphi(\omega)=-\frac{\pi}{2}-\arctan\xi$$

其中，广义失谐量为

$$\xi=Q_e\left[\frac{\omega(t)}{\omega_0}-\frac{\omega_0}{\omega(t)}\right]\approx 2Q_e\frac{\omega(t)-\omega_0}{\omega_0}=2Q_e\frac{\omega(t)-\omega_c}{\omega_c}=2Q_e\frac{\Delta\omega(t)}{\omega_c}$$

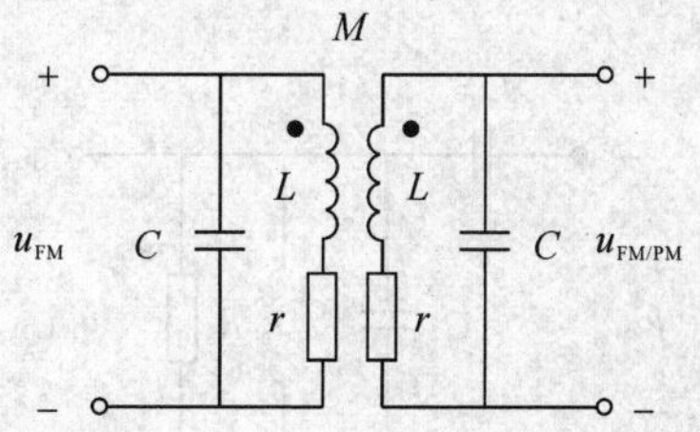

图 5.4.16　电感耦合频相变换网络

Q_e为品质因数。$A(\omega)$和$\varphi(\omega)$随ω的变化如图 5.4.17 所示。

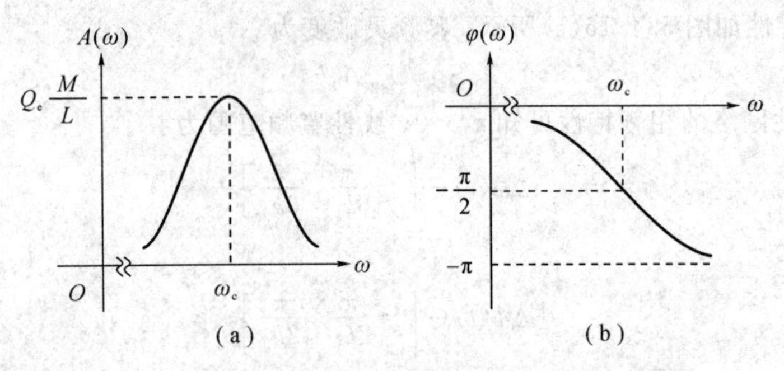

图 5.4.17　电感耦合频相变换网络的幅频特性和相频特性

(a) 幅频特性；(b) 相频特性

当$|\xi|\approx\left|\dfrac{2Q_e\Delta\omega(t)}{\omega_c}\right|\leqslant\dfrac{\pi}{6}$时，有

$$\frac{1}{\sqrt{1+\xi^2}}\approx 1$$

$$\arctan\xi\approx\xi\approx 2Q_e\,\frac{\Delta\omega(t)}{\omega_c}$$

于是

$$A(\omega)\approx Q_e\,\frac{M}{L}$$

$$\varphi(\omega)\approx-\frac{\pi}{2}-2Q_e\,\frac{\Delta\omega(t)}{\omega_c}$$

此时，网络的幅频特性取值近似恒定，相频特性与u_{FM}的频率变化量$\Delta\omega(t)$近似成线性关系，网络成为线性相频特性网络。

图 5.4.18 为一种电容耦合频相变换网络。其中，电感L、电容C和C_0构成串联谐振回路，谐振频率ω_0等于调频信号u_{FM}的载频ω_c，u_{FM}的频率为$\omega(t)$。根据阻抗分压原理，网络传递函数的幅频特性和相频特性分别为

$$A(\omega)=\frac{\omega(t)RC_0}{\sqrt{1+\xi^2}}$$

$$\varphi(\omega)=\frac{\pi}{2}-\arctan\xi$$

其中，广义失谐量为

$$\xi\approx 2Q_e\,\frac{\Delta\omega(t)}{\omega_c}$$

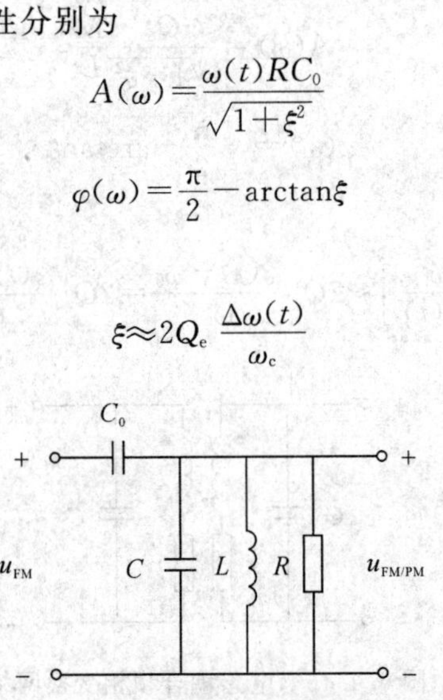

图 5.4.18　电容耦合频相变换网络

Q_e为品质因数。$A(\omega)$和$\varphi(\omega)$随ω的变化如图5.4.19所示。

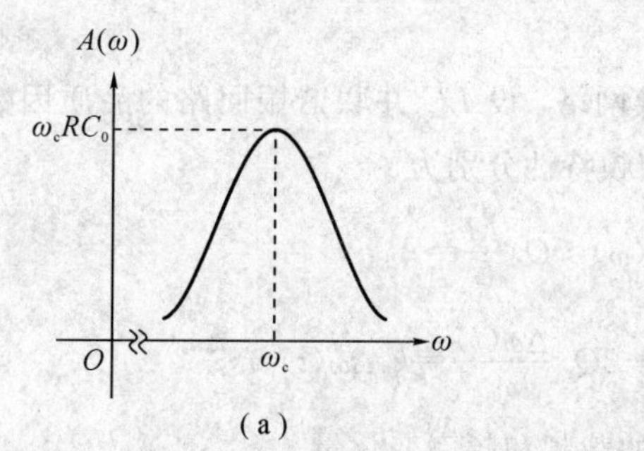

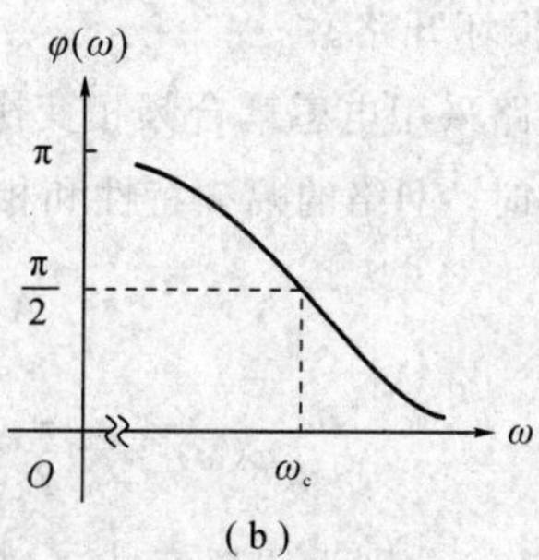

图5.4.19 电容耦合频相变换网络的幅频特性和相频特性

(a) 幅频特性；(b) 相频特性

当$|\xi|\approx\left|\dfrac{2Q_e\Delta\omega(t)}{\omega_c}\right|\leqslant\dfrac{\pi}{6}$时，有

$$\frac{1}{\sqrt{1+\xi^2}}\approx 1$$

$$\arctan\xi\approx\xi\approx 2Q_e\,\frac{\Delta\omega(t)}{\omega_c}$$

于是

$$A(\omega)\approx\omega(t)RC_0\approx\omega_c RC_0$$

$$\varphi(\omega)\approx\frac{\pi}{2}-2Q_e\,\frac{\Delta\omega(t)}{\omega_c}$$

此时，网络的幅频特性取值近似恒定，相频特性与u_{FM}的频率变化量$\Delta\omega(t)$近似成线性关系，网络成为线性相频特性网络。

例5.4.7 鉴频电路如图5.4.20(a)所示。分析以下各种情况中，电路是否可以对调频信号u_{FM}实现鉴频：

(1) 二极管VD_1和VD_2同时反向接入电路。

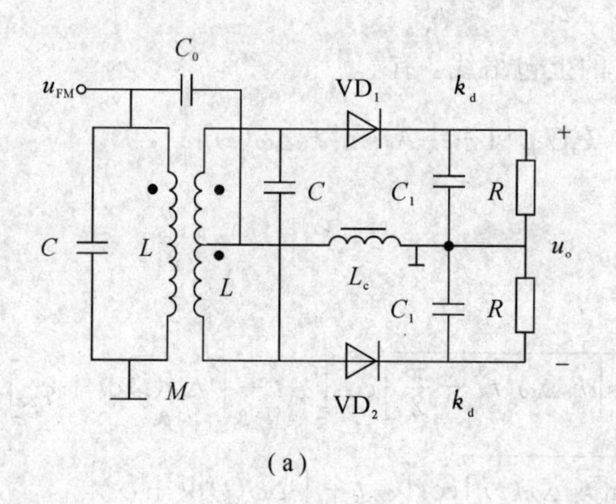

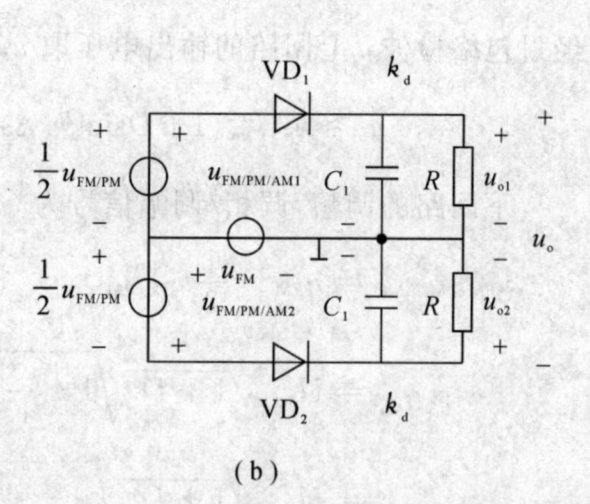

图5.4.20 鉴频电路

(a) 原电路；(b) 等效电路

(2) 只把 VD_2 反接。

(3) VD_2 损坏开路。

解 该电路采用电感耦合频相变换网络，设 LC 并联谐振回路的品质因数为 Q_e，当广义失谐量较小时，网络的幅频特性和相频特性分别为

$$A(\omega)\approx Q_e\frac{M}{L}=A_0$$

$$\varphi(\omega)\approx-\frac{\pi}{2}-2Q_e\frac{\Delta\omega(t)}{\omega_c}=k_0\Delta\omega(t)-\frac{\pi}{2}$$

其中，ω_c 和 $\Delta\omega(t)$ 分别为调频信号 u_{FM} 的载频和频率变化量。

u_{FM} 可以写为

$$u_{FM}=U_{sm}\cos\left[\omega_c t+\int^t\Delta\omega(t)\mathrm{d}t\right]$$

经过电感耦合频相变换网络，调频调相信号为

$$u_{FM/PM}=A_0U_{sm}\cos\left[\omega_c t+\int^t\Delta\omega(t)\mathrm{d}t+k_0\Delta\omega(t)-\frac{\pi}{2}\right]$$

等效电路如图 5.4.20(b)所示。上回路的调频/调相/调幅信号为

$$\begin{aligned}u_{FM/PM/AM1}&=u_{FM}+\frac{1}{2}u_{FM/PM}\\&=U_{sm}\sqrt{1+D^2}\sqrt{1+\frac{2D}{1+D^2}\cos\left[k_0\Delta\omega(t)-\frac{\pi}{2}\right]}\cos\left[\omega_c t+\int^t\Delta\omega(t)\mathrm{d}t+\varphi_1\right]\\&=U_{sm}\sqrt{1+D^2}\sqrt{1+\frac{2D}{1+D^2}\sin[k_0\Delta\omega(t)]}\cos\left[\omega_c t+\int^t\Delta\omega(t)\mathrm{d}t+\varphi_1\right]\\&\approx U_{sm}\{1+D\sin[k_0\Delta\omega(t)]\}\cos\left[\omega_c t+\int^t\Delta\omega(t)\mathrm{d}t+\varphi_1\right]\end{aligned}$$

其中

$$D=\frac{\frac{1}{2}A_0U_{sm}}{U_{sm}}=\frac{1}{2}A_0\ll1$$

经过包络检波，上回路的输出电压取 $u_{FM/PM/AM1}$ 的上包络线，有

$$u_{o1}\approx k_dU_{sm}\{1+D\sin[k_0\Delta\omega(t)]\}=k_dU_{sm}\left\{1+\frac{1}{2}A_0\sin[k_0\Delta\omega(t)]\right\}$$

下回路的调频/调相/调幅信号为

$$\begin{aligned}u_{FM/PM/AM2}&=u_{FM}-\frac{1}{2}u_{FM/PM}\\&=U_{sm}\sqrt{1+D^2}\sqrt{1-\frac{2D}{1+D^2}\cos\left[k_0\Delta\omega(t)-\frac{\pi}{2}\right]}\cos\left[\omega_c t+\int^t\Delta\omega(t)\mathrm{d}t+\varphi_2\right]\\&=U_{sm}\sqrt{1+D^2}\sqrt{1-\frac{2D}{1+D^2}\sin[k_0\Delta\omega(t)]}\cos\left[\omega_c t+\int^t\Delta\omega(t)\mathrm{d}t+\varphi_2\right]\\&\approx U_{sm}\{1-D\sin[k_0\Delta\omega(t)]\}\cos\left[\omega_c t+\int^t\Delta\omega(t)\mathrm{d}t+\varphi_2\right]\end{aligned}$$

经过包络检波，下回路的输出电压取 $u_{FM/PM/AM2}$ 的上包络线，有

$$u_{o2} \approx k_d U_{sm} \{1 - D\sin[k_0 \Delta\omega(t)]\} = k_d U_{sm} \left\{1 - \frac{1}{2} A_0 \sin[k_0 \Delta\omega(t)]\right\}$$

平衡对消后，输出电压为

$$u_o = u_{o1} - u_{o2} \approx k_d U_{sm} \left\{1 + \frac{1}{2} A_0 \sin[k_0 \Delta\omega(t)]\right\} - k_d U_{sm} \left\{1 - \frac{1}{2} A_0 \sin[k_0 \Delta\omega(t)]\right\}$$

$$= k_d U_{sm} A_0 \sin[k_0 \Delta\omega(t)]$$

当 $|k_0 \Delta\omega(t)| \leqslant \frac{\pi}{6}$ 时，有

$$u_o \approx k_d U_{sm} A_0 k_0 \Delta\omega(t)$$

至此完成对 u_{FM} 的鉴频。

(1) 当 VD_1 和 VD_2 同时反向接入电路时，上、下回路的包络检波分别取 $u_{FM/PM/AM1}$ 和 $u_{FM/PM/AM2}$ 的下包络线，有

$$u_{o1} \approx -k_d U_{sm} \left\{1 + \frac{1}{2} A_0 \sin[k_0 \Delta\omega(t)]\right\}$$

$$u_{o2} \approx -k_d U_{sm} \left\{1 - \frac{1}{2} A_0 \sin[k_0 \Delta\omega(t)]\right\}$$

输出电压为

$$u_o = u_{o1} - u_{o2} \approx -k_d U_{sm} A_0 \sin[k_0 \Delta\omega(t)]$$

可以对 u_{FM} 实现鉴频。

(2) 当只把 VD_2 反接时，有

$$u_{o1} \approx k_d U_{sm} \left\{1 + \frac{1}{2} A_0 \sin[k_0 \Delta\omega(t)]\right\}$$

$$u_{o2} \approx -k_d U_{sm} \left\{1 - \frac{1}{2} A_0 \sin[k_0 \Delta\omega(t)]\right\}$$

$$u_o = u_{o1} - u_{o2} \approx 2 k_d U_{sm}$$

不能对 u_{FM} 鉴频。

(3) 当 VD_2 损坏开路时，有

$$u_{o1} \approx k_d U_{sm} \left\{1 + \frac{1}{2} A_0 \sin[k_0 \Delta\omega(t)]\right\}$$

$$u_{o2} = 0$$

$$u_o = u_{o1} - u_{o2} \approx k_d U_{sm} \left\{1 + \frac{1}{2} A_0 \sin[k_0 \Delta\omega(t)]\right\}$$

可以对 u_{FM} 实现鉴频。

例 5.4.8　鉴频电路如图 5.4.21 所示。调频信号为

$$u_{FM} = U_{sm} \cos\left[\omega_c t + \Delta\omega_m \int^t f(t)\mathrm{d}t\right]$$

分析电路的工作原理，写出输出电压 u_o 和鉴频灵敏度 S_f 的表达式。

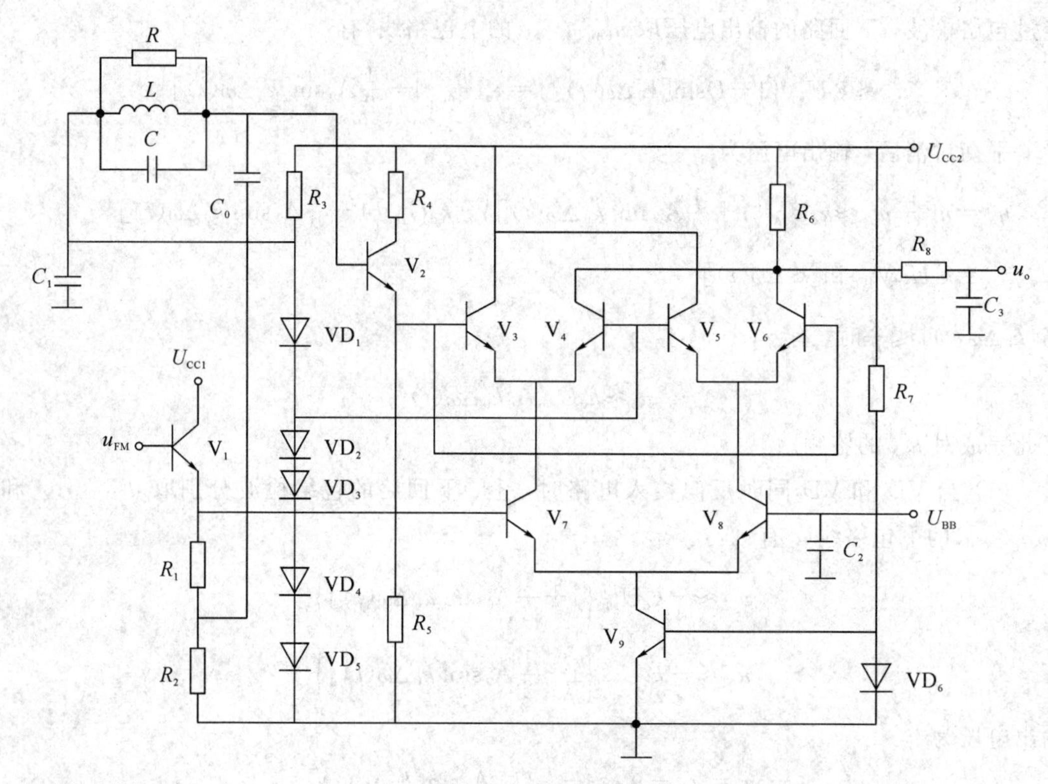

图 5.4.21 鉴频电路

解 u_{FM}经过晶体管 V_1构成的共集电极放大器，分为两路：一路信号取值与 u_{FM}近似相等，输入由晶体管 V_7和 V_8构成的差动电路；另一路信号经过电阻 R_1和 R_2分压，其振幅小于 u_{FM}，经过电容 C_0、C、电感 L 和电阻 R 构成的电容耦合频相变换网络，变为调频调相信号 $u_{FM/PM}$，再经过晶体管 V_2构成的共集电极放大器，输入由晶体管 V_3～V_6构成的差动电路。V_3～V_8构成吉尔伯特乘法单元，参考第三章吉尔伯特乘法单元的内容，其输出电流为

$$i_o=\frac{I_0}{2}\text{th}\frac{u_{FM}}{2U_T}\text{th}\frac{u_{FM/PM}}{2U_T}$$

其中，I_0是晶体管 V_9构成的电流源提供的直流电流。未接入电阻 R_8和电容 C_3构成的低通滤波器时，i_o向上流过电阻 R_6，叠加在向下流过 R_6的直流电流$\frac{I_0}{2}$上。滤波前的输出电压为

$$u_{o1}=U_{CC2}-\frac{I_0}{2}R_6+\frac{I_0}{2}\text{th}\frac{u_{FM}}{2U_T}\text{th}\frac{u_{FM/PM}}{2U_T}R_6$$

当广义失谐量较小时，电容耦合频相变换网络的幅频特性和相频特性分别为

$$A(\omega)\approx\omega_c RC_0=A_0$$

$$\varphi(\omega)\approx\frac{\pi}{2}-2Q_e\frac{\Delta\omega(t)}{\omega_c}=k_0\Delta\omega(t)+\frac{\pi}{2}$$

其中，$\Delta\omega(t)$为 u_{FM}的频率变化量。电容耦合频相变换网络输出的调频调相信号为

$$\begin{aligned}u_{FM/PM}&=A_0U_{sm}\cos\left[\omega_c t+\Delta\omega_m\int^t f(t)\text{d}t+k_0\Delta\omega(t)+\frac{\pi}{2}\right]\\&=-A_0U_{sm}\sin\left[\omega_c t+\Delta\omega_m\int^t f(t)\text{d}t+k_0\Delta\omega(t)\right]\end{aligned}$$

设 $U_{sm}<U_T$，$A_0<1$，则

$$
\begin{aligned}
u_{o1} &\approx U_{CC2}-\frac{I_0}{2}R_6+\frac{I_0}{2}\frac{u_{FM}}{2U_T}\frac{u_{FM/PM}}{2U_T}R_6\\
&=U_{CC2}-\frac{I_0}{2}R_6+\frac{I_0}{8U_T^2}U_{sm}\cos\left[\omega_c t+\Delta\omega_m\int^t f(t)\mathrm{d}t\right]\left\{-A_0U_{sm}\sin\left[\omega_c t+\Delta\omega_m\int^t f(t)\mathrm{d}t+k_0\Delta\omega(t)\right]\right\}R_6\\
&=U_{CC2}-\frac{I_0}{2}R_6-\frac{I_0}{16U_T^2}A_0U_{sm}^2\left\{\sin[k_0\Delta\omega(t)]+\sin\left[2\omega_c t+2\Delta\omega_m\int^t f(t)\mathrm{d}t+k_0\Delta\omega(t)\right]\right\}R_6\\
&=U_{CC2}-\frac{I_0}{2}R_6-\frac{I_0}{16U_T^2}A_0U_{sm}^2R_6\sin[k_0\Delta\omega(t)]-\frac{I_0}{16U_T^2}A_0U_{sm}^2R_6\sin\left[2\omega_c t+2\Delta\omega_m\int^t f(t)\mathrm{d}t+k_0\Delta\omega(t)\right]
\end{aligned}
$$

设低通滤波器的上限频率 $\omega_H=(R_8C_3)^{-1}$ 远远大于调制信号的频率，则滤波器的通带增益 $k_F\approx1$，滤波后的输出电压为

$$u_o\approx U_{CC2}-\frac{I_0}{2}R_6-\frac{I_0}{16U_T^2}A_0U_{sm}^2R_6\sin[k_0\Delta\omega(t)]$$

当 $|k_0\Delta\omega(t)|\leqslant\frac{\pi}{6}$ 时，有

$$u_o\approx U_{CC2}-\frac{I_0}{2}R_6-\frac{I_0}{16U_T^2}A_0U_{sm}^2R_6k_0\Delta\omega(t)$$

鉴频灵敏度为

$$S_f\approx-\frac{I_0}{16U_T^2}A_0U_{sm}^2R_6k_0$$

3. 同步检波

乘积型同步检波器和叠加型同步检波器应用于各种振幅调制信号和角度调制信号的解调，如双边带调幅信号的同步检波、单边带调幅信号的同步检波、调相信号的鉴相、调频信号的相位鉴频。对电路和信号的准确识别是确定电路类型、分析信号变换和推导解调结果的关键。

例 5.4.9　相位鉴频电路和线性相频特性网络的频率特性分别如图 5.4.22(a)和图(b)所示。调频信号为

$$u_{FM}=U_{sm}\cos\left[\omega_c t+\int^t\Delta\omega(t)\mathrm{d}t\right]$$

当开关 S_1 打开和闭合时，分别判断开关 S_2 应该接至 a 端还是 b 端，并推导各级输出电压 u_{o1} 和 u_o 的表达式。

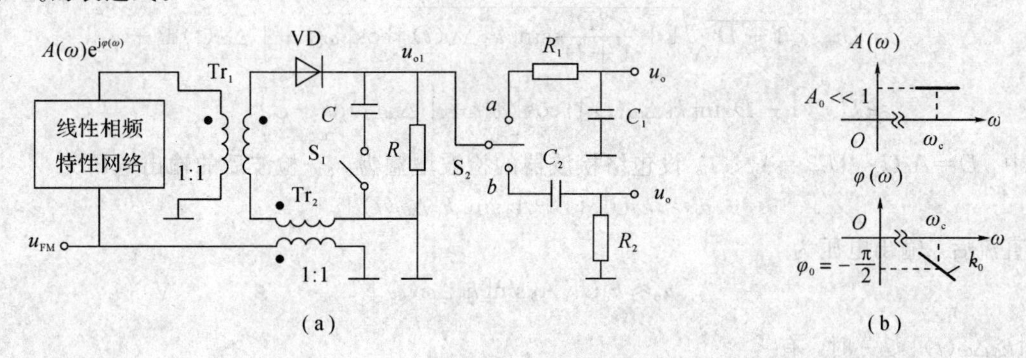

图 5.4.22　相位鉴频

(a) 电路；(b) 线性相频特性网络的频率特性

解 当S_1打开时，二极管VD和电阻R构成乘法器，电路做乘积型相位鉴频，S_2应该接至a端，电阻R_1和电容C_1构成低通滤波器。线性相频特性网络输出的调频/调相信号为

$$\begin{aligned}u_{FM/PM}&=A_0U_{sm}\cos\left[\omega_c t+\int^t\Delta\omega(t)dt+k_0\Delta\omega(t)-\frac{\pi}{2}\right]\\&=A_0U_{sm}\sin\left[\omega_c t+\int^t\Delta\omega(t)dt+k_0\Delta\omega(t)\right]\end{aligned}$$

u_{FM}作为大信号，控制二极管VD的导通或截止。当$u_{FM}>0$时，VD导通，输出电压$u_{o1}=u_{FM}+u_{FM/PM}$；当$u_{FM}<0$时，VD截止，$u_{o1}=0$。引入单向开关函数，在任意时刻，有

$$\begin{aligned}u_{o1}&=(u_{FM}+u_{FM/PM})k_1\left[\omega_c t+\int^t\Delta\omega(t)dt\right]\\&=u_{FM}k_1\left[\omega_c t+\int^t\Delta\omega(t)dt\right]+k_1\left[\omega_c t+\int^t\Delta\omega(t)dt\right]u_{FM/PM}\\&=U_{sm}\cos\left[\omega_c t+\int^t\Delta\omega(t)dt\right]\left\{\frac{1}{2}+\frac{2}{\pi}\cos\left[\omega_c t+\int^t\Delta\omega(t)dt\right]-\frac{2}{3\pi}\cos\left[3\omega_c t+3\int^t\Delta\omega(t)dt\right]+\cdots\right\}+\\&\quad\left\{\frac{1}{2}+\frac{2}{\pi}\cos\left[\omega_c t+\int^t\Delta\omega(t)dt\right]-\frac{2}{3\pi}\cos\left[3\omega_c t+3\int^t\Delta\omega(t)dt\right]+\cdots\right\}\times\\&\quad A_0U_{sm}\sin\left[\omega_c t+\int^t\Delta\omega(t)dt+k_0\Delta\omega(t)\right]\\&=\frac{1}{\pi}U_{sm}+\frac{1}{\pi}A_0U_{sm}\sin[k_0\Delta\omega(t)]+\cdots\end{aligned}$$

设低通滤波器的通带增益为k_F，滤波后的输出电压为

$$u_o=k_F\left\{\frac{1}{\pi}U_{sm}+\frac{1}{\pi}A_0U_{sm}\sin[k_0\Delta\omega(t)]\right\}$$

当$|k_0\Delta\omega(t)|\leqslant\frac{\pi}{6}$时，有

$$u_o\approx k_F\left[\frac{1}{\pi}U_{sm}+\frac{1}{\pi}A_0U_{sm}k_0\Delta\omega(t)\right]$$

当S_1闭合时，二极管VD、电容C和电阻R构成包络检波器，电路做叠加型相位鉴频，S_2应该接至b端，电容C_2隔直流，电阻R_2获得低频交流电压。u_{FM}与$u_{FM/PM}$叠加产生的调频/调相/调幅信号为

$$\begin{aligned}u_{FM/PM/AM}&=U_{sm}\sqrt{1+D^2}\sqrt{1+\frac{2D}{1+D^2}\cos\left[k_0\Delta\omega(t)-\frac{\pi}{2}\right]}\cos\left[\omega_c t+\int^t\Delta\omega(t)dt+\varphi\right]\\&=U_{sm}\sqrt{1+D^2}\sqrt{1+\frac{2D}{1+D^2}\sin[k_0\Delta\omega(t)]}\cos\left[\omega_c t+\int^t\Delta\omega(t)dt+\varphi\right]\\&\approx U_{sm}\{1+D\sin[k_0\Delta\omega(t)]\}\cos\left[\omega_c t+\int^t\Delta\omega(t)dt+\varphi\right]\end{aligned}$$

其中，$D=A_0U_{sm}/U_{sm}=A_0\ll1$。设包络检波器的检波增益为$k_d$，检波后的输出电压为

$$u_{o1}\approx k_dU_{sm}\{1+A_0\sin[k_0\Delta\omega(t)]\}$$

隔直流后，输出电压为

$$u_o\approx k_dU_{sm}A_0\sin[k_0\Delta\omega(t)]$$

当$|k_0\Delta\omega(t)|\leqslant\frac{\pi}{6}$时，有

$$u_o\approx k_dU_{sm}A_0k_0\Delta\omega(t)$$

例 5.4.10 判断以下哪组信号可以用如图 5.4.23 所示的电路实现检波：

(1) $u_1 = 2U_m\cos\Omega t\cos\omega_c t$，$u_2 = U_m\cos\omega_c t$。

(2) $u_1 = 0.01U_m\cos(\omega_c + \Omega)t$，$u_2 = U_m\cos\omega_c t$。

(3) $u_1 = 0.01U_m\cos(\omega_c t + k_p u_\Omega)$，$u_2 = U_m\cos\omega_c t$。

(4) $u_1 = 0.01U_m\sin\left[\omega_c t + \Delta\omega_m\int^t f(t)\mathrm{d}t + k_0\Delta\omega_m f(t)\right]$，$u_2 = U_m\cos\left[\omega_c t + \Delta\omega_m\int^t f(t)\mathrm{d}t\right]$。

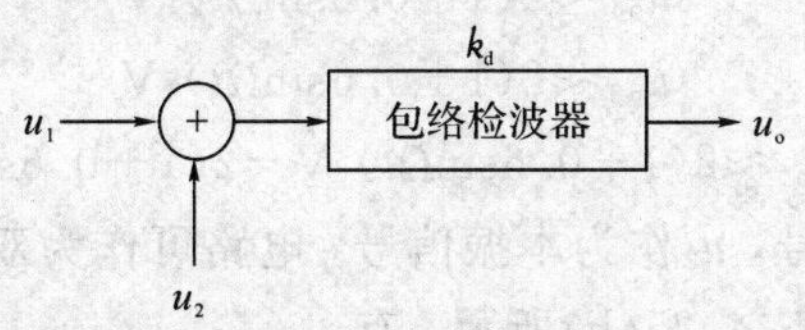

图 5.4.23 检波电路

解 (1) u_1是双边带调幅信号，u_2作为本振信号，电路可作为双边带调幅信号的叠加型同步检波电路。但是 u_2的振幅小于 u_1的振幅，加法器输出的普通调幅信号出现过调制，包络线过横轴，不满足包络检波的要求，不能实现检波。

(2) u_1是单边带调幅信号，u_2作为本振信号，电路可作为单边带调幅信号的叠加型同步检波电路。u_2的振幅远大于 u_1的振幅，加法器输出近似的普通调幅信号，满足包络检波的要求，能够实现检波。

(3) u_1是调相信号，u_2作为本振信号，电路可作为调相信号的叠加型鉴相电路。u_1和 u_2的振幅满足条件，但是 u_1和 u_2不正交，即二者之间没有$\frac{\pi}{2}$的固定相位差，输出电压为调制信号的余弦函数，不能实现检波。

(4) u_1是调频/调相信号，u_2是调频信号，电路可作为调频信号的叠加型相位鉴频电路。u_1和 u_2的振幅满足条件，u_1和 u_2正交，二者之间存在$\frac{\pi}{2}$的固定相位差，输出电压为调制信号的正弦函数，能够实现检波。

例 5.4.11 检波电路如图 5.4.24 所示。包络检波器的检波增益 $k_d \approx 1$。当电压 u_1和 u_2为以下各组信号时，计算输出电压 u_{o1}、u_{o2}和 u_o。

(1) $u_1 = 2(1 + 0.6\sin\Omega t)\cos\omega_c t$ V，$u_2 = 0$。

(2) $u_1 = 1.2\cos\Omega t\cos\omega_c t$ V，$u_2 = 2\cos\omega_c t$ V。

(3) $u_1 = 0.2\sin(\omega_c t + m_f\sin\Omega t + 0.3\cos\Omega t)$ V，$u_2 = 4\cos(\omega_c t + m_f\sin\Omega t)$ V。

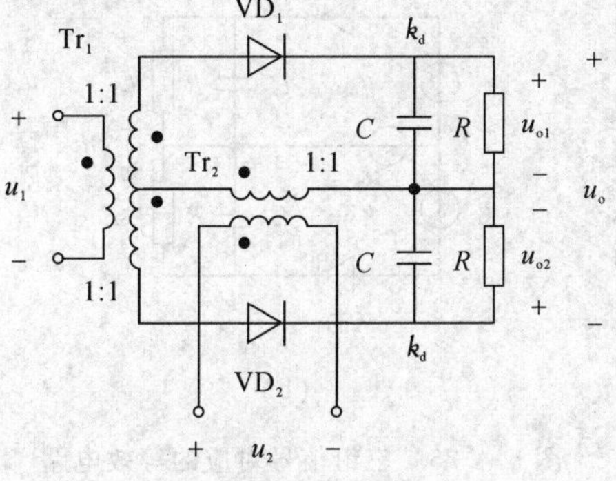

图 5.4.24 检波电路

解　(1) 电路可作为普通调幅信号的包络检波电路，其等效电路如图 5.4.25(a)所示，有

$$u_{AM1}=u_1=2(1+0.6\sin\Omega t)\cos\omega_c t\ \text{V}$$
$$u_{AM2}=-u_1=-2(1+0.6\sin\Omega t)\cos\omega_c t\ \text{V}$$

经过包络检波，输出电压为

$$u_{o1}\approx 2(1+0.6\sin\Omega t)\ \text{V}$$
$$u_{o2}\approx 2(1+0.6\sin\Omega t)\ \text{V}$$
$$u_o=u_{o1}-u_{o2}\approx 2(1+0.6\sin\Omega t)\ \text{V}-2(1+0.6\sin\Omega t)\ \text{V}=0$$

(2) u_1是双边带调幅信号，u_2作为本振信号，电路可作为双边带调幅信号的叠加型同步检波电路，其等效电路如图 5.4.25(b)所示，有

$$u_{AM1}=u_2+u_1=2\cos\omega_c t+1.2\cos\Omega t\cos\omega_c t=2(1+0.6\cos\Omega t)\cos\omega_c t\ \text{V}$$
$$u_{AM2}=u_2-u_1=2\cos\omega_c t-1.2\cos\Omega t\cos\omega_c t=2(1-0.6\cos\Omega t)\cos\omega_c t\ \text{V}$$

经过包络检波，输出电压为

$$u_{o1}\approx 2(1+0.6\cos\Omega t)\ \text{V}$$
$$u_{o2}\approx 2(1-0.6\cos\Omega t)\ \text{V}$$
$$u_o=u_{o1}-u_{o2}\approx 2(1+0.6\cos\Omega t)\ \text{V}-2(1-0.6\cos\Omega t)\ \text{V}=2.4\cos\Omega t\ \text{V}$$

(3) u_1是调频/调相信号，u_2是调频信号，电路可作为调频信号的叠加型相位鉴频电路，其等效电路如图 5.4.25(c)所示，有

$$u_{FM/PM/AM1}=u_2+u_1=4\sqrt{1+0.05^2}\sqrt{1+\frac{2\times 0.05}{1+0.05^2}\cos\left(0.3\cos\Omega t-\frac{\pi}{2}\right)}\cos(\omega_c t+m_f\sin\Omega t+\varphi_1)$$
$$\approx 4[1+0.05\sin(0.3\cos\Omega t)]\cos(\omega_c t+m_f\sin\Omega t+\varphi_1)\ \text{V}$$
$$u_{FM/PM/AM2}=u_2-u_1=4\sqrt{1+0.05^2}\sqrt{1-\frac{2\times 0.05}{1+0.05^2}\cos\left(0.3\cos\Omega t-\frac{\pi}{2}\right)}\cos(\omega_c t+m_f\sin\Omega t+\varphi_2)$$
$$\approx 4[1-0.05\sin(0.3\cos\Omega t)]\cos(\omega_c t+m_f\sin\Omega t+\varphi_2)\ \text{V}$$

经过包络检波，输出电压为

$$u_{o1}\approx 4[1+0.05\sin(0.3\cos\Omega t)]\ \text{V}$$
$$u_{o2}\approx 4[1-0.05\sin(0.3\cos\Omega t)]\ \text{V}$$
$$u_o=u_{o1}-u_{o2}=4[1+0.05\sin(0.3\cos\Omega t)]\ \text{V}-4[1-0.05\sin(0.3\cos\Omega t)]\ \text{V}$$
$$=0.4\sin(0.3\cos\Omega t)\ \text{V}\approx 0.12\cos\Omega t\ \text{V}$$

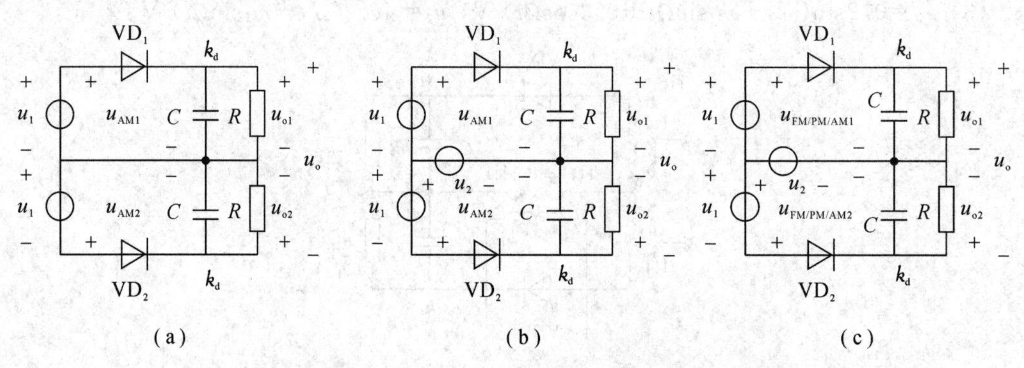

图 5.4.25　三组信号对应的等效电路

(a) 第一组信号；(b) 第二组信号；(c) 第三组信号

思考题和习题解答索引

本章选用配套教材《射频电路基础(第二版)》第七章角度调制与解调的全部思考题和习题，编为例题给出详细解答，可以在表 P5.1 中依据教材中思考题和习题的编号查找对应的本书中例题的编号。个别例题对思考题和习题做了修改，参考时请注意区别。

表 P5.1 教材中思考题和习题与本书中例题的编号对照

思考题和习题编号	例题编号	思考题和习题编号	例题编号
7-1	5.1.1	7-11	5.4.1
7-2	5.1.2	7-12	5.4.2
7-3	5.1.3	7-13	5.4.3
7-4	5.1.4	7-14	5.4.5
7-5	5.2.1	7-15	5.4.8
7-6	5.2.3	7-16	5.4.6
7-7	5.2.2	7-17	5.4.7
7-8	5.2.8	7-18	5.4.4
7-9	5.3.3	7-19	5.4.10
7-10	5.3.4	7-20	5.4.11

附录 A　余弦脉冲分解系数

峰值为 $x_{\max}$、通角为 θ、频率为 ω 的余弦脉冲 x 的波形如图 A-1 所示。在一个周期内，即 $-\pi\leqslant\omega t\leqslant\pi$ 的范围内，x 的表达式为

$$x=\begin{cases}x_{\max}\dfrac{\cos\omega t-\cos\theta}{1-\cos\theta}, & -\theta\leqslant\omega t\leqslant\theta;\\ 0, & \text{其他}\end{cases}$$

x 包含许多频率分量，可以写成各个频率分量叠加的形式，即

$$x=X_0+X_{1\mathrm{m}}\cos\omega t+\cdots+X_{n\mathrm{m}}\cos n\omega t+\cdots$$

其中，X_0 为 x 的直流分量；$X_{1\mathrm{m}}\cos\omega t$ 为 x 的基波分量；$X_{n\mathrm{m}}\cos n\omega t$ 为 x 的 n 次谐波分量，$n=2，3，4，\cdots$。上式为 x 的傅里叶级数展开式，可以根据傅里叶系数求解 X_0，$X_{1\mathrm{m}}$，…，$X_{n\mathrm{m}}$，…，即 x 的直流分量的幅度以及基波分量和各次谐波分量的振幅。可以发现，各个频率分量的幅度或振幅都可以表示为余弦脉冲的峰值和通角的某个函数的乘积，即 $X_0=x_{\max}\alpha_0(\theta)$，$X_{1\mathrm{m}}=x_{\max}\alpha_1(\theta)$，…，$X_{n\mathrm{m}}=x_{\max}\alpha_n(\theta)$，…，其中

$$\alpha_0(\theta)=\frac{\sin\theta-\theta\cos\theta}{\pi(1-\cos\theta)}$$

$$\alpha_1(\theta)=\frac{\theta-\sin\theta\cos\theta}{\pi(1-\cos\theta)}$$

$$\alpha_n(\theta)=\frac{2\sin n\theta\cos\theta-2n\sin\theta\cos n\theta}{n(n^2-1)\pi(1-\cos\theta)}\quad(n=2，3，4，\cdots)$$

这些与 θ 有关的函数 $\alpha_0(\theta)$，$\alpha_1(\theta)$，…，$\alpha_n(\theta)$，…称为余弦脉冲分解系数。

图 A-2 所示为常用的 $\alpha_0(\theta)$、$\alpha_1(\theta)$、$\alpha_2(\theta)$ 和 $\alpha_3(\theta)$ 在 $0\leqslant\theta\leqslant180^\circ$ 范围内的函数曲线，具体取值在表 A-1 中列出。

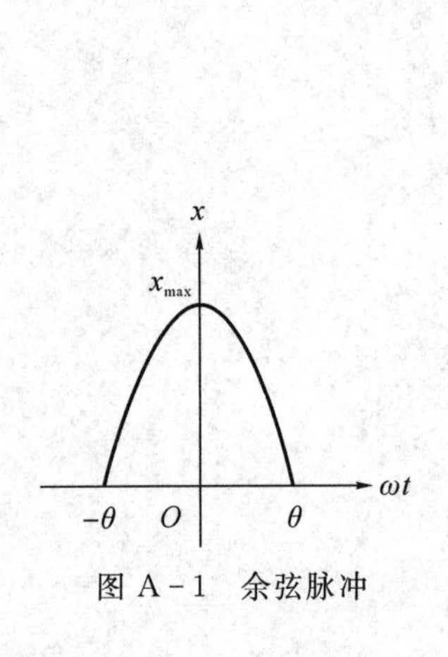

图 A-1　余弦脉冲

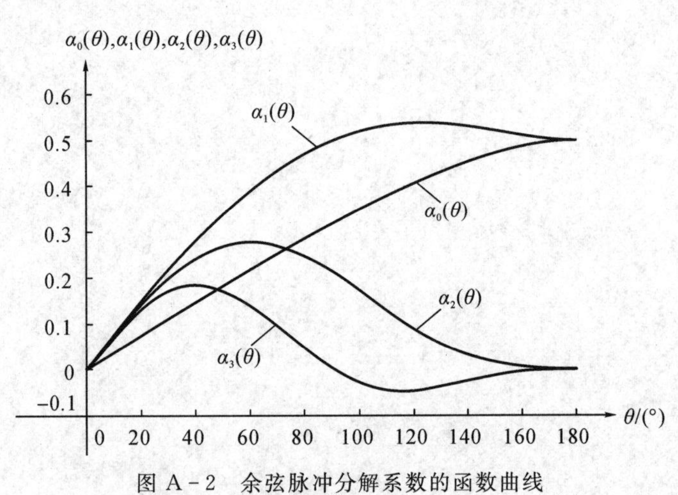

图 A-2　余弦脉冲分解系数的函数曲线

表A-1　余弦脉冲分解系数的取值

$\theta/(^\circ)$	$\alpha_0(\theta)$	$\alpha_1(\theta)$	$\alpha_2(\theta)$	$\alpha_3(\theta)$
0	0.0000	0.0000	0.0000	0.0000
1	0.0037	0.0074	0.0074	0.0074
2	0.0074	0.0148	0.0148	0.0148
3	0.0111	0.0222	0.0222	0.0222
4	0.0148	0.0296	0.0296	0.0295
5	0.0185	0.0370	0.0369	0.0368
6	0.0222	0.0444	0.0442	0.0440
7	0.0259	0.0518	0.0515	0.0511
8	0.0296	0.0591	0.0588	0.0582
9	0.0333	0.0665	0.0660	0.0652
10	0.0370	0.0738	0.0731	0.0720
11	0.0407	0.0811	0.0802	0.0788
12	0.0444	0.0884	0.0873	0.0854
13	0.0481	0.0957	0.0942	0.0918
14	0.0518	0.1030	0.1011	0.0981
15	0.0555	0.1102	0.1080	0.1043
16	0.0592	0.1174	0.1147	0.1103
17	0.0629	0.1246	0.1214	0.1161
18	0.0666	0.1318	0.1279	0.1217
19	0.0702	0.1389	0.1344	0.1271
20	0.0739	0.1461	0.1408	0.1323
21	0.0776	0.1531	0.1470	0.1373
22	0.0813	0.1602	0.1532	0.1420
23	0.0850	0.1672	0.1592	0.1466
24	0.0886	0.1742	0.1652	0.1509
25	0.0923	0.1811	0.1710	0.1549
26	0.0960	0.1880	0.1766	0.1588
27	0.0996	0.1949	0.1822	0.1623
28	0.1033	0.2017	0.1876	0.1656

续表(一)

θ/(°)	$\alpha_0(\theta)$	$\alpha_1(\theta)$	$\alpha_2(\theta)$	$\alpha_3(\theta)$
29	0.1069	0.2085	0.1929	0.1687
30	0.1106	0.2152	0.1980	0.1715
31	0.1142	0.2219	0.2030	0.1740
32	0.1179	0.2286	0.2078	0.1762
33	0.1215	0.2352	0.2125	0.1782
34	0.1252	0.2417	0.2170	0.1799
35	0.1288	0.2482	0.2214	0.1814
36	0.1324	0.2547	0.2256	0.1825
37	0.1361	0.2610	0.2297	0.1834
38	0.1397	0.2674	0.2336	0.1841
39	0.1433	0.2737	0.2373	0.1844
40	0.1469	0.2799	0.2409	0.1845
41	0.1505	0.2861	0.2443	0.1844
42	0.1541	0.2922	0.2475	0.1839
43	0.1577	0.2982	0.2506	0.1833
44	0.1613	0.3042	0.2534	0.1823
45	0.1649	0.3102	0.2562	0.1811
46	0.1685	0.3160	0.2587	0.1797
47	0.1721	0.3218	0.2610	0.1780
48	0.1756	0.3276	0.2632	0.1761
49	0.1792	0.3332	0.2652	0.1740
50	0.1828	0.3388	0.2671	0.1717
51	0.1863	0.3444	0.2687	0.1691
52	0.1899	0.3499	0.2702	0.1663
53	0.1934	0.3552	0.2715	0.1634
54	0.1969	0.3606	0.2726	0.1602
55	0.2005	0.3658	0.2735	0.1569
56	0.2040	0.3710	0.2743	0.1534
57	0.2075	0.3761	0.2749	0.1497

续表(二)

$\theta/(^\circ)$	$\alpha_0(\theta)$	$\alpha_1(\theta)$	$\alpha_2(\theta)$	$\alpha_3(\theta)$
58	0.2110	0.3812	0.2753	0.1459
59	0.2145	0.3861	0.2756	0.1419
60	0.2180	0.3910	0.2757	0.1378
61	0.2215	0.3958	0.2756	0.1336
62	0.2250	0.4005	0.2753	0.1293
63	0.2284	0.4052	0.2749	0.1248
64	0.2319	0.4098	0.2743	0.1203
65	0.2353	0.4143	0.2736	0.1156
66	0.2388	0.4187	0.2727	0.1109
67	0.2422	0.4230	0.2717	0.1061
68	0.2456	0.4273	0.2705	0.1013
69	0.2490	0.4315	0.2691	0.0964
70	0.2524	0.4356	0.2676	0.0915
71	0.2558	0.4396	0.2660	0.0866
72	0.2592	0.4435	0.2642	0.0816
73	0.2626	0.4473	0.2623	0.0767
74	0.2660	0.4511	0.2602	0.0717
75	0.2693	0.4548	0.2580	0.0668
76	0.2727	0.4584	0.2557	0.0619
77	0.2760	0.4619	0.2533	0.0570
78	0.2793	0.4654	0.2507	0.0521
79	0.2826	0.4687	0.2481	0.0473
80	0.2860	0.4720	0.2453	0.0426
81	0.2892	0.4751	0.2424	0.0379
82	0.2925	0.4782	0.2394	0.0333
83	0.2958	0.4813	0.2363	0.0288
84	0.2990	0.4842	0.2331	0.0244
85	0.3023	0.4870	0.2298	0.0200
86	0.3055	0.4898	0.2265	0.0158

续表(三)

$\theta/(^\circ)$	$\alpha_0(\theta)$	$\alpha_1(\theta)$	$\alpha_2(\theta)$	$\alpha_3(\theta)$
87	0.3087	0.4925	0.2230	0.0117
88	0.3119	0.4951	0.2195	0.0077
89	0.3151	0.4976	0.2159	0.0038
90	0.3183	0.5000	0.2122	0.0000
91	0.3215	0.5023	0.2085	−0.0036
92	0.3246	0.5046	0.2047	−0.0071
93	0.3278	0.5068	0.2008	−0.0105
94	0.3309	0.5089	0.1969	−0.0137
95	0.3340	0.5109	0.1930	−0.0168
96	0.3371	0.5128	0.1890	−0.0198
97	0.3402	0.5147	0.1850	−0.0225
98	0.3432	0.5164	0.1809	−0.0252
99	0.3463	0.5181	0.1768	−0.0277
100	0.3493	0.5197	0.1727	−0.0300
101	0.3523	0.5213	0.1686	−0.0322
102	0.3553	0.5227	0.1644	−0.0342
103	0.3583	0.5241	0.1603	−0.0360
104	0.3612	0.5254	0.1561	−0.0378
105	0.3642	0.5266	0.1519	−0.0393
106	0.3671	0.5278	0.1478	−0.0407
107	0.3700	0.5288	0.1436	−0.0420
108	0.3729	0.5298	0.1395	−0.0431
109	0.3758	0.5307	0.1353	−0.0441
110	0.3786	0.5316	0.1312	−0.0449
111	0.3815	0.5324	0.1271	−0.0456
112	0.3843	0.5331	0.1230	−0.0461
113	0.3871	0.5337	0.1190	−0.0465
114	0.3898	0.5343	0.1150	−0.0468
115	0.3926	0.5348	0.1110	−0.0469

续表(四)

θ/(°)	$\alpha_0(\theta)$	$\alpha_1(\theta)$	$\alpha_2(\theta)$	$\alpha_3(\theta)$
116	0.3953	0.5352	0.1071	−0.0470
117	0.3980	0.5356	0.1032	−0.0469
118	0.4007	0.5359	0.0994	−0.0467
119	0.4034	0.5362	0.0956	−0.0464
120	0.4060	0.5363	0.0919	−0.0459
121	0.4086	0.5365	0.0882	−0.0454
122	0.4112	0.5365	0.0846	−0.0448
123	0.4138	0.5365	0.0810	−0.0441
124	0.4163	0.5365	0.0775	−0.0434
125	0.4188	0.5364	0.0741	−0.0425
126	0.4213	0.5362	0.0708	−0.0416
127	0.4238	0.5360	0.0675	−0.0406
128	0.4262	0.5357	0.0643	−0.0396
129	0.4286	0.5354	0.0611	−0.0385
130	0.4310	0.5350	0.0581	−0.0373
131	0.4334	0.5346	0.0551	−0.0361
132	0.4357	0.5342	0.0522	−0.0349
133	0.4380	0.5337	0.0494	−0.0337
134	0.4403	0.5331	0.0466	−0.0324
135	0.4425	0.5326	0.0439	−0.0311
136	0.4447	0.5320	0.0414	−0.0298
137	0.4469	0.5313	0.0389	−0.0284
138	0.4490	0.5306	0.0365	−0.0271
139	0.4511	0.5299	0.0341	−0.0258
140	0.4532	0.5292	0.0319	−0.0244
141	0.4553	0.5284	0.0298	−0.0231
142	0.4573	0.5276	0.0277	−0.0218
143	0.4593	0.5268	0.0257	−0.0205
144	0.4612	0.5259	0.0238	−0.0193

续表(五)

$\theta/(°)$	$\alpha_0(\theta)$	$\alpha_1(\theta)$	$\alpha_2(\theta)$	$\alpha_3(\theta)$
145	0.4631	0.5250	0.0220	−0.0180
146	0.4650	0.5241	0.0203	−0.0168
147	0.4668	0.5232	0.0186	−0.0156
148	0.4686	0.5223	0.0171	−0.0145
149	0.4703	0.5214	0.0156	−0.0134
150	0.4720	0.5204	0.0142	−0.0123
151	0.4737	0.5195	0.0129	−0.0113
152	0.4753	0.5185	0.0117	−0.0103
153	0.4769	0.5176	0.0105	−0.0094
154	0.4785	0.5166	0.0094	−0.0085
155	0.4800	0.5157	0.0084	−0.0076
156	0.4814	0.5147	0.0075	−0.0068
157	0.4828	0.5138	0.0066	−0.0061
158	0.4842	0.5128	0.0058	−0.0054
159	0.4855	0.5119	0.0051	−0.0047
160	0.4868	0.5110	0.0044	−0.0041
161	0.4880	0.5101	0.0038	−0.0036
162	0.4891	0.5092	0.0032	−0.0031
163	0.4902	0.5084	0.0027	−0.0026
164	0.4913	0.5076	0.0023	−0.0022
165	0.4923	0.5068	0.0019	−0.0018
166	0.4932	0.5060	0.0015	−0.0015
167	0.4941	0.5052	0.0012	−0.0012
168	0.4950	0.5045	0.0010	−0.0009
169	0.4957	0.5039	0.0007	−0.0007
170	0.4965	0.5033	0.0006	−0.0006
171	0.4971	0.5027	0.0004	−0.0004
172	0.4977	0.5022	0.0003	−0.0003
173	0.4982	0.5017	0.0002	−0.0002

续表(六)

θ/(°)	$\alpha_0(\theta)$	$\alpha_1(\theta)$	$\alpha_2(\theta)$	$\alpha_3(\theta)$
174	0.4987	0.5013	0.0001	－0.0001
175	0.4991	0.5009	0.0001	－0.0001
176	0.4994	0.5006	0.0000	0.0000
177	0.4997	0.5003	0.0000	0.0000
178	0.4998	0.5001	0.0000	0.0000
179	0.5000	0.5000	0.0000	0.0000
180	0.5000	0.5000	0.0000	0.0000

附录 B　自变量为余弦函数的双曲正切函数的傅里叶系数

峰值为 $x_{\max}$、频率为 ω 的余弦信号 x 作为自变量的双曲正切函数 $\text{th}(x/2)$ 的取值随时间周期变化，由于函数的非线性，函数值的波形发生改变，如图 B-1 所示。

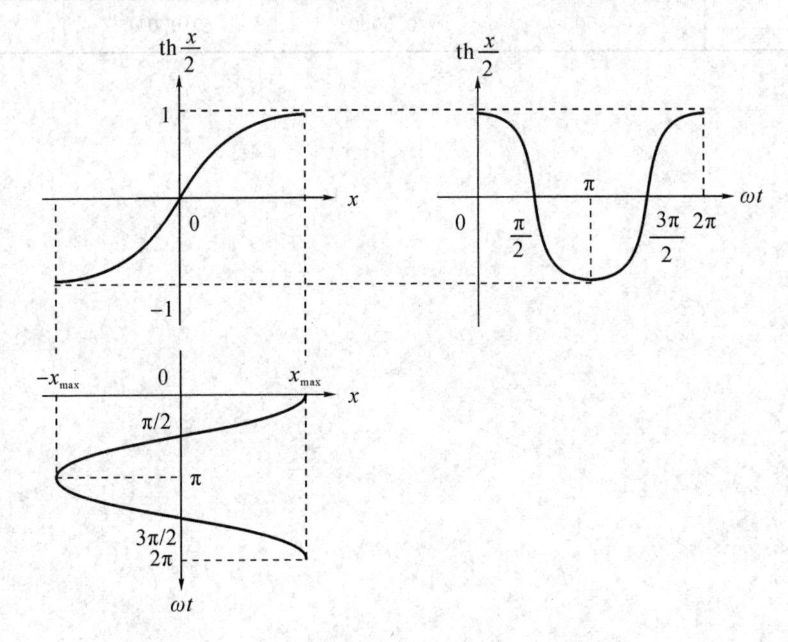

图 B-1　双曲正切函数对波形的非线性变换

$\text{th}\left(\frac{x}{2}\right)$包含许多频率分量，可以写成各个频率分量叠加的形式，即

$$\text{th}\,\frac{x}{2}=\sum_{n=1}^{\infty}\beta_{2n-1}(x_{\max})\cos(2n-1)\omega t$$

因为双曲正切函数是奇函数，所以该傅里叶级数展开式中只有基波分量和奇次谐波分量，其中的傅里叶系数为

$$\beta_{2n-1}(x_{\max})=\frac{1}{\pi}\int_{-\pi}^{\pi}\text{th}\,\frac{x}{2}\cos(2n-1)\omega t\,\mathrm{d}\omega t$$

图 B-2 所示为常用的 $\beta_1(x_{\max})$、$\beta_3(x_{\max})$、$\beta_5(x_{\max})$和 $\beta_7(x_{\max})$ 在 $1\leqslant x_{\max}\leqslant 4$ 范围内的函数曲线，具体取值在表 B-1 中列出。

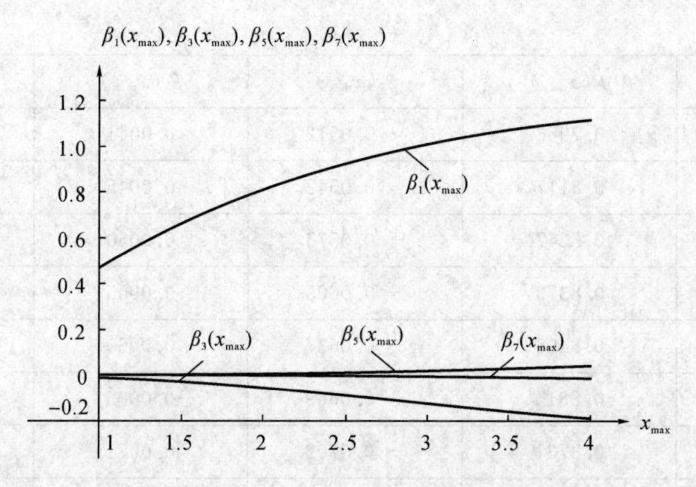

图 B-2　自变量为余弦函数的双曲正切函数的傅里叶系数函数曲线

表 B-1　自变量为余弦函数的双曲正切函数的傅里叶系数的取值

x_{max}	$\beta_1(x_{max})$	$\beta_3(x_{max})$	$\beta_5(x_{max})$	$\beta_7(x_{max})$
1.00	0.4711	−0.0092	0.0002	0.0000
1.05	0.4919	−0.0106	0.0003	0.0000
1.10	0.5122	−0.0120	0.0003	0.0000
1.15	0.5322	−0.0135	0.0004	0.0000
1.20	0.5517	−0.0152	0.0005	0.0000
1.25	0.5709	−0.0169	0.0006	0.0000
1.30	0.5898	−0.0188	0.0007	0.0000
1.35	0.6082	−0.0207	0.0009	0.0000
1.40	0.6262	−0.0228	0.0010	0.0000
1.45	0.6438	−0.0249	0.0012	−0.0001
1.50	0.6610	−0.0272	0.0014	−0.0001
1.55	0.6779	−0.0295	0.0016	−0.0001
1.60	0.6943	−0.0320	0.0018	−0.0001
1.65	0.7103	−0.0345	0.0021	−0.0001
1.70	0.7259	−0.0371	0.0023	−0.0001
1.75	0.7412	−0.0398	0.0026	−0.0002
1.80	0.7560	−0.0425	0.0030	−0.0002
1.85	0.7705	−0.0453	0.0033	−0.0002
1.90	0.7846	−0.0482	0.0037	−0.0003

续表(一)

x_{max}	$\beta_1(x_{max})$	$\beta_3(x_{max})$	$\beta_5(x_{max})$	$\beta_7(x_{max})$
1.95	0.7983	−0.0512	0.0041	−0.0003
2.00	0.8117	−0.0542	0.0045	−0.0004
2.05	0.8247	−0.0573	0.0050	−0.0004
2.10	0.8373	−0.0605	0.0055	−0.0005
2.15	0.8496	−0.0637	0.0060	−0.0006
2.20	0.8615	−0.0669	0.0065	−0.0006
2.25	0.8731	−0.0702	0.0071	−0.0007
2.30	0.8843	−0.0735	0.0077	−0.0008
2.35	0.8952	−0.0769	0.0083	−0.0009
2.40	0.9059	−0.0803	0.0090	−0.0010
2.45	0.9161	−0.0837	0.0097	−0.0011
2.50	0.9261	−0.0871	0.0104	−0.0013
2.55	0.9358	−0.0906	0.0111	−0.0014
2.60	0.9452	−0.0941	0.0119	−0.0015
2.65	0.9544	−0.0976	0.0127	−0.0017
2.70	0.9632	−0.1011	0.0136	−0.0019
2.75	0.9718	−0.1046	0.0144	−0.0020
2.80	0.9801	−0.1081	0.0153	−0.0022
2.85	0.9882	−0.1116	0.0162	−0.0024
2.90	0.9960	−0.1152	0.0172	−0.0026
2.95	1.0035	−0.1187	0.0181	−0.0028
3.00	1.0109	−0.1222	0.0191	−0.0031
3.05	1.0180	−0.1257	0.0201	−0.0033
3.10	1.0249	−0.1292	0.0212	−0.0036
3.15	1.0315	−0.1327	0.0222	−0.0038
3.20	1.0380	−0.1362	0.0233	−0.0041
3.25	1.0443	−0.1396	0.0244	−0.0044
3.30	1.0504	−0.1431	0.0255	−0.0047

续表(二)

x_{max}	$\beta_1(x_{max})$	$\beta_3(x_{max})$	$\beta_5(x_{max})$	$\beta_7(x_{max})$
3.35	1.0562	−0.1465	0.0267	−0.0050
3.40	1.0619	−0.1499	0.0278	−0.0053
3.45	1.0675	−0.1533	0.0290	−0.0056
3.50	1.0728	−0.1567	0.0302	−0.0060
3.55	1.0780	−0.1600	0.0314	−0.0063
3.60	1.0830	−0.1633	0.0327	−0.0067
3.65	1.0879	−0.1666	0.0339	−0.0071
3.70	1.0926	−0.1698	0.0352	−0.0075
3.75	1.0971	−0.1731	0.0365	−0.0079
3.80	1.1016	−0.1763	0.0377	−0.0083
3.85	1.1059	−0.1794	0.0390	−0.0088
3.90	1.1100	−0.1826	0.0404	−0.0092
3.95	1.1140	−0.1857	0.0417	−0.0096
4.00	1.1179	−0.1887	0.0430	−0.0101

参考文献

[1] 赵建勋，等. 射频电路基础. 2 版. 西安：西安电子科技大学出版社，2018.

[2] 高如云，等. 通信电子线路. 西安：西安电子科技大学出版社，2016.

[3] 张企民.《通信电子线路第二版》学习指导. 西安：西安电子科技大学出版社，2004.

[4] 曾兴雯，等. 高频电子线路. 3 版. 北京：高等教育出版社，2016.

[5] 谈文心，等. 高频电子线路. 西安：西安交通大学出版社，2010.

[6] 严国萍，等. 通信电子线路. 2 版. 北京：科学出版社，2015.

[7] 谢嘉奎，等. 电子线路非线性部分. 北京：高等教育出版社，2010.

[8] 杨霓清，等. 高频电子线路. 2 版. 北京：机械工业出版社，2016.

[9] 黄智伟. 通信电子电路. 北京：机械工业出版社，2007.

[10] 张肃文. 高频电子线路. 5 版. 北京：高等教育出版社，2009.

[11] 陈邦媛. 射频通信电路. 北京：科学出版社，2006.

[12] DAVIS W A，AGARWAL K K. 射频电路设计. 李福乐，等译. 北京：机械工业出版社，2005.

[13] LEE T H. CMOS 射频集成电路设计. 余志平，等译. 北京：电子工业出版社，2006.

[14] LUDWIG R，BOGDANOV G. 射频电路设计. 2 版. 王子宇，等译. 北京：电子工业出版社，2013.

[15] 高吉祥. 高频电子线路设计. 北京：高等教育出版社，2013.

[16] 阳昌汉，等. 高频电子线路. 2 版. 北京：高等教育出版社，2013.

[17] 胡宴如，等. 高频电子线路实验与仿真. 北京：高等教育出版社，2009.

[18] 朱昌平，等. 高频电子线路实践教程. 2 版. 北京：电子工业出版社，2016.

[19] 张海燕，等. 高频电子电路与仿真设计. 北京：北京邮电学院出版社，2010.

[20] 景新幸. 高频电子电路实验・设计・仿真. 成都：电子科技大学出版社，2011.